高等学校心理学专业课教材
上海普通高校优秀教材

心理测量

PSYCHOLOGICAL MEASUREMENT

主 编/金 瑜　　副主编/刘晓陵

（第三版）

华东师范大学出版社
·上海·

图书在版编目（CIP）数据

心理测量 / 金瑜主编. —3 版. —上海：华东师范大学出版社,2023
 ISBN 978-7-5760-3162-1

Ⅰ. ①心… Ⅱ. ①金… Ⅲ. ①心理测量学 Ⅳ. ①B841.7

中国国家版本馆 CIP 数据核字（2023）第 098657 号

心理测量（第三版）

主　　编　金　瑜
副 主 编　刘晓陵
责任编辑　范美琳
责任校对　李琳琳
装帧设计　庄玉侠　俞　越

出版发行　华东师范大学出版社
社　　址　上海市中山北路 3663 号　邮编 200062
网　　址　www.ecnupress.com.cn
电　　话　021-60821666　行政传真 021-62572105
客服电话　021-62865537　门市（邮购）电话 021-62869887
地　　址　上海市中山北路 3663 号华东师范大学校内先锋路口
网　　店　http://hdsdcbs.tmall.com

印 刷 者　常熟高专印刷有限公司
开　　本　787 毫米×1092 毫米　1/16
印　　张　24.75
字　　数　549 千字
版　　次　2023 年 7 月第 3 版
印　　次　2025 年 6 月第 3 次
书　　号　ISBN 978-7-5760-3162-1
定　　价　59.00 元

出版人　王　焰

（如发现本版图书有印订质量问题，请寄回本社客服中心调换或电话 021-62865537 联系）

第三版前言

时光荏苒，当我们决定要修订华东师范大学出版社出版的《心理测量（第二版）》一书时，惊喜地发现这本书已经连续印刷发行20多年了。截至2023年6月，共印刷19次，每年的印数都在3000册以上，累计发行超过10万册。

这本书被全国各高校广泛使用，近两年连续使用本书作为教材的学校除华东师范大学外，还有安徽警官职业学院、巢湖学院、广西大学、广西师范大学、哈尔滨学院、河北大学、湖南第一师范学校、江西中医药大学、聊城大学、上海体育大学、首都师范大学、渭南师范学院、温州大学、西南科技大学、西南民族大学、新疆师范大学、新乡学院、云南师范大学、郑州师范学院等。

这本书获得了上海市"普通高校优秀教材奖"三等奖，并被推荐参加"中国大学出版社图书奖"首届优秀教材奖的评选。2018年，本书获得华东师范大学精品教材建设专项基金资助。

党的二十大报告明确指出，要"重视心理健康和精神卫生"，"加强教材建设和管理"。众所周知，心理测验旨在科学测量心理特征与行为，是心理学研究与应用的重要工具，心理健康和精神疾病的评估和诊断量表亦属其列。心理测量作为心理科学的重要研究领域，为编制客观有效的心理测验提供了最重要的理论基础、方法和技术上的支撑。《心理测量（第三版）》作为心理学专业本科人才培养的核心课程教材，不仅系统阐述了经典与现代测量理论、方法和技术，以及世界著名心理测验的发展及其理论与内容，还介绍了中国古代和中华人民共和国成立前后的心理测量思想与实践，专门设立章节梳理了改革开放四十多年来我国心理测量与测验的发展和现状，并以本人自主研发的心理测验为例详细介绍了测验编制和修订的程序和技术。可以认为，《心理测量（第三版）》不仅能够促进我国心理学专业人才培养和学科发展，还能够帮助广大读者认识和找到测量心理的科学途径，从而为提升我国国民心理健康素质贡献心理学专业力量。

本次修订有如下几个方面需要说明：

一、前版的序继续保留

在第二版准备修订的时候，我首先想到的是为本书写序的人——我敬爱的导师李丹教授，她于2004年12月15日不幸病逝，享年80岁（她生于1924年6月8日），她再也不可能为《心理测量（第三版）》写序了，这是最令我们大家感到悲哀的伤心事。因此，第三版仍旧保留她写的序，以表达我和我的研究生作者们对她永远的致敬和缅怀。

二、第三版增加了副主编

刘晓陵（华东师范大学心理与认知科学学院副教授），她本科和硕士均毕业于华东师范大学心理学系,之后在职攻读博士学位(心理测量专业方向),而我是她的硕士和博士研究生导师。她自1998年留校之后,一直从事"普通心理学"课程的教学以及心理测量与测验方面的科研工作。在教学方面,她从2007年开始教授本科生的心理测量课,十多年来一直承担这门课程的教学。另外,从2006年到2011年,她还承担了本科辅修心理学专业的心理测量课程。后来,她、陈国鹏教授和我一起致力于"心理测量"课程改革,多次获得教学成果奖:作为主干课程的华东师范大学心理与认知科学学院"心理测量"课程在2011年获"上海高校市级精品课程";在2013年获华东师范大学第七届教学成果一等奖;以本书作为主要参考书的硕士研究生"高级心理测量课程建设"在2005年获高等教育上海市级教学成果奖二等奖。在科研方面,刘晓陵曾负责或参与编制和修订与学生的学业成就、学习模式、心理素质以及儿童智力等有关的测验。她在讲课时一直使用第二版作为教材和主要参考书,因此她有能力对本次修订提出许多实际、有用的建议。正是基于她在心理测量和测验方面的专业素养和经验,我邀请她担任第三版的副主编。她接到任务之后努力工作,对本次修订工作的顺利完成起到了不可或缺的作用。她在职攻读博士学位期间,对学业成就测验进行了专门的研究,博士论文的部分内容经修改成为第三版新一章的内容。

三、第三版内容的变化

此次修订的范围覆盖全书各章节。

1. 第三版依据21世纪以来心理测量的新发展,对各章节内容进行了补充和更新。例如:(1) 更新和补充第一章的内容,将第五节改为:改革开放40多年来我国心理测量和测验发展概述";(2) 第三章第二节、第三节、第四节、第五节增加了新的内容,如对国外著名量表新的版本介绍;第六节增加新出现的且有代表性的智力理论和测验;(3) 第四章增加对大五人格测验、积极人格测验等的介绍;(4) 原第五章(现为第六章)增加差异分数显著性的判断,并对概化理论的简介进行优化,增添图示等;(5) 原第六章(现为第八章)增加项目反应理论的新发展;(6) 原第九章(现为第十章)标题改为"测验的编制和修订",增加"第三节 测验修订实例——团体儿童智力测验(GITC)的修订"。

2. 新增学业成就测验一章的内容。

3. 更新体例,更加突出教材的特征:每一章增设"本章主要学习目标"和"本章思考与练习"栏目。

4. 添加了心理测验相关规范条例(新)的内容。

5. 修正了在使用过程中发现的各种错误。

在过去的20多年里,华东师范大学出版社的领导和编辑们一再邀请我对第二版进行修订，但我一直在为心理测量事业的规范和专业化而呼吁和工作，我在1998至2008年担任上海市政协委员时，为此提案达十多篇，例如：呼吁规范心理测验量表的购买和使用，保障和提高中小学心理健康教育的质量。这些提案的内容和思想也在第三版中得到了体现。

另外，我和我的硕士、博士研究生们也对心理测验量表的编制和修订付出了极大的热情，并且不断努力工作，其中共产生了17篇硕士和博士学位论文，这些工作和研究成果为本次修订提供了很好的基础。

本书的第一章第五节，是改革开放40多年来我国心理测量和测验发展概述。因为第二版出版距今已有20多年，需要对21世纪近二十年（1998—2019）的心理测量和测验发展也做一下综述，但这项工作进行得非常困难，需要收集大量的资料进行总结和评述。副主编刘晓陵的硕士研究生周俊丽和心理学院的本科生侯曦寓参加了这项工作，她们收集了大量的有关资料，并且参与了《本世纪近二十年心理测量在中国的发展述评》初稿的撰写。

另外，由于种种原因，有些篇章的原作者无法参与本次修订工作。考虑到我的研究生温暖博士和丁伟博士在就读期间进行教学实习时使用了《心理测量（第二版）》，并且都撰写了讲义，因此我安排两位博士分别负责"项目分析"和"效度"两章的修订工作。

王益明博士毕业后在山东大学任教，其间，对人格方面进行了诸多研究，他对其撰写的第四章"人格"又添加了新的内容。

本书的修订工作仍然是我和我的研究生作者们共同努力的结果，特别感谢他们对修订工作的重视和在繁重的工作之外为修订付出的辛劳和努力。刘晓陵的两位研究生方优游和张巧婷完成了书稿的统编和初校工作，韩璐帮助查阅了资料，在此一并表示感谢！

另外，华东师范大学出版社的蒋将、王国红、朱建宝和范美琳等编辑对本书的修订都作出了很多贡献，例如：王国红就在2009年8月的来信中很有激情地写道："好的心理学专业课教材可以起到正本清源的作用，对纠正心理测量界的混乱局面也很有意义。快点开工修订吧！"并且她还提出了许多具体的修订建议和方法。在此，也一并表示感谢。

金 瑜

2016年7月13日初稿

2019年5月9日修改

2023年6月2日定稿

第二版前言

自20世纪80年代以来,在改革开放的春风沐浴下,我国的心理科学重又获得发展的生机。于是,林林总总有关心理测量方面的中外著作与译作多有问世。现在由我主编的这本《心理测量》也忝居其列,本人甚以为幸。或许是敝帚自珍之故,我想借此书付梓之机絮语几句,对其特点、体例和内容安排以及使用的建议作一简要说明,也许会对读者有所裨益。

本书的第一个特点是,与其他同类的心理测量的著作相比,它具有明显的教材特色,这个特点与它的产生过程有关。本书的编写初衷是根据教学的实际需要提出的,它也是在教学改革的过程中不断修改完成的。"心理测量"课程是心理学专业的主干课程之一,也是特殊教育学专业的重要课程。长期以来,华东师范大学心理学系和特殊教育学系一直使用戴忠恒教授在1986年编著的由华东师范大学出版社出版的《心理与教育测量》作为教材。随着时间的推移,显然其中某些内容已不再适合教学的需要,但由于他的不幸去世已不可能再由他亲自对此书进行修订了。于是在1996年10月由我承接了我校的教务部开展的教学改革项目——"心理测量课程建设",编写一本实际可用的教科书成为该项目的主要内容。我们首先拟定和撰写了该课程的详细教学大纲,并先后承蒙五位心理测量方面的专家对大纲加以审阅,得到了他们的首肯并提出了改进意见。大纲在五易其稿之后最终定稿。与此同时,我和我的硕士、博士研究生们在不断完善的大纲的基础上编写教材,并在华东师范大学心理学系、特殊教育学系的"心理测量"课程中进行了多次试用和修改。本书的教材特色可见于本书各章的撰写之中。因而,本书的主要用途是可作为心理学系、特殊教育学系及其他相关专业的大专和大学本科的"心理测量"课程的教材,也可作为研究生"高级心理测量"、博士生的"心理测量专题研究"等课程的参考书。

本书的第二个特点体现在体例的安排上,我们尽量使之方便于教学。就内容而言,本书各章的作者是在广泛吸取了中外心理测量方面专著之精华、心理测量学研究的最新成果,以及作者和其他同行长期在这些领域的研究成果和创新思想的基础上编写有关章节的,细心的读者会发现本书各章都含有不同于其他同类书籍的新颖之处。我们在策划本书时,考虑到广大使用对象的心理测量基础和需要的不同,例如,有些读者可能对心理测量一无所知或知之不多,当然有些人也许已有一定的基础,因此在体例安排上我们努力遵循从浅入深、从一般到具体再到一般的原则。本书的第一篇绪论有两章内容:心理测验的历史回顾(第一章)与心理测量和测验的一般介绍(第二章)。读者在学习第一章时对20世纪的心理测量发展历程会有所了解,粗略知晓心理测量的一些基本思想和有关实践。需要提及的是有关我国心理测量和测验在文革以后的发展评述是编著者进行这方面专题研究的总结报告。通过第二章的学习,读者对于心理测量的基本问题和特点、心理测验的基本概念、种类和应用会有一般的认识,以后的第二篇、第三篇、第四篇都是这部分内容的展开和深化。在第二篇"测验的种类"中安排了智力测验(第三章)和人格测验(第五章),通过对这两章的学习,加之在实际教学时的见习和实习,我们相信,读者对心理测量和测验会有感性的认识。两章的作者分别都有这两类测验使用的实际经验并在相应的领域里进行过较深入的研究,因而这两章的内容明显不同于其他心理测验专著中的相关章节。在以上两篇的基础上,编著者安排了第三篇"测验的理论",在这一篇里共有四章:信度(第五章)、效度(第六章)、项目分析(第七章)、测验量表与常模(第八章),它们分别对测验编制和实际使用中的有关测验的基本特征进行了较详细的介绍和分析,并有一些例题和计算内容。在以上各章里,不仅介绍了经典测验理论,并对现代测验理论,例如,概化理论、项目反应理论以及验证性因素分析等均作了简要介绍。通过这一篇的学习,我们相信读者对心理测量和测验会形成深入的认识和理解。本书的最后一篇是"测验的编制和使用"。它由两章组成,第九章是"测验的编制",在这一章里我们不仅较详细地介绍了测验编制的一般程序,并且还提供了作者自行编制的团体儿童智力测验(GITC)的实例。读者可在学习本章的同时或之后尝试修订和编制心理测验。"测验的使用"(第十章)是全书的最后一章。对于测验的选择、施测、评分以及测验结果的解释和报告作了进一步的说明,这些都与我们多年使用心理测验的经验相关联。相信这些内容对读者在实际使用心理测验时会起到有益的指导作用。根据本书这样的体例和内容安排,我们提出如下建议:对于一般仅想粗知心理测量的读者,只需阅读第一篇;需要了解更多有关心理测量知识的读者则可增加阅读第二篇、第四篇;对于想深入探究心理测量理论和实践的读者,则应该安排第三篇的学习。

  本书的第三个特点是重点突出和可操作性强。例如在第二篇"测验的种类"中,编著者安排了智力测验和人格测验两章,而且在涉及有关的测验时,选择了世界著名的、在我国广泛使用的测验量表进行介绍和评价。这与同类书籍中面面俱到地大量介绍各种测验(尤其是国外的一些测验)有明显的不同,因而为读者在学习这些章节时实际了解和操作这些测验提供了可能性,而不再是纸上谈兵。当然如果教师能安排相应的见习和实习,学习效果将会更好些。正如古人云,"读一篇不如做一篇",通过实际的操作和练习,读者定会获得对测量知识的真正把握。基于同样的目的,我们在第三篇"测验的理论"的四章中都安排有较多的例题,通过对例题的解答,会使读者对有关的测验理论的理解更容易些。

  在本书即将出版之际,我不禁缅怀我的博士生和硕士生导师,尊敬的左任侠教授和戴忠恒教授。同时,我还要感谢我的另一位导师李丹教授。她虽年高退休在家,但一直关心本书的出版,欣然答应为本书写序。他们是心理测量课程教学和科研的开拓者。在改革开放之后,他们很有远见地预测到心理测量和测验会有蓬勃发展的态势和广阔的应用前景,首次招收了心理测量和测验方向的研究生。至今,我还清楚地记得,1978年深秋,我有幸作为文革后的首批研究生重返华东师范大学时的情景。斗转星移,20多年过去了,可以告慰左任侠教授和戴忠恒教授的是,我和我的硕士研究生、博士研究生们在他们确定的心理测量研究方向上未敢懈怠,一直努力学习和工作。这本《心理测量》就是我们交出的作业。

感谢本书提纲试用稿同行专家评议组成员:周谦(首都师范大学心理学教授)、余嘉元(南京师范大学心理学系教授)、汪文鋆(浙江大学心理学系教授)、李丹(华东师范大学心理学系教授)、程华山(上海教科院普教研究所高级教师)等专家所提出的卓越、中肯的见解和真诚热情的鼓励,没有这些,本书是不可能顺利问世的。

本书的编写和试用主要是我和我的硕士研究生、博士研究生共同完成的。它凝聚着许多人的心血,它是集体劳动的结晶。作为主编,我担任了全书的策划、提纲编写、统稿以及部分章节的编写(第一章、第二章、第三章、第九章第二节、第十章);其他参编人员为王益明(第四章)、刘晓陵(第五章)、刘明(第六章)、俞晓琳(第七章)、彭呈军(第八章)、杨艳云(第九章第一节)、朱腊妹和王小晔(第一章第五节)。参与本书试用和修改的除了以上作者外,还有邢占军、边玉芳、王小慧、冯启翔。心理学系陈国鹏副教授也试用了本书并提出了宝贵意见。冯启翔、王小慧完成了部分书稿的文印和校对工作。作为主编,我向他们表达衷心的感谢,并热切期盼他们在心理测量的教学和科研方面继续取得新的成果。

如前所述,本书的形成是在前辈和其他心理测量同行研究工作的基础上进行的,本书体例的安排和内容都取自于他们著作的思想和内容的精华,或受到启发而加以引申的。因此我要在此对在主要参考文献中所列的各位作者和其他一些有关的同行与学者表示由衷的谢意。

此外,我还应特别感谢华东师范大学教务部"心理测量课程建设"改革项目的经费资助。感谢华东师范大学心理学系领导把本书的编写列入理科基地课程建设之中,并给予部分经费资助。

华东师范大学出版社翁春敏、金勇、彭呈军等同志对本书的出版的支持以及所做的许多具体工作令人难以忘怀,在此也向他们表示真诚的谢意。

本书的产生虽然浸透了我们数年时间的辛苦,但仍然还会有许多不足和可修改之处。希望读者在使用中不吝批评和指正,以便在本书修订时予以改进。

金　瑜

2001年6月于华东师范大学

序 一

一本好的教材，其学术价值不逊于一本专著。因为任何学科的发展，其生生不息的动力常有赖于年轻学者队伍的不断壮大，而从教材中获得该学科的基本训练乃是不可或缺的成长环节。关于心理测量方面的教材，我国于20世纪最后20年已有数种问世。但由于当前国内外在这一领域的内容有较新的发展，也提出新的要求，故原有教材不敷新的教学之需。现在由金瑜教授主编的《心理测量》一书针对上述事实，使之适应当前的要求。这虽不能说填补空白，但却至少可以说做成了一件很有意义的事。人们都知道，华东师范大学心理学系在心理统计与心理测量领域是素有传统的。20世纪60年代前后曾有左任侠教授的《教育与心理统计学》及戴忠恒教授的《心理与教育测量》《教育统计、测量与评价》等书先后刊行于世，从中受惠者不可谓不多。20世纪80年代末，我们又在国内较早开展了心理量表的修订和编制工作。金瑜同志由硕士生、博士生及至目前成为活跃于该领域的中坚学者，亲历了该学科从文革后的起步、复兴至繁荣的全过程。她从研究生时起，就一直以心理测量的理论和实践研究为其主攻方向，在此领域长期辛勤耕耘，多有收获与建树。特别是多年来从未脱离教学第一线，具有丰富的教学经验，由她来完成这本《心理测量》的主编任务，乃是最适合的人选。

金瑜同志在此书的前言中明确写道，这是一本满足教学需要，充分考虑学生学习的特点和规律的教材。此书是她在最近几年讲授"心理测量"课的实践过程中逐步积累资料，不断改进内容而编写成的。它既全面系统地分析了心理测量的理论知识，又提供了心理测量的实际操作方法。此书的特色我认为至少有二。其一，编著者系统介绍了经典心理测量的类型及其理论与编制程序等基本理论，同时比较详尽地引进一些测量量表的新发展新趋势，并提出一定的评价与分析。如在第二篇第三章中以较多的篇幅介绍了经典智力量表S—B第四版的内容。这个新版可以说是20世纪60年代后S—B的又一次跃进，具有重要的意义。它在评分与诊断方面与当前流行的智力量表（如韦氏智力量表）渐趋接近，并且由于测题内容的分类集中排列，也便于对被试的认知能力特点进行因素分析。其二是在阐述心理测量的编制程序和使用时，编者以其亲自编制的"团体儿童智力测验"为实例，着重操作步骤与程序，便于学生理解与掌握实际操作，培养学生编制和实施心理测验量表的能力。在此,我想再次提醒本书的读者,"心理测量"作为一门实践性和工具性极强的课程,理论联系实际是学好它的第一要律。所谓"讲之功有限,习之功无已"是也。这本是求知一切学问的至理,但或许对学习"心理测量"这门课程来说,尤为重要。

我认为,这本书是讲授"心理测量"课程的比较理想的教材,它一定会受到选择使用它的读者的喜爱,因此欣然作序以示支持。

李丹
2001年6月于上海

第一编 绪 论

第一章 心理测量和测验的历史回顾 /3
第一节 中国古代的心理测量思想和实践 /3
第二节 近代心理测量的早期尝试与先驱者的探索 /6
一、早期对智力落后儿童的分类与训练的兴趣 /6
二、冯特实验心理学的影响 /7
三、高尔顿的理想和贡献 /8
四、卡特尔及其早期个别差异研究 /9
第三节 社会需要是心理测量和测验发展的动力 /10
一、比奈和世界上第一个智力测验 /11
二、团体测验的产生 /11
第四节 心理测量和测验在我国的发展 /13
一、1949年之前心理测验的发展和停滞 /13
二、1949年之后心理测量和测验的发展 /14
第五节 改革开放40多年来我国心理测量和测验发展概述 /15
一、往事回顾 /16
二、心理测量迅猛发展的特点评述 /18
三、对存在问题和未来前景的几点思考 /23

第二章 心理测量和测验的一般介绍 /29
第一节 测量的基本问题 /29
一、测量的定义 /29
二、测量的要素 /32
三、四种测量水平和测量量表 /33
四、直接测量和间接测量 /34
五、测量的方法 /34
六、测量的误差和精确程度 /34
第二节 心理测量的基本概念 /35
一、心理测量的定义 /35
二、心理测量的可能性 /35
三、心理测量的特点 /36
四、心理测量的水平 /37
第三节 心理测验的基本概念 /37
一、心理测验和心理测量的联系与区别 /37

二、心理测验的定义 /37
　　三、心理测验三要素 /38
　　四、心理测验客观性指标 /39
第四节　测验的种类 /41
　　一、根据测量的对象分类 /41
　　二、根据测验的人数分类 /42
　　三、根据测验材料分类 /42
　　四、其他测验的分类 /43
第五节　测验的应用 /43
　　一、了解个别差异 /44
　　二、诊断、预测和评价 /44
　　三、甄选、分类和安置 /44
　　四、为心理辅导和心理咨询服务 /45
　　五、心理和教育科研的辅助手段 /45

第二编　测验的种类

第三章　智力测验 /49
第一节　智力测验的概述 /49
　　一、什么是智力测验 /49
　　二、智龄、比率智商和离差智商 /50
　　三、智力的分布和分类标准 /52
第二节　斯坦福—比奈智力量表 /53
　　一、斯比智力量表发展概况 /53
　　二、斯比量表第四版(SB4) /54
　　三、斯比量表第五版(SB5) /59
第三节　韦克斯勒儿童智力量表 /62
　　一、韦克斯勒智力量表系列的发展概况 /62
　　二、韦克斯勒儿童智力量表修订版(WISC-R) /63
　　三、韦克斯勒儿童智力量表第三版(WISC-Ⅲ) /67
　　四、韦克斯勒儿童智力量表第四版(WISC-Ⅳ) /69
　　五、韦克斯勒儿童智力量表第五版(WISC-Ⅴ) /71
第四节　其他类型的智力测验举例 /73
　　一、考夫曼儿童成套评价测验 /73
　　二、瑞文测验 /79

第五节　对传统的比奈式智商测验的反思和评价 /80
一、传统比奈式智商测验仍有其存在的价值 /81
二、智力测验的优点 /82
三、智力测验在教育上的应用 /83
四、关于智力测验局限性的争论继续存在 /84
五、对智商的分析 /86

第六节　智力的理论和智力测验的新发展 /88
一、智力概念和定义的演变 /88
二、现代智力因素分析理论 /88
三、智力的认知理论 /94
四、智力测验的新发展 /98

第四章　人格测验 /100

第一节　人格测验概述 /100
一、人格、人格理论及人格测验的概念 /100
二、人格测验的种类 /103

第二节　自陈量表 /106
一、卡特尔16种人格因素测验(16PF) /106
二、明尼苏达多相人格测验(MMPI) /115
三、艾森克人格问卷(EPQ) /124
四、加州心理调查表(CPI) /126
五、其他问卷式自陈人格测验 /130
六、对人格自陈量表的评价 /133

第三节　投射测验 /135
一、投射测验的假设与特点 /135
二、投射测验的分类及几种主要的投射测验 /136

第四节　人格测量中的评定量表和情境测验 /143
一、人格评定量表 /143
二、情境测验 /146

第五节　人格测验中存在的问题 /147
一、人格基本概念的不一致 /147
二、整体动态人格测验的困难 /148
三、信度和效度系数较低 /148
四、人格测验的题目 /148
五、测验分数的解释 /149

六、伪装和社会赞许反应 /149
七、隐私 /149

第五章 学业成就测验 /150
第一节 学业成就测验概述 /150
一、成就测验的起源、含义和种类 /150
二、成就测验与教育测验 /151
三、标准化成就测验 /152
第二节 综合学业成就测验 /155
一、斯坦福成就测验系列 /155
二、加利福尼亚成就测验 /157
三、河畔2000评价系列 /159
四、大城市成就测验 /162
第三节 单科学业成就测验 /164
一、伍德科克掌握阅读测验 /164
二、斯坦福阅读诊断测验 /165
三、关键数学测验修订版 /166
四、斯坦福数学诊断测验 /167
第四节 标准化成就测验的现状和发展趋势 /168
一、国外标准化成就测验发展现状和趋势 /168
二、我国标准化成就测验的发展状况简介 /174

第三编 测量的理论

第六章 信度 /181
第一节 信度的理论 /181
一、信度的含义 /181
二、误差 /182
三、测量误差和真分数理论 /183
四、信度的数学定义 /186
第二节 测量误差的来源 /188
一、测验本身引起的测量误差 /188
二、测验实施过程引起的测量误差 /189
三、被试本身引起的测量误差 /189
第三节 估计信度的方法 /190

一、重测信度 /190

二、复本信度 /192

三、内在一致性信度 /194

四、评分者信度 /198

第四节 影响信度系数的因素 /199

一、分数分布范围的影响 /200

二、测验长度的影响 /201

三、测验难度的影响 /202

第五节 测量的标准误差 /203

一、测量的标准误差 /203

二、直接估计标准误差 /205

第六节 概化理论简介 /206

一、GT 的基本原理和概念 /206

二、单侧面随机设计 /208

三、双侧面完全随机交叉设计 /210

四、小结 /212

第七章 效度 /214

第一节 概述 /214

一、效度所要回答的问题 /214

二、效度的含义 /215

三、效度的种类 /216

四、效度与信度的关系 /218

第二节 内容效度和结构效度 /219

一、内容效度 /219

二、结构效度 /221

第三节 效标效度 /223

一、效标 /223

二、效标效度的估计方法 /225

三、对效标效度、内容效度和结构效度的几点总结 /231

第四节 影响效度的因素 /231

一、测验本身的因素 /232

二、测验实施和计分方面 /233

三、被试的主观方面 /233

四、进行效度化所依据的有关效标 /233

五、样组方面 /233

第五节　效度的应用 /234
一、效标分数的预测及预测误差 /234
二、效度与人才选拔 /237

附录　效度的统计检验方法——因素分析 /241
一、因素分析方法的研究简史 /241
二、因素分析简介 /241
三、因素分析方法在效度验证中的作用 /246

第八章　项目分析 /248

第一节　项目难度 /249
一、项目难度 /249
二、项目的平均数与方差 /252
三、难度与测验分数的分布 /254
四、项目难度的范围对信度系数的影响 /255

第二节　项目的鉴别力 /255
一、定义 /255
二、估计方法 /255

第三节　项目分析的实例 /264
一、步骤 /264
二、实例 /264

第四节　项目反应理论 /266
一、经典测验理论的局限性 /266
二、项目反应理论的诞生 /267
三、IRT 的特点 /267
四、IRT 的基本假设 /267
五、项目反应模型 /269
六、IRT 的特点与运用 /272

第九章　量表与常模 /275

第一节　原始分数和导出分数 /275
一、原始分数 /275
二、原始分数的矫正 /275
三、关于部分知识 /276
四、常模和导出分数 /277

第二节　常模和标准化样组 /278

一、标准化样组 /278

二、标准化样组的条件 /279

三、常用的概率抽样方法 /280

四、常模的相对性 /283

五、关于常模和标准 /284

第三节　发展性常模和发展量表 /284

一、智龄 /284

二、年级当量 /285

三、顺序量表 /286

四、发展量表的总评 /287

五、比率智商 /287

第四节　组内常模和量表 /289

一、百分等级 /289

二、标准分数 /291

第四编　测验的编制和使用

第十章　测验的编制和修订 /301

第一节　测验编制的一般程序 /301

一、确定编制测验的目的 /302

二、产生测题 /305

三、测验的标准化 /312

四、测验量表和常模 /314

五、测验基本特征的鉴定 /314

六、编写测验指导书 /314

七、小结 /315

第二节　测验编制实例——团体儿童智力测验（GITC）的编制 /315

一、编制的目的 /316

二、新编测验简介 /317

三、小结 /326

第三节　测验修订实例——团体儿童智力测验（GITC）的修订 /327

一、问题的提出 /327

二、研究的思路和目标 /329

三、修订过程 /329

第十一章 测验的使用 /341

第一节 主试的资格 /341
一、心理测验的专业理论知识 /342
二、心理测验的专业技能 /342
三、测验工作者的职业道德 /343

第二节 测验的选择 /343
一、选择与测验活动目的相符的测验 /343
二、了解测试对象的受测条件 /344
三、分析所选测验的特点 /344

第三节 测验的施测 /345
一、测试开始前的准备 /345
二、测试过程中应注意的事项 /346
三、主试和被试间良好的协调关系 /348

第四节 测验的评分 /348
一、原始分数的获得 /348
二、原始分数的转换 /349

第五节 测验结果的报告 /350
一、测验结果的综合分析 /350
二、测验结果的解释和建议 /351

附件 /356

主要参考文献 /362

第一编

绪 论

第一章　心理测量和测验的历史回顾

本章主要学习目标

学习完本章后,你应当能够:
1. 知道中国古代的心理测量学思想和实践活动;
2. 知道冯特、高尔顿、卡特尔对心理测量的贡献;
3. 理解比奈对心理测量的贡献;
4. 知道心理测量在我国的发展历史和现状。

现代心理测量和测验作为心理科学的一个重要分支,是在19世纪的欧洲才发展成熟起来的,其直接动因乃是源于人们对心理特征的个别差异进行评定的需要。心理特征的个别差异是客观存在的,人们在日常生活中创造了丰富的语汇来描述这种差异。但是,对科学的心理研究来说,定性的描述是远远不够的,必须寻找到有效的方法对之加以定量的刻画,于是心理测验这一工具性的实用技术在各种关于心理实质的理论的指导下应运而生了。当然,定量描述心理差异的方法并不限于心理测量,但是,心理科学发展至今,心理测量仍然是一种应用范围较广、实际效果较好且操作性较强的测量方法。它与对变量加以严格控制的实验方法共同构成了心理学实证研究的两大范式,并且近来有相互融合的趋势。

正如近代科学心理学的故乡虽然不在中国,但丰富的中国典籍中富含精辟的心理学思想一样,有关心理测量的丰富思想在中国古代典籍中也是非常丰富的。尽管这些思想不可避免地被打上中国传统文化的印记,但在许多方面与心理测量的基本原理相契合。从某种意义上说,它们是近代心理测量的理论和实践发展的源头之一。许多西方学者对此持客观公正的态度,让我们择其要者,略述于后,以便更好地理解心理测量和心理测验的性质及其产生的必然性。

第一节　中国古代的心理测量思想和实践

中国是具有五千年文明史的东方大国。心理测量作为一种人类对自身特征认识和评价的特殊实践活动,必然会构成这一古老文明内涵的重要组成部分,这不足为奇。中国是心理测验的故乡,这已成为国内外心理测量界众多学者们的共识。中国对心理测量和心理测验的贡献是多方面的。

心理测量的完整实践至少应包括三个前提:一是要肯定心理的可测性,正视心理的个别差异;二是要确定对何种心理特征进行测量,即所谓测量的内容方面,与此相关的就是要对这些待测或可测的内容有某种理论加以说明;三是要在对心理内容的特性或差异性阐述的基础上,形成具体的测量方法,即把内容操作化,这些操作化的手段还必须以某种适当的形式呈现出来,这就是心理测量的方法侧面。中国古代的心理测量在以上三个方面均有其卓越的贡献。

首先,在心理测量的最重要的思想基础方面,即关于心理的差异性方面,中国先哲们有深刻的认识,不管这种差异是由何种原因所导致的。如果否定差异,一切测量将无从谈起。早在2500年前,儒学创始人孔子就提出"性相近也,习相远也"的观点。所谓"习相远也"即认为人的后天的行为表现可能显示出巨大的个别差异。他同时还提出"上智"和"下愚"的概念,又说"中人以上,可以语上也;中人以下,不可以语上也"。暂且不论这些观点本身正确与否,至少说明这些论述已体现了可把人的智力划分为不同类别的分类思想。我们很容易看到这与现代测量学中的类别量表的见解是一致的。难怪著名测量学家艾森克(Hans J. Eysenck)夫妇把"差异和分类"的思想直接溯源于中国古代思想家的先见。

其次,关于这些差异的可测量性,中国古代先贤们也有明确的论述。如孟子有"权,然后知轻重;度,然后知长短。物皆然,心为甚"之说。在孟子看来,心与物二者都具有可以测量的特性,这也许是关于心理能力和心理特征的可测量性的最早的明确表述了。它较之我们所熟知的名言"凡物之存在必有其数量"[桑代克(Thorndike),1918]和"凡有数量的东西都可以测量"[麦柯尔(W. A. McCall),1922]要早2000多年!

最后,中国古代不仅有如上关于心理特征差异性及其可测量性的理论阐述,而且还产生了真正意义上的心理测量的实践活动。它集中地表现在对人才的评定和选拔上。这就涉及对人才内涵的认识以及如何把这些认识(标准)体现于具体的评价手段上。

中国数千年的儒家文化一贯重视对能够治国安邦的经世致用的人才的选拔,以维系和巩固封建统治。同时还要求这些官员后备者须恪守为臣之道,以修身养性冶炼自身,以三纲五常约束自身,即追求一种道德与智能的统一。从读书士子中选拔官员,这是维护封建统治的头等大事。自两汉至魏晋,主要实行的是举贤推荐制。虽然这种举荐方法与真正意义上的测量相比,尚有标准不统一、主观色彩浓重等不规范之处,但它实际上已蕴含着根据某种标准,选择符合要求的人才的思想。如"贤、良、方、正"这四种类型的"人才"都具有各自特定的内涵。如果说这种举贤推荐的方式在"怎样测量"的操作化方面存在缺陷,那么至少在"测量什么",即在确定人才的内容方面有了重大的贡献。封建统治对人才选拔的重视,促使许多学者对人的才能和性格加以深入分析与研究,为举贤推荐的实施提供理论支持。在这方面,不能不提到三国时魏人刘劭所著的《人物志》一书。该书可以说是与举贤推荐制相适应的一本关于如何察举用人和品鉴人才的工具书。该书奉行"中庸至德"的儒家教义,对于人的形质、人性、才具以及志业等,均有独到的阐述分析,并综合加以分类,屡列甚详。刘劭所主张的"考课核实"的方法,实质上遵循的是内部心理和外部行为相统一的原则,从人的体貌、言语、行为等诸多方面的观察入手以判定其"心志"大小,从而归于圣贤、豪志、傲荡、恂慄等不同类别。刘劭还注意到这种"考课"可能失真,这一方面缘于观察者的个人偏好(主观偏差),另一方面则可能由于被观察者的表里不一(客观事物的复杂性),于是他提出了详尽的"八观与五视"的观察方法,以尽量减少这些误差。这不能不说是他对观察方法的贡献。刘劭的《人物志》影响深远,20世纪30年代曾有美国人将其译出并冠以"人类能力研究"之书名出版。观察法作为心理学中收集心理事实材料的方法,迄今仍被沿用。刘劭在书中所提出的一些原则仍然是有效的。

中国古代最值得称道的心理与教育测量的实践活动是初萌于商周,兴盛于隋唐的科举取士制度。它历经1300多年,延续至清末。这种选才方式在诸多方面接近于近代的心理测量的基本模式。科举取士制度的终止,主要缘于其内容不能适应新时代的发展,但就中国古代封建社会对人才的要求而言,应该说,它们是具有相当的内容效度的。如商周时期的教育考试内容为礼、乐、射、御、书、数等服务于祭祀与作战之需的六艺;汉代则笔试法律、军事、农业、税收和地理等五项内容;隋唐时期,科举制度在全国范围内进行,并且制度完善,此时儒学地位得到巩固并被推为至尊,因此考试内容以儒学经典为取材来源和衡量标准。如果说,早期的周代"试射"属于一种非文字的单项特殊能力现场测试,采用参照校标的记分方法,那么至隋唐开科取士制度奠定之后,则属于一种多形式的综合测验。此时考试形式渐趋多样化,主要有帖经、墨义、口义、策论和杂文(诗赋)等。这种体现在科举取士中的心理测量思想一方面具有鲜明的中国文化特色(主要从测验内容上看),另一方面在具体测验方法和形式上也有颇多独特的建树。如所谓帖经,类似于填充题。还有一种对偶形式的题目,则与近代测验中的类比题颇具相似之处。它们为近代的心理与教育测量提供了早期范例。一个人所共识的观点是:欧美各国的文官考试制度就是直接移植于中国的科举取士制度。如法国在大革命后,就是在启蒙学者的鼓吹下并参考中国的科举制度而建立起自己的文官考试制度的。

在中国古代,除了官方推行的科举取士制度堪称为规模宏大的有组织的测量活动之外,中国民间的自发的测量活动也是形式多样、传统深远的。值得提及的有:战国末期孟轲门下乐正克写成的《学记》可以说是第一部把教学与测验相结合,论述学生的各种能力[如"离经"(分析经文的能力)、"博习"(知识是否广博)、"知类通达"(触类旁通,迁移学习的能力)]和个性特征[如"乐群"(同学之间的相互关系)、"亲师"(尊敬老师)、"取友"(识别朋友与交往)]的个别差异的著作。另外,在《礼记·本命》中,首次系统记录了一个人从出生至十六岁成年大致的发展历程,内容涉及视觉、言语、行动、情感诸多方面,虽然标准粗糙,但仍不失为初具结构的生理与心理的年龄发展量表的形态。作为更普及和实用的民间心理测量的活动和形式,还有早在1500多年前的南北朝时代在中国许多地区(特别是江南地区)就广为流传的所谓"周岁试儿"活动以及七巧板益智图、九连环游戏等形式。关于周岁试儿,避开它的牵强的"贪廉""贫富"等唯心预测功能不谈,应该说它对"智愚"的认知方面的评定还是有一定根据的,符合婴儿期动作发展的特点,粗略地说,它属于一种早期婴儿行为的诊断测验。我国著名测验学家林传鼎先生认为它是近代西方学者格塞尔(A. Gesell)的婴儿发展量表和彪勒(C. Bühler)的婴儿发展测验(程序表)的先导。至于著名的七巧板,则堪称现代智力测验中广泛使用的所有拼图类测题的始祖,它可以被视为一种非文字类型的创造力测验,与人的发散式思维活动密切有关,尤其对操作者的知觉整合能力和空间想象能力要求很高。七巧板又称益智图,这蕴含着通过对拼图过程的不断探索,可以训练和提高智力的思想。九连环是另一种中国民间的智力游戏。它通过巧妙的设计,把数量不等的金属环(最多为九个环)套在一个条形横板上,当中用一个剑形框柄贯通。它的设计精巧性可与现代的魔方、魔棍等操作性玩具相媲美,也可被视为较之现代认知心理学中著名的河内塔任务更为复杂的操作性的问题解决任务。七巧板、九连环等后传入西方,受到推崇,如著名心理学家武德沃斯(Woodworth)就把九连环赞为"中国式的迷津",七巧板则被称为"唐图"(Tangram),即"中国的图板"之意。七巧板类型的拼图任务现在几乎为当代多数智力测验和创造性测验所使用,并且已发展成为标准化的纸笔型测验。

综上所述,古代中国对心理与教育测量和测验的贡献是多方面的。孔子、孟子等关于个别差异及其可测量性的论述;刘劭对观察法的原理和实施原则的阐明(如"观其感变,以审常度",如若要避免"众人之察,不能尽备",则需"必待居止,然后识之"等);西汉扬雄(公元前58—公元18)提出以反应的速度为标准来判断人的智力的高低("圣人矢口而成言,肆笔而成书");诸葛亮(公元181—234)提出问答法和特定情境诱导行为法作为"知人性"的重要手段以及盛行千余年的科举取士制度和流行于民间的智力型游戏等,所有这些均在测量和测验的发展史上留下了深刻的印迹,并在诸多方面给后人以启示。

第二节 近代心理测量的早期尝试与先驱者的探索

要了解当今心理测验之主要发展趋向,我们必须回到19世纪——当代心理测验萌芽之时。

一、早期对智力落后儿童的分类与训练的兴趣

这是近代心理测验产生的最初原因。在19世纪以前,智力落后者(mental retard)或称智力缺陷者、低能者和精神异常者(insane),遭到与精神病人同样的待遇,常常被忽视、嘲弄、禁闭,甚至被拷打。随着对精神病人的了解的增加,欧美对智力落后者的态度有所转变,有些国家还建立了特殊的医疗机构来收容他们,这就使得建立一种标准而客观的分类法来鉴别智力落后者和精神异常者成为因时之需。精神异常者的主要症状是情绪障碍,并不必然伴随智力上的损害,而智力落后者的主要特征是从出生或从婴儿期就表现出智力缺陷或智力落后症状。

第一位正式在文献中提到这两者之间区别的是法国医生艾斯克罗(J. E. D. Esquirol)。在他1839年出版的著作中,约有100多页论及智力落后的问题。他认为智力落后有程度上的不同,在自正常人到最严重的智力落后者之间是一个连续的向度分布。为了区别不同程

度的智力落后者并把他们加以分类,艾斯克罗尝试制定一些程序。他发现一个人的语言能力是他智力水平的最可靠的指标,这是一个很有意义的发现。事实上,现今使用的鉴别智力落后的标准大多均属于语言范畴,众多智力测验均包含言语测验的内容。著名的智力测验斯坦福—比奈量表第四版的测验首先是从词汇测验开始的,并根据词汇测验的结果和被试的实足年龄决定其他分测验开始的难度水平。语言能力在智力内涵中扮演着极重要的角色。

另一位法国医生沈干(E. Sequin)在这方面也有特殊而重大的贡献,他是训练智力落后者的先驱。他认为智力落后并非如一般人所认为的那样是不可治疗的,并花了多年时间来实验他的"心理训练法"。1837年,他还创建了第一所招收教育智力落后儿童的学校。他于1846年出版了《白痴:用生理学方法进行诊断和治疗》一书。他的思想在其1848年移居美国后,在北美受到广泛的推崇。现在许多训练智力落后儿童的机构里所采用的方法,如感官训练(sense-training)、肌肉训练(muscle-training)等都是由他首创的,这些方法至今仍在全世界范围内的智力落后儿童教育机构中应用。这种训练通过对严重智力落后的儿童施以感觉辨别力方面深入而密集的练习,以促进其动作控制(motor-control)的发展。他所创立的某些方法或程序还被心理测验中非语言测验所采用,沈氏拼图板(Sequin Form Board)就是一例,其具体操作方法是要求受测者尽快地将不同形状的图片嵌入适当的凹槽内。

在艾斯克罗和沈干的开创性工作之后的半个世纪,法国心理学家比奈(A. Binet)开始致力于推动建立鉴别不能适应正常学校学习但是可教育的(educable)儿童的方法。这类儿童在被鉴别出来之后,将被安排接受一系列特殊教育课程。比奈与其"儿童心理学研究会"(Society for the Psychological Study of the Child)的同事们努力推动法国公共教育部开展一项促进智能不足儿童学习能力的计划,并特别为研究智力落后儿童成立了以比奈为首的专门研究小组,这个小组的成立是心理测验发展史上一个极为重大的事件。

二、冯特实验心理学的影响

一般而言,19世纪的实验心理学并不关心个别差异的测量问题,该时代心理学家的主要研究方向是寻找人类行为的一般性原则,其研究焦点在于行为间的一致性而非差异性;个体间的差异不是被忽略,就是被视为一般可接受的必然偏差。因此,如果两名受试者在完全相同的实验情境下表现有所不同,一般被视为是误差的一种形式。但是,由于这种误差——即个别差异的出现,使得所归纳的一般性原则变得粗略而不精确。这就是实验心理学的鼻祖冯特(W. Wundt)于1879年在德国莱比锡大学设立了第一所心理学实验室之后,早期的实验心理学家对于个别差异所持的基本观点和态度。

冯特时代的实验心理学家选择的研究主题和研究内容,往往都深受生理学与物理学的影响,因此所研究的问题多为视觉、听觉及其他感觉器官的敏感性,所测量的也多为简单的反应时(reaction time)。这种对感觉现象的强调清楚地反映在早期心理测验的内容中。

19世纪的实验心理学家对心理测量发展的另一方面的影响表现在对测量情景的控制上。早期的心理学实验十分强调观察时必须严格地控制实验情境。例如在一个测量反应时的实验中,对指导语的措辞就会影响受试者反应速度的快慢,周围环境的照明度与色彩对于视觉刺激的明晰度有显著的影响。这就要求对影响实验结果的诸多因素加以控制。实验控制的思想在测验中就自然演变为测量的标准化问题。在一个标准化情境下观察所有的受试者,是极为重要且须严格执行的条件,标准化的程序正是当代心理测量和测验的特色之一。

三、高尔顿的理想和贡献

英国生物学家高尔顿(F. Galton)在其1893年出版的《人类才能及其发展的研究》一书中,首先提出了"测验"和"心理测量"这两个术语。高尔顿堪称直接推动测验运动发展的第一人,也是最早实际从事测验活动的学者。他对心理测量和测验的发展所作出的贡献是多方面的。

由于高尔顿对人类遗传感兴趣,在对遗传的研究中,他发现若想了解遗传对行为的影响,必须测量近亲或远亲的各种特质,以确定亲子之间、兄弟姐妹之间、双胞胎之间以及表兄妹之间的相似程度。基于这一观点,一方面,他促使许多教育机构对学生进行系统的人体各方面的测量,另一方面,他自己也实际从事这一工作。1884年,他在伦敦国际博览会中专门设立了一个"人体测量学实验室"(anthropometric laboratory)。参观者只需支付三个便士,便可测量其身体的(如身高、体重等)特质,接受有关视觉与听觉敏锐度、肌肉强度、反应时以及其他简单的感觉动作方面的测试。测量结果记入卡片。博览会闭幕之后,这个实验室迁至伦敦的南肯辛顿博物馆。高尔顿后来又继续在此做了六年的测量,积累了9337人的资料,计有身高、体重、呼吸力、拉力和压力、手击速率、听力、视觉、色觉等个人测量数据。相比于现代心理测量来说,这些资料也许在与智力或人格相关的效度上缺陷明显,但它可以称得上是第一个以简单的心理特点为主的探讨个别差异的大规模数据库。但是,对高尔顿而言,他实际上是一个持有从生理的、感觉的和知觉的材料里求出人类许多品质,特别是推测智力的设想的人。他相信通过对感觉器官辨别力的测量可以估量一个人的智力。在这方面,他部分受到洛克(J. Locke)感觉论思想的影响。高尔顿认为,外部世界的任何信息欲传至个人,唯一的途径是经过我们的感官。因此感觉器官的辨别力愈强,我们的判断力与智力所能运作的范围就愈大。高尔顿注意到智力落后者对冷、热、痛等感觉的辨别能力也有所不足的现象,这更加强了他的信念——从总体上看,感觉的辨别力,在智力最高的人身上也是最灵敏的。但是,高尔顿的这一思想在心理测量学发展的很长一段时间里,并不为多数学者所接受。不过,就反应时而言,随着当代认知心理学以及认知派智力观的兴起,人们似乎重新燃起用反应时来探查人的智力的热情。不过由于反应时问题的复杂性,这种企图化"复杂"为"简单"的途径的有效性仍存在问题。

高尔顿在他的人体测量学实验室中使用的测验仪器和方法大多是他自己发明和设计的,许多至今仍为大众所熟知。有些保留了原样,有的则被加以适当修改,例如测量视觉对长度之辨别力的高尔顿棒(Galton bar)、决定听觉上能听到的最高频音之高尔顿哨(Galton whistle)等。另外,高尔顿也是采用评定量表(rating scale)、问卷法与自由联想技术的先驱。

他的另一项重要贡献是发展出了分析个别差异资料的统计方法。他对一些原先由数学家发展出来的技术加以形式转换，以便未受过高深数学训练的研究者也可以用其来分析资料。就此而言，高尔顿大大地拓展了资料分析统计方法的应用范围。他提出的相关概念，在心理统计和测量的发展史上具有重要的意义，后来由他的学生皮尔逊（K. Pearson）完成的相关计算方法所形成的矩阵相关的理论成了心理测量的重要工具，为日后心理测量的研究工作铺平了道路。

四、卡特尔及其早期个别差异研究

卡特尔（J. M. Cattell）在心理测验发展史上占有极其重要的地位。他早年师从冯特，获得莱比锡大学博士学位。虽然冯特并不太赞成他开展差异性的研究，但他最终还是完成了一篇有关反应时间之个别差异的论文。1888年，卡特尔在剑桥大学担任讲师时与高尔顿有了接触，因而激发了他对个别差异研究的更大兴趣。回到美国之后，他便致力于推动实验心理学和测验的发展。1890年，卡特尔在《心理》杂志上发表了一篇重要文章：《心理测验与测量》，这是"心理测验"（mental test）第一次出现于心理学文献中。他在文中指出："心理学学者不立根基于实验与测量上，绝不能有自然科学的准确。""如果我们规定一个一律的手续使在异时、异地得出的结果可以比较、综合，则测验的科学和实用的价值都可以增加。"无疑，这些观点都是现代测验工作者所熟知的重要的编制测验的指导准则。

卡特尔还在此文中提及了他为了评量学生的智力水平所进行的一系列心理测验，现略介绍如下：

（1）握力测量。用握力计测量肌肉的力量。

（2）动作速度测量。被试的右手和臂处于静止状态，要求他在一平面上以最快速度移动50厘米。

（3）触觉两点阈测量。

（4）引起痛觉的最低点的测量。将一硬质的橡皮带压到被试的前额，考察被试忍受痛苦的最低点，其结果可以从指示器上获知。

（5）辨别重量最小差别的能力的测量。

（6）对声音反应时的测量。

（7）说出四种混杂在一起的颜色名称的速度的测量。

（8）把一根50厘米的线平分为二，测量被试的精确性。

（9）对10秒钟时间判断的测量。

（10）复述听过一次的字母数目的测量。

从以上测验内容的选择上，我们可以看到卡特尔基本上持有与高尔顿相同的观点，即认为唯有通过对感觉器官的辨别力与反应时的测量才可测得智力之功能。在卡特尔看来，这些测验内容都与人们的高级心理活动有关，或与人们的神经活动有关。例如，压力测量是测量人们的意志的控制和情绪的激动性的；辨别重量最小差别的能力是测量人们的耐心的；对引起痛觉最低点的测量可以用作神经系统的诊断。此外,他之所以对这类测验有偏好,是由于进行测量时所得到的简单反应时可符合细密性与精确性的要求,而这在卡特尔所处的时代,企望能够发展出对复杂功能进行客观测量的工具似乎是过于超前了。

1893 年,在芝加哥举行的哥伦比亚博览会上,卡特尔的学生贾斯特罗(J. Jastrow)、威斯拉(Wissler)等进一步把测验推向普及,他们设立摊位,使游客可在此接受有关感觉、运动以及知觉过程的测验,并将个人结果与一定的常模比较。不过这些早期测验的结果却不能令人满意,因为被试在不同测验上的表现相关度极低,而这些表现与一些对智力水平的独立评估——如教师的评定和学习成绩之间的相关度也很低,因此很难得出受测者智力的实际高低的真实结论。尽管如此,卡特尔所使用的测验是 19 世纪最后 10 年中各类心理测验系列的典型代表,它启发了后来的研究者从另外的途径探索测验智力和其他心理特质的差异。

对于心理测验早期尝试产生影响的还有其他不少人物。当时在欧洲已有心理学家尝试编制系列测验去测量包括比较复杂的心理功能。其中重要的一位是克雷丕林(E. Kraepelin),他原先的兴趣在于精神病患者的临床检验。1894 年,他建议在精神病理学上使用测验,并用心理测验的方法研究智力正常和异常者。这些测验的内容主要是简单的算术运算,目的在于测量练习效果、记忆力和对疲劳与精神涣散的易感性。他的学生厄恩(A. Oehrn)曾编制了一套测验,包括对知觉、记忆、联想和运动机能的测量。另一位值得提及的是德国心理学家艾宾浩斯(H. Ebbinghaus),他认为智力的高低在于综合能力的差异。他在对学龄儿童施以算数计算、记忆广度测验的同时,又于 1896 年首创最复杂的语句完成测验,这种测验与儿童的学业成就有显著的相关。艾宾浩斯在该测验中所使用的方法是填充法。填充法目前已是一种最常用的测题格式之一,虽然很简单,但在当时却是一个创举。显然,填充法与卡特尔等人的低级心理过程的测验有很大差别。与克雷丕林一样,意大利心理学家费雷尔(G. C Ferrair)及其学生也对病理学研究中的测验很感兴趣。1896 年,他们发表了从生理测量到理解广度和图片解释的一系列测验。

在法国,比奈与亨利(V. Henri)曾发表文章批评这些测验太过于强调感觉,它们测量的仅是一些简单而特别的能力。他们认为在测量复杂的功能时,不必要求太多的精确性,因为这些功能的个别差异要比简单功能的更大。而且他们定义了一长串进一步的测验目录,所测之功能包括了记忆力、想象力、注意力、理解力、受暗示性、道德情感、意志力和运动技能、对美的统觉能力等。从这些测验中,我们不难发现日后著名的比奈—西蒙智力量表的发展趋势。比奈从多方面寻找测量智力的方法,这位智力测验的创始人,当时也同那些先驱者一样处于测验的早期探索之中。

第三节　社会需要是心理测量和测验发展的动力

科学的发展总是源于实际的需要。"心理测量"的发展也同样如此。社会需要是心理测量发展的动力。

一、比奈和世界上第一个智力测验

比奈被称为心理测验的鼻祖,他无愧于这一称号。由于比奈的努力,世界上第一个真正意义上的智力测验得以诞生。比奈的成功既建立在先驱者们探索性工作的基础上,同时也体现了他自己的创造性的贡献。

比奈于 1857 年生于法国尼斯,他初学法律,后改学医学,继而对心理学产生兴趣,后来则一直致力于智力测量的研究。在 1900 年,他和他的同事们在探索测量智力的方法上倾注了大量心血。他们尝试了许多方法,自然也走了不少弯路,他们甚至尝试测量头盖骨的形状、脸形、手形以及对字迹进行分析以图了解人的智力状况。比奈在测量儿童的头盖骨方面费时尤多,他的目的是通过比较儿童头盖骨的大小以得到聪明和愚笨的指标。结果表明,聪明儿童大体上稍占优势,但差别很小,交掩很大,在个体智力的评定上完全无用,不久比奈就放弃了这些方法。这些结果逐渐使他们认识到,探索智力的评价指标,只有从智力本身(包括智力的外显操作结果)入手加以研究,才是一条正确的道路。即使它只是粗糙的方法,那也是有可能有效测量复杂的智力功能的途径。

1903 年,比奈的《智力的实验研究》问世。比奈在此书中所讲的智力是广义的,它包含一切高级心理过程,表现在推理、判断以及运用旧知识解决新问题的能力上。他以自己的两个女儿为被试,尝试使用一些测验任务,如词语填充、图片解释等。基于这些研究,他形成了这样的观点,即智力是人所具有的极其复杂的能力,非简单的方法所能测量,因此要直接选择广泛而复杂的课题才能测量智力。本着这种精神,他继续思考着智力的测量问题。这一观点看似简单,但在当时显然是一种对智力本质认识上的一大进步。这也是他超越前人之处的体现。

1904 年,法国教育部委托比奈研究教育智力落后儿童的方法,比奈欣然接受,因为他可以把自己多年的研究成果直接应用于实践。同时接受这一任务的还有许多医学家、教育家和其他科学家,他们共同组成了一个委员会,探寻某种可以在公立学校中对智力落后儿童施行的有效的教育方法。作为该委员会的委员之一,比奈主张用测验的方法来发现和鉴别智力落后儿童。比奈的这一主张开始遭到了许多人的反对,但他并不气馁,并坚持与另一志同道合者西蒙(T. Simon)合作,终于完成了世界上第一个智力测验量表——比奈—西蒙量表(Binet – Simon Scale)。1905 年,他在《心理学年报》上发表了《诊断异常儿童的新方法》一文,并在其中详细介绍了此量表,故也称此量表为 1905 年量表。在 1908 年和 1911 年,他又连续两次对此量表加以修正,史称 1908 年量表和 1911 年量表。比奈—西蒙量表的问世,吸引了全世界心理学家的注意,在短时期内迅速传播到世界上的许多国家,在许多语系中均有比奈—西蒙量表的翻译和修改版本。仅在美国,就有好几种不同的版本相继问世,其中最著名的首推斯坦福大学推孟(Terman)教授在 1916 年指导修订的,即著名的 S—B 量表(Stanford – Binet Scale)。有关比奈量表及最近的修订版本及应用情况将在第三章详述。

二、团体测验的产生

团体测验(group test)的产生,在某种意义上是与愈来愈迫切地实际需要相适应的产物。

比奈—西蒙量表及其各种修订版本都属于个别测验（individual test）类型，亦即每次仅能施测一位受测者，量表中许多题目的施测都需要受测者作出口头反应或必须操作一些测验材料，因此这种测验并不适合进行团体施测。而且，一般来说，这种测验还要求主试接受过专门的训练，它本质上属于临床测验范畴，更适合用来对个案进行深入的分析和研究。

1917年，美国成为第一次世界大战的交战方，美国心理学会（American Psychology Association）受命成立一个特别委员会，目的在于寻求为战争服务的一些心理学的方法。这个委员会在伊尔克斯（R. M. Yerkes）的指导下，着手解决如下紧迫任务，即根据士兵的一般智力水平，将他们迅速地分类、安置和补充，进而为决定某人是否该被解职，给不同人员指派不同的职务，或筛选出合适人员到军官训练营进行训练等提供依据。可以想象，实践这种想法，个别测验是无能为力的，只能采用大规模的团体施测方法。于是历史上第一个团体智力测验便在此情况下应运而生。在编制这一团体测验的过程中，军事心理学家采用了一切可用的测验材料，其中，奥提斯（A. Otis）的一个未出版的团体智力测验贡献尤多。奥提斯后来投身军旅，他所发展的测验是他在当推孟的研究生时设计出来的。这个测验的主要贡献是它首先使用了多项选择题和其他客观（objective）题目形态。

最后由这些军事心理学家完成的测验即著名的"陆军A式量表"（Army Alpha）和"陆军B式量表"（Army Beta），又称陆军甲种测验和陆军乙种测验。前者为文字测验，后者为非文字测验，适用于文盲和不懂英语的外国新兵。两个测验都适合在团体中大规模施测。在1917年3月至1919年1月间，美国有200多万名官兵接受了这种测验，由此积累了大量的资料。

第一次世界大战结束后不久，这两个陆军测验便开始转向民间，受测者为广大民众。陆军A式量表与陆军B式量表不仅被翻译成多种文字，并且成了大多数团体测验的制作范本。于是，适合于不同年龄和不同类型被试——自学龄儿童至研究生的各种团体测验相继问世。

团体测验不仅可在大团体中同时施测许多人，并且一般而言，都不同程度地简化了测验的指导语和施测程序，这就使得对主试的训练要求也大大降低了，从而保证过去不可能做到的大规模的测验计划得以实行。应该说，团体测验的出现对20年代测验运动的蓬勃发展和方兴未艾是功不可没的。

自从1905年比奈和西蒙发表了世界上第一个儿童智力量表以来，心理测验和测量这一心理学分支的诞生和发展至今已有超过百年的历史了。近年来，心理测量的研究一方面以普通心理学、认知心理学等基础理论为基石，对心理品质、心理过程的理解逐步加深；另一方面，数理统计学的发展带动了心理测量方法学的发展，人们对测量误差的控制和估计手段也进一步提高。近几十年来，国际心理测量研究取得了前所未有的突破性进展。与此同时，我国的心理测验也取得了长足发展，一个显著特征就是心理测验被广泛地应用到社会生活的许多领域，显示了它旺盛的生命力和丰富的实用价值。

第四节　心理测量和测验在我国的发展

近代心理测量和测验在中国的传播和发展历经了一个曲折的过程。可以说,它与中国近代社会的发展保持着密切的联系,也间接折射出中国社会的文明进步的变化趋势。为叙述方便,我们大致以1949年为分期,简略介绍心理测量运动在我国(主要指大陆,不包括港台地区)的兴衰变化的历史及其特征。

一、1949年之前心理测验的发展和停滞

(一)西方心理测验的引入及其迅猛发展

20世纪初叶,科学心理测验即已传入中国,其中较有影响的事件有:1915年,克雷顿(Creighton)曾在中国南方的广州对500名儿童试用过心理测验,所施测的项目有机械记忆、条理记忆、交替、比喻等。1918年,瓦尔科特(Walcott)在北京的清华学校使用推孟的修正量表测验该校学生,这是西方学者在中国应用西方成熟规范的量表的最早尝试。至于中国学者首次正式系统介绍西方测验,当数1916年樊炳清对比奈—西蒙智力量表的引入和评述,从时间上说,这仅在该量表问世十余年后。应该说,大体上此时国内的测验运动与国外保持着同步的发展。1922年4月,比奈—西蒙量表由费培杰译成中文,命名为"儿童心智发展测量法"。中国早期心理测量运动的发展得益于两方面的支持和努力:一是教育部门的倡导以及实施新法考试的要求,二是心理学者热心于在推行心理测验的过程中展开对心理测验方法的研究和探索。于是,出现了一时之遑的心理测验繁荣景象。中国测验史上的一些著名学者也正是在这一时期开始了他们的首创性的工作。如1920年廖世承和陈鹤琴在南京高等师范学校首先开设测验课程,并用心理测验测试报考该校的学生;1921年两人又合作出版了《心理测验法》一书。次年,张耀翔在《教育丛刊》上发表心理测量和新法考试的论文,也在北京高等师范学校率先正式将心理测验列为入学考试科目之一。这些学者们的开创性工作,推动了心理测验在中国的迅速发展。一些教育机构纷纷成立心理和教育测验组织,大力宣传和推行测验工作。1922年,中华教育改进社聘请美国教育心理测验专家麦柯尔来华讲学,并主持编制多种测验。在1923年至1925年期间,全国几十个城市实施了普通的智力与教育测验,求出了三至八年级学童的年龄与班级常模和一些其他统计数字;1928年江西成立了儿童智力测验局,杜佐周任局长,对4000多名儿童进行了测验,还制定了教师评判智力标准表和学业成绩调查表,用以研究智力测验结果与教师评定和学业成绩的相关等。另外,大量的智力测验和教育测验相继编制出版,例如,1924年陆志韦发表了修订的比奈—西蒙量表。此外还有廖世承的"团体智力测验"、陈鹤琴的"图形智力测验"、刘湛恩的"非文字智力测验"等。在教育测验中有影响的有俞子夷、陈鹤琴等人编制的小学生各种测验和廖世承、艾伟等人编制的多种中学生学科测验;在个性测验方面,肖孝嵘修订了"武德沃斯个人资料调查表"

并制定了 9 至 15 岁年龄的常模等。

(二) 中国测验学会成立、测验工作有组织地继续发展并走向繁荣

从"五四"前后至 1928 年是我国测验运动最为昌盛的时期。但迅速发展带来的兴盛景象持续时间并不是很长。从 1929 年开始,测验运动竟一蹶不振,社会上对测验的要求突然减弱,甚至转向厌弃。究其原因,不外是有些人为赶时髦而滥用测验,不考虑测验适用的范围和场合,甚至不切实际地夸大其作用,东也测,西也测,把测验弄得"非驴非马",致使社会产生反感;同时有些测验使用者缺乏系统训练,不能按规范施测,对测验结果解释不慎重,降低了测验的效能,也造成了人们对测验的误解。这些情况使一些热心的心理学家开始反思:要使心理测验在中国健康地发展,应该建立一个统一的学术组织,以便团结同仁共同致力于研究原理,改进方法,推广应用。在此背景下,由艾伟、陆志韦、陈鹤琴、肖孝嵘等倡议组织的中国测验学会于 1931 年 6 月在南京正式宣告成立,并在第一次年会上通过了《中国测验学会简章》,产生了理事会。该学会的成立标志着中国心理和教育测验的发展进入了新的历史时期。1932 年,学会会刊《测验》杂志创刊,1937 年 1 月因时局变化而停办,共出版九期;测验学会还举行过另外两次年会。1933 年 12 月在南京举行了第二次年会,交流论文 19 篇,进行会章修改和论文选举。1936 年 5 月在无锡举行了讲座和论文交流。在此期间,一些心理学者进行了测验理论的研究并发表论文,左任侠发表了《常态曲线之基本原则》,对我国采用的 T 量表作了两个方面的批评。艾伟发表的《常态曲线在考试成绩上之应用》也对 T 量表的缺陷做了批评。左任侠又发表了《智力是什么?》,对智力结构作了探讨。肖孝嵘对智力发展曲线和智力成熟年龄等问题作了某些解答。在进行理论研究的同时,编制了一些新的测验量表,测验使用范围逐渐扩大,从小学扩展到中学、大学和幼儿园,后来又伸向实业界。从 1933 年至 1937 年有黄觉民的幼童智力测验、肖孝嵘的订正古氏画人测验、墨跋量表、艾伟的订正宾特纳智慧测验等问世。中国测验学会发展至 20 世纪 30 年代末期抗日战争开始时已有基本会员 160 人,各类测验数十种,形成中国测验发展史上的一个全盛时期。

但在抗日战争爆发之后,由于战事不断,心理工作者不得不中断当时正在进行的工作,之后心理测验工作处于较长时期的停滞状态。

二、1949 年之后心理测量和测验的发展

自 1949 年至 1978 年,国内心理测量和测验经历了坎坷的发展道路,几乎从零开始,又重新恢复。1978 年以后,随着改革开放的大好形势,尤其是进入新世纪后的 20 年里,我国心理测量和测验再次获得迅猛发展并取得了令人瞩目的成果。

(一) 停止发展的时期

从 1949 年至 1978 年近三十年间,心理测验在我国长期被视为禁区,既停止了教学,也停止了研究,无人敢于问津。1936 年,苏联在批判"儿童学"的同时,全盘否定并强行禁止心理

测验。心理测验被认为"在科学上是无效的,而且在实际应用上有时简直是有害的"。在只强调人的阶级性而否认人与人之间的个别差异的条件下,心理测验自然被视为唯心的、反动的,从而被打入"冷宫"。而从 20 世纪 50 年代开始,在"一切向苏联学习"的影响下,心理学被看作资产阶级的货色而受到批判。1966 年"文化大革命"开始后,心理学受到彻底批判,甚至被认定为伪科学而停止活动十年多,心理测量和测验更是处在心理学的最底层,受到的摧残最重,是停止活动时间最长的一个分支,我国各级师范院校停开了"心理和教育测量与统计"课程,这方面的研究工作和实际应用也相应地停止了。

(二) 重新蓬勃发展的时期

20 世纪 70 年代后期,"文化大革命"结束,心理学得到新生以后,人们又重新认识了心理测量与测验的作用和重要意义,心理测验在我国开始逐步恢复其地位并获得重新发展。1979 年,在中国心理学会于天津召开的第三届全国学术会议上,当教育部门的少数心理学家满腔热情地提出应恢复测验工作时,所面临的竟是一个既缺人力又缺资料的极端困难的境地。1979 年春,心理学家林传鼎、吴天敏和张厚粲教授在武汉举办了第一个全国性心理测验培训班,这是测验工作恢复的开始。在恢复初期,一方面,有条件的高等院校开始开设心理测量学课程,积极培训专业人员。有条件的学校(如北京师范大学和华东师范大学)在 1978 年招收了首批心理测量专业的研究生,这是心理测量领域里令人瞩目的重大事件,即重新开始了心理测量专门人才的培养。这对心理测量事业的发展产生了深远的影响。另一方面,主要着力于从国外引进传统的和现代的心理测量理论[如经典测验理论(classical test theory,简称 CTT)、概化理论(generalizability theory,简称 GT)、项目反应理论(item response theory,简称 IRT)等]。

心理量表的修订和编制是心理测量发展的基础。初期从修订国外的智力量表开始。从 80 年代中期起,由于对测验理论与技术掌握水平的提高,我国的心理学家开始自己编制适合中国人的心理测验工具。这些自编测验由于密切结合中国文化和当代国情,更适合实际应用,体现了中国心理测验的发展方向,受到使用者的普遍欢迎。

随着研究者的重视以及测验在实际中应用的扩大,编制和使用量表的热潮再次兴起。现在,心理测验已逐渐渗入我国教育界、医学界、企业界、组织人事部门、司法部门等许多应用领域,对社会产生了重大影响。

关于改革开放后的 40 多年我国心理测量和测验的发展概况,更详细的内容在第五节有专门评述,此处不再赘述。

第五节 改革开放 40 多年来我国心理测量和测验发展概述

随着改革开放的大好形势,我国心理测量和测验再次获得迅速发展。心理测量、心理测验和心理测试,这些在 1978 年以前对于我国心理学工作者都陌生的词语,现在却在普通人中被广泛地使用着,这体现了人们对心理测量和测验的关注和热情,也是社会进步的表现。本节首先将通过一些事件来回顾我国心理测量和测验初期从零开始到逐步恢复发展年代里的面貌,并对之后蓬勃迅猛发展的特点进行评述和分析,最后再谈谈对发展中存在的问题和未来前景的几点思考。

一、往事回顾

关于心理测量,有太多重要的、关键的,产生深远影响的往事令人难以忘怀,现选择改革开放初期(1978年至1993年)的一些事件展示如下:

(一) 1978年开始的心理测量专业研究生的招生和培养

一个专业的发展,人才是至关重要的要素,因此心理测量专业研究生的招生被认为是具有里程碑意义的重要事件。1978年和1979年培养的第一届和第二届研究生,之后大都成为了心理测量和测验领域的骨干和学科带头人。他们又继续进行着心理测量专业研究生的招生和培养工作,大批专业人才应运而生。例如:华东师范大学教育系发展心理专业著名心理学家左任侠教授,他很有远见地预测到心理测量和测验会有蓬勃发展的态势和广阔的应用前景,于1978年招收了心理测量和测验方向的研究生。他和李丹教授、戴忠恒副教授组成了导师指导小组,他们是心理测量课程教学和科研的开拓者,不仅自编教材进行授课,还开展测试实践活动。例如:在遗传和环境对儿童发展影响的课题研究中,采用心理学家陆志韦和吴天敏修订的《中国比奈—西蒙智力测验》对双生子进行智力测试。

(二) 1979年春在武汉举办了第一个全国性心理测验培训班

这个培训班是由著名心理学家林传鼎和张厚粲发起,并联系吴天敏共同主持开展的。这是首次在全国范围内进行的心理测量专业人才培训班,它标志着系统的心理测验工作在我国再度出现。参加该班的30多位学员,后来大多数成为了测验工作的骨干。该培训班以提高认识、培训人才和为实践准备材料为目的,林传鼎先生讲授心理测验的基本原理,吴天敏先生讲授《中国比奈—西蒙智力测验》,张厚粲先生讲授统计学基础知识。自此,中国的心理测量工作开始恢复与发展。

(三) 第一个在全国范围内进行大协作的心理量表修订

在1978年以前,国内心理学工作者对于智力量表是很陌生的。华东师范大学的研究生教学就是从试用《韦克斯勒儿童智力量表修订版(Wechsler intelligence scale for children-revised,简称 WISC-R)》开始,后来联合上海市第六人民医院宋杰主任进行测题修改和上海市区常模的制定。这时在北京的林传鼎、张厚粲教授等人已经在进行《韦克斯勒儿童智力量表修订版(WISC-R)》全国常模制定协作组的工作。全国各地积极响应,协作组很快成立了,由华东师范大学李丹教授领导的研究团队也参加到了全国常模制定的工作中,并在对测题修改的过程中,提供了上海方面试用的意见,以及上海地区被试抽样和测试的数据。这项工作由全国各大地区的心理测量教师和研究生、本科生参加,历时数年完成。这是第一个在全国范围内进行大协作修订的心理量表,最终使全国各地 6 至 16 岁的儿童第一次有了一套智力诊断量表。上海研究团队同时也制定了上海市区的常模。

(四) 1984 年中国心理学会心理测量专业委员会的成立和作用

在 1984 年召开的第五届全国心理学年会上,心理测量专业委员会(后改名为心理测量分会)作为中国心理学会的一个下属分支机构宣告成立。该组织机构的建立,对于心理测验的发展起到了积极促进作用,更有利于加强国际学术交流,并于 1990 年加入国际测验委员会(international test commission,简称 ITC)。

(五) 80 年代早期出版的一批有影响的专著和论文

1987 年,戴忠恒的《心理与教育测量》(华东师范大学出版社),郑日昌的《心理测量》(湖南教育出版社),宋维真、张瑶的《心理测验》(科学出版社)出版;1988 年,凌文辁、滨治世的《心理测验法》(科学出版社)出版;1989 年,彭凯平的《心理测验:原理与实践》(华夏出版社)、王孝玲的《教育测量》(华东师范大学出版社)等书出版。

1981 年,宋杰、朱月妹的《小儿智能发育检查》(上海科学技术出版社)出版;宋维真等人的《明尼苏达多相个性调查表在我国修订经过及使用评价》发表在 1982 年第 4 期《心理学报》上;龚耀先的《韦氏成人智力量表的修订》发表在 1983 年第 3 期《心理学报》上;谈加林的《韦氏成人智力量表等几种心理测验修订中存在的问题》发表在 1986 年第 3 期《心理学报》上。这些著作的出版,以及论文的发表介绍和普及了心理测量和测验理论,有力地推动了我国心理量表的修订、编制和心理测试活动的开展。

另外,1988 年,《教育研究》上发表了张厚粲和丁艺兵合写的《心理测验理论及其发展》一文,除进一步阐明经典测量理论外,又介绍了现代测量理论中的项目反应理论和概化理论,引起了有关学者的兴趣和重视,促使这个领域的很多研究与论著相继出现。

(六) 1993 年开始的"海峡两岸心理与教育测量学术研讨会"

20 世纪 80 年代末期,大陆与台湾地区开始了两岸的心理学界交流活动。北京师范大学张厚粲教授在与台湾学者张春兴、吴武典教授进行学术交流的过程中,将她所领导的两个二级学会(中国心理学会心理测量专业委员会和中国教育学会教育统计与测量分会)与台湾的测验学会联合起来,让两岸心理测量的专家和同行建立起相互交流的固定联系,约定隔年一次分别在台湾和大陆举行"海峡两岸心理与教育测量学术研讨会"(台湾用名:台湾华文社会心理与教育测验学术研讨会)。1993 年 10 月在台北举行了第一次学术研讨会,这是大陆和台湾地区心理测量工作者的首次聚会,也是为了庆祝"中国测验学会成立六十周年"的纪念活动,是 40 多年来难得的两岸破冰之举。截至 2011 年,该会议已经举办了 10 届。有一百多位大陆学者访问了台湾,也有近乎相同数量的台湾学者访问了大陆,并且每次会后都有论文集出版。这项学术交流活动不仅使测验工作者增加了信息来源,通过交流提高了研究的积极性,同时也加深了彼此的了解,增进了两岸学者的友谊,建立起两岸的合作,并一直持续至今。总之,这项活动在进一步促进心理与教育测量的发展中起到了积极的推动作用。

二、心理测量迅猛发展的特点评述

我国心理测量取得了前所未有的突破性进展,呈现出百家争鸣、百花齐放之势。研究者们修订和编制了大量的测量工具,心理测量方法学获得了新的进展,心理测验和量表的应用领域不断扩大。其特点有如下三个方面:

(一)心理测验和量表的增多与质的提升

据不完全统计,截至 1997 年年底,我国心理测量工作者试用、修订和编制的心理测验量表(包括评定量表)已达一百多种。21 世纪 20 年代以来,我国研究者修订和新编的认知类与非认知类测验总量多达七百四十余种,量表所涉领域广泛,形式多样。与此同时,量表的标准化程度也在不断提高。

1. 认知类测验的修订和编制

认知类心理量表是应用需要最广的领域。在智力测验的编制与修订方面,新开发出的本土成套智力测验有:《中国幼儿智力量表(3—6 岁半)》《中国少年智力量表(10—15 岁)》《中华成人智力量表》《多维度少年儿童智力量表》《多维度儿童智力诊断量表》,初步编制了《工作记忆成套测验》。在非文字智力测验方面,如建立了《联合型瑞文测验》中国成人常模,修订了《斯—欧氏非语言智力测验(Snijders-Oomen nonverbal intelligence test-revised,简称 SON‐R)》《托尼非文字智力测验(test of nonverbal intelligence,简称 TONI‐2)》。这些测验能够减少被试文化背景和教育水平对测试结果的影响,适合施测的范围较广,更好地保证了测验的公平性和平衡性。另外,针对我国少数民族人群和有语言障碍者,研究者开发编制了《龚氏非文字智力测验》,并建立了五个少数民族的联合常模、汉族儿童常模、55 岁以下成人常模和 56 岁以上人群区域性常模。

同时,国内一些基于非传统智力理论的智力测验也得到了较快发展。其中具有代表性的有:基于加德纳多元智力理论编制的《幼儿多元智能情景评估量表》;修订了《美国阿姆斯特朗(Thomas Armstrong,TA)量表》;在斯腾伯格思维风格量表的基础上修订了适合我国大学生使用的《思维风格量表》;基于情绪智力理论开发编制了《情绪智力问卷》《大学生环境情绪智力量表》《团队情绪智力量表》《大学生幸福智力量表(well-being intelligence,简称 WBI)》等。此外,对《元情绪量表(trait meta-mood scale,简称 TMMS)》进行了多群体修订;对《智力内隐人格量表(implicit personality theory of intelligence,简称 IPT)》进行了中文版修订。

近年来,由于心理测验在教育领域的应用越来越广泛,各类教育测验也层出不穷,主要集中于学习能力、学习兴趣、学习自我效能和学习动机等方面。在教育诊断与预测上,主要新编或修订了《儿童语言学习困难诊断量表》《儿童入学准备运动技能发展量表》《中学生听力筛查量表》《学习障碍评价量表》等诊断筛查性量表和一些教育反馈测验。另外,编制了《多重成就测验(3—6 年级)》(湖南省区域性常模)和《管理人员隐含知识量表(tacit knowledge inventory for managers,简称 TKIM)》。

2. 非认知类测验的修订和编制

综合类人格测验中使用较多的有《艾森克人格问卷》《明尼苏达多相人格测验》《卡特尔 16 种人格因素测验》《大五人格量表》等。除此之外,我国研究者新编制了《中小学生非智力因素量表》《当代中国健康人格结构量表》《中国女性人格量表》《神经质人格迫选量表》《分裂性偏差人格情境判断测验》《幼儿人格问卷》《中国人人格量表》《中国青少年人格量表》》等适合国人的综合类人格测验。同时,对许多国际著名人格测验也做出了本土化修订,如《艾森克人格问卷简式量表中国版(EPQ-RSC)》《斯腾伯格思维风格量表》《IPIP-7 因素人格量表(international personality item pool)》《大五人格问卷 BFI(big five inventory,简称 BFI)》《大五人格量表 NEO-PI-R(revised neuroticism extraversion openness personality inventory,简称 NEO-PI-R》《罗森伯格(Rosenberg)自尊量表中文版》《贝姆(Bem)性别角色量表》等。近年来,人格测验的编制中出现了许多创新与尝试,发展出了许多测量某一微观人格特质的测验,如测量自尊、道德、幽默、感恩、竞争、性别角色等的测验;同时,一些职业人格量表发展较快,如军官、警察职业人格量表,教师健康人格量表等。

3. 其他类型测验的编制与修订

职业心理测验发展迅速。研究者主要编制和修订了包括职业兴趣测验、职业能力倾向测验和职业人格测验三大方面的多种测验,如修订了《职业兴趣探查量表(IP60)》,编制了《升学与就业指导测验》《职场精神力量表》《大学生职业锚量表》《职业心理综合测验》和一些针对特定职业的能力倾向测验等。在职业兴趣测验中,应用较广的主要有《霍兰德自我指导探索(self-directed search,简称 SDS)》《斯特朗-坎贝尔兴趣调查表(strong campbell interest invertory,简称 SlCl)》《爱德华个人爱好量表(edwardsd personal preference schedule,简称 EPPS)》等,职业能力倾向测验常用的量表主要是美国劳工部编制的《一般能力倾向成套测验(general aptitude test battery,简称 GATB)》,而特殊能力倾向测验种类数目较多,包括机械能力测验、操作能力测验、创造力测验等,其中在创造力测验方面,新编了《大学生创新精神调查量表》《中文远距联想测验》和《大学生创造力量表》。在职业人格测验方面,常用《卡特尔 16 种人格因素测验(Cattell's 16 personality factor,简称 16PF)》《艾森克人格问卷(Eysenck personality questionnaire,简称 EPQ)》《Y-G 性格测验》和《迈尔斯—布里格斯类型指标(Myers-Briggs type indicator,简称 MBTI)》等。除广泛应用国际上著名的职业测验和编制、修订本土化量表外,近期更是出现了相当数量的心理评定、预测量表。

针对社会重点关注人群的心理测验发展较快。一方面,出现了大批以儿童、青少年、大学生和老龄人等群体为对象的心理测验。其内容关注于学习、就业、人格、运动等方方面面。随着近年来互联网的发展,青少年对网络游戏的态度也成为了关注的热点。另一方面,测验体现出对各类社会群体和职业人群心理健康、心理素质的重视,其中既有综合性量表,如简版《心理健康连续体量表(Mental Health Ctinuum Short Form,简称 MHC－SF)》成人版,又有针对各年龄、各职业人群的测验。

其中,临床医学量表占有很大比例。除一些精神障碍与疾病的诊断量表外,护理学领域量表发展也较快。由于国内护理领域对于量表的需求越来越大,新编制或引入的量表数量基本呈逐年增加的趋势,而量表主题主要为生活质量、自我管理、跌倒、照顾者、自我效能和护士胜任力。

儿童量表的编制也是近年来心理测验发展的一大热点。对于低龄儿童发展情况的测量以评定量表为主。除上文中提到的儿童智力量表以外,研究者还修订了《中国儿童发育量表》,制定了《幼儿发展筛选量表(early screning inventory,简称 ESI)》上海区域常模等,这些发展量表能综合评估婴幼儿或儿童的发育水平,且能够在早期甄别发育偏离、延迟以及发展不均衡的问题。类似的还有第二版《Devereux 幼儿心理韧性评估量表(Devereux early childhood assessment for pre-schoolers second edition,简称 DECA－P2)》《12—36 月龄幼儿情绪社会性评估量表》(建立了中国常模)、《0—2 岁儿童父母育儿评估量表》《特殊儿童运动能力评估量表》《儿童入学准备运动技能发展量表》《婴儿社会性反应问卷》等。目前常用的学龄前儿童心理测验有《韦克斯勒学龄前儿童和学龄初期儿童智力量表(Wechsler preschool and primary scale of intelligence,简称 WPPSI)》《格赛尔发展顺序量表》《丹佛发展筛选测验(Denver developmental screening Test,简称 DDST)》《贝雷婴儿发展量表》《皮亚杰量表》《凯里婴儿气质问卷》《卡德威尔的观察家庭环境量表》等,大多学前儿童心理测验为非文字测验和个别测验,并且同智力测验一样,对学前儿童能力的评价也呈现出多元化和动态评价的趋势。

另外,临床诊断也是儿童评定量表的发展和应用方向。具体而言,修订《儿童躯体化量表》中文版、《改良婴幼儿孤独症量表(modified checklist for Autism in toddlers,简称 M－CHAT)》,编制了《阿斯伯格(Asperger)综合征筛查量表》,还有许多以儿童常见疾病、被忽视、虐待等为主题的量表。早先儿童量表多关注儿童的身体和智力两个主要方面,而现在涉及范围更加广泛,包含了社会适应能力、社会性发展、个性、态度、情绪、品德、同伴交往、人际沟通、心理健康等多个方面。

4. 质的提升

一方面,量表的修订注重知识产权,量表的使用和销售都会在确定知识产权后使用和购买,例如我国目前普遍使用的鉴别智力落后儿童的量表主要是韦克斯勒智力量表和瑞文测验等,这些量表的中文修订版在购买版权之后会进行国内常模的制定,解决了本土化和有效性的问题。实际上,从 20 世纪 80 年代中期起,由于对测验理论与技术掌握水平的提高,我国的心理学家就开始自己编制适合中国人的心理测验工具。例如,中国科学院心理研究所查子秀编制了用于鉴别超常儿童的智力量表,杭州大学汪文鋆编制了用于筛查弱智儿童的智力量表,其他学者还编制了各种幼儿的发育、发展量表等。在中国儿童发展中心发起和给予一定资助的情况下,由张厚粲主持编制的《中国儿童发展量表》出版,主要用于测查3—6岁儿童的发育与智力发展,包括语言、认知、社会认知、身体素质与动作技能四个方面共十六个分测验,应用较广。此外,科学院心理所范存仁编制了以0—3岁幼儿为对象的《幼儿发展量表》。这些自编测验由于密切结合中国文化和当代国情,更适合实际应用,体现了中国心理测验的发展方向,受到使用者的普遍欢迎。但是很遗憾,由于种种原因,这些量表没有得到推广和应用。然而近年来,量表的编制本土化越来越得到了认同,例如《多维度少年儿童智力量表》和《多维度儿童智力诊断量表》的自行编制解决了版权引进的问题。另一方面,近年来兴起的概化理论采用多维度信度指标代替传统信度系数,而项目反应理论则使用项目信息函数和测验信息函数等指标深入而具体地反映测验的可靠度;研究者对测验效度的关注已从早期测验分数与行为指标之间的相关,逐渐转向多特质多方法获得的多维效度,对测验构想效度的重视也不断提升。心理测量领域内一个测验有效性的评价检验系统正渐渐生成,这保证了新时期修订和编制的心理测验的标准化程度不断提升。

(二) 心理测验量表应用领域不断拓展

无论心理测验如何发展,其本质功能始终是测量个体不同阶段或不同个体之间的心理和行为差异,这就决定了心理测验的应用将随着社会分工的细化和人们各种心理需求的增加而更加普遍。心理测验已经在教育、人才测评与选拔、高考研究和企业管理、临床诊断与心理咨询等方面发挥着日益突出的作用,并取得了显著成绩。

1. 教育是心理测验应用最为广泛的领域

随着教育的多元化发展,差异化教育和因材施教的要求不断提高,心理量表是评价和预测学生智力、认知能力和学业成绩的重要工具。通过量表的测试和结果数据分析的应用,教师能够更加深入地了解学生的能力素质、性格特点、兴趣爱好和学习动机等各方面的情况,为学校教育有针对性地激发学生学习兴趣和内在动力提供了有效途径。此外,心理测验能够帮助教师发现学生的心理问题,以便对其进行及时的心理辅导和干预。近年来,全国各地的中小学及高校配备心理辅导老师的比例明显增多,这也体现了对测验在学生心理健康方面应用的重视。同时,心理测验能够用于鉴别智愚,对智力超常和发育不全的学生进行早期诊断。在个体发育阶段,智力缺陷表现在智力落后和社会适应行为方面的困难。而通过心理测验,测验者能够鉴别智力衰退、脑损伤和精神障碍,诊断智能发育不全的程度,从而为这类学生提供针对性的个别化教育和生涯辅导方面的应用。

2. 职业选择、人才选拔与考核成为心理测验应用的一大热门

个体与职业之间存在着双向选择,只有实现二者的合理匹配,才能最大限度发挥人的潜能,达到各职业的最优效率。一方面,人们越来越重视性格、气质、职业兴趣、发展潜力等的个体差异性,而心理测验以定量指标来表现人们的心理素质差异,为新时代人类的职业选择提供科学、客观和标准的依据;另一方面,现代社会的职业分工走向精细化和专门化,不同职业活动中存在着不同的结构成分,这些从属于特定职业的特殊结构必然对人们的心理素质提出特殊的要求,这也是心理测验在职业选择应用中的必要性。同时,心理测验也广泛应用于人员选拔、人员培训后评估和管理者绩效评估三个方面。例如:在公务员招录和社会公共招聘、劳动部职业技能鉴定、卫生部职称考试等人力资源的应用方面,其目的是选拔和安置合适的工作人员,加速工作人员与职位之间的嵌合,考察工作团队的整体氛围和工作绩效,从而在整个流程中提高工作效率。

3. 在临床与精神卫生领域的应用

心理测量被广泛用于发现各类精神症状和心理卫生问题,并为评定其严重程度提供诊断依据。随着整个医学模式向"生理—心理—社会"的方向转变,心理测验能够在较短时间内获得个体的心理特质资料,在临床医学尤其是精神医学上越来越受到重视。进入21世纪以来,社会生活的快节奏增加了人们的心理压力,使得人们的心理健康成为全社会日益关注的问题。与此同时,青少年心理健康已引起越来越多学者及家长的重视。有国内报道称,77.9%的中学生存在各种轻度的适应不良,5.2%的中学生存在各种明显的心理健康问题。青少年焦虑检出率为7%—16%,而青少年抑郁症的终生患病率接近成人的15%—20%。咨询中应用的测验为多种心理问题的诊断提供了临床依据,如《明尼苏达多相人格测验》等综合类人格问卷、多种抑郁量表和投射测验等。目前,投射测验主要应用于一般心理问题、神经症、精神分裂症等相关问题的诊断与治疗,但因相对于文字测验的种种优势,其在心理健康普查筛选、人力资源管理、创伤后应激障碍治疗、心理危机干预及犯罪人员矫治等领域中的应用也受到越来越多的关注。但总体而言,由于投射测验本身的信效度、标准化、普遍性和难以控制等局限,其整体发展的多样性还远不及一般文字测验,我国研究者在投射测验方面的开发、编制和修订也较少。

(三)基础理论多样化与方法技术现代化相结合

近年来,理论与技术作为我国心理测验发展的两大支柱被不断发展完善,测验的开发和编制体现出基础理论多样化与方法技术现代化结合的现状。

具体而言,现今测验研发主要有经典测验理论(CTT)、项目反应理论(IRT)和概化理论(GT)三大测量理论基础,此外还有常模理论、实证效度理论等。随着心理测量理论不断发展,心理学建构不断丰富,统计计量模型能够与认知模型结合共进,为测验提供更加坚实的理论依据。同时,从20世纪90年代初开始,多元统计理论与多种现代统计技术已不断在心理测量中得到应用。在统计理论方面,多层线性模型(applied multilevel data analysis)及结构方程模型(structural equation modeling,简称SEM)已广泛应用于各领域的研究;从统计技术来看,从SPSS(statistical product service solutions,简称SPSS)统计软件,到以编程为基础的R语言,再到matlab、python等更为广泛的统计手段,心理测验开发与修订过程中的量化处理方式也在不断得到优化。总体而言,近年来心理测验的发展享受着理论多元化与技术现代化的双重成果,这为更多测量研究者的工作拓宽了道路。在未来一段时间内,心理测验依旧会重视和依赖这两大核心,在理论与技术的支持下不断推陈出新,蓬勃发展。

三、对存在问题和未来前景的几点思考

在再次兴起的心理测量和测验热潮背后,心理测量工作者们应该清醒地看到心理测量领域进一步发展存在的问题,例如:充分发挥中国心理学会心理测量分会的领军作用,心理测量科研机构的设立、产学研结合和市场化,测验量表引进修订与本土化编制,以及心理测量的应用等方面的问题。在本部分中将对以上这些问题进行思考和分析。

(一)充分发挥中国心理学会心理测量分会的领军作用

在1984年召开的第五届全国心理学年会上,心理测量专业委员会((后改名为心理测量分会)作为中国心理学会的一个下属分支机构宣告成立。纵观改革开放后我国心理测量的发展历程,这个组织发挥了领导、管理和协调的作用,尤其是在20世纪。它的建立对于心理测量和测验事业的发展和国际学术交流起过积极促进作用。例如:1990年秋,在无锡召开的第一次学术会议,除交流学术论文外,还决定组织力量对心理测量的最新领域进行研究。1991年12月2日至5日在南京师范大学举办了一次"心理测验国际学术讨论会"。1994年10月在江西南昌召开了第二届学术年会,论文内容涉及心理测量的有关理论、心理测量在各个领域的应用、心理量表的编制以及使用与管理业务等各个方面。自1992年开始,心理测量分会组织与台湾地区的学术交流活动,商讨举办"海峡两岸心理与教育测量学术研讨会",约定隔年一次分别在台湾和大陆举行。从1993年12月开始至2011年,该研讨会共举办了10届。另外,心理测量分会还开展过心理测验登记和鉴定工作。例如:张厚粲和徐建平修订的《斯—欧非言语智力测验(6—40岁)中国版》在2014年1月通过鉴定并被颁发了证书。

在1992年,为了心理测验工作的健康发展,心理测量分会曾经组织制定了《心理测验管理条例》和《心理测验工作者的道德准则》两个条例,并在《心理学报》上发表,遗憾的是由于缺乏法律支持,始终未能保证其条款的全部实现。2008年,心理测量分会参照美国的《教育与心理测试标准》对1992年颁布的两个心理测验管理条例进行了较大的修改与完善,充实内容,制定了《新版心理测验管理条例》和与之配套的《心理测验工作者职业道德规范》,提交中国心理学会理事会后均获得了批准通过。事后根据新版管理条例又专门召开会议讨论了《心理测验登记暨鉴定管理实施细则》,并初步制定出了一个试行本。但许多年过去了,时至今日,仍没有下文,在具体落实和实施上少有进展。期待心理测量分会能充分发挥作用,尽早完善和发表试行本,并且实际执行《心理测验登记暨鉴定管理实施细则》。总之,要想改变目前的状况,心理测量分会需借鉴国外测验组织、管理机构和相关法律的先进经验,制定行业规范,引导、鼓励和支持心理测验的规范化发展。

(二)建立专门的心理测量研究机构

本节第二部分已经把心理测量和测验事业在改革开放后的40多年里取得的成绩做了展示,但是它的发展和社会的实际需要相比差距仍很大,远远不能满足心理健康教育事业开展

的需要、人力资源管理中人才测评的需要、心理和教育测验发展的需要。据调查,在这个领域出现了专业人员改行、项目经费缺乏、管理无序等情况,直到现在,我国心理测量和测验的研究还是处于"散兵作战"的局面,造成这种情况的原因有很多,在全国范围内没有专门的心理测量和测验的研究机构是一个重要的原因。实际上,这个问题早已经暴露出来了。例如,2000年12月在石家庄召开的"心理和教育测验研讨会"上,来自全国的心理和教育测量的专业工作者就提出,由于测验的编制是一个系统工程,如果没有一定的人力和财力的投入,很多测验量表研究就无法进行或半途而废,不可能成为应用的成果。当时,全国心理和教育测量的同行都希望"建立研究中心,集聚各地的研究力量,规范心理测验的修订、编制和使用,对有关测验进行鉴定,并迅速推向市场""并希望上海能带个头"。

2002年,华东师范大学在上海成立了全市第一个高校心理测量研究中心。该中心主要开展心理量表的研发、智力障碍儿童鉴定与评估工作,以及为社会提供各种心理测试服务。该中心在成立之初至2009年的七年中不断发展,有25个单位(其中有幼儿园、不同类型的中小学)挂牌成为其基地学校。这些学校多年来已成为华东师范大学心理学系研究生和本科生学习心理测量课程时的实践基地。该中心与基地学校曾合作举行过多次学术研讨会。国内在进行随班就读学生资格认定时,往往采用那些没有版权授予、常模(标准)过时的国外智力量表,这既不规范也不科学。导致这一情况的根本原因是没有本土化的自编测验可用。教育实际迫切期望有可资使用的测验,尽快自行编制适用于4岁至11岁智力障碍儿童的智力量表成为中心的首要任务。该中心获得了上海市科学技术委员会基础研究重点项目:"标准化的儿童智力诊断量表的编制和应用研究"的经费资助;继之,又获得了上海市哲学社会科学研究项目"智力障碍儿童诊断量表的编制"的科研经费资助,这为《多维度儿童智力诊断量表(第四版)》的编制工作奠定了基础。从以上实例可见,成立专门的科研机构对于学科的发展至关重要。

心理测量是一种间接性的测量,由于这个特点,编制一个有效而可靠的量表并非易事,它是一项费时、费力、费钱,需要协作完成的工程。需要建立专门的研究机构,以规范心理测量的修订、编制和使用,还要迅速集聚各方面的研究力量(人力、物力)协同工作,取得要修订的国外著名量表的版权,或者编制原创性、本土化的测验量表,对测验工具进行专业化的审核与鉴定,对测试人员进行培训及资格认定等。

要抓住时机有所突破,首先在北京、上海、南京、杭州、长沙这些昔日在心理测量领域有过辉煌成绩的地方的高校建立名副其实的专门研究机构,集聚、保存和壮大研究力量,吸引全国各地的人才和力量加入协作队伍,为发展我国的心理测量事业作贡献。

(三) 产学研的结合

产学研,科研成果要和实际应用相结合是老生常谈的问题。再优秀的科研成果如果不能在实际中被应用,就会成为"嫁妆",像学生毕业论文或者在杂志上发表的文章,被束之高阁或者付之东流。心理测量和测验是应用性很强的学科,进行基础研究(例如修订和编制心理测试量表等)很重要,但更重要的是这些基础工作的成果要成为实际应用的产品。需要提及的是,心理测量学术界出现了越来越多的"浪费"现象。由于心理测验牵涉到深刻的基础心理学理论和系统而严密的操作程序,有的量表需要数年甚至更长时间来不断修订和完善,而编制者由于经验不足或经费紧缺等各种原因,开发完成一套较为完备的心理测验量表非常困难,多数人会半途而废,或是完成一项科研项目结题,得到的是一份没有完成的量表,例如只有测题,没有常模,量表本身也因完善性不足而未能投入使用,这本身就是对学术资源的一种浪费。这种浪费也表现在年轻研究者研发测验量表的问题上。例如,在心理学本科阶段,或者研究生阶段,多数毕业生作为毕业设计而编制、开发的量表最终都不了了之,因为开发者毕业后未能继续投入研究而导致了"烂尾"。此外,同样性能的问卷可能同时有多个团队在开发编制,但由于彼此间相对孤立,大量人力物力资源的投入可能换来不成比例的重复产出。现今,大部分的本土化测验都是在小范围内自编自用或建立一个地区性常模,鲜少有国内量表能够建立全国常模,这也说明了测量领域的全国性协作的重要性。学科的发展离不开产学研的结合,心理测量事业的发展更需要产学研的紧密结合。

(四) 商业化的新趋势

产学研问题的直接作用力是产品的商业化不可回避,心理测量和测验的研究成果的商业化应是发展的趋势。从科学史发展来看,所有的科学研究成果最终都要成为实际应用的产品,即使是基础科学也是这样。国外的一个实例可以说明。例如:美国得克萨斯州一家心理测验公司有数千名员工,拥有3幢工作大楼。其研究已形成产业:该公司每年定期出版刊物,介绍测验成果(属知识产权,价格昂贵),企业和学校则购买、应用该公司所提供的成果。这家心理测验公司是产学研紧密结合的典范,也是商业化的具体体现。相比之下,我国在这方面的差距很大。应该看到,近年来心理测验在商业中得到越来越广泛的应用。应市场需要的增大,各种各样的本土化智力测试、性格测试、职业兴趣测试、人才测评和教育评估等被不断开发出来并投入市场;一些专业的测量公司也如雨后春笋般悄然兴起。例如:珠海京美心理测量技术有限公司在2006年成立后不久就与美国培生公司(NCS Pearson,Inc.)签订协议,获得《韦克斯勒儿童智力量表第四版(Wechsler intelligence scale for children,简称WISC-IV)》中文版在中国独家代理的授权;2008年3月,《韦克斯勒儿童智力量表第四版(Wechsler intelligence scale for children,简称WISC-IV)》中文版通过了中国心理测量专业委员会组织的专家鉴定。之后《韦克斯勒儿童智力量表第四版(WISC-IV)》中文版的销售和主试培训工作在全国许多地方开展,有力地推动了这个量表的应用和研究。另外,上海金羽心理测量科技有限公司在2008年3月29日成立,并和台湾心理出版社合作,获得台湾心理和特殊教育方面量表的授权。例如台湾的《学习适应量表》和《多元智能量表》。这两个量表和自行研发的《多维度少年儿童智力量表》组成一套量表,对小学4年级至高一的学生进行心理测试,为学校因材施教提供学生差异化方面的信息。另由上海金羽心理测量科技有限公司投资制定了《多维度儿童智力诊断量表(第四版)》的全国参考性常模。这项研究的完成,为测试工具包的销售和主试培训,以及对4至7岁幼儿和4至11岁智力障碍儿童的智力测试服务奠定了基础。

可以预测,随着我国心理测量领域的日渐成熟,各种心理测验量表作为直接衍生产品将不断增加,由传统纸笔测验转变为适应性更强的立体动态的计算机化的测验也会不断增加。心理测验量表的测试服务也会随之增多。针对测验结果数据的分析,人们又可以开发出相应的后续产品。例如,智力测试之后,人们可以制定出具有针对性的教育培养方案。这种"测验—人—产品"的商业化流水线是测量学繁荣的结果,是心理测量未来发展的一大潮流,也将不断推进测量学领域的发展。另外,在应用方面,研究将由单一测验逐渐转变为测验与实验相结合,心理测验量表在心理学及临床研究中都起着不可或缺的重要作用。研究者将测验与实验相结合,利用量表分数、行为反应等多种渠道收集资料,为研究结果提供数据分析报告。商业化应用的扩大将逐渐成为不可逆转的潮流。

(五) 心理量表的修订和编制

量表是心理测量领域发展的基础,或者说是基石。国内现在使用的量表根据其来源可分为修订量表与自编量表。

1. 心理量表的修订

改革开放之后,心理测量的发展从引进、修订国外的量表开始,40多年来国外或境外量表的引进、修订和应用仍是心理测量领域的主流,并呈现出蓬勃发展的态势。西方心理测验在20世纪初传入中国后,逐渐在中国得到了认可和广泛的应用。经修订的许多西方著名量表现已在我国教育、医学、人事等领域发挥着不可忽视的作用。应该说,修订国外著名的成熟量表,广泛吸收前人的研究成果和已有的工作经验,这对国内心理测验研究工作有事半功倍的效果。引进和修订国外成熟量表牵涉到版权问题。在改革开放早期,这个问题没有引起重视,但在我国成为WTO成员国后,知识产权的问题不可避免地被提了出来,许多研究者已经把获得授权或者购买版权作为第一要务。然而,近年来随着互联网技术的不断发展,国外已有量表的易得性也随之增强,不少研究者私自修订和使用国外量表而不购买版权的不当行为还不时可见。心理测量工作者一定要树立心理量表的知识产权保护意识,在引进修订国外或境外量表时必须购买版权,即使试用也必须获得量表编制者或者出版社的授权。其实,现在对没有获得版权的量表进行试用研究或修订的论文,是不可以在杂志尤其是核心刊物上发表的。在论文发表和修订量表的使用时,这种倒逼的方法也不失为一种有效的措施。

修订量表虽然事半功倍,但是实际上修订一个量表也并非容易的事情。除了版权的购买需要花费一笔不菲的版税外,主要还涉及跨文化、构造与翻译问题。跨文化改造心理测量工具需要修订已有项目、构造新项目,这实质上是构造一种既有跨文化普遍性,又有特定文化具体内容的测量工具的过程。由于文化差异的客观存在,西方心理测验在中国的应用势必会存在一些问题。比如语言体系的差异,中西方文化、风俗习惯上的差异等。引进的西方测验中的项目未必都具有跨文化普遍性,并且很容易遗漏中国文化中认为有意义的现象与行为特征。而且,在某种社会文化背景下编制的测验在该背景下施测有令人满意的构想效度,但在经济发展水平、文化背景不同的国家使用却未必都有适用性。为此,再次提醒心理学工作者,应慎重引进、认真修订国外的心理量表。

引进国外量表时,量表的标准化问题也应该得到重视。研究者应先严格审定量表引入价值及适应性,确保结合中文惯用法对其进行准确翻译,通过国内被试的试用对量表进行进一步的修订,保证或提高其信效度,最后对量表再次评价并建立具有文化特异性的常模,保证其在概念、语义、内容、技术、标准上的对等性,从而确保量表性能的对等性。

2. 心理量表的编制

自编量表不仅可以不受修订量表编制方的制约,在经济上也省去了版税费用。它的最大优点在于它完全在中国文化情景下设定,因此避免了因文化差异带来的适应性问题。自主编制心理量表就如其他科学领域一样,是创新性工作,对于我国心理测量的发展是至关重要的事情。但是从目前的实际情况来看,自编量表成果很少,存在不少问题,积极编制中国自己的心理测验任重道远。编制和开发适合中国人自己的量表势在必行,这是心理测量学在中国取得长远发展的必然要求,也是广大测验应用者的切实需要。因此,心理测量的本土化依旧是未来一段时间内测量发展的大趋势。

国内自编心理测验量表最重要的问题是规范编制。要做到这一点,我们认为至少不能忽略以下两点:① 不能背离心理学理论和研究成果;② 心理测验量表的编制必须规范化、标准化。一般说来,现在自编量表的测量理论基础主要有经典测验理论(CTT)、概化理论(GT)、项目反应理论(IRT)三大理论,这三大理论是当今测量理论的主流。经典测验理论对测验的分析直观、具体、适用性广;概化理论对测验的宏观分析能力强,适用于测验分析研究;项目反应理论在控制测验编制质量、计量精确性方面有广泛的发展前途。

另外,计算机辅助心理测量已成为我国测量领域研究与应用的新动向。例如,除了基于计算机的测验已能够实现巨大题库、机上施测、自动计分和自动分析解释结果,近年来兴起的计算机自适应测验(CAT)以其高针对性、高测量效率、高时间弹性、题目呈现生动及实时共享测验结果等优势,成为研究者关注的一大焦点。其题库是根据项目反应理论建立的,使计算机能够根据被试的能力作出较为准确的估计,是一种智能化的新型测验。在信息技术产业整体趋向科技的高级、精细、尖端化的当今时代,心理测量的智能化也成为顺应时代潮流的趋势。

(六) 心理测量的规范和法治化

心理测量是一门科学性、应用性、操作性很强的专业,但是存在着一些令人担忧的问题,在许多场合下出现的心理测验和测试并不是心理学上所指的心理测验和测量,如电视台、杂志还有心理测试书中的所谓心理测验(如个性测试和智力测试等)只是属于动脑筋练习、游戏、比赛或娱乐。这种现象导致了社会大众对心理测验的误解。把这种不规范的、非专业性的随意"心理测试"与科学的心理测量和测验区分开来是很有必要的。另外,测验应用市场鱼龙混杂、部分研究者版权意识缺失、量表滥用等行业不规范现象,量表质量良莠不齐、对测验结果妄加评价、测试人员缺乏心理测验专业知识和职业道德不良,在量表使用方面不够严肃之处依然存在。

近年来,市场经济的发展,为心理测量和测验的发展提供了更多机遇,如差异化教育、人才测评、企业管理和心理咨询方面的应用需求都在迅猛增加。但当前在心理测验的编制和应用中存在许多问题,这都严重制约着心理测量的健康发展,迫切要求心理测量加速法治化进程。测验法规的完善应不仅针对测验编制者,还应考虑到相应的伦理问题,保护好公众和消费者的权益免受滥用之害,如规定测验消费者享有对心理测验的监督权等。希望管理层能尽快制定有效措施,规范科学管理,敦促立法更是重要前提。广大心理测量和测验专业工作者应自觉加强职业道德,制止影响心理测量和测验健康发展的现象的滋生与蔓延。

总之,40多年来,我国心理测量取得了前所未有的突破性进展,研究者们编制、修订了大量的测验工具,心理测量方法学取得新的进展,心理测验的社会效益不断扩大。但也应该看到,中国的心理学基本理论研究和心理测量技术研究尚有薄弱之处,我们面临的心理测验编制工作仍很艰巨。编制出适合我们中华民族使用,并具有国际水平和影响力的测验工具,使中国的心理测验工作更上一个台阶,是置于我们广大心理测验工作者面前的光荣任务。

为了贯彻党的二十大精神,2023年4月,教育部等十七部门联合印发了《全面加强和改进新时代学生心理健康工作专项行动计划(2023—2025年)》。该行动计划明确要求:"加强心理健康监测,组织研制符合中国儿童青少年特点的心理健康测评工具,规范量表选用、监测实施和结果运用";"开展心理健康测评。坚持预防为主,关口前移,定期开展学生心理健康测评";"用好开学重要时段,每学年面向小学高年级、初中、高中、中等职业学校等学生至少开展一次心理健康测评";"高校每年应在新生入校后适时开展心理健康测评,鼓励有条件的高校合理增加测评频次和范围,科学分析、合理应用测评结果";等等。这些要求为心理测量和测验研究与应用提供了广阔的发展前景。

本章思考与练习

1. 中国古代有哪些心理测量学思想和实践活动?
2. 冯特、高尔顿、卡特尔对心理测量和测验的主要贡献是什么?
3. 比奈为什么能编制出世界上第一套科学的智力量表?
4. 你从心理测量在我国的发展历史和现状中得到什么样的启发?

第二章 心理测量和测验的一般介绍

本章主要学习目标

学习完本章后,你应当能够:
1. 掌握测量的含义和要素;
2. 掌握测量的四种水平;
3. 掌握心理测量的含义和特点;
4. 掌握心理测验的含义和三要素;
5. 知道心理测验的种类和应用。

第一节 测量的基本问题

一、测量的定义

说到测量,人们总会联想到各种各样的仪器。例如测量长度的米尺,测量重量的天平,测量时间的钟表以及测量温度的温度计等。不过,对上述长度、重量、时间和温度等变量的测量并不一定要用到仪器,例如有经验的钢铁工人可以根据炉火的颜色估计炼钢炉中的温度,优秀的售货员可以根据手感确定货物的重量。这些都是仅仅靠人的感官和大脑,而不利用仪器进行测量的例子。由此我们可以看出,仪器的使用并不是测量的最基本特征。测量的最基本特征究竟是什么?我们认为,将事物进行区分才是测量的最基本特征。因此,人们把对事物进行区分的过程称之为测量。

美国测量学家史蒂文斯(S. S. Stevens)曾对测量作出以下定义:"就其广义来说,测量是按照法则给事物指派数字。"我国有些学者认为,"测量是对客观事物进行某种数量化的测定","测量是按照一定的法则,用数字方法对事物的属性进行描写的过程"。从以上史氏等人对测量所下的定义可以看出,这种对事物进行区分的过程,必须是按照一定法则的,区分的结果必须是能够用数字的方式进行描写的。概言之,测量包括三个要素:① 测量的对象——事物的属性和特征;② 测量的规则或称法则——给事物的属性分派数字的依据;③ 测量的结果——描写事物属性的数字或符号。试以对人的体重的测量为例。测量的对象(事物的属性)为"人的体重";测量的工具(某种法则)是"要求被测量者穿戴尽可能少的衣物,静止地站立在磅秤上,读数者的视线要和磅秤的刻度盘相垂直";测量的结果(数字)为"多少公斤"。再以对学生的英语水平的测量为例。这时,测量的对象(事物的属性)就是学生的英语水平;测量的工具(某种法则)即用预先编制好的英语试卷,按照测验的要求进行,包括规定测验的时间、不准作弊等;而测验的结果(数字)则为测验的分数。

以下我们将对测量的三个方面加以具体分析。

首先讨论测量的对象——事物的属性或特征。我们对事物进行测量,确切地说,测量的对象是事物的某种属性,但事物的属性可以分为不同类型。当然,分类只是为了说明方便而已,它们本身并没有绝对的界限。大致可分为以下几类:① 具体型:其存在形式比较具体,大多可以被人的感觉器官所直接感觉到,即人们可以看得见、听得到、摸得着、尝得出、嗅得到。例如,物体的长度、重量、体积、时间、温度等。② 确定型:即在一定的条件下,这些属性或特征是保持恒定不变的。例如,物体的长度和重量,只要物体的温度不变、受力状况不变,其长度也就相对不变;只要物体在地球表面的水平位置和垂直高度不变,重量也就不变。③ 抽象型:它与具体型相对,其存在形式比较抽象,大多不能被人的感官所直接感觉到。人的心理属性就大多属于抽象型,如学生的智力、个性、品德、知识、技能、习惯、能力、态度、兴趣、爱好等。④ 随机型:即事物的属性是随机变化的。例如,人的记忆广度,尽管各种条件都保持恒定,但每次测量的结果还是会有所差异。⑤ 模糊型:即事物的属性本身是模糊不清的。例如,我们认为某人是热情奔放的,而另一个人是冷若冰霜的,那么,什么叫热情奔放,什么叫冷若冰霜呢?这些都是模糊的概念。从上面的分析可见,测量对象的属性具有不同的特点。

其次,关于测量的结果——描述事物属性的数字或符号,如数字Ⅰ、Ⅱ、Ⅲ或1、2、3等,它们在未被用来描述事物的属性之前,仅仅是一个符号,它们本身并没有量的意义。当数字被合理地用来描述事物的属性时,我们才赋予它以量的意义,即它们从数字变成了数。

数对于测量的重要性是由数的功能决定的。就自然数而言,数的系统有如下一些特征:① 同一性和区分性。所谓同一性就是指每一个数的独特性。例如,用同一个数字表示的事物必定是相同的。既然每一个数都是独特的,那么,就没有任何一个别的数与它完全相同。这就是数与数之间的区分性,是1就不是2,是2就不是1,被用1指派的事物的每一个体(或被用2指派的事物的每一个体)总是相同的。用1和2表示的事物是不相同的两个事物。数的同一性和区分性是一个问题的两个侧面。② 等级性或位次性,又称为序列性,这是指若干个数之间按其大小所形成的次序关系。如3>2>1或1<2<3。若用数的等级性或序列性描述事物,那么事物之间必有位次可循。③ 等距性。若第一个数与第二个数之差,等于第二个数与第三个数之差,如1、2、3三个数,它们之间差的绝对值相等,2-1=1、3-2=1。那么,这三个数就具有等距性。④ 可加性。这是指两个数之和必产生第三个数。这一特性几乎是对数进行所有运算的基础。因为,如果我们能把数相加,就能把数相减("加"的逆运算),而且在一定的条件下,就可以相乘(同一个数的连加),相除(同一个数的连减)。由此可见,数的系统是合乎逻辑的,为逻辑运算提供了许多可能性。

在实际测量中,由于测量的需要,以及所欲测量的事物属性的不同,有时并不需要或者并不可能使数的各种特性同时具备。当然,能具备多一些特性更好,因为测量中运用数的效果,确实是由这些数所包括的特性多少所决定的。例如,我们能用数合理地描述事物的属性,并且在允许的条件下对数进行运算,我们就可以通过运算的结果,对所要测量的属性进行推测。

在此必须指出,上面的叙述只是就数的功能而言的。表面看来,此时事物的性质似乎是由数来决定的。其实不然,因为归根结底,我们只能根据事物本身所具有的特性而运用数的系统的某些特性来代表事物。至于如何指派数字于事物以及赋予数字以某种量的意义,这就涉及法则的问题。

最后,测量法则的制定,它是测量中最关键同时也是最困难的工作。所谓法则就是指导我们如何测量的一种准则或方法,即在测量时给事物属性分派数字的依据,换言之,它是根据事物的特性告诉我们做些什么的一种指导或方法。例如,我们要评定学生的品德,这时法则可以描述为"根据学生好坏的程度而分派 1 至 5 的数字,给非常好的学生分派数字'5',给极差的学生分派数字'1',而介于两极端中间的学生,则分派数字'2'至'4'"。又如,假设我们已有一个法则:"一个人是男,则分派数字 1,一个人是女,则分派数字 0。"这种测量的法则可以用集合 A 与集合 B 的关系来剖析。现若有一个集合 A$\{a_1,a_2,a_3,a_4,a_5\}$,其中 a_1、a_3、a_4 是男,a_2、a_5 是女,依照前述法则,男的指派的数字为 1,而女的指派的数字为 0。如让 0 和 1 为一个集合,称为 B,那么,$B=\{0,1\}$。我们可以把这种测量程序表示为如图 2-1 所示。

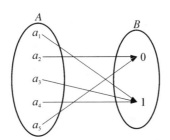

图 2-1 集合 A 与集合 B

由图 2-1 可见,这种测量程序犹如一种对应,即集合 A 的每个成员只能分派到集合 B 的单一物体上(具体地说,在这里是某一特定的数字)。更进一步而言,所谓对应,就是一种有序配对的集合。由此可见,对应就是法则。须知,函数是对应的一种特殊形式,反过来说,对应是函数的扩张。函数是把某一集合中的事物分派到另一集合的事物之上的法则,因而我们也可以说函数就是一种有序配对的集合。

由此可见,任何测量程序仅是建立一个有序配对的集合罢了。因此,我们可以写出一个测量程序的一般公式如下:

$$f=\{(X,Y);X=\text{任何事物},Y=\text{一个数字}\}$$

这个公式可以读为:函数 f 等于有序配对 (X,Y) 的集合,而 X 为一种事物,其所对应的 Y 是一个数字。

当测量的其他条件相同时,使用不同的法则会产生不同的测量效果。换言之,法则有好有坏,使用好的规则就可能得到正确可靠的测量结果,使用差的规则,则可能得到无效或偏倚的测量结果。

法则的好坏,一方面取决于制定规则的程序;另一方面,取决于所欲测量的事物属性本身是否易于建立规则及规则是否便于操作。有些事物易于测量,一般来说具体且稳定的事物属性,如人的某些生理特性:性别、身高、体重、肤色、发色等,其测量的规则就易于建立和使用,易于制定和便于操作。抽象且易变的事物属性以及大部分人类的特性都是难以测量的,如人的智力、知识、技能、人格、态度等心理属性,其测量规则就难以判定和使用。对这些属性来说,设计一个良好且清晰的法则是非常困难的。一般而言,之所以许多心理测量与物理测量相比都较为困难,其原因盖缘于此。在教育测量上,人们目前对考试方法的种种意见,实际上主要与"规则"有关,人们认为目前的考试方法作为体现测量学生知识或能力的法则大多不够理想,有相当大的缺点,因而不能保证获得对学生实际学业的真实测量。

二、测量的要素

任何测量都应该具备这样两个要素:参照点和单位。

(一) 参照点

参照点系计算的起点。要确定事物的量,必须有一个计算的起点,这个起点就叫作参照点。参照点不统一,量数所代表的意义就不同,测量结果就无法进行比较。参照点有两种类型:一种是绝对的零点,如测量轻重、长短等都以零点为参照点,这个零点的意义为"无",表示什么都测不到。另一种是人定的参照点,也即相对零点,例如海拔高度,就是以海平面作为测量陆地高度的起点。温度既可以从绝对零点计量,也可以从摄氏零度计量,后者是以水的冰点为测量零点,如用前者表示则为绝对温度273度。不以绝对零点为参照点的计量只能进行加减运算,不能进行乘除运算,它有一个极大的限制,就是从该点起计算的数值不能以"倍数"的方式解释。

理想的参照点是绝对零点,但心理测量中很难找到绝对零点,多采用人为指定的相对零点。如智力年龄为0,实际上指的是零岁儿童的一般智力水平,而不能说此时的儿童没有智力。心理测量的结果只有高低之分,没有倍数之分,如甲的智商为100,乙的智商为50,不能说甲的智商是乙的2倍。

(二) 单位

单位是测量的基本要求,没有单位就无法进行测量。没有单位,数量的多少、大小就无法表示。单位的种类、名称繁多,即使是测量同一事物,也可以用多种不同的单位。例如,测量长度可以米、厘米为单位,测量重量可以千克、克为单位,测量时间的单位分别有秒、分、时、日、月、年等。

理想的或者说好的单位必须符合两个条件:一是有确定的意义,即同一单位在大家看来意义相同,也就是所有人的理解意义要相同,不允许出现不同的解释;二是要有相等的价值,即相邻两个单位之间的差别总是相等的(如第一单位与第二单位间的距离等于第二单位与第三单位间的距离)。上面提到的测量长度、重量与时间所用的单位符合这两个条件,而心理和教育测量所用的单位则不等值。一般来说,心理测量的单位不够完善,既无统一的单位,也不符合等距的要求。

三、四种测量水平和测量量表

我们先来谈谈什么是量表(scale)。从广义上讲,任何可以使事物数量化的值和量的渐进系列都可称为量表。前面述及,测量的本质是根据某一法则将事物数量化,即在一个定有参照点和单位的连续体上把事物的属性表现出来,这个连续体被称为量表。如要测量某些事物的属性,只要将欲测的该事物的属性放在这个连续体的适当位置上,看它们距参照点的远近,便会得到一个测量值,这个测量值就是对这一属性的数量化的说明。

由于事物的属性不同与所制定的规则不同,致使用数的属性来描述事物属性所达到的程度不同,这就产生了不同的测量水平的问题。史蒂文斯根据对测量结果数量化描述的不同水平,将测量分成四种不同水平:类别测量、等级测量、等距测量、比率测量。这四种不同水平的测量产生了相应的四种类型的量表,也即类别量表(nominal scale)、等级量表(ordinal scale)、等距量表(interval scale)和等比量表(ratio scale),以下分述之。

(一) 类别量表

类别量表又称名称量表。它根据事物的某一特点,对事物的属性进行分类,并用数字或符号表示。它仅能区别不同类别,如性别、国籍等。在统计上,类别量表只能计算每个类别的次数(频数)。适用的统计方法属于次数统计,如计算百分比或列联相关,进行 χ^2 (卡方)检验等。

(二) 等级量表

等级量表又称顺序量表。它根据事物的某一特点,将事物属性分成等级,用数字表示。这种测量水平不仅能区分不同类别,而且能排出等级或顺序,如胖瘦、大小、高矮、上中下、名次、优良中差等。等级量表反映事物的类别的差不必相同,不具有等距性。这种水平的测量所适用的统计方法,除次数统计外,仅限于中位数、百分位数、等级相关系数、肯德尔和谐系数以及秩次变差分析等。

(三) 等距量表

等距量表对事物属性的划分是等距的,即它们的单位是等值的,但没有绝对零点。它的参照点是人为指定的,只具有相对性质。因此,此类测量所得的数据可进行加减运算,但不能进行乘除运算,如摄氏 18 度不能说成是摄氏 9 度的 2 倍,而只能说它们两者相差 9 摄氏度。我们可以根据观察值间一致变化效应规律,在一组资料中,加减或乘除一个常数于每个观察值,把它转换到另一个等距量表上去进行比较。等距量表能更广泛地应用多种统计方法,如均数、变差、积距相关系数、T 检验和 F 检验等。

(四) 等比量表

等比量表又称比率量表。它是一种理想的量表,也是最高水平的测量。它除具有等距量表的一切特性外,还具有绝对零点,如在物理测量中,长度、重量、开氏温度量表(绝对温度量表)等。对此种测量结果可以作加减乘除运算,除适合上述一切统计方法外,还可以使用几何平均数和相对差异量。

四、直接测量和间接测量

根据测量时能否直接测到所欲测量的事物属性,又可将测量分为直接测量和间接测量两类。

直接测量是一种能直接测得事物属性的测量,例如测量事物的长度。

间接测量是一种不能测得事物属性,只能根据测量结果去推测事物属性的测量。中国历史上所记载的曹冲称象的故事,说的就是一种典型的间接测量。因为象的体重是通过测量船中石头的重量推测得到的;温度的测量也是间接测量,人们借助于温度计中水银柱高度的变化来推测气温的高低。

有些物理现象可以直接测量,这种测量也属于客观性测量,基本上不受测试者的主观判断的影响,当然仍有不少物理现象仍属于间接测量范畴;但对心理测量来说,它们均属于间接的测量。在下一节中我们将对此作稍详细的讨论。

五、测量的方法

测量的方法有多种,如实验法、观察法、测验法。在心理测量中较多使用的是测验法。我们在本书中学习的心理测量是以心理测验作为测量工具的测量,而不是用实验法、观察法等方法对心理进行的测量。在这个意义上,我们可以将包括实验、观察等方法在内的心理测量称为广义的测量。而将应用测验法进行的心理测量称为狭义的测量。如不特别加以说明,本书所指的测量均为狭义的测量。

六、测量的误差和精确程度

在测量研究中,人们非常关心的一个重要问题是测量的精确程度。因为在一般的情况下,测量的结果越是精确,它的价值就越高。

必须指出的是,测量总是会有误差存在,测量的精确程度与误差大小有很大关系。误差越大,精确程度越低;误差越小,精确程度越高。测量的精确程度(误差大小)首先与测量对象本身的属性有关。对于具体型和确定型的事物属性,一般的物理测量也是不能作出绝对精确的测量的。例如,用千分卡测量一个物件的直径,如果测量一百次,那么这一百次的结果并不会完全相同。因为在每次测量中都会受到一些无关变量的影响。

测量的精确程度还和测量所用的工具有关。例如我们要测量两个建筑物之间的距离,用米尺测量就要比用步长测量精确很多,而用激光测量又比用米尺测量更为精确。但即使用激光测量也还是会有误差。随着科学技术的发展,今后还会有更先进的测量工具诞生。但是,不论测量工具多么先进,总还是不能对事物的属性进行绝对精确的测量。

另外,测量中要求的精确程度往往视测量的目的而定。一般来说,心理和教育测量中对精确程度的要求比在工程技术中的测量要求低。

第二节 心理测量的基本概念

在上一节中,我们介绍了测量的一般知识,那么作为心理领域的测量又有什么特殊的性质和特点呢? 这是我们要认真加以探讨的一个问题。

一、心理测量的定义

所谓心理测量,就是根据一定的法则,用数字对人的行为加以确定,即依据一定的心理学理论,使用一定的操作程序,给人的行为和心理属性确定出一种数量化的价值。

二、心理测量的可能性

心理属性是否可以客观地进行测量呢? 由于人的心理属性抽象而不易捉摸,因此实现客观的测量比较困难,有人据此对心理属性测量的可能性产生了怀疑。

其实,心理属性与物理属性一样,都是可以测量的。恩格斯说:"数学的对象是现实世界的空间形式和数量关系。"在20世纪初,心理学家和测验学者已在理论上对心理属性测量的可能性作出了明确的阐述。

(一) 任何现象,只要客观存在,就总有数量性质

这个原则是美国心理学家桑代克在1918年提出的。他说:"凡物之存在必有其数量。"人的心理现象虽然看不见,摸不着,但是,它是客观存在的现实,是"脑"这一高级物质的属性,它也有数量的差异。例如,人的智力有高低之分,学生的成绩有优劣之别。这高低和优劣之间就体现着程度的不同。程度之差也就是数量的不同。

(二) 凡有数量的现象,都可以测量

这个原则是美国测验学者麦柯尔于1923年提出的。他说:"凡有数量的东西都可以测量。"这说明人的心理属性也是可以测量的。虽然我们不能用尺来量它,用秤来称它,但是它必定会反映在人的某种行为之中,于是我们就可以通过对人的行为的测量来

推测他的某种心理属性。当然真正实现这种测量是很困难的。到目前为止，对于某些心理属性，如智力、创造力、知识、技能、习惯、品德、理想、兴趣、态度等，我们尚不能一一加以测量或测量得还不够十分准确可靠。这是因为心理测验学的发展历史还很短，许多测量工具还没有被编制出来或已编制的测量工具还不是十分完善。但是，我们不能因为某种心理现象的测量工具还没有被发明或编制出来，就否认这种现象的可测性。

三、心理测量的特点

（一）心理测量的间接性

心理测量是一种间接的测量。这与某些物理现象的直接测量是大不相同的。以今日之科学发展水平，我们尚无法直接测量人的心理，只能测量人的外显行为。根据心理学特质（trait）理论，人们对测量结果进行推论，从而间接了解人的心理属性。特质理论认为，某种内在的不可直接测量到的特质，可表现为一系列具有内在联系的外显行为，测量者可以通过一定的方法测量这些外显行为，并由这些行为判别特质的性质。在心理学中经常用特质来描述一组内部相关或有内在联系的行为。特质乃是个体特有的（与他人不同的）、稳定的（表现于多种情境下）、可辨别的（可与其他特征分开）特征。所以特质理论认为，心理测量中的"事物的属性或特性"即指"特质"，它是一个抽象的产物，一种构想，而不是一个可被直接测量到的有实体的个人特点。由于特质是从行为模式中推论出来的，所以基于特质理论的心理测量永远只能是间接的测量。

每个人独有的个人特质也是在遗传与环境的影响下，个人所具有的、对刺激作出反应的一种内在倾向。例如，一个人喜欢阅读机械杂志，喜欢观看各种机器运转，热心为别人修理钟表、自行车，由此我们便可推论出此人具有机械兴趣的特质。

对于心理现象可以加以间接测量，有人持怀疑态度，认为所测量的东西可能并不是所要测的东西。这种可能是存在的，关键在于选择的行为变量要适当，要能真正反映待测的心理属性。这与我们前述的测量"法则"问题有关。但我们不能因为法则难以确定就否定心理现象间接测量的可测性本身。实际上，这种间接测量的方法不仅在心理测量中被采用，甚至在生理学研究中，也是被广泛采用的。如巴甫洛夫就是用狗的唾液分泌来推测其大脑的高级神经活动，它也是一种间接的测量。人的心理活动与行为具有因果关系，由"果"可推测"因"，这是心理现象可以间接测量最根本的理由，也是科学研究的基本方法。

（二）心理测量的相对性

对人的行为进行比较，没有绝对的标准，亦即没有绝对零点，我们有的只是一个连续的行为序列。所有的心理测量都是看每个人处在这个序列的什么位置上，因此，位置具有相对性。由此所测得的一个人智力的高低，兴趣的大小等，其实都是与其所在团体的大多数人的行为或某种人为确定的标准相比较而言的。

心理测量的比较标准的确定是我们这一门课要研究的主要内容。没有永恒的标准,从测量结果进行推论所采用的标准不是一成不变的。在以后的有关章节中,我们还将对此专门加以讨论。

四、心理测量的水平

心理测量属于哪一种水平的测量?我们在第一节中已经知道测量有四种水平和四种相应的测量量表。心理测量,不论是对智力,还是对能力倾向或人格的测量,都只具有等级量表的特征。测验分数一般只能显示个体智力、能力、人格上的等级位次,而没有一个相等的单位,故它不是一个等距量表。但由于多数心理特征具有常态分布的特征,且没有绝对零点,所以我们也可以把测量后直接得到的原始分数转化为常态分布下的标准分数,把这些量表当作等距量表来处理。至于可采取哪些变通方法,我们将在以下章节中作专门介绍。

第三节 心理测验的基本概念

在本节中,我们将进一步讨论心理测验的有关内容。在上一节我们主要探讨了有关心理测量概念的主要内涵。本节将引入一个新的概念,即心理测验。心理测验和心理测量这两个概念之间既有所联系又有所区别,了解它们的异同将有助于我们更有效地开展心理测量的实践。

一、心理测验和心理测量的联系与区别

在许多场合,心理测验(psychological test)和心理测量(psychological measurement)常被作为同义词来使用。的确,这两个概念的内涵在很大程度上是重叠的,但它们又存在显然的区别。心理测验是了解人心理的工具,主要在"名词"意义上使用。而心理测量则是以测验为工具,达到了解人类心理的目的的实践活动,它主要在"动词"意义上使用。因此,相对而言,心理测量的意义范围更广一些。能被应用于实际心理测量的心理测验才是真正有效的测验工具。当然,不能应用规范标准的心理测验工具的心理测量活动同样也不能称为科学的测量。为了更好地理解心理测验与心理测量之间的关系,本节重点阐述心理测验概念的基本内涵。

二、心理测验的定义

为了正确使用测验和解释测验分数,必须要对"心理测验"这一概念有正确的理解。

什么是心理测验?不同的人有不同的理解:

"测验是一个或一群标准的刺激,用以引起人们的行为,根据此行为以估计其智力、品

格、兴趣、学业等。"(陈选善)

"所谓测验,是对一个行为样组进行测量的系统程序。"[布朗(Brown)]

"心理测验实质上是对行为样组的客观和标准化的测量。"[阿纳斯塔西(Anastasi)]

以上对心理测验概念内涵的阐述都是正确的,虽然侧重之处各有不同,前两个侧重指出测验的名词性质,即它们是"标准的刺激"或"系统的程序"。第三种说法则从功能上对这些刺激或程序加以扩大,指明它们是为测量服务的。综合上述三个定义,可见"心理测验"之中具有三个要素,即行为样组、标准化与客观性。

三、心理测验三要素

(一) 行为样组

前已述及,心理测验测量的对象是人的心理特性,而测量心理特性又是凭借对其密切相关的行为的间接测量来进行的。但我们不可能在一个心理测验中,测量到所有与该心理特性相关的行为,而只能选择其中一部分行为进行测量,以这部分被测量的行为作代表,来推测与其关联的心理特征。这一组行为被称为行为样组。换言之,为了正确地、可靠地推论所要测量的东西,就得凭借一组行为,这一组行为被称为行为样组。

由于测验是引起行为的工具,这就要求我们在编制测验时,必须慎重地选择有代表性的行为样组。如果所选的行为样组缺少代表性或与欲测的心理特性关系不密切,那么我们就不能凭此推论个体的特性。

应该指出,行为样组的行为,它们总是由一定的测题引发和测量的。但行为与测题之间的关系不见得如编制测题者所设想的那么完全地对应,因为有些测题并不一定直接引发和测量到与被测量的心理特性有关的行为,也许可能引发和测量到的是与该行为相关的其他东西。一个测验的好坏,首先决定于测题编制的好坏,即必须要求这些测题能够引发和测量出具有高度代表性的行为样组。

(二) 标准化

标准化是指测验的一致性,也即测验的编制、实施、记分以及测验分数解释的程序的一致性。为了保证测验的条件对所有被试相同,为了能对所测得的分数进行评价,必须把上述操作标准化。这样才能保证在相同的条件下进行比较,比较的结果才有意义。因此,一个好的测验,必须严格经过标准化的程序;一个好的主试,必须能严格执行测验所规定的标准化要求。

标准化的范围包括:测验用品的一致性,测验指导语的同一性,测验中主试与被试关系的稳定性,测验评价的一致性等。概言之,所有能保证测验条件一致性的东西都是标准化应考虑的内容。

标准化的另一重要步骤是建立常模。

（三）客观性

客观性是衡量科学性的一个根本标志，对于心理测验尤为重要，这是决定一个心理测验能否存在的必要条件。

心理测验的客观性，是指测验不受主观支配，其测量方法是可以重复的，测验的实施、记分和解释都是客观的。

行为样组的代表性和测验程序的标准化，都是为了保证这种客观性。

常模（norm）是测验分数相互比较的标准，是解释测验结果的参照。一般说来，它往往是标准化样组在该测验上的得分分布情况。其逻辑是：根据概率论，在人群中选取一组适用测验规定范围的受测者作为所有测验对象的代表，这一组受测者称为标准化样组；其被测得的得分分布情况，可以作为所有测验对象（全域）的代表，标准化样组在某一测验上的平均分数成为可以比较的"常模"；我们通过将以后某个受测者的得分与该"常模"比较，就可以知道该受测者在标准化样组中所处的位置，并可据此推出受测者在全域中的水平。

由此可见，标准化样组的代表性决定着测验常模的客观性，并进而影响整个测验的客观性。如常模过时、样组分布偏态、样组规模过小等情况发生时，测验的客观性就会受到影响。

四、心理测验客观性指标

心理测验客观性可从许多方面加以衡量，常用的指标有：信度（reliability）和效度（validity），难度与鉴别力。其中，信度和效度是测验客观性的两个最重要的指标。

（一）信度

信度是指测验结果的可靠程度。只有测验结果接近或等于实际真值或多次测量结果十分接近，才能认为测量结果是可靠的。

科学的东西必须能够重复。测验作为工具使用，当然要求它本身是可靠的。两次测量的结果绝对相同是不可能的，但相对而言，它们应当具有基本的一致性，差异应该极小。信度问题的实质是一组被试两次测量的一致性问题。我们说一个测验是可靠的，这是指对某一群体而非指对一个被试而言的。信度高低可用相关系数来表示，即用相关系数来估计两个随机变量一致性变化的程度。

信度估计方法或者说信度的种类有以下几种：

（1）重测信度。它的求法是先运用某个测验实施首测，相隔一段时间后用它进行再测，然后计算被试首测与再测所得分数之间的相关系数。

（2）复本信度。它的求法是先运用同一测验的一型或 A 型施测，随后在最短的时间内运用二型或 B 型进行再测，然后再求它们得分的相关系数。

（3）内在一致性信度。常用的方法是将一个测验分裂为两个假定相等而独立的部分，然后计算这两部分的记分的相关系数（一般是以项目的奇数项为一组，以偶数项为另一组），继而再用斯皮尔曼—布朗公式来估计整个测验的信度。

综上所述,信度高低是用相关系数来表示的。不同的测验内容,对相关系数的要求有所不同。一般说来,标准智力测验应达到0.85以上,个性测验和兴趣测验一般应达0.70—0.80水平。学业成就测验要求信度在0.90以上,这样才能被称为一个良好的测验。

有关信度的详细讨论参见第六章。

(二) 效度

效度表示一个测验实际测量出所测特性或功能的真实性程度,或者说,它是指一个测验真正确实地测量到它所欲测量的东西的程度。效度是心理测验最重要的客观性指标,没有效度指标的测验是不能使用的。鉴别一个测验的好坏,其首要指标就是效度。

效度是针对测验目的而言的。不同测量有不同的测验目的。某个智力测验,它对于测量智力来说,可能是高效的,而用它来测量性格则肯定是低效的。我们在选择心理测验时,要明确该测验是用来测什么的,不能盲目乱用,否则将导致无效的测量。效度可分为三类,即内容效度、结构效度和效标关联效度。

(1) 内容效度。表示测验所选的项目(测题)符合所欲测验内容的程度。对智力测验而言,内容效度就是指测题的选样是否具有代表性。确定内容效度的方法有两个:① 逻辑法:即请有关专家对测验题目进行考核,看测验是否能够测出所要测的内容;② 经验法:即通过实践检查测验能否测出欲测的内容。

(2) 结构效度。表示测验实际测量出所欲测量的心理结构或特征的程度。

(3) 效标关联效度。又称实证效度或准则关联效度,它是测验分数与作为效标的另一独立测验结果之间的一致程度。在某些情况下,往往把校标关联效度也包含在结构效度内。效标关联效度又可分为两种。效标分数与测验分数同时获得的,称为同时效度。效标分数在测验之后相当长时间内(几个月到几年)获得的,称为预测效度。前者主要用来查明修订或自编测验的效度,后者主要用来评价测验的预测能力。

一个好的测验,根据其目的和性质,往往需要多个效度指标均达到相当高的水平。

下面介绍几种考查一个智力测验效度的常用的方法。

(1) 求测验结果与另一种已经标准化的测验结果的相关。例如,要评定一个自编智力测验的效度如何,可把受测者在这个智力测验的结果和在世界著名的韦克斯勒智力量表上所得的结果相比较,求出两者的相关系数。由相关系数的大小来决定这个自行编制的测验效度的高低。

(2) 求测验结果与学生学业成绩、教师评定之间的相关系数。

(3) 观察每项测题通过人数的百分比是否随年龄或年级而增加。

(4) 观察每项测题与全量表是否有连贯性。

有关效度的详细讨论参见第七章。

(三) 难度与鉴别力

测验量表的好坏与项目(测题)的选择有很大的关系。好的项目是难度适宜并且鉴别力高的。

(1) 项目的难度。项目难度是衡量测题难易水平的数量指标。估计项目难度的方法通常是以被试通过每个项目的百分比来决定的。如果某一项目通过的百分比太高或太低,这说明该项目太易或太难了。一般情况下,这两种项目应该删除。

(2) 项目的鉴别力。它是衡量测题对不同水平被试区分程度的指标。如果一个测题的鉴别力高,那么水平高的或能力强的被试就会得高分,水平低的或能力弱的被试就会得低分,这样就能把不同水平的被试区分开来了。而鉴别力低的测题,则意味着它不能对水平或能力有差异的被试作出很好的区分。

估计项目鉴别力的方法通常是以不同水平的被试通过每个项目的百分比之差来决定的。项目的难度和鉴别力之间有一定的关系。一般说来,中等难度的项目鉴别力最高。

一个好的测验项目安排要客观,项目的选择也应客观。中等难度(0.5左右)的测题应该居多,当然也需要一定量难度较大或较小的测题。有关项目难度与鉴别力的详细讨论参见第八章。

第四节 测验的种类

应该首先指出的是本书中所涉及的测验均为标准化测验,而与之相对应的是非标准化的测验,后一类测验的编制和使用没有遵循严格的标准化程序,自然也就不具有我们以上所说的测验的性质。教师自编的课堂测验和考试等都属于非标准化测验,它们通常只使用一两次而已。

标准化测验可以按不同的分类标准加以分类。主要标准有测量对象(测量特质)、测试人数、测验中使用的材料或内容的呈现方式等。

一、根据测量的对象分类

依据测验测量的事物属性和特质的不同,测验可分为认知测验和人格测验两大类。

(一) 认知测验

认知测验又可称为能力测验,这类测验主要包括智力测验、能力倾向测验(又称性向测验)、教育测验(又称成就测验)及创造力测验等。

智力测验(传统的比奈式的智商测验)目的在于测量受测者智力的高低。能力倾向测验的目的在于发现被试的潜在才能,深入了解其长处和发展倾向。它一般又可分为一般能力倾向测验和特殊能力倾向测验。前者测量一个人多方面的特殊潜能,后者偏重测量个人的特殊潜在能力,如音乐能力倾向测验、机械能力倾向测验等。教育测验则是测量一个人(或团体)经教育训练或学习后对知识和技能的掌握程度。因为所测得的主要是学业成绩,所以又称为成就测验。它又可分为学科测验和综合测验,前者测量学生某学科的知识、技能,后者测量学生各学科的知识、技能。

(二) 人格测验

它测量的是个性中除能力以外的部分,亦可看作是非能力测验。主要测量性格、情绪、需要、动机、兴趣、态度、焦虑、气质及自我概念等方面的个性心理特征及其相关行为。

二、根据测验的人数分类

根据一次测验时测试人数的多少,测验又可分为个别测验和团体测验两种。关于个别测验和团体测验的一般特点,前已述及,现再略加补充。

(一) 个别测验

个别测验由于是一名主试在一段时间内测量一名被试,因此主试对被试的言语、情绪状态和行为反应有仔细地观察和控制的机会,并且有充分的机会与被试合作,激发被试测试的积极性,所以其结果比较正确可靠,适用于一些特殊对象如幼儿和文盲。但它的缺点是时间长,施测手续复杂,对主试要求高,主试需要经过严格训练,因而一般人不易掌握。所以个别测验仅在有特殊目的(如诊断)时才使用。

(二) 团体测验

团体测验由于一位主试能在一段时间内同时测量许多人,因此可以节省人力、物力和时间,主试也不必经过严格的专门训练,只要事先熟悉测题和指导语,在施测时能掌握测试时间并能控制测验现场即可。团体测验的记分和评分较个别测验更为严格和客观。一般每题都有标准答案。另外,因为标准化样组的规模相当大,故团体测验更易建立常模。但它的主要缺点在于无法对被试详细观察,不易控制被试的行为,容易产生误差,难以发现被试的特殊反应,主试和被试之间无法建立和谐关系等。

还应指出的是,在有些情况下,团体测验可个别施测,但个别测验不能以团体方式实施。如果被试是年龄小的儿童,使用个别测验的效果要比团体测验好。

三、根据测验材料分类

这种分类也可看作是按照测验内容的呈现方式来分类。主要分为语言或文字测验、非语言测验或操作测验两大类。

(一) 语言或文字测验

这类测验的题目是以语言或文字呈现的,受试者也要用语言或文字作答。它可以测量人类高层次的心理功能,其编制和实施也较容易,因而应用范围较广。团体测验多数采用文字测验形式。语言或文字测验不能应用于在语言方面有困难的人,而且对语言文化背景不同的被试加以比较时,此类测验也有明显的局限性。甚至在同一文化背景下,被试文化程度和教育背景的不同,也会对测验结果产生相当大的影响,因而多少会损害其客观性。

(二) 非语言测验或操作测验

此类测验题目不用文字来呈现,而是以图画(图形)、符号或实物(如方块、积木、仪器和工具等)为测验材料。被试的作答无需使用语言或文字,常以操作表达或回应。因为它不受文化因素的限制,因而可方便地用于学前儿童和不识字的成人,也可进行不同文化背景的差异比较研究。操作性测验的缺点是费时太多,不易在团体中实施等。

目前广泛使用的某些测验,其内容呈现方式是混合式的,即既有语言或文字测验,也有非语言测验或操作测验,如韦克斯勒智力量表就是典型。

四、其他测验的分类

以下再介绍几种常用的分类方法及其相关类型的测验。

按测验的记分方式来分,可分为客观测验与非客观测验。客观测验是指记分有明确的标准或有正确答案可资参照比较的测验。此种测验的记分能较好地避免计分者的主观差异。非客观测验则是指计分无固定标准答案可资遵循的测验,它的评分会因评分者的宽严程度不同而有差异。

另外,依据测验的命题形式来分,有选择反应测验及结构反应测验两种类型;依据测验结果的解释模式来分,有常模参照测验和标准参照测验之别;依据测验测查的程度又可分为筛选性测验和诊断性测验。筛选性测验,顾名思义只是对所欲测量心理特质作一般性的考查。这类测验简便易行、省时省力,但是测验内容不够全面,因而不够精确。如中小学生团体智力筛选测验是只有 60 个测题的纸笔测验,一般 20 分钟即可完成。它能起到粗筛的作用,把一些明显智力低下的被试筛选出来。而诊断性测验的内容多而全面,一般为个别测验,它的目的是进一步诊断被试在某些方面的特殊优点和缺点。教育上的诊断测验偏重发现学生的学习困难之处,以此作为改进教学方法或进行补救教育的依据。

第五节 测 验 的 应 用

测验的功能是多方面的,从最一般的意义上来说,它是测量和评价个人的行为、能力及其他个人特质的工具以及心理和教育科研的辅助手段等。在本节中,我们将对测验的功能作比较详细的说明。应该指出的是,以下所述的功用,它们都是互相联系的,实际上很难截然分开。我们作出如下区分,某种意义上只是为了说明的方便。

一、了解个别差异

这是心理测验最基本的功能。它的其他功能都是由此衍生而来的。

所谓个别差异,指的是一个人在成长过程中,因受遗传与环境的相互影响,在生理和心理特征上显示出的各不相同的特点。

从心理与教育的观点来看,人的个别差异可以归纳为以下三个方面:第一是认知方面,如能力、智力、能力倾向和学业成就等;第二是人格方面,即非认知或非能力的心理特质,如动机、兴趣、态度、情绪与自我概念等;第三是社会背景方面,如同伴关系及父母的职业和受教育程度,本人的职业类别和经济收入、婚姻关系等。前述两个方面的差异现象都属于心理特质的层面,我们借助测验的实施,发现一个人在认知和人格方面的特点,从而了解个别差异。

了解一个人的个别差异,尤其是学龄儿童和青少年,就能根据他(她)的特点给予最适当的教育和辅导,向他们或使他们自己提出适合的努力目标,促使他们都能发挥最大的潜能,实现其理想的目标。

二、诊断、预测和评价

我们已经知道对于智力落后者的鉴别和诊断是促使心理测验产生的最初原因。时至今日,在临床上对各种智能缺陷、精神疾病和脑功能障碍的诊断仍是心理测验的主要用途。

测验的诊断功能不只限于临床。在教育实践中,还可用测验来发现学生适应不良(困扰或挫折、高压力或焦虑)和学习困难的真实原因。了解这些不良适应和学习困难到底是智力上的原因,还是由于知识掌握的缺陷,或者是其他心理因素所造成的等,从而为采取适当的帮助和补救措施提供依据。

测验还有预测的功能。例如智力测验、能力倾向测验常被用于推测某人在某方面未来成功的可能性。

测验结果可以用来评价一个人在能力和性格上的相对长处(强)和短处(弱),评价儿童已达到的发展阶段等。作为评价手段,测验既可用于个人,也可用于群体(如一个班级或学校)。

三、甄选、分类和安置

"因材施教"和"人尽其才"是人才培养和使用的两个最主要原则。这里所谓的"材"也即人的一切生理和心理的特质,特别指人的心理特质,例如智力、能力倾向、兴趣和性格特质等。根据对这些特质测验的结果而不是凭借个人的经验,可在众多的候选人中确定最大可能成功者。以此选拔和培养人才,可以大大节省财力和物力。也可将人的"材"加以分门别类,筛选出最适当的人员,将其安排至最适当的位置。例如学校可按能力对学生进行分班,采取更有针对性的教学。在工厂和部队,可根据每个人的特长分配工作和兵种,以达到人员和工作之间的最佳匹配。这也可称之为职业指导。众所周知,职业上成功的条件之一,是一个人从事的职业适合自己的能力。各种职业需要不同的智能,所以在指导待业者就业时,除了依照其兴趣、志愿等条件外,还需要对其进行智力和能力倾向测验。智力测验和能力倾向测验可以作为职业指导的工具。测验在这方面的应用可提高职业指导的效率,有助于人事决策者作出更为准确的决策。

四、为心理辅导和心理咨询服务

在目前广泛开展的心理辅导和心理咨询实践中,使用心理测验已成为一项重要的程序。如能适当地利用标准化的测验与量表的量化结果资料,可以有助于当事人发现自己未知的潜能以及情绪困扰和人格障碍的问题所在,从而为其升学和择校、课程和职业选定等提供有价值的参考信息。这既有利于使心理辅导和心理咨询工作者的指导和帮助更有针对性,同时也能使当事人的自我决策和行为矫正奠基于科学的根据之上。

五、心理和教育科研的辅助手段

目前,在心理和教育科研中,越来越多的事实说明,测验已经成为研究者搜集资料(也即量化的原始资料)的有力工具,例如对于智力发展的环境和遗传因素问题等大量资料都是由测验获得的。

另外,在心理和教育研究中,人们常用测验对被试进行实验分组以达到等组化的要求。如对即将进行实验的班级和对照班分别施行团体儿童智力测验,就可了解各班的原有平均智力水平,在此基础上,才能对实验干预的作用作出评价。

在进行科研成果的评定时也常常利用测验。例如在进行一项新的教学改革之后,测验可为学生智力水平和学业成绩及其他方面的提高的评定提供量化的数据资料。应该指出,由于心理测验在收集数据资料方面的功能,因此它在心理学和教育学基本理论的研究方面也发挥着重要的作用。它具有建立和检验假设的功能。例如在智力结构理论的提出和发展中,智力测验就起到了重要作用。因为归根结底,任何智力理论都需要通过实践来检验其有效性和正确性。智力测验是完善智力理论不可缺少的环节。另外,不同教育措施的效果也可通过测验来比较和检验,这是测验在教育的实用研究中发挥作用之所在。

本章思考与练习

1. 测量的含义和两个要素是什么?
2. 测量的四种水平及特点是什么?
3. 心理测量的特点是什么?
4. 什么是心理测验?心理测验的三个要素是什么?
5. 心理测验的种类有哪些?有哪些应用?

第二编
测验的种类

第三章 智力测验

本章主要学习目标

学习完本章后,你应当能够:
1. 掌握智龄、比率智商和离差智商的概念;
2. 掌握智力分布和分类标准;
3. 掌握智力测验的种类;
4. 知道斯坦福—比奈智力量表和韦克斯勒儿童智力量表的发展、理论框架及主要内容;
5. 理解智力理论演变与智力测验发展之间的关系;
6. 理解智力测验的价值、功用和局限性。

在心理测验中,产生最早并且应用也最广泛的要数智力测验。因此,在我们开始接触各种类型的心理测验时,将首先从学习智力测验入门。本章学习的智力测验主要是传统的比奈式的智商测验。我们将首先介绍一些重要的基本概念;然后介绍国内外心理学家编制和修订的一些著名测验,如斯坦福—比奈智力量表和韦克斯勒儿童智力量表等;在此基础上对智力测验的实践加以适当评述,这将有助于我们认识和正确使用智力测验;最后再简要介绍编制测验的心理学家所信奉的智力理论以及智力测验新发展的特点。

第一节 智力测验的概述

一、什么是智力测验

对于"智力测验"一词,大家并不陌生,但是许多场合中的所谓的智力测验并不是心理学上所指的智力测验,如电视台、杂志上的所谓智力测验只是属于智力游戏、动脑筋练习、比赛或娱乐。我们所说的智力测验也叫智力测量,是心理测量(心理测验)的一种。

智力测验的目的在于测量智力的高低。它是指在一定的条件下,使用特定的标准化的测验量表对被试施加刺激、从被试的一定反应中测量其智力的高低。换言之,它是指由经过专门训练的研究人员采用标准化的测验量表对人的智力水平进行科学测量的一个过程。

上面的这段话有两层含义或两个要点:一是指实施智力测验须有标准化量表或者测验,也即测验工具,二是指智力测验是在一定条件下使用量表给被试测试的过程,也即测验过程。

我们已经知道,心理测量是间接的测量,它不像用尺测得桌子有多高或多长,它不能进行这样的直接测量。美国心理测验学家阿纳斯塔西说过,心理测验实质上是对行为样组的客观的标准化测量。智力测验就是对表现一个人的智力水平的行为样组进行测量,用数字对之加以描述,它的结果是给人的智力行为确定一种数量化的值。

智力测验是一种测量的工具,它要让被试表现(显示)智力水平的行为(样组),然后对表现出的这些行为作出数量化的描述,以此最后决定被试的智力水平,并通过对表现智力水平的行为的测量来推断一个人的智力水平。

智力的差异如同人的其他差异一样是客观存在的,人们很早就有用数量来区分这种差异的思想(想法),因为只用语言来表达人们的聪明程度是不精确和模糊的。但由于智力的复杂性,人们一直找不到好的方法。科学的智力测验起始于20世纪的法国,比奈和他的助手西蒙用语言、文字、图画、物品等形式编制了世界上第一个智力测验量表,产生了测量智力的测验工具,这是一件大事,这一量表的产生开启了智力测量的发展道路。

近一百年来,传统的比奈式的智商测验的发展历程可以比奈—西蒙智力量表、斯坦福—比奈智力量表、韦克斯勒智力量表、考夫曼智力量表等一系列著名量表的产生为其标志。

二、智龄、比率智商和离差智商

智力测验的结果是用智商(IQ)来表示的。智商概念的提出及其发展有一个过程。比奈首先提出了智龄的概念,然后在此基础上产生了比率智商的概念。为了克服比率智商的缺点,随后又产生了目前在智力测验中广泛使用的离差智商的概念。

(一) 智龄

比奈的贡献不仅在于他和西蒙共同编制了世界上第一个正式使用的儿童智力量表,而且在这个量表的修订过程中提出了较好的报告智力测验结果的办法。比奈—西蒙智力量表有三个版本。1905年的量表以16岁以下的儿童为对象,这个量表包括30个测验项目,涵盖记忆、注意、理解和推理能力等方面。1908年至1911年,该量表曾两度修订,其应用范围则由甄别正常儿童进而转至测定正常儿童智力的高低。经过修订后的1908年量表有三个特点:(1)测验项目增至59个;(2)测验项目按年龄分组,例如重述三个数目字,隶属于某一年龄组,而重述四个数目字,又隶属于另一个年龄组,因此1908年量表是第一个年龄量表,它以年龄为单位,它所测量的是某一儿童的智力究竟相当于哪一个年龄水平;(3)测验结果用智龄(智力年龄,mental age,简称MA)表示。测验编制者根据测题的难易将它们按年龄分组,被试通过某个测题得2个月智龄,或得4个月智龄等。例如有一名儿童做对一个题得2个月智龄,做对6题则得1岁(12个月)智龄,如此等等。儿童通过了某些测验项目就算达到了某一智龄。由此可见,智龄是由儿童答对测题的多少确定的。然后通过智龄与实龄(实足年龄,chronological age,简称CA)的比较来衡量儿童智力水平的高低。凡智龄大于实龄的,儿童即被认为智力较高(聪明),智龄等于实龄的则被认为智力中等,智龄小于实龄的被认为智力较低(愚笨)。比奈利用年龄作为测量智力的准则,提出了智龄和实龄这两个实际可行的测量单位,这使得智力测验的结果变得简单明白和有意义。虽然比奈并未提出智商的概念,但他的成就为智商概念的提出奠定了基础。

(二) 比率智商

根据以上对智龄的表述,可以很清楚地看出,智龄只能表示一名儿童智力的绝对水平,它不能用来比较实龄不同的儿童智力的高低。为解决这一问题,比率智商产生了并得到了推广。

比奈—西蒙智力量表迅速传播到许多国家,并按照所在国的情况被加以修订。它被介绍到美国后,引起了美国心理学家的重视,修订成绩最大的当数斯坦福大学的推孟教授,他花了5年时间,于1916年发表了斯坦福—比奈智力量表。这个量表共有90个测验项目,其中51个是比奈量表中所有的,其余是新编制的。适用范围自3岁至14岁,另有普通成人和优秀成人两组。这个量表后来在1937年、1962年、1972年、1986年都作了进一步修订。

斯坦福—比奈智力量表第二版的突出进步是引入了智商(智力商数IQ)的概念,即其结果用智商(IQ)来报告。IQ是英文"intelligence quotient"的缩写。它首先是由德国汉堡大学斯滕(L. W. Stern)教授提出的,推孟教授的贡献是把智力商数的应用范围推广至了全世界。智商能表示智力的相对水平,成为比较儿童聪明程度的指标。

比率智商的计算公式:$智商(IQ) = \dfrac{智龄(MA)}{实龄(CA)} \times 100$

在年龄量表中,我们根据某儿童正确答对的题数可算出他的智龄,我们也预先知道了他的实足年龄,这样就可根据以上公式算出他的智商。例如,一个8岁的男孩,他的实龄是8岁,若他的智龄是7岁,那么他的智商是87;若他的智龄是8岁,那么智商就是100;若智龄是9岁,他的智商则是112。

智龄只能表示智力的绝对高低,不能比较实龄不同的儿童的智力高低。智商则能表示智力的相对高低。因此不同实龄的儿童的智力水平的高低就能进行比较了。甲儿童的实龄是5岁,其智龄为6岁,而乙儿童的实龄是10岁,其智龄为11岁,两个儿童的智龄都比自己的实龄大一岁,这就难以比较他们智力的高低了。而用智商则能明确地比较他们智力的高低,甲儿童的智商$(IQ) = \dfrac{6}{5} \times 100 = 120$,乙儿童的智商$(IQ) = \dfrac{11}{10} \times 100 = 110$,由此可见甲儿童的智力比乙儿童的智力高。

(三) 离差智商

但在比率智商的使用过程中,人们又发现了其缺点。因为比率智商的基本假定是智力发展和年龄增长成正比,是一种直线关系,但实际上当年龄增大时就不是这样的情况了。一般认为一个人在13岁以前的测验的绝对分数是直线上升的,以后逐渐缓慢下来,约至26岁左右停止增长,26岁至36岁之间保持无变化,称为高原期,而在这种情况下一个人的实足年龄是等距增长的,所以使用比率智商在年龄增大时就发生了问题。

1949年韦克斯勒(Wechsler)首次在他编制的儿童智力量表中采用了离差智商的概念。这时智商的求法采取了一种新的方法,放弃了智龄,运用了离差,用离差智商代替比率智商。这是计算智力测验结果的方法上的一次改革。斯坦福—比奈智力量表在1972年修订时也采用了离差智商。韦克斯勒认为:"受到许多挑战和责骂的智商,尽管易被误解和误用,但它仍是一种科学上可靠的和有用的测量标准。"由于这个理由,一方面他仍把智商作为一个重要的概念保存在韦克斯勒智力量表中,智力水平的分类仍采用原有的标准;另一方面,计算智商的方法有了改变,即采用离差智商的概念。离差智商实际上就是同年龄组的标准分,它是根据同年龄组测得的平均分和标准差计算出来的。详细计算过程可参阅第九章。

三、智力的分布和分类标准

推孟曾应用智力量表进行大量的测试,他发现智商为100左右的人约占全部测试者的46%,130分以上的人则少于3%,70分以下的也少于3%。其他人的研究结果也与之基本相同,人的智商分数的分布是一个呈钟形的常态曲线,它与理论的常态分布是吻合的。实际的样组会有一些变化,但大致上都是如此。

许多心理学家按照智商分数的分布对智力的水平加以划分并进行分类,但划分的标准不尽相同。其中最具代表性的是推孟和韦克斯勒的智力分类。推孟曾按智商的高低,把智力分成九类,如表3-1所示。

表3-1 推孟对智力的分类

智　商	类　别
140 以上	天　才(genius)
120—140	上　智(very superior)
110—120	聪　颖(superior)
90—110	中　材(average intelligence)
80—90	迟　钝(dull)
70—80	近　愚(borderline case)
50—70	低　能(moron)
25—50	无　能(imbecile)
25 以下	白　痴(idiot)

韦克斯勒参照他人的分类标准,提出了自己的分类,如表3-2所示。

表 3-2　韦克斯勒对智力的分类

智　商	类　别	百　分　比	
		理论常态曲线	实际样组
130 以上	极优秀	2.2	2.3
120—129	优秀(上智)	6.7	7.4
110—119	中上(聪颖)	16.1	16.5
90—109	中材	50.0	49.4
80—89	中下(迟钝)	16.1	16.2
70—79	低能边缘	6.7	6.0
70 以下	智力缺陷	2.2	2.2

第二节　斯坦福—比奈智力量表

斯坦福—比奈智力量表是世界上最著名的智力测验,堪称一个标准化量表的典范。在本节中我们将对它作比较详尽的介绍。

一、斯比智力量表发展概况

1916年,美国斯坦福大学著名心理学教授推孟和他的同事们共同完成了对比奈—西蒙智力量表(简称比西量表)的修订工作,产生了著名的斯坦福—比奈智力量表,简称为斯比智力量表。这个量表删去了比西量表中的许多旧题目,新增了三分之一以上的题目。各年龄组的题目也重新作了调整和安排,并以美国人为样本,重新标准化,样组大约为1000名儿童和400名成人。量表并附以详细的施测指导与记分方式,并且首次采用智商分数的概念。

在1937年,推孟进行了第二次修订,并采用复本的形式,即L题本与M题本,这次修订,量表的内容也增加了不少。1960年发行了第三版,这次的版本是LM单本,也即把L本和M本又合起来。这个版本并没有新增内容,而是选取了1937年版中较合适的题目,删除了一些过时的题目,并且重新编排那些难度随着时代和文化变迁而发生变动的题目。推孟在1972年对LM单本再次进行了标准化,但内容上保持不变。

斯坦福—比奈智力量表第四次修订版,简称斯比量表第四版(the Stanford-Binet intelligence test forth edition,简称SB4)。它由美国芝加哥河岸出版公司(The Riverside Publishing Company)在1986年出版,修订者是美国著名的心理测验学家桑代克、黑根(E. Hagen)和沙特勒(J. Sattler)等人。修订工作自1979年开始至1986年结束,完成量表修订并正式出版,共历时八年时间。新版斯比量表虽有过去版本的主要特性,但在测验的理论框架、测验题型、测验内容、施测程序及心理计量学上的观念等方面,皆有创新之处。

斯坦福—比奈智力量表第五次修订版,简称斯比量表第五版(Stanford-Binet intelligence scales – fifth edition,简称SB5)。它是在2003年由洛伊德(G. H. Roid)主持完成修订并出版的。它又有了许多变化,它是一个新颖的现代化的智力测验工具。它可用于以下场景:① 测量一般认知功能,识别儿童、青少年和成人的发育障碍和特殊情况,对特殊教育安置进行心理教育评估。② 对早期幼儿提供临床和神经心理学的评估。③ 为成人社会安全评估提供信息,支持工人的赔偿评估,为职业评估提供信息,以及指导治疗方案的制定。

二、斯比量表第四版(SB4)

(一)理论框架和测验的构成

SB4的修订者桑代克和黑根等把卡特尔(R. B. Cattell)的流体和晶体智力理论与他们原先自编的认知能力测验结合起来,形成了斯比量表第四版的理论框架——认知能力的理论模式。这是一个三个层次的阶梯模式。图3-1为SB4的理论框架及相应的组成量表的各分测验。

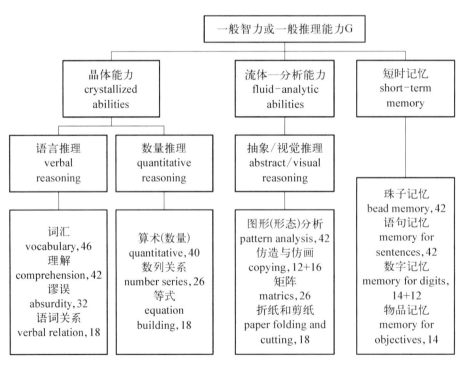

(注:图中的数字表示分测验的题数)

图3-1 斯比量表第四版(SB4)的理论框架和测验的构成

下面我们对SB4的理论框架作些具体说明。

1. 第一个层次

第一个层次的顶端为一般智力因素,即G因素。它是个人为解决新的问题而组织其适应策略的一种认知组合及控制的过程。换言之,G因素是个人用来解决一个未经验过的问题的能力。

2. 第二个层次

第二个层次由晶体能力(cystallized abilities)、流体—分析能力(fluid-analytic abilities)及短时记忆(short-term memory)构成。

晶体能力因素代表获取与运用语文或数量概念的知识以解决问题的认知技能,这些能力通常受到学校教育的影响最大,但也受到学校以外的一般经验之影响。它是一种学术的或学业的能力因素,因为这些语言和数量的技能与学校的成就具有高度的正相关。

流体—分析能力因素代表需要涉及图形的或其他非语言的刺激以解决新问题的认知技能。此因素包含发展新的认知策略或弹性地重新组合已有的策略以处理新的情境。

短时记忆的因素。记忆测验绝大多数皆与比奈—西蒙量表有正相关。当前认知方面的研究重视主体对信息的处理,特别着眼于短时记忆与更复杂的认知成就方面的关系。根据修订者的研究,短时记忆有两种功能：① 暂时地保存新接收的信息直到它能保存于长时记忆中；② 保持从长时记忆中所取得的而在进行的工作中的信息。个人选择及使用短时记忆的策略决定了要储存什么信息,如何储存,及其后如何从长期记忆中对信息加以检索。由于短时记忆与长时记忆的关系,记忆与复杂的学习与问题解决的关系,我们有充足的理由把短时记忆包含在认知能力的模式中。

3. 第三个层次

目前已经找到的三个因素：语言推理、数量推理、抽象/视觉推理(以后的研究还可能在这个层次中找到更多的因素),这些因素比第一、二层次的因素更特殊和更"内容依赖(content-dependent)",这对临床诊断人员及教育人员有特殊的意义。

(二) 斯比量表第四版的特点

SB4保留了先前各版本所有的主要优点,同时也作了一些变化,这反映了在智力功能的理论概念及测验编制方法上的发展趋向。SB4与以前所有的版本相比有下列几个特点：

第一,SB4在内容上涵盖较广泛的认知技能及信息处理能力方面的测试,突破了早期版本较偏重语言的倾向,范围扩大至数量、空间及短时记忆。

第二,SB4的修订者认为,现代的评估和诊断必须要求测验工具能够测量认知的能力以分析个人认知发展的水平与类型,因此修订者决定放弃以前版本采用的"年龄量表"的形式,而代之以"分测验"的形式,即把相同类型的测题组合在一起成为分测验。根据认知能力的理论模式,每一个分测验涉及不同的认知技能和知识基础,因而它至少可以测得一项主要的智力因素。

第三,SB4有15个分测验,它们主要评估四个较大领域的认知技能,这四个领域是：① 语言推理；② 数量推理；③ 抽象/视觉推理；④ 短时记忆。

第四,在施测程序上,SB4仍然保存了原先适应性测验(adaptive test)的特点,即每个人只接受那些难度水平适合于他自身实际表现水平的题目,因而给予被试的施测题目既不太难,也不太容易,这样所得的测验分数就有较高的信度及准确性。

第五,SB4除了提供代表一般推理能力的总分(也即总智商)之外,还可获得上述四个领域的分数,四个领域中任何组合的分数,以及15个分测验的个别分数。这样就可以获得被试认知功能及信息处理技能方面较详细的诊断和评估资料。还须指出的是,SB4还附有各种不同能力组合的分测验常模,这就使得其在实施上更具有弹性。主试可依被试的年龄而实施所有的分测验,或仅为了取得受试者特定能力的有关资料,而实施相应的分测验。

(三) 斯比量表测试的对象和使用目的

斯比量表是个别施测的智力测验。SB4的测验对象范围很广,适用于2岁幼儿至成人的不同智力水平的被试,因而它能评量智力发展的最高和最低两个极端的人。SB4的修订者认为这个量表的使用可服务于以下几个目的:① 帮助我们区别智力落后儿童及学习障碍儿童;② 帮助学校教师、学校心理学家及从事心理辅导工作的人员了解学生在学校中为何有特殊的学习困难;③ 帮助我们鉴定智力超常学生;④ 运用它研究2岁至成人的认知发展。

斯比量表之所以能成为使用范围甚广且特别有效的智力评量工具,首先是因为它保存了适应性测验的特点和施测程序,也就是每个人只接受那些难度水平适合于他本身的实际表现水平的题目。每一被试视其年龄及测试表现,只做其中8个至13个分测验,而非15个分测验。理想上,每一个分测验最好皆能适用2岁至成人的被试。但根据认知发展的研究,要达到这个目标显然是不可能的,因为不同的认知技能其生长曲线不尽相同。因此各分测验适用的年龄范围有所不同,其中有6个分测验的年龄范围是2岁至成人,有1个分测验的年龄范围是2岁至8岁,有4个分测验的年龄范围是5岁至成人,有3个分测验的年龄范围是8岁至成人。

此外,斯比量表的测题难度包括甚广。为了增进施测的适合性,其每个分测验的题目皆依其难度安排,并以英文字母由A到Y依次排列,每一个水准包含两题难度大致相等的题目。至于每个分测验难度水平的数量则因其所涵盖的年龄范围不同而有差异。除了词汇测验之外,年龄范围为2岁至成人的测验有21个难度水平,而年龄范围为8岁至成人的测验有9个难度水平。词汇测验包含23个难度水平,因为它有两个作用——作为例行的测验及测验字词的知识,因此在上限又附加两个难度水准。在这些难度水平不同的测题中,有些题目80%的2岁组的幼儿皆会做,有的题目在18岁至32岁的成人中没有超过5%的人能通过,所以新版量表有足够的下限可以区别智能不足者,也有足够的上限可以鉴定智力超常者,并可为那些在学校中存在学习困难的学生提供诊断性的资料。

(四) 测验的施测和评分

SB4和大多数个别智力测验一样,都要求只有通过高度专业训练的人才可使用。实际施测、计分及结果的解释都需要特别的训练与经验。顺利地完成施测任务并非易事。主试要对量表相当熟悉且要有实际操作的经验。

斯比量表的适应性的特点是要求测验的施测分阶段进行。第一阶段施测词汇分测验。这是一个例行的分测验,词汇测验从何处开始完全决定于被试的实足年龄,这个分测验的施测结果将决定其余的14个分测验应由何处开始施测。第二阶段施测其他的分测验。其他所有测验开始的测题难度水平由被试实足年龄和词汇分测验分数决定,这在记分册背后有一表可查;然后主试要根据被试的实际表现决定每一分测验的基本水平(basal level)及上限水平(ceiling level),当然每个被试都不一样。当被试通过两个连续难度水平的四个题目时,这就是他的基本水平。如果在开始施测时,难度水平上无法达到此要求,便倒退做,直到符合基本水平的表现条件为止。当被试在连续两个难度水平的四个项目中有三个或四个全部都答错时,就是他的上限水平,这时该分测验便停止进行。斯比量表在实际使用时是一边施测一边计分的,因为接下去要施测的项目决定于被试上一题的表现。这些都使测验的施测变得复杂和困难。主试施测时的犹豫与慌乱都可能会破坏与被试的关系,尤其对年幼的被试来说更是如此,主试在操作程序上稍微的疏忽和指导语内容的改变都会导致测题难度的改变。

临床心理学家把斯比量表的施测看作是一种临床面谈。量表施测困难的特性恰好为主试与被试之间创造了互动的机会。主试得以更多地观察被试的工作方法,问题解决方式,及其他与表现有关的质的方面的特点。主试可能也有机会判断被试在某些情绪与动机上的特性,例如集中注意的能力、活动水平、自信及坚持工作的品质等。SB4的记分册的第一页提供了记录这类行为观察的评等量表。必须指出的是,量表施测过程中的质的方面观察的价值大部分取决于主试的测验技巧、经验以及心理学知识的水平,并且也决定于他对这类观察本身必然存在的限制及缺点的认识。主试一面施测一面将分数记录到记分册上。就大多数测题来说,每一题都只有一个正确的答案。答对得1分,答错得0分,累积起来得到分测验的原始分数,对照常模可得分测验的标准年龄分数(standard age score,简称SAS),即平均数为50,标准差为8的量表分数;各量表分数相加,对照常模可转化为领域分数(area score),即平均数为100,标准差为16的标准分数;再将领域分数相加,对照常模可转化为全量表标准分数,其平均数为100,标准差为16,类似于韦克斯勒智力量表的离差智商。

(五) 15个分测验所测内容介绍

1. 词汇分测验

这个分测验共有46题,分为两大类:① 图画词汇(picture vocabulary)(第1至第14题),适用于3岁至6岁的年幼儿童。主试呈现一些物品的图画(如汽车、书本),要求儿童回忆再认并说出名称;② 口语词汇(oral vocabulary)(第15至第46题),适用于7岁以上的被试。主试会问:什么叫作信封(鹦鹉,升迁,钱币……)? 由被试解释词的意义,被试可以字典上的定义或同义词加以说明。

词汇分测验是每个被试的例行测验,被试在这个分测验上的表现决定被试在其他分测验上的起点,因此这个分测验在施测的过程中扮演着极为重要的角色。

2. 珠子记忆分测验

这个分测验共有42题。测验的材料是4种形状(圆球体、圆锥体、长椭圆体、圆盘体)的珠子,每一种形状又有三种颜色,即蓝色、白色及红色。① 水准A至E共有10题(第1至第10题),由主试呈现一至两粒珠子若干秒(如红色的圆锥体,白色的圆球体),再出示印有珠子的卡片,让被试指认;② 水准F至V共有32题(第11至第42题),实施的方式则为主试呈现卡片范例若干秒,然后拿去卡片让被试凭记忆来穿置珠子。

3. 算术(数量)分测验

本分测验共有40题,主要测量被试的数量概念及心算能力。① 利用骰子计算点数(第1至第12题);② 利用图画卡片的计算题(第13至第30题)。如主试问:"在卡片中有两位小朋友在玩球,又来了一位小朋友,那么现在一共有多少位小朋友?"③ 另外10题是以心算为主的应用题(第31至第40题)。如"小明以200元买了一箱苹果,在运动会中出售,每个卖8元,当运动会结束时还剩8个苹果,而小明净赚了120元,问这箱苹果原来共有多少个?"

4. 语句记忆分测验

本分测验共有42题,是一种有意义材料的记忆。主试念2至22个字长的句子,如"喝牛奶""汽车跑得快""马戏团到镇上来了""我的风筝上的线断掉了"等。被试照着复诵,主试按其回忆的程度评分。

5. 图形(形态)分析分测验

这个分测验共有42题。有两种类型测题:① 水准A至C有6题(第1至第6题),被试需要将一些形块安置在形板的凹槽内;② 水准D至U有36题(第7至第36题),要求被试将一些黑白对称的方块组合成几何图案,类似韦克斯勒儿童智力量表中的积木分测验。

6. 理解分测验

理解分测验共有42题。① 水准A至C有6题(第1至第6题),主试出示一张印有小男孩的图片,让被试指认身体的各部位;② 水准D至U有36题(第7至第36题),主试问一些问题,如"为什么在医院中人们要安静?""为什么人们要用雨伞?""当你肚子饿的时候,该怎么办?""为什么开车的人要有执照?"要求被试回答。

7. 谬误分测验

这个分测验共有32题。主试呈现卡片,卡片内容为"一个小女孩在湖中骑脚踏车"或"秃子在梳头"等,让被试指出图画中不合理的地方。

8. 数字记忆分测验

这个分测验有26题,包括两大类:① 顺背数字,有14题;② 倒背数字,有12题。形式和施测方法与韦克斯勒智力测验相同。

9. 仿造与仿画分测验

这个分测验有28题,分为两大类:① 仿造测验:水准A至F有12题,如主试示范用绿色方块垒成"桥"的样子,让被试仿造;② 仿画图形;水准G至N,有16题,主试呈现图片,让被试仿画,如仿画菱形。

10. 物品记忆分测验

这个分测验有 14 题。主试依序呈现一些常见的一般物品,如鞋子、汤匙、汽车等(每次呈现一件),要求被试照着顺序把刚刚呈现过的物品从印有这些物品的图画卡片上指认出来。

11. 矩阵分测验

这个分测验共有 26 题。它是一种非文字的推理测验,与瑞文非文字推理测验相似;在 2×2 或 3×3 的矩阵中缺少左下角的一格,要求被试根据已知的图形间的关系,在可供选择的图形中找出一个最适当的填补上去。

12. 数列关系分测验

这个分测验共有 26 题。主试呈现一列数字,其后留下两个空格,如:"20,16,12,8,__,__"或"1,2,4,__,__",要求被试根据每列数的排列规则填补上所空缺的数字。

13. 折纸和剪纸分测验

这个分测验共有 18 题。每题是一幅图画,上排图画显示折纸的方式及剪去的部分,下排是其摊开的图形的选项,要求被试从下排选项中选出正确的答案。

14. 语词关系分测验

这个分测验共有 18 题。每题有四个词,如"报纸、杂志、书本、电视"或"牛奶、水、果汁、面包",要求被试根据前面三个词的特征说出事物的相像之处,以便与第四个词作出区别。

15. 等式分测验

这个分测验有 18 题。主试呈现一组含有数字、运算符号及等号的资料,如:"5,+,12,=,7",要求被试根据这些资料,建立一个等式,如"5+7=12"。

三、斯比量表第五版(SB5)

SB5 依然是一个常模参照的评估工具。它融合了早期版本的许多重要功能,保持了前面 4 版的传统,例如与较早的版本共享一些测题,以便保持量表的连续性。但 SB5 在测验理论、测验结构和内容设计上有明显改进,出现了不少新的变化。

(一) 变化和特色

1. 测试对象

SB5 适用范围扩大,它可以用于 2 岁 0 个月至 89 岁 11 个月的人,即测试对象范围极广,从幼儿、儿童、青少年到成人,以及老人,几乎可以为整个生命周期的人群提供有效可靠的智力和认知能力的评估。

2. 理论基础和量表结构

SB5 采用卡特尔-霍恩-卡罗尔(Cattell-Horn-Carroll,简称 CHC)认知能力的层次模型作为量表结构的理论基础。CHC 理论模型是从大量心理测量学的研究中发展而来的。它主要由两种理论合并而成:卡特尔的流体和晶体智力理论和卡罗尔的"层级理论"。CHC 理论认为所有的认知能力都由三个层次构成：最高层是广域认知能力（general cognitive ability），即一般能力 g 因素；其次是第二层的 10 个宽域认知能力（broad cognitive ability），也叫二阶因子（second—order factor）；最下面的第一层是 75 个具体的窄域能力（narrow ability），也叫一阶因子（first—order factor）。CHC 理论是具有广义和狭义能力的心理测量模型，有关内容详见本章第六节。

在对广域认知能力测量的前提下，修订者把整个量表分成两大部分，语言分量表和非语言分量表，每个分量表均包括 5 个因素的测量。5 个因素是：流体推理（fluid reasoning，FR）、知识（knowledge，KN）、数量推理（quantitative reasoning，QR）、视觉-空间处理（visual-spatial processing，VS）、工作记忆（working memory，WM）。全量表有 10 个分测验。因此，从 5 个因素测量上看，每个因素均各有一个语言分测验和一个非语言分测验。（如表 3-3 所示）

表 3-3 和 CHC 五个因素对应的 SB5 量表结构简介

CHC 因素名称	SB5 因素指数	测 试 能 力	语言分量表分测验	非语言分量表分测验
流体智力（Gf）	流体推理（FR）	使用归纳或演绎推理解决语言和非语言新颖问题的能力，评估一个人确定新信息片段之间的基本关系的能力	语言类推	物品系列/矩阵
晶体知识（Gc）	知识（KN）	由正式或非正式教育所获得的技能和知识的积累，涉及已经储存在长期记忆中的学习材料	词汇	谬误
数量知识（Gq）	数量推理（QR）	是一个人对数字和数字问题解决的能力，无论是文字问题还是图画关系	语言数量推理	非语言数量推理
视觉处理（Gv）	视觉-空间处理（VS）	在各种视觉刺激中看到组型、关系、空间定向，以及完整形式的能力	位置与方向	型版和模式
短期记忆（Gsm）	工作记忆（WM）	在记忆中暂时储存，然后将信息转换形式或分类的认知历程	句子记忆	延宕反应

3. 智商分数的计算

SB5 把量表离差智商的标准差由以往 4 版采用的 16 改成 15，也即所有的智商分数的平均数仍为 100，但标准差为 15，与其他智力量表保持了一致，这个重要变化使得 SB5 的测试结果和其他量表的测试结果可以进行比较。

4. 其他的变化

SB5 比早年的版本更像游戏,包含彩色图片、玩具和可操作对象。扩展低端的题目,以便较早辨识出发展迟缓或有认知障碍的受测者。扩展高端的题目,以便测量资优的青少年和成人。

(二) 施测和计分

SB5 是对儿童、青少年和成人个别施行的测试。和 SB4 一样,SB5 在测试一开始要进行路径测试,主试要让被试先做两个例行分测验(routing subtest),即语言分量表的知识分测验和非语言量表的流体推理分测验(对象系列/矩阵)。被试在这两个分测验上的表现决定了其在其他分测验上的适当起点,这样做是为了减少施测时间并减少被试的挫折感。所有的分测验被分组为测试单元,被安排成不同的难度等级,语言分量表有 5 个等级,非语言分量表有 6 个等级。一般分测验和大多数测试单元都有示例题目,以帮助被试理解每项任务。

SB5 构建了一个新的评分系统。它可以提供广泛的信息,不仅提供全量表智商(full scale IQ,FSIQ)、语言量表智商(verbal IQ,VIQ)和非语言量表智商(nonverbal IQ,NVIQ),还提供五个因素指数分数(factor index scores),以及十个分测验分数。其他的评分信息还有百分位数、年龄等值等。SB5 还提供扩展智商分数和资优综合分数,提供改变-敏感性分数,可以评估极端的表现,以优化资优课程的评估。

要获得全量表智商需要完成所有分测验。每个测题的测试基本上没有时间限制,加之被试年龄和能力的不同,测试时间通常为 45 至 75 分钟。如只想获得语言智商或非语言智商,则只需要测试语言分量表或非语言分量表,各自用 30 分钟即可。另外,如果只要获得简式版的智商,则只需完成两个例行分测验,15 至 20 分钟就可以完成测验。

(三) 分测验测试内容简介

1. 语言分量表

(1) 语言类推:让受测者描述图片中正在发生的事情的因果关系或人物之间的互动;做一些初级的推理;听主试说一段话,指出这段话中所包含的谬误;通过类比推理将一句不完整的话说完整。

(2) 词汇:让受测者说出玩具的面部及身体特征,看图说出相应的词汇,解释单词的意义。该分测验的测试可以确定受测者的能力水平和起测点。

(3) 语言数量推理:让受测者数小玩具,小红点;说出数字的名称;做加减法运算和简单的文字题等。

(4) 位置与方向:让受测者按照主试的指令放置物品,在听了若干有关方向转变的指令后,说出目前正确的朝向。

(5) 句子记忆:让受测者复述句子,回答主试在提问中说出的最后一个单词是什么。

2. 非语言分量表

(1) 物品系列/矩阵:测量流体推理因素的非语言分测验。给受测者呈现物品序列或矩阵，用手指一下缺少的部分和各个选项，然后指一下装有塑料片、积木和玩具的盒子，让受测者选择一个放在缺少东西的那个位置上。该分测验的测试可以确定受测者的能力水平和起测点。

（2）谬误：让受测者仔细观察图片，指出图片中有哪些谬误。

（3）非语言数量推理：让受测者选小圆点或积木块，用积木块、图片表示数字概念、序列，解决数学问题。

（4）型版和模式：给受测者若干零部件，让其拼成完整的图形。

（5）延宕反应：把玩具放在某个塑料杯中，改变杯子的位置，让受测者辨认哪个杯子里有玩具。

第三节　韦克斯勒儿童智力量表

美国著名临床心理学家韦克斯勒是继比奈之后最成功和最富有成果的测验编制者。自1939年他发表了韦氏成人量表第一版后，又继续延伸形成了韦氏智力量表系列。在50多年前他就很有远见地在前人提出的智力理论的基础上，按照自己对智力的看法，提出了新的量表编制思想，从而使比奈式的传统智力测验在编制方面更趋合理。

一、韦克斯勒智力量表系列的发展概况

1939年，韦克斯勒在他工作的美国纽约市贝勒维精神病院编制了韦克斯勒—贝勒维智力量表（Wechsler-Bellevue intelligence test），这个测验主要是用来评量成人的智力。其编制目的是取得成人患者智力发展状况的临床资料，以供诊断心理疾病之用。事实上在那个时候，比西量表已十分通用。韦克斯勒之所以舍弃比西量表而自己编制，有以下几点考虑：一是因为当时比西量表的常模不适用于成人，某些题目对成人而言过于简单（虽然比西量表也包括适用于普通成人及优秀成人的两组题目）；二是他本人不太同意比西量表所采用的传统的计算比率智商的方法；三是他认为仅有一个智商的测验结果，限制了测验的诊断功能。他根据自己对智力的看法和多年临床工作经验以及实际需要，自行编制了具有多种分测验的新式组合性测验，评分则采用点量表（point scale）式的积点计分法，测验结果以离差智商（deviation intelligence quotient，简称DIQ）及分测验的量表分数表示。这些方面的内容我们在本节以下部分还会详细介绍。这一测验在1955年进行了第一次修订并改名为韦克斯勒成人智力量表（Wechsler adult intelligence scale，简称WAIS），并于1980年进行再次修订，称为WAIS－R（Wechsler adult intelligence scale-revised，简称WAIS－R）。1949年，韦克斯勒将韦氏量表的使用年龄往下推延，编制了适用于学龄阶段的儿童和青少年（6—16岁）的韦克斯勒儿童智力量表（WISC）。这一量表在1974年重新修订并建立了常模，称为韦克斯勒儿童智力量表修订版（WISC-R）。韦克斯勒在1963年又将韦氏量表的适用年龄再往下推延，编制了韦克斯勒学龄前儿童和学龄初期儿童智力量表，在1967年对此量表也进行了修订，称为WPPSI－R。

韦克斯勒儿童智力量表修订版(WISC-R)由美国心理公司(The Psychological Corporation)组织修订并建立新的常模,在1991年正式出版了韦克斯勒儿童智力量表第三版(Wechsler intelligence scale for children-third edition,简称WISC-Ⅲ)。之后,在2003年又出版了第四版(WISC-Ⅳ),在2014年又出版了第五版(WISC-Ⅴ)。

在本节中我们将着重介绍韦克斯勒儿童智力量表的4个版本。

二、韦克斯勒儿童智力量表修订版(WISC-R)

(一) 韦克斯勒儿童智力量表修订版(WISC-R)的特点

第一,韦克斯勒儿童智力量表是当今国际心理学界公认的已被广泛运用的个别智力测验量表。心理学工作者常把它作为标准,对其他智力测验进行效度检验。该量表出版于1949年,到1974年,已有12个外国的译本为作者和出版者承认。20世纪70年代初,韦克斯勒开始主持再次修改订正。参加修订工作的202位主试遍布美国全国。标准化样组被试有2200人,被试的取样具有很大的代表性,代表了全美32个州(包括夏威夷州)和首都华盛顿。修订的工作费时三年多,1974年1月发表了韦克斯勒儿童智力量表修订版(WISC-R)。修订后的量表更加完善。

第二,WISC-R的适用范围是6岁至16岁的少年儿童。和这个量表适用范围相衔接的有韦克斯勒学龄前儿童和学龄初期儿童智力量表(WPPSI),它适用于4岁至6岁的幼儿;另有韦克斯勒成人智力量表(WAIS),适用于16岁以上的成人。整个韦氏智力测验量表适用年龄范围可从幼儿到成人,其应用范围之宽是其他量表所不及的。

第三,WISC-R在结构上有其独特之处。它是作为"一种对一般智力的测验而设计和组织起来的"。这个量表的突出优点是语言(文字)和操作(非文字)测验兼而有之。韦克斯勒主张整体智力的概念。他认为:"智力是一个人理解和处理他周围世界的全面能量。""智力最好不要被看作是一个单一的独特的特性,而是一个合成的或整体的实体。"从这一点出发,韦克斯勒强调用尽可能多种多样的方式(语言、非语言的),即通过尽量汇合的多种多样的测验来探查智力。韦克斯勒根据多年来因素分析的研究,在量表编制中采用了越来越被证实有效的二分法,即把全量表分为语言量表、操作量表两大部分。WISC-R将形式相同的测题分别组成分测验,每一项分测验的测题有难易之分并按难度的递增依次排列。WISC-R共有12项分测验。语言量表由常识、类同、算术、词汇、理解、背数6个分测验组成,操作量表由填图、排列、积木、拼图、译码、迷津6个分测验组成,其中背数和迷津是补充测验。这种把全量表分为语言量表和操作量表,每个量表又由分测验组成的方式,在量表编制上是一个新的发展。WISC-R的每项分测验均单独记分,并可在记分纸封面WISC-R个人能力分布图(WISC-R剖面图)上标绘出来。这张图有利于形象直观地显示儿童在测验中哪些方面较强,哪些方面较弱。语言量表、操作量表和全量表均可分别求得智商分数。这样,来自语言智商、操作智商和全量表智商以及12个分测验分数的信息将更加有利于正确地评定、诊断智力,而这一点是其他量表不大可能做到的。

第四，WISC-R 的又一重要特点在于它第一次在用于儿童的、个别实施的、汇合性的测验中采用了离差智商。

韦克斯勒认为："受到许多挑战和责骂的智商，尽管易被误解和误用，但它仍是一种科学上可靠的有用的测量标准。"由于这个理由，他把它作为一个重要的方面保留在 WISC-R 中。但他放弃了智龄，改用离差智商代替比率智商，即智商的求法不再是传统的智龄和实龄之比，而是根据离差来计算。离差就是被试实得的测验分数转换为量表分数后与总体的平均数之差，它的大小是用标准差作为单位来衡量的。这样，智商不是通过把每一被试的测验作业同混合的年龄组相比较，而是单独地通过它同单一的年龄组（即他们自己的年龄组）中所有个人得到的分数相比较而计算出来的。

（二）12 项分测验内容及特性简介

根据指导手册等资料，现将各分测验所涉及的智力因素及施测与解释上的考虑说明如下。其中，前 6 个是语言量表的分测验；后 6 个是操作量表的分测验。

1. 常识（information）

该分测验共有 30 题。测题的范围甚广，涉及广泛的一般知识，包括天文、地理、历史、物品、节日及其他知识。被试作答时，只需简洁扼要说出所知晓的特定事物之事实即可，不必说明其间关系。

此一分测验主要评量个人在一般社会机会中所习得的一些知识。这些常识是被试在日常社会的接触中所常碰到的。它反映被试的天资、早期的文化环境与经验、学校教育的理论及文化的偏好。此外，尚需良好的记忆能力才能完成该分测验。

总之，这个分测验并不是去考查一个人的专门知识，而是借以反映一个普通的正常人对于日常生活中可能接触到的事情的认知能力。例：太阳从哪里升起？

2. 类同（similarities）

这个分测验包括了 17 组配成对的名词，要求被试说出每一对词中的两者在什么地方相似，概括出每对事物的共同之处。

此一分测验涉及较高的智力能力。如推理能力、语文概念形成和逻辑思考的能力。此等能力能够对物体或事件做有意义的归类。通常被试要答对这些问题，必须具备从两组属性中抽绎出共同要素的能力。另外，被试在此一分测验上的表现也与其文化经验、兴趣及记忆能力有关。它可以测量出一个人的"一般因素（G）"的分量。例：蜡烛和电灯相像的地方在哪里？苹果和香蕉有什么相像的地方？

此类测题评分除了正确性以外，还应从概括的深度来考虑。一般来说，抽象水平上的概括要比在具体水平上的概括得分多。

3. 算术（arithmetic）

该分测验共有 19 题。前两题呈现图片卡，第 1 到第 13 题系按指导手册上所列文字由主试以口述施测，而第 14 到第 19 题则呈现题卡由被试朗读作答。但被试若有视觉或阅读上的困难,可由主试代为朗读。此一分测验主要评量被试的一般运算能力。被试作答时,不得使用纸笔,只能心算。

此一分测验系测量被试的数量概念、计算及推理应用的心算能力,其中部分题目由主试口述,被试倾听再心算答案,故需要注意力。此外,它亦与学校的教育经验有密切的关系,即通常被试在作答时,须应用先前已习得的运算技巧来解题。这些测题不需要很多的"知识",不超过与他年龄相当教育年龄所受的数学训练,但每题有不同的时间限制。

例:一位顾客买东西,他付给营业员20元钱,营业员找给他5元钱,他花了多少钱?

4. 词汇(vocabulary)

该分测验共有32题,它们是字典上随机选来并按难易程度排列的题目。主试口述时亦同时呈现词汇卡片,被试则须以口述方式回答问题,要求被试对读给他听或看的词加以解释。例:伞是什么意思?什么是伞?

此一分测验涉及语词的理解、表达能力和认知功能,如学习能力、知识观念、记忆、概念形成及语义发展等。本分测验除可评量被试对词汇的了解程度外,还可根据被试解释词汇时运用的字句及解说方式,判断其生活经验的优劣及接受教育的程度。

5. 理解(comprehension)

该分测验共有17题,这些题目所涉及的问题包括一些与自然、人际关系及社会活动等有关的情境。

此一分测验的题型有两种:一种是"该怎么办",如"如果你把小朋友的玩具弄丢了,你应该怎么办?"另一种是"为什么",如"为什么儿童要上学?"等,它要求被试解释为什么要遵守某种社会规则和为什么在某种情况下一定要这么做等日常生活中的事件。

作答时,被试者必须具备了解问题情境并运用实际知识的能力、判断能力及利用过去经验来推理解答的能力。本分测验与社会性成熟、行为规范的遵循及文化经验有密切的关系。施测本分测验可看出被试评价和利用已有经验的能力,与文字表达能力也有关。

6. 背数(digit span)

背数又称数字广度,它是语言量表中的替代(补充)测验,但是若因诊断上的需要,特别是应用因素分析来解释结果时,亦应将它列为施测的分测验。

一系列随机排列的数字组由主试以每秒念1个数字的速度读给被试听,要求其即时复述,包括顺背8组(顺背从3位到10位)和倒背7组(从2位到8位),这是一种短时回忆的测验,主要评量注意力与短时记忆的能力。

智力低下的人顺背往往不能超过5个数字,而倒背则不超过3个数字。

7. 填图(picture completion)

填图又称图画补缺,共有26题。以图片卡形式向被试呈现26张未完成的图画,图中内容都取自日常生活中经常接触的事物。要求被试说出(或指出)图画上缺少部分的名称,而不是真正把图画缺少的部分补足。例如一个螺丝钉缺少顶缝。有时间限制(20秒)。

此一分测验被试需运用注意、推理、视觉组织、记忆,以及区分重要因素与细节的视觉辨识和观察等能力,如此才能把握图画结构的整体性,以判断其缺少的部分。

8. 排列(picture arrangement)

排列又称图片排列。有一组图片作为例子,再有 12 组图片,每套 3 至 5 幅不等,以打乱的次序(按统一规定的)呈现给被试,要求儿童依逻辑次序将每组图片重新排列,使得每一组图画可以表示出一个故事,也就是要求被试按故事情节排列次序。有时间限制,速度快者可加分。

该测验可以测量一个人不用语言文字而表达和评价每个情景的能力。此外,视觉组织与想象力亦甚为重要。

9. 积木(block design)

积木又称积木图案。共有 11 题。

该测验是将 9 块积木(每个积木两面是红色,两面是白色,两面红白各半)交给儿童,然后要求按呈现给他的图案将积木拼摆出来。共有 11 张图案样子(其中有的由 4 块积木摆成,有的由 9 块摆成),有时间限制,速度快者可加分。

此一分测验需要视觉动作协调和组织能力、空间想象能力。另外,亦与形象背景的分辨能力有关。

10. 拼图(object assembly)

拼图又称物体拼配。共有 4 题(外加一道例题)。向被试呈现(按规定要求)一套切割成曲线的拼板,要求将其组合成一个完整的物体(即女孩、马、汽车及脸)。有些告诉被试名称,有些不告诉被试名称。

此一分测验须运用视觉组织能力、视觉动作的协调能力,以及知觉部分与整体关系的能力。

11. 译码(coding)

这是一种符号替代测验。它分两种形式:A 型是"图形对符号"(用于 8 岁以下的儿童)。B 型是"数字对符号"(用于 8 岁以及大于 8 岁的儿童)。这个测验要求被试按照所给的样子,把符号填入相应的数字下面或图形中间,既要正确又要迅速。

它主要测短时记忆能力,视觉-动觉联系,视觉动作的协调和心理操作的速度,它与学习能力有高度的相关。

12. 迷津(mazes)

这是操作量表中的替代(补充)测验。共有 1 个例题另加 9 题正式测题。

被试须从迷津中心人像开始,不穿越墙线(且需以连续绘线方式走到出口),要求被试用铅笔正确地找出出口。

此一分测验主要涉及计划能力、空间推理及视觉组织能力,亦需视觉动作的准确与速度。

在实际测验时,语言测验和操作测验交替进行。为的是使测验富有变化,从而引起被试的兴趣。

从 12 项分测验的安排来看,显见测题范围较广,韦克斯勒期望用尽可能多的方式从各方面来探察智力。因此,在一个分测验上表现好并不能表示被试智力水平高,在一个分测验上表现差并不能表示被试智力水平低,要看总的水平。

1978年以后,我国心理测量学者首次对韦克斯勒儿童智力量表修订版(WISC-R)进行了试用,接着对它进行修订,修改了测题,并分别制定了全国和上海市常模,形成了韦克斯勒儿童智力量表中国修订版(Wechsler intelligence scale for children - Chinese revised,简称WISC-CR)。详见本书第16页第(三)部分介绍。WISC-CR中12项分测验和每个分测验的测题情况可利用表3-4了解。

表3-4 韦克斯勒儿童智力量表中国修订版的测验结构及其分数分布范围

分测验	题数	原始分数分布范围	量表分数分布范围
语言量表			5—95
常识	30	0—30	1—19
类同	17	0—30	1—19
算术	19	0—19	1—19
词汇	32	0—64	1—19
理解	17	0—34	1—19
数字广度*(顺背)	8	0—30 (0—16, 0—14)	1—19
(倒背)	7		
操作量表			5—95
填图	26	0—26	1—19
排列	12	0—48	1—19
积木	11	0—62	1—19
拼图	4	0—33	1—19
译码(甲型)	45	0—50	1—19
(乙型)	93	0—93	
迷津*	9	0—30	1—19

(注:带*为补充测验)

三、韦克斯勒儿童智力量表第三版(WISC-Ⅲ)

美国心理公司在进行WISC-R修订时建立了重要的目标:WISC-Ⅲ将保持传统的质量和设计,仍然遵循韦克斯勒在前两版中所建立的宗旨和指导原则,保持WISC-R的基本结构和内容,使重新训练的要求减少到最低限度。重要的改进包括:建立了最新的常模;增加了分测验,补充了测题,以期能提供更多关于被试的有效信息。下面我们对WISC-Ⅲ新的特点作一点简单介绍。

(一) WISC-Ⅲ报告了新的常模信息

修订时认真组成的2200名6岁至16岁的儿童的常模样组基本能代表美国目前儿童的

全域。选择的变量确定为年龄、性别、种族、地区以及父母的教育水平。经研究发现，父母的教育水平比父母的职业对测验分数变化有更大的影响。

（二）增加了一个分测验——符号搜索（symbol search）

前已述及，韦克斯勒主张智力具有整体性，因此他主张我们编制的量表应是"一种对一般智力的测验而设计和组织起来"的量表。韦克斯勒强调用尽可能多种多样的方式，即通过汇合尽量多样的分测验来探查智力。新版增加的"符号搜索"这一分测验使得测验者有可能测到儿童认知能力的第四个方面，它被称为"加工速度"。在此之前，WISC 和 WISC-R 的研究者们进行的因素分析已确定了三个因素：语言理解、知觉组织和克服分心（或者称为注意集中）因素，因此现在所补充的这个分测验给心理学家提供了分析被试认知能力的新信息。从 WISC-R 的发行开始进行的研究已经显示了以这些因素为基础的量表对于测验分数的解释是有价值的。表 3-5 显示了主要负载每个因素的分测验。

表 3-5　WISC-Ⅲ 12 个分测验的因素分析结果

因素Ⅰ 言语理解 verbal comprehension	因素Ⅱ 知觉组织 perceptual organization	因素Ⅲ 注意集中或克服分心 freedom from distractibility	因素Ⅳ 加工速度 processing speed
常　识 类　同 词　汇 理　解	填　图 排　列 积　木 拼　图	算　术 背　数	译　码 符号搜索

（注：手册中未提及迷津分测验的因素负荷情况）

（三）增加了测题的范围

为了给年幼儿童和最大年龄组被试提供更好的测量，重新安排了几个分测验的测题。例如算术：补充的探索计算和数字概念的图片的测题安排在分测验的开始部分。更加困难的、多步应用题被安排在分测验的结束部分；排列：包含了更加简单和更加困难的顺序的测题；迷津：补充了更加复杂的测验。

（四）测试材料的改进

WISC-R 中拼图、填图、排列几个分测验测试中的黑白插图，在新版中被重新设计并全部改为彩色。这种改进使得施行和评分更方便，而且使得测试的主试和被试对测验材料感到更加亲切。彩图增加了儿童的注意。当然，专家们也检查并确证彩色版的插图对于色盲的儿童的操作没有影响。

（五）WISC-Ⅲ手册提供更多的资料和信息

WISC-Ⅲ手册被重新设计，包括更多的常模信息和表格，以方便测验分数的解释。例如，语言 IQ 和操作 IQ 差异和分数的基本比例信息可帮助解释被试儿童智力的强和弱的方面。

另外还有一些变化，如有可配合使用的新的、相联的成就测验，这有助于对学习有困难或者说学习能力不足的学生作出更好的诊断；还有一个创新的计算机的解释软件包等。

总之，由于 WISC-R 的广泛应用和研究，使用者提出了新的要求，而这次新版正是对这种需要的反应。毫无疑问，WISC-Ⅲ的发行本身就在某种程度上有力地说明了传统的比奈式的智商测验存在的价值。

四、韦克斯勒儿童智力量表第四版（WISC-Ⅳ）

韦克斯勒儿童智力量表第四版（WISC-Ⅳ）在 2003 年仍由美国心理公司出版。它是基于韦克斯勒儿童智力量表第三版（WISC-Ⅲ）10 多年的使用和研究，以及认知心理学和智力评价的最新研究成果而修订的。WISC-Ⅳ的结构，除强调言语知觉、推理等重要认知过程外，还增加了对工作记忆和加工速度的更多关注。因此，在量表的结构和如何由分测验组成合成分数上有了一些重要改变。它提供的信息超越了 IQ 分数，能够为儿童的认知功能（cognitive functioning）提供必要信息和至关重要的临床诊断信息。WISC-Ⅳ具有很好的心理测量学特性，它具有很好的效度和信度。因此，它是一个能代表 21 世纪初期最前沿研究和思想的最有效的儿童智力和认知能力的临床诊断量表。

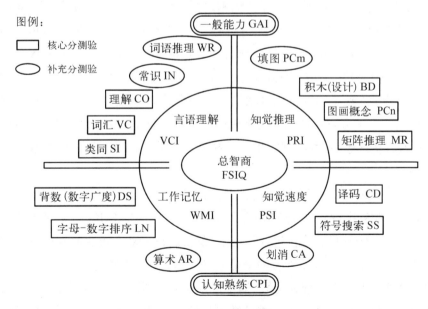

图 3-2　韦克斯勒儿童智力量表第四版（WISC-Ⅳ）的结构

（注：图的中心为总智商，四个象限分别代表 VCI、PRI、PSI 和 WMI 四个复合指数及其分别涵盖的分测验，水平线上下分别为指数 GAI 和 CPI 及其分别涵盖的分测验。）

以下将对 WISC-IV 的修订目标和重要变动如理论基础、量表结构、测试结果报告和解释等做简单介绍。

(一) 修订目标

测验编制者把 WISC-IV 修订的目标主要确定为：修订后的 WISC-IV 结构要反映当时对儿童认知进行评估的理论导向和实践要求，更新和充实测量工具的理论基础；增加测量工具的心理测量学性能；改进测验结构，加强临床效用，提供更丰富的常模和临床信息；增加评估流体智力、工作记忆和加工速度的分测验，降低操作测验的速度比重，对工作记忆和加工速度给予更多关注；提高常模样本的代表性；增加最易题目和最难题目，消除地板效应和天花板效应等。

(二) 重要变动

第一，理论基础大幅度充实，对结果的解释能力和对实践的指导价值得到有效增强。第四版韦氏儿童智力测验不仅继承了韦克斯勒关于智力的基本思想，而且吸纳了最新智力理论 CHC 及其测评方法的研究成果，使得全量表及其各个分测验对测量目标的定义和解释变得明确而有体系，为测验结果增大解释能力和对实践的指导价值奠定了基础。

第二，量表结构有了重大的改变。第四版量表共包含 15 个分测验，其中 10 个是核心分测验[理解、词汇、类同、积木(设计)、图画概念、矩阵推理、背数(数字广度)、字母-数字排序、译码、符号搜索]，以及 5 个补充分测验(词语推理、常识、填图、算术、划消)。第四版保留了第三版的 10 个分测验[理解、词汇、类同、积木、背数、译码、常识、填图、算术、符号搜索]；为了强调对流体推理和工作记忆的测量，新增加了 5 个分测验(图画概念(picture concepts)、字母-数字排序(letter-number sequencing)、划消 (cancellation)、矩阵推理(matrix reasoning)、词语推理(word reasoning))。另外，删除了第三版中的排列、拼图和迷津 3 个旨在测查问题解决能力的操作分测验，这是因为排列和拼图非常依赖反应速度，而研究表明迷津的信度、稳定性和效度都比较差。常识和算术分测验调整为补充分测验，以减少对学校教育的强调，使得事实记忆(fact memory)对言语理解指数的影响及数学教育对工作记忆指数的影响都要比以前版本的小。

第三，分数报告和解释有了重要改进。最大的变化是取消了言语智商(VIQ)和操作智商(PIQ)的划分，以避免出现过去普遍存在的对言语 IQ 与操作 IQ 分数差距的过度解释。WISC-IV 借助因素分析和线性结构方程技术，重新调整了复合指数的构成及其解释。测验结果除提供说明儿童的总体认知能力的全量表的总智商外，还通过 10 个核心分测验的四个合成分数提供 4 个指数：言语理解指数、知觉推理指数、工作记忆指数和加工速度指数，用以说明儿童在狭窄领域中的认知能力。测试结果最终显示为：总智商+言语理解指数、知觉推理指数、工作记忆指数和加工速度指数。为了对儿童在活动中起作用的认知能力提供更多的细节信息，除了合成分数，还可以导出 7 个过程分数，更准确、更精细地对受测者的认知过程进行描述。另外,四个合成分数还可以进行再组合。例如,一般能力指数(GAI)由构成言语理解和知觉推理的6个分测验导出,它的g载荷高。在某些临床情况下,它比总智商更能表达人的智力潜能。再如,认知熟练指数(CPI)由构成工作记忆和加工速度的4个分测验导出。它的g载荷虽低,但侧重认知效率,因此拥有独特的临床价值。

第四,许多局部调整和完善。除了常模的更新,题目也有了很多调整。除了删除过时的题目,更增加了延伸容易题和难题。此外还有很多锦上添花的完善工作,例如:记分更加简单方便,指导语更加浅显易懂,美工变得对儿童更有吸引力和参与性,增加示范和练习题目等。

韦克斯勒儿童智力量表第四版(WISC-IV)中国修订版由珠海京美公司与美国的出版公司协商合作,由张厚粲教授主持进行修订,于2007年底完成,在2008年3月由中国心理学会主持、于北京举办的专家鉴定会上通过了鉴定,开始付诸应用。需要说明的是:韦克斯勒儿童智力量表第四版(WISC-IV)中国修订版结构略有变化。全测验只有14个分测验,分为10个核心分测验与4个补充分测验。词语推理没有包括在补充分测验里。

五、韦克斯勒儿童智力量表第五版(WISC-V)

韦克斯勒儿童智力量表第五版(WISC-V)发表于2014年秋。它是由一个包括心理学家、临床医生和顾问团在内的专家团队历时5年开发的。

(一)修订的目标

新的版本要在智力测试、临床实用性、特殊学习障碍和儿童神经心理学方面提供更多的专业建议。不仅能被用来评估智力障碍、智力天赋和特定的学习障碍;还是检查注意力缺陷多动症(Attention Deficit and Hyperactivity Disorder,简称ADHD)和自闭症谱系障碍(Autistic Spectrum Disorder,简称ASD)的认知功能的有效评估工具。

(二)量表的变化

1. 结构的变化

WISC-V在设计上大大加强了与CHC智力理论的统一性,是其在智力理论应用上的一大改进。按照CHC智力模型的分层结构,WISC-V由全量表(full scale)、主要指数量表(primary index scales)、辅助指数量表(ancillary index scales)、补充指数量表(complementary index scales)构成。

WISC-V中共有21个分测验。保留了WISC-IV中的13个分测验,其中10个是核心分测验[积木(设计)、类同、理解、矩阵推理、背数(数字广度)、译码、词汇、字母-数字排序、符号搜索、图画概念],3个是补充分测验(常识、算术、划消)。删去了第四版的两个补充分测验:词语推理和填图。增加了8个新的分测验:图形称重(figure weights)、视觉拼图(visual puzzles)、图片记忆(picture span),还有文字命名速度(naming speed literacy)、数量命名速度

(naming speed quantity)、即时符号翻译(immediate symbol translation)、延迟符号翻译(delayed symbol translation)、识别符号翻译(recognition symbol translation)。

表3-6 韦克斯勒儿童智力量表(第五版)(WISC-V)结构

全 量 表					
分量表	言语理解	视觉空间	流体推理	工作记忆	加工速度
分测验	类同 词汇	积木(设计)	矩阵推理 图形称重	背数(数字广度)	译码
补充分测验	常识 理解	视觉拼图	图画概念 字母—数字排序	图片记忆 字母—数字排序	符号搜索 划消
主要指数量表					
分量表	言语理解	视觉空间	流体推理	工作记忆	加工速度
分测验	类同 词汇	积木(设计) 视觉拼图	矩阵推理 图形称重	背数(数字广度) 图片记忆	译码 符号搜索
辅助指数量表					
分量表	量化推理	听觉工作记忆	非言语能力	一般能力	认知流畅性
分测验	图形称重 算术	背数(数字广度) 字母—数字排序	积木(设计) 视觉拼图 矩阵推理 图形称重 图片记忆 译码	类同 词汇 积木(设计) 矩阵推理 图形称重	背数(数字广度) 图片记忆 译码 符号搜索
补充指数量表					
分量表		命名速度	符号翻译	存储和提取	
分测验		文字命名速度 数量命名速度	即时符号翻译 延迟符号翻译 识别符号翻译	命名速度指数 符号翻译指数	

表3-6简单明了地展示WISC-V全量表、主要指数量表、辅助指数量表、补充指数量表的分量表、分测验(全量表有补充分测验)的组成。

不同层次的量表由狭窄领域的不同分量表组成,不同的分量表又由不同的分测验组成。有的分测验会在不同的量表中被应用。跟第四版相比,原来的知觉推理(perceptual reasoning)量表被进一步分类为视觉空间(visual spatial)量表和流体推理(fluid reasoning)量表,因此韦克斯勒儿童智力量表第五版和第四版的不同之处是,提供了言语理解(verbal comprehension)、视觉空间、流体推理、工作记忆(working memory)和加工速度(processing speed)五大分量表的指数。另外一个不同之处是第五版还提供了辅助指数量表和补充指数量表。

2. 测验结果的变化

量表结构的变化导致测试结果的变化。全量表(full scale)智商(FSIQ)代表了儿童的一般智力能力。从主要指数量表的五个分量表获得五个主要的指数分数:言语理解指数、视觉空间指数、流体推理指数、工作记忆指数和加工速度指数。这些指数代表了儿童在狭窄的认知领域范围的能力。从辅助指数量表五个分量表获得 5 个辅助指数分数:量化推理指数、听觉工作记忆指数、非言语能力指数、一般能力指数、认知流畅性指数。

另外,补充指数量表可以提供命名速度指数、符号翻译指数、存储和提取指数,以衡量与评估和识别特定学习障碍,特别是与阅读障碍和计算障碍有关的认知能力。这三个分量表的得分能为解释儿童的学习障碍(比如阅读障碍、数学学习障碍)、认知加工障碍提供补充信息。

3. 测试和测试时间的变化

WISC-Ⅴ的施测程序和时间随测试目标而变化。如测试目标是评估儿童的一般智力水平,获得全量表总智商(FSIQ),只需要被试完成全量表 7 个分测验[类同、词汇、积木(设计)、矩阵推理、图形称重、背数(数字广度)、译码]测试。如果因为被试个人原因等无法进行这些分测验,可以测试替代的补充分测验。一般需要 45—65 分钟。如评估单一的主要指标,需测试相应的分测验,时间可减少到 15—20 分钟。如要进行完整的评估,包括所有主要的、辅助的和补充的指标,测试时间会增加到 3 小时甚至更长时间。

第四节 其他类型的智力测验举例

在本节中我们将介绍两个著名的智力测验:考夫曼儿童成套评价测验和瑞文测验。

一、考夫曼儿童成套评价测验

考夫曼儿童成套评价测验,又称考夫曼儿童智力测验(Kaufman assessment battery for children,简称 KABC),它是由美国测验学家考夫曼夫妇(A. S. Kaufman 和 N. L. Kaufman)共同研究发展而成的个别实施的儿童智力测验和学业成就测验。第一版(KABC)于 1983 年出版。KABC 是心理测验学家最为推崇的一个优秀测验,同时它也深受广大实际使用者的欢迎。自第一版(KABC)出版以来,因其在评价不同种族儿童智力方面的有用性,而受到了心理学家、教育家、社会学家等的关注。随着心理测量学以及临床医学的发展,社会政治、经济和教育问题对它提出了新的要求。2004年,考夫曼成套儿童评价测验(第二版)(KABC-II)出版,并在2017年开始制定新常模的工作,新常模的KABC-II在2018年出版。通过对KABC的重大修订和重组,KABC-II在心理、临床、少数民族、学前和神经心理评估和研究,评价儿童认知水平的强势和弱势,以及对学习障碍和其他特殊儿童进行心理教育评估、教育计划制定和安置方面的有用性又有了提高。

(一) 考夫曼儿童成套评价测验第一版(KABC)

1. 编制目的及特点

KABC主要用于评量2岁半至12岁半正常儿童及特殊儿童的智力和学业成就水平。

考夫曼儿童智力测验的编制目的:① 在神经心理学和认知心理学理论与研究的基础上测量智力,这个测验是第一个以神经心理学理论为基础的智力测验,它以苏联心理学家鲁利亚(A. R. Luria)的神经心理学理论和认知心理学家戴斯(J. P. Das)等人的PASS信息加工理论(本章第六节介绍)为基础;② 区分既得的事实知识与解决新问题的能力;③ 转换所得分数,以便于教育上的特殊安排。因此,考夫曼儿童智力测验可具体运用在以下几个方面:心理和临床的评量、学习障碍和其他特殊儿童的教育心理诊断、教育的计划和安置、学前及学龄儿童的评量、神经心理的评量及研究儿童发展水平等。例如及早发现儿童各项心理功能是否正常发展,了解一般儿童的能力水准,诊断特殊儿童的智力及适应行为,为特殊儿童及一般儿童提供适宜的教学策略及长期的追踪研究的有关参考信息。

鲁利亚认为人的大脑有3个相互依赖的机能系统。分别负责觉醒和注意(1区);利用感官分析、加工和储存信息(2区);运用执行功能、制定计划、控制行为(3区)。3个功能区不是相互独立的,而是相互联系成一个机能系统。基于神经心理学及认知心理学的理论,KABC中将所评量的智能(intelligence)界定为:个体解决问题及信息加工处理方式的过程。这样的界定重视各种信息加工处理的技巧层次(level of skill)。KABC并根据大脑功能及认知心理学的研究,以继时性加工方式和同时性加工方式代表心智功能(mental functioning)的两种类型。继时性加工方式着重问题解决时,掌握刺激的系列或时间顺序;同时性加工方式则是以最有效率的方法把握刺激的完形和空间性,并整合刺激来解决问题。

考夫曼儿童成套评价测验第一版(KABC)由智力量表(继时性加工过程、同时性加工过程)和成就量表两部分组成。

KABC的智力量表通过精心设计,以尽量减少语言文字对被试的影响,在选题上考虑性别的差异但又不偏向某一性别。

KABC的成就量表,不像智力量表具有理论基础,而只是出自理性和逻辑的考虑,以崭新的方式评量传统智力测验所包括的语言能力(字词、语文的概念)、学业成就(阅读能力)或是两者兼具(数学、常识)。

KABC以问题解决和事实知识来区分智能与成就:问题解决被视为智能,而事实知识则是成就。这也是它有别于传统智力测验之处,因为在传统智力测验中,个人后天习得的事实知识及应用的技巧往往会大大地影响智商。因此,智能与成就往往不易分清楚。

KABC 的成就量表与卡特尔的智力理论(本章第六节有介绍)中的晶体能力(crystallized abilities)相当,而智力量表中的两种认知加工处理方式则与该理论中的流体能力(fluid abilities)相当。因此,在 KABC 中只有智力量表用作评量儿童的智能,因为儿童需要面对新问题表现他们的适应和弹性的能力,而晶体能力则被视为过去学习的痕迹。然而这两者在了解儿童现有的运作水准及提供适当的教育及心理策略时,是同样重要的。

KABC 共有 16 个分测验,按被试的年龄选用 7—13 个分测验施测,每一个被试最多只需接受 13 个分测验,测验时间约需 35—80 分钟。对于较幼小的儿童,所测分测验数量较少并且施测时间较短。

2. 16 个分测验内容及介绍

(1) 智力量表。

① 动作模仿。被试看完主试的示范之后,被要求按照同样的顺序做出一系列的手部动作。该分测验主要是以视动协调的方式来评量儿童能否准确地按照同样顺序做出一系列主试先前示范过的手部动作。

② 数字背诵。被试根据主试的指导语,按同样的顺序重复念出一系列数字。该分测验用以评量儿童按照同样顺序复述主试念过的一串数字广度的能力。

③ 系列记忆。被试在听完主试说出一系列普通物件的名称后,被要求按同样顺序逐一指出相对的图画。该分测验用以评量儿童记忆一系列普通物件的名称,并依序逐一指出图画之能力。

以上三个分测验测量继时性加工过程。

④ 图形辨认。要求被试经由一窄小裂缝看到一幅连续转动的图案后说出其名称。该分测验以视觉信息连续呈现的复杂结合方式,评量儿童大脑半球的整合能力。

⑤ 面部再认。要求被试从一张一群人的面部图片中,指出在前一页纸上呈现过的人物。该分测验用以评量儿童对人物面部的辨认能力和短时记忆能力。

⑥ 完形测验。要求被试看部分完成的墨渍图后,说出其名称。该分测验用以评量儿童从分散的信息中作整体性辨认的能力。

⑦ 图形组合。要求被试利用三角拼板排出指定的图案。该分测验用以评量儿童在组合图形之前先分析再综合的同时加工处理信息的能力,同时也可评量视动协调能力。

⑧ 图形类推。要求被试按已呈现的三幅图案,找出第四幅图案以完成其中的推理概念。该分测验用以评量推理概念的能力。

⑨ 位置记忆。要求被试在一张空白的格子纸上,指出在前一页纸上出现过的图案的相对位置。该分测验用以评量同时性加工处理信息时的短时记忆能力。

⑩ 照片系列。要求被试将一组相关的照片,按发生时间的顺序排列出来。该分测验用以评量对照片之间次序性的观察及对单一照片在整体中位置的辨认能力。

第 4 至第 10 个分测验测量同时性加工过程。

（2）成就量表。

① 语汇表达。要求被试说出照片中物件的名称。该分测验用以评量再认的记忆能力和语言表达能力。

② 人地辨认。要求被试逐一辨认出照片中的人物或地点。该分测验用以评量儿童在环境中各层面实际所学习的知识。

③ 数字运用。要求被试要有辨认数字和计算数字的能力。该分测验用以评量儿童在数字辨认、计算和运算中对概念推演了解的能力。

④ 物件猜谜。要求被试根据主试的口语信息推断出该项概念的名称。该分测验用以评量传统测验中的普通成绩和语文能力。

⑤ 阅读发音。要求被试逐一念出主试所呈现的字词。该分测验用以评量儿童对字词的辨认和诵读能力。

⑥ 阅读理解。要求被试自行看完指导语后依照要求表演动作和作出表情。该分测验用以评估大脑功能对阅读（左大脑功能）及动作姿势（右大脑功能）整合的能力。

（二）考夫曼儿童成套评价测验第二版（KABC-II）

1. 修订的主要方面

（1）施测年龄范围扩大。

KABC的适用对象是2岁半至12岁半儿童，KABC-II施测对象是3岁儿童到18岁青少年。

（2）量表理论基础的扩展。

和KABC不同，KABC-II在编制过程中采用了两种理论模型。除了继续采用第一版所遵循的苏联心理学家鲁利亚提出的神经心理学理论，还采用了卡特尔-霍恩-卡罗尔智力理论（CHC）。两种理论导向并存，共同作为测验结构、施测和结果解释的基础。KABC-II以鲁利亚神经心理学理论和CHC理论作为理论基础，结合了神经心理学与心理测量学两个方面，内容上趋于完整，即同时兼顾对心理过程和一般认知能力进程的测量。量表也允许主试在测验前选择一种理论作为测试和解释结果的依据，为主试和被试提供了更多选择的机会。

（3）测验结构的变化。

KABC全量表由智力量表和成就量表组成，有16个分测验。KABC-II包含三个全量表：Luria模型全量表、CHC模型全量表和非语言全量表。第二版保留了第一版16个分测验中的8个分测验，又引入了10个新的分测验，共18个分测验。与第一版比较，第二版把原来的成就量表分离出来，构成一个单独施测的学业成就量表（KTEA-II）。第二版还将晶体智力（Gc）作为单独的分量表。第二版还有一个明显的变动，即以核心测验和补充测验重新构建测量，增强了量表的临床运用功能。

（4）提供了非言语全量表。

KABC-II允许主试在适当的时候取消言语能力分测验和事实性知识分测验，简化了操作指令,实现了对不同群体儿童的公平评价。

(5) 测试结果的变化。

KABC-Ⅱ 的三个全量表产生三个智力综合分数(总智商分数),分别是 Luria 模型全量表的心理处理指数(mental processing Index,简称 MPI)、CHC 模型全量表的流体-结晶指数(fluid-crystallized index,简称 FCI),和非语言全量表提供的一个单独的非语言指数(nonverbal index,简称 NVI),可以作为 MPI/FCI 的一个替代。

(6) 关注不同背景下施测被试的公平性。

KABC-Ⅱ 大约 66% 的样本来自不同的族裔,且手册中提供了少数族裔总量表指数(MPI 和 FCI)、分量表测验分数,同时也提供了解释这些分数的有效材料。KABC-Ⅱ 的施测注重个性化,允许主试在施测时考察被试的优势和劣势。几乎所有的测验都设置了上下限分数,用于测量不同的认知能力。非语言指数提供了对整体认知能力的非语言评估,适用于有严重听力损失、英语水平有限或有中度至重度语言障碍的受试者。

(7) 进一步简化了测验施测和记分过程。

采用有限的言语测验,为了使儿童能理解各题项,测验实例题项均用被试的母语表述;主试的指令简单、简短;利用大量图表格式,简化了施测过程;记分册采用颜色编码;在被试进行每个分测验之前,主试要教会他如何去做,直到他学会之后才开始正式施测;设计了 KABC-Ⅱ ASSIST 软件,利用计算机辅助记分。

2. 全量表、分量表和分测验

Luria 模型全量表包括四个分量表:继时处理分量表(sequential processing scale)、同时处理分量表(simultaneous processing scale)、学习能力分量表(learning ability scale)和计划能力分量表(planning ability scale)。

CHC 模型全量表将以上 4 个分量表重新命名为:短时记忆(short term memory,Gsm)分量表、视觉加工(visual processing,Gv)分量表、长时存储与提取(long term storage and retrieval,Glr)分量表和流体推理(fluid reasoning,Gf)分量表,外加第五个分量表:晶体能力(crystallized ability,Gc)分量表。

(1) 继时处理分量表/短时记忆(Gsm)分量表。

该分量表的 3 个分测验都是第一版被保留的分测验:系列记忆、数字背诵、动作模仿。

(2) 同时处理分量表/视觉加工(Gv)分量表。

该分量表有 3 个分测验是第一版被保留的分测验:图形组合、面部再认、完形测验。

移动测验(rover):要求被试试图在有几个障碍物的网格上找到将玩具狗移向骨头的最短路径。

积木计数:数出一叠积木图片中的积木数量,其中一些积木被部分隐藏了。

概念思维:从一组 4 或 5 张图片中选择一张不属于这组图片的图片。

(3) 学习能力分量表/长时存储与提取(Glr)分量表。

名称记忆(atlantis):主试教给被试鱼、贝壳和植物图片的无意义名称。然后,主试读出无意义名称,要求被试指出相应的图片。

名称记忆延迟(atlantis delayed):被试在15—25分钟后重复名称记忆分测验的测题,以展现对名称联想的延迟回忆。

图形字谜(rebus):主试教给被试与图形相关的单词或概念,要求被试朗读由这些图形组成的短语和句子。

图形字谜延迟(rebus delayed):被试在15—25分钟后重复图形字谜分测验的测题,以展现对成对联想的延迟回忆。

(4) 计划能力分量表/流体推理(Gf)分量表。

模式推理:给被试看一系列的刺激,形成一个逻辑的线性模式,但缺少一个刺激。要求被试从几个选项中选出缺少的刺激。

故事完成:给被试看一排讲故事的图片,其中有些图片缺失了。要求被试从几个选项中选择几张完成故事需要的图片,并将它们放在正确的位置。

(5) 知识分量表/晶体能力分量表(只在CHC模式里)。

该分量表有2个分测验是第一版被保留的分测验:物件猜谜、语汇表达。

言语知识:被试从6张图片的阵列中选择与词汇相对应的图片,或回答一个一般信息问题。

非语言全量表由不需要语言输出的6个分测验组成:动作模仿、图形组合、面部再认、概念思维、故事完成、积木计数。

3. 施测和结果

KABC-II的一个独特特点是,主试可以灵活确定测试被试和解释结果的模型,也即主试在施测前可根据被试的具体情况选择一种理论模型,作为施测和解释的依据。CHC模型全量表一般用于测试有阅读、书面表达和数学等学习障碍,智能缺陷、情绪或行为障碍的儿童,ADHD和智力超常儿童。CHC模型全量表是对一般认知能力的测验,智力综合分数(总智商分数))是流体和晶体智力指标(FCI)。Luria模型全量表一般用于来自不同文化和双语背景、语言障碍、评估已知或怀疑有自闭症谱系障碍、聋或重听等儿童,测试其学习能力、系列加工能力、平行加工能力和计划能力,测试的是一般心理过程,智力综合分数(总智商分数)是心理过程指标(MPI)。FCI和MPI这两个智力综合分数(总智商分数)是相互独立的,但具有同等的地位。

3岁儿童测试结果只有总智商分数。4—6岁儿童需要施测3个或4个分量表,7—18岁的儿童和少年施测4个或5个分量表。计划能力分量表/流体推理(Gf)分量表有两个分测验,测试被试年龄是7—18岁。非语言全量表测试,不同年龄被试测试分测验数量不同,除3—4岁组有4个分测验,5、6、7—18岁年龄组都是5个分测验。

KABC-II还提供了核心测验和补充测验,补充测验的分数不计入总智商分数。测试所用时间不同,决定于被试的年龄和选择的模型,还有是否进行补充测验。如果只进行核心测验测试,从3岁儿童用25—35分钟到13—18岁被试用50—70分钟不等;如果加上补充测验,从 3 岁儿童用 35—55 分钟到 13—18 岁被试用 75—100 分钟不等。一般 Luria 模型全量表测试需要 25—60 分钟,而 CHC 模型全量表测试需要 30—75 分钟。

测试需要一个训练有素的主试来选择测试的模型,评估被试的优势和劣势,并根据测试结果和行为观察提出总体建议。

二、瑞文测验

瑞文测验是一种非文字的智力测验,主要用来测验一个人的观察力及清晰思维的能力。

(一)瑞文测验的演变

瑞文测验原名"渐进矩阵"(progressive matrices),是英国心理学家瑞文(J. C. Raven)于 1938 年创制的。现经过修订,已发展出标准型、彩色型、高级型和联合型等四种。

1. 渐进矩阵标准型

这是瑞文测验的最初型,由 A、B、C、D、E 五个单元构成,每单元包括 12 个测题,共 60 题。每个测题由一张抽象的图案或一系列无意义的图形构成一个方阵(2×2 或 3×3),方阵的右下方缺失一块(即空档),要求被试从呈现在下面的另外 6 小块(或 8 小块)供选择的图片中挑选一块符合方阵整体结构的图片填补上去,图片中只有一块是正确的,它能使图案或方阵成为一个完美的整体。

测题是按从易到难的原则依次排列的,每单元在智慧活动的要求上也各不相同。总的说来,矩阵的结构越来越复杂,从一个层次到多个层次的演变,所要求的思维操作也是从直接观察到间接抽象推理的渐进过程。其中 A、B 单元的测题主要是测量儿童直接观察辨别的能力。A 单元是辨认一个完整图形的内部关系的匹配性,B 单元则是由 4 个既独立又有联系的图形构成,要求儿童既能辨认单个图形的形状,又要将它们看作是在空间上有联系的知觉整体。而 C、D、E 三个单元主要是测验一个人对矩阵(3×3)的系列关系进行类比推理的能力,但这三个单元的构图也表现出不同的深度。C 单元基本上是单一层次的演变,关系较明显,C4、C5 是数的递增关系,C7、C9 是位移关系,C8、C12 是组合关系等;D 单元的图形则是几个层次重叠的结构,要求被试分解出各层次及其演变规则,如 D6、D7 是由外形与内核两层结合起来变化的,D11、D12 则是三种形状三种变式交叉;E 单元主要是图形套合与互换关系,或是叠加(如 E1、E2),或是递减(如 E4、E5),E 单元最后几题为本测验难度最大的测题,它们不只是一般的套合,还要求被试从中发现正反相消的关系,如 E12 的关系是同向相加,异向相减。

这五个单元的渐进矩阵的构图说明其中的系列关系越来越隐蔽,因素越来越多,解决这类问题越来越依靠间接的抽象概括的思维能力——类比推理。只有对其中的演变规则分析并把握得越清晰,类比推理才会越有把握。国内外一些研究证明,小于 8 岁左右的儿童一般只能解决 A、B 单元及少数 C、D 单元的测题,直至 11 岁左右,类比推理能力逐渐得到发展,才能掌握 C、D、E 各单元的问题。根据瑞文 1956 年发表的常模资料,渐进矩阵标准型测验总得分在 14 岁时达到最大值,此后 10 年保持相对稳定,随后每隔 5 年以均匀速度下降。

2. 渐进矩阵彩色型

渐进矩阵彩色型是为了适应测量幼儿及智力低下者而设计的。它是将原来黑白的标准型中的 A、B 两单元加上彩色以突出图形的鲜明性,并插入一个彩色 AB 单元(12 题),共三单元 36 题。

3. 渐进矩阵高级型

渐进矩阵高级型包括渐进矩阵 I 型(12 题)及 II 型(48 题),主要适用于智力超常者。

(二) 瑞文测验联合型简介

1. 测验材料

瑞文测验联合型(combined Raven's test,简称 CRT)是由原瑞文的渐进矩阵标准型与彩色型联合而成。由 72 幅图案构成 72 个测题的一本图册,内分六单元(A、AB、B、C、D、E),每个单元 12 题,前三个单元为彩色,后三个单元为黑白。

CRT 在中国施测后所获得的资料分析表明,全测验 72 题覆盖较广阔的难度范围,难度分布较合理;各单元 1—12 题的难度排列基本符合我国儿童及成人的状况;A—E 各单元的难度也有递增的特点。

2. 适用范围

这个测验适用于 5—75 岁以内的幼儿、儿童、成年人及老年人。一般可对团体(10—50 人左右)进行测验,幼儿以及智力低下和不能自行书写的老年人可个别施测。

这个测验可测量有言语障碍者的智力,亦可作为不同民族、不同语种间的跨文化研究的工具。

这个测验结果既可用作对个别对象,也可用作对一个集体的对象的智商水平的估计,或粗分其智力水平等级。它特别适用于大规模智力筛选或对智力进行初步分等,具有省时省力的效果。因其是由图形构成,故它具有一般文字智力测验所没有的特殊功能,可在语言交流不便的情况下实施。

这个测验具有较高的信度和中等程度的效度,说明该非文字测验不能完全代替多面相的智力测验,特别是那些与言语有联系的能力测验。瑞文测验对于测量美国心理学家卡特尔所描述的流体智力,即一个人的一般智力是十分有效的。

第五节 对传统的比奈式智商测验的反思和评价

现在对传统的比奈式的智商测验——这个在历史发展中颇有争议的事物进行分析和评价无疑是具有现实意义的。另外,近 20 多年来智力测验在我国得以广泛应用的现实表明,智力测验这一学科分支无论是在理论上还是在应用上,在我国都有发展的前途,因此对它的正确认识将有助于正确使用它和促进其健康发展。在本节中,我们想就传统的比奈式的智商测验存在的价值、特点（优点）、应用、局限性和智商等方面的问题展开进一步的讨论和评述。

一、传统比奈式智商测验仍有其存在的价值

关于传统智商测验的价值，可从它的合理性和必要性，它的优点和应用（尤其是在教育上）方面进行考察。传统比奈式智商测验虽然存在一些缺点，不能被视为十分理想的智力测量工具，但其价值仍不应忽视，尽管人们从未放弃努力寻找新的更好的评定和诊断智力的工具。与学业考试、教师和家长评定等手段相比较而言，它仍有其独特的优点。只要对智力测验尤其对智商持有正确的态度，恰当地运用这个工具，它就能发挥其应有的作用。

从历史的发展来看，一个世纪以来，智力测验的产生和发展走过了一条曲折的道路。真可谓褒贬皆有，毁誉共存。它曾被人称为20世纪对人们生活影响最大的二十项成果之一，但也遭受过禁止使用和研究的命运。例如在很长一段时期内，人们对智力测验就持批评和否定的态度，致使它的研究和应用停顿了几十年。尽管如此，它在为数众多的国家和地区非但没有停止，反而有了长足的进步，如在量表的编制和修订，以及智商的计算上均有很大的改善。随着计算机的使用，更把智力测验的研究和应用大大向前推进了一步。在美国，尽管对智商和智力测验的争论一直存在，但智商测验的编制和修订工作却从未停止过。耐人寻味的是，在著名的比奈—西蒙量表发表80年之后，1986年斯比量表第四版又公开发行，大有"老树绽新枝"之态。韦克斯勒三套智力量表也已修改多次：韦克斯勒成人智力量表（WAIS）有1955年和1980年两个版本；韦克斯勒学龄前儿童和学龄初期儿童智力量表（WPPSI）也有1963年和1967年两个版本；韦克斯勒儿童智力量表第一版（WISC）在1949年出版之后，现有1974年的修订版（WISC-R）。而在1991年，它的第三版（WISC-Ⅲ）又在美国广泛发行。考夫曼夫妇编制的著名的考夫曼儿童成套评价测验（K-ABC）在1983年出版。进入21世纪以来，这三个著名的量表都分别推出新的修订版，包括SB5，WISC-Ⅳ，WISC-Ⅴ，和KABC-Ⅱ等。这些量表在美国幼儿园、中小学校中被广泛使用。它们能在确定学习困难儿童时提供智力方面的有效信息。智力测验在科研工作中也被大量运用。例如：智商的研究是人类行为遗传研究中的典型手段之一。在明尼苏达大学（University of Minnesota）对分开抚养的双生子的研究中，研究人员进行了三个独立的测量，其中就运用了我们熟悉的韦克斯勒成人智力量表（WAIS）和瑞文测验。在科罗拉多大学行为遗传研究所中进行的双生子发展跟踪研究中，对不同年龄的儿童和他们的父母的智力测量也都使用了韦克斯勒三套智力测验量表。美国著名心理学家斯腾伯格（R.J.Sternberg）曾评价道，智力测验在教育和工业环境中占有如此重要的地位，人们给予了它太多的信任，它们在预测一个人在学校和工作中的表现的作用多年来都没有改变。

智力测验得以生存下来并获得相当发展的历史本身，尤其是智力测验的研究和应用再次在我国的开展，有力地说明了智力测验存在的价值。其实原因也很简单，这是一门科学，而科学最终是禁止不了的。

在智力测验发展的历史上，有关智力测验合理性的争论事实上也早已趋于一致。所谓

测验风波,是某些人把它作为种族歧视、阶级隔阂提供心理学基础的工具所造成的,例如他们企图利用测验分数证明劳动人民和有色人种的子女在智力上是天生落后的。现在人们普遍认识到,这是这些使用者自身的立场和偏见所致,并不是测验本身的过错。另外,有些问题的产生是由于滥用测验所致,似也不能归罪于智力测验。

智力差异是客观存在的,正确地了解和评价一个人的智力是十分重要的,这对教育更是至关重要,同时也是教师、家长及学生本人最为关心的问题。有些外国学者认为:智力测验是大多数人所公认的测量智力的好办法,测验弥补了观察法之不足,测验是一种简单而有用的行动指南。通过近年来的实践,我们认识到传统的比奈式智商测验存在着一些缺点。如同任何其他测量一样,它只能标示事物某一方面或几个方面有限的量,但从目前的科学发展水平来看,它仍不失为评定人的智力水平的一种科学手段。一个有效的和可靠的智力测验量表是测量智力水平的良好工具,它能够提供一些有用的信息。虽然信息加工和反应时方法为智力的评定提供了一个有希望的方向,但毕竟还是正在努力去做的事,并没有卓有成效的突破。就一名儿童在同一个年龄组与其他儿童智力相比这点而论,智力测验至今仍是测量儿童智力的最可靠的方法。

任何事物的存在的必要性都是与其他事物相比较而显示的。拿现在作为各级学校入学标准之主要依据的学业考试分数来说,虽然有着人所共知的缺点,例如它掩盖了某些"高分低能"的现象,但是除了在十年动乱期间,人们并未抛弃这种"测量"(主要是知识测量)方法,当然人们正努力解决它在考试内容和方法等方面的问题。既然考试分数可以作为选拔人才的决定性依据,那么智商同样有理由可以作为评价一个人智力发展水平的某种标志。

智力测验存在的价值还体现在它本身的长处及其实际应用方面,以下分述之。

二、智力测验的优点

智力测验的优点和量表编制及修订的标准化过程是分不开的。智力测验是通过标准化量表中所给出的一群测题(刺激)引起人们认知方面行为的反应,从而使得我们能根据反应的程度来估计其智力水平。标准化的智力量表的编制十分严格。世界上一些著名的测验量表,例如斯坦福—比奈量表、韦克斯勒智力测验量表,它们在编制时都邀请各方面专家共同讨论测题。首先要有几倍于正式测题的题目,然后几经反复,通过相当规模的试用,对之进行筛选,才能挑选出对智力水平的区分具有鉴别力的不同难度的测题;而且还需要在使用范围内的人群(人口全域)中进行抽样,组成标准化样组,随后对标准化样组中的被试进行施测,建立一个评价分数的常模(比较标准);继而对量表进行针对性(效度)和可靠性(信度)的检验,最后还要制定一套统一的有关测试步骤的手册。以上过程被称为"标准化"。由此可见,标准化的智力测验量表的编制过程是一项浩大的工程,常常要耗费大量的人力、物力、财力。

智力测验是评价一个人智力水平的有效方法。任何事物的优点都是相比较而言的,与学业考试相比较,与教师的经验性评定相比较,智力测验在评价学生智力水平上有其独特的长处。其一,就评价内容来说,智力测验中严格选定的测题比较有利于考察受试者的各种能力，而不像学业考试侧重于了解某一阶段性知识的掌握程度——虽然一个人的智力和知识之间并无截然分别的界线。其二，就被评价者的范围来看，学业考试往往局限于和一个班级或年级作比较，而智力测验则把一个人的分数与一个更广大的地区内的同龄人进行比较。智力测验编制中一项重要的工作就是要确定"常模"，也就是要通过对年龄组的大量抽样，求出相应的一个可资比较的平均水平。对一名儿童进行智力测验，就是把他和某一范围的同龄儿童进行比较，根据智商分数来确定他的智力发展水平在同龄儿童中所处的位置，是超优、优等、聪明还是中等、迟钝、低能等。就智力测验能使一名儿童与同一年龄组中的其他儿童相比这一点而论，它至今仍是测量儿童智力的一种可靠和有效的方法。例如智商为100，即表示受试者处于中等水平；智商为130，则表示受试者处于极优秀水平。而从学业考试的分数中则很难看出这种位置。例如在现在不少小学低年级中100分大批存在，而在某些研究生考试中，75分已经是最高分了，可见单凭这些分数是不能准确推断学生的智力水平的，而正确评价学生的智力水平对于教师、家长及学生本人来说，都是十分重要的。其三，一个好的智力测验量表是评定学生智力发展水平的快速和有效的工具，花费一两个小时所作出的评定往往与教师经过一两年甚至更长时间观察所作的评定有较高的相关，因此，能快速而有效的评定智力也是智力测验的一大优点。

人脑的复杂性给判断人类智力水平带来了很大困难。传统的学校考试成绩的可靠性一直受到怀疑，许多事实已经证明，单凭学校考试成绩来评判一个人的智力水平往往会有偏差，"高分低能"的现象每每存在，因此在进行学业成绩考试的同时进行学生的智力测验是很有必要的。目前国内有些学校在进行心理辅导工作时已开始建立学生心理档案，每隔几年对学生进行一次智力测验，以获取学生智力水平的新信息，这种做法是可取的。

三、智力测验在教育上的应用

一门学科的存在价值与它是否符合实际的需要紧密相联。实际需要是一门学科得以存在并发展的动力。因此进一步说明智力测验的应用方面是很有必要的，下面将集中谈谈它在教育上的应用。

智力测验与我国整个教育事业的发展及人才培养具有密切关系，正确地评价学生的智力水平对于因材施教是非常重要的。我们认为它在教育方面的应用可以概括为以下三个方面。

（一）选拔和安置

这方面的应用与基于智力的评价进行的班级和研究项目中的学生挑选和安置有关。另外，我们可以借助于智力测验选拔一些智力发育较早的"超常"儿童，让他们及时进入接受高等教育的阶段（如各种大学的少年班）或进行各种形式的重点培养；还可以及时鉴别出一些智力落后的儿童（目前一些辅读学校招生时学生都要进行智力测验），以利于对他们采取特殊的教育方法，尽可能使其内在潜力发挥到最高水平。

(二)筛选、诊断和制定补救计划

在进行教育时,尤其是在进行教育项目研究时,可使用智力测验对学生进行筛选,排除一般智力的问题和确定实验班的平均智力水平。在诊断的过程中,智力测验不仅被用来确定认知能力的一般水平,而且也能发现学生的相对比较强和比较弱的方面,这对产生有效的学习策略和补救计划有所助益。智力的评价有助于确定学校学习成绩的期望值的相应水平。例如,我们曾经使用韦克斯勒儿童智力量表对儿童进行测验,对绝大多数智力发育正常的儿童,可运用智力测验得到他们智力发展结构的多方面信息。通过对测验结果的分析找出其所长和所短,由学校和家庭共同采取针对性措施,扬长补短,促使儿童智力更全面地向高质量发展。

(三)教育研究成果效能核定和评价

运用测验结果为一些学校的教学改革成果提供科学的鉴定与论证。例如,根据实验班学生平均智商分数的增加等信息为教育改革有效性提供数据资料的支持。

四、关于智力测验局限性的争论继续存在

众所周知,关于智力测验局限性的争论自比奈量表诞生之日起就从未停止过。与其他任何事物一样,智力测验不是一好百好,它的效用是有限的。它只是一种工具,而任何工具在使用时都有其局限性。如果失去控制地滥用,就会产生不良后果。我们已经有过这方面的教训。因此,了解它的局限性是十分必要的。

(一)智力测验局限性的主要表现

1. 智力测验主要进行了量的分析

它的结果一般是用智商报告的,一般智商分数只提供了量的数据,只有数量说明,没有质的分析。韦克斯勒智力量表虽然作了一些努力,如提供剖面图、三种智商分数(语言、操作、全量表分数),提供了一些可供诊断、咨询分析的资料,但是总的说来,质的分析仍是不充分的。

2. 智力测验只测了当时的智力,没有考虑发展的速度和趋势

每个人的智力发展速度和高度是不一样的,有的儿童发展快、成熟早,所以测的结果比别人高,他可能先达到了顶点,但他的顶点却不一定是最高的。另外有些儿童发展较慢,但最后结果并不比别人低。既有"天才早慧",亦有"大器晚成"。因此如果不考虑速度和趋势,只根据一个测验分数作定论,显然是不合适的。

3. 智力测验只是部分地反映了一个人的智力水平

由于量表编制者对智力的看法和指导思想上的差异,因此所编量表测出的智力方面也就有所不同。有的量表侧重于人的思维能力方面,而有的量表则考虑到语言和操作两大方

面。这些量表从不同侧面反映出一个人的智力水平,它们的测验结果(IQ 分数)和智力水平之间有相关,然而对具体个人来说,施行不同的量表(例如瑞文非文字量表和韦克斯勒智力量表)在所得智商分数上会产生一些差异。韦克斯勒就把智力看作一个由许多部分组成的多面体,因而他认为由一个智力测验测出的部分可能是不精确的和不完整的。在实际施测时,被试可能会受到不利变量(如疲劳、情绪、态度)的干扰从而影响到智商分数。

智力测验还有其他一些不足之处,如智力测验的正确答案一般是事先肯定的,因而它只考虑到收敛性的抽象概括、推理思维能力,而对于创造性思维,尤其是发散性思维方面考虑不够。另外它的测题不可避免地受到文化知识的影响,如此等等。

(二) 斯腾伯格对传统智商测验的批评

除了以上几个我们已经注意到的问题,在此我们想特别提及著名认知心理学家斯腾伯格对传统智商测验的主要批评。斯腾伯格是当代一位在智力研究领域中颇有影响的人物。其代表性的理论建树是著名的智力三重模式。关于这一模式的阐述集中反映在他的《超越IQ:人类智力的三重理论》(1985 年)一书中。在下一节中我们将对此作简略介绍。

斯腾伯格认为,传统智商测验的不足绝不只是如某些人所承认的,仅仅表现在个性和动机等因素对智力的说明上无能为力。他认为,如果仅仅承认这一点,那就只是一种"巧辩",因为它掩盖了传统智商测验中固有的缺陷和局限性。斯腾伯格对传统智商测验的批评主要有如下几点。

1. 测题的实际情景性问题

斯腾伯格认为传统智商测验在内容上是不全面的,它未能把构成智力本质的一个重要方面,即社会智力涵盖在内。或者说,它对智力的实践性和现实性品格或实际情景性及社会文化因素对智力的制约作用重视不够。传统智商测验顾及的只是心理的内部世界。

2. 对于先前学习知识的要求

斯腾伯格认为传统智商测验一般未能很好地控制知识和经验因素的作用,因而其学业成就色彩过重。用作估计智力的所有测验都对被测学生提出了很重的学业成就要求。当前使用的主要的智力测验测量的往往是受测者去年(或者是前一年)的成绩,因此,适合某一特定年龄的儿童智力测验可能就是一个年龄小几岁儿童的成就测验。不能说传统智商测验的编制者没有注意到这一常识性的问题,但它在传统 IQ 测验的框架内是难以获得较好的解决的。当然,对于这一问题也有争议,因为智力和知识的关系密切,绝对地排除知识和经验的影响似乎是难以做到的。

3. 速度问题

斯腾伯格对渗透于当今社会的"快即聪明"的说法提出了异议。传统智商测验一般都是限时测验,他认为这实际上是受世俗偏见之累。

斯腾伯格指出,"快即聪明"对于有些人和有些心理运算来说是对的,但不是对所有的人和所有运算都适用。盲目地接受这个假设不仅没有道理,而且可能是错误的。几乎每个人都知道有些人虽然在完成任务时速度较慢,但他们却做得较好。面对困难的问题,采取审慎反思的态度而不是匆忙冲动地作出反应,这往往为智者所取。他们往往花较多的时间对问题的解决途径和程序进行总体的谋划,并不在具体的局部细节上费时过多。常识告诉我们,快速的判断效果往往不佳,所谓欲速则不达。当我们面对的大量的现实任务时,并不被要求如同智商测验问题解决时所规定的那样,要在极短的时间内解决问题或作出决定。反之,大多数有意义的任务往往要求人们对之作出聪明的时间分配。一个聪明的人应该知道什么时候快和什么时候慢。时间的分配或速度的选择,比速度本身更重要。对于一个测验,盲目地安排一个严格的时间限制,这在理论上并没有充分的依据,因而其实测的效果也是有缺陷的。

4. 测验的焦虑

斯腾伯格本人在少年时代就是一名测验焦虑者,所以他对这点特别重视。由于测验结果影响一个人的升学、就业等重大人生道路的走向,因此,他认为再没有什么情景会使人像面对一个标准化测验时那么紧张了。有很大比例的测试者的成绩会由于焦虑而失真,甚至会受到严重的影响。一个聪明的但是有测验焦虑的人若仅从测验分数看,也许是"愚笨的"。因此,他认为需要编制某种标准化测验,使之对于每个人都是公平的,其中也包括测验焦虑者。

5. 关于测验依据的智力理论

智力测验应该依据一种在实际中被证明有效的关于智力本质的理论。因为有理论依据的测验,才可能使我们真正了解一个人智力的结构和功能。传统比奈式的智商测验的最大不足,归根结底,乃是其理论基础的薄弱和缺失。当然不能说测验编制者们在开始编制测验时,对"什么是智力"没有自己的看法。至少当他们选择某种类型的题目作为测题时,他们认为这些题目蕴涵着智力因素。测验学家都是依据自己奉行的智力观编制测验的,然而直到今天,关于什么是智力仍无一个公认确切的定义。而且,所有比奈式测验的理论基础,最重要的不足之处在于,无论它们各自涵盖的因素组成如何不同,它们的基本特征仍是对智力作某种静态的因素分割。它们注重分析的是智力的产物而非智力操作的过程。智力的活动特性不能在传统的比奈式测验中得到充分反映。

基于上述对传统智商测验的批评,斯腾伯格建议,必须做一些工作以补充现有的智商测验,或许甚至有一天能以某种新型测验来取代它。他提出了一套编制新型智力测验的原则——测验材料的实际情境性、尽量减少对先前学习知识的要求、测量速度的选择而不是速度本身、最大限度地减少测验焦虑等。当然,最重要的是,必须重建测验的理论基础——这些要求显然超过了现行智力测验的标准。斯腾伯格认为创造新的符合上述标准的测验是可能的。他本人身体力行,其努力反映在他所提出的智力的三重理论中。

五、对智商的分析

智力测验的结果是用智力商数(IQ)来报告的,人们根据 IQ 分数的大小,按照分类标准来确定儿童的智力水平。正因为智商的作用和它易被误解和误用的特点,所以对它进行专门的分析很有必要。

长期以来,在智力测验的研究和应用中存在着智商稳定性和可变性的争论。有些测验学家认为智商是天生的、相对稳定的,即当一名儿童经过一次智力测验之后,所得的智商分数在一生中不会有很大的波动。如果有变动,其幅度也只是在5分之内增减。但是现在越来越多的研究者提出不同的看法,他们认为智商是可变的。美国衣阿华州儿童福利研究院的威尔曼发表了他的一系列研究中的第一项成果,提出了由于环境的改变而引起的儿童智商的显著变化的报告,引起了强烈反响。加州大学的两个纵向研究结果表明,智商并非一成不变的,而是具有很大程度的波动。莫尔斯研究所对270名儿童的智力进行测验发现,个体智商有很大幅度的波动,至少在3岁至12岁之间是这样。我们曾经对三个进行教育实验的班级的101名小学生进行跟踪研究,结果也表明儿童的智力水平有相当普遍的提高。中等及中等以下智力水平的儿童提高幅度较智力水平高的儿童更为显著。

我们认为,由于人的一生中生理和心理状态都在变化,其智商在一生中发生变化是完全可能的,尤其是在环境和教育条件发生较大改变时。许多研究成果表明:不能否认人的发展与一定的先天条件(天赋)有关系,但是后天的环境和教育条件非常重要,它在相当程度上决定了天赋的呈现,为儿童提供卓有成效的教育和创造各种有利条件,无疑可以促进儿童智力的发展。智力发展是一种动态的过程,智商是这种动态过程的定量显示。因此,智商随儿童的后天发展而发生变化并不足为奇。儿童年龄增长速度都是一样的(每年一岁),但智力发展速度有快有慢。如果其智力发展速度高于或低于同龄儿童的平均水平,那么他的智力水平相对于其他同龄儿童就会高一点或低一点,他的智商分数也就会增大或减小。当然儿童智力发展速度的加快或减慢都是有限度的。如果儿童只是在变化不大的环境中学习和生活,他(她)的智商分数也完全可能无甚变动。总之,对于智商的稳定性和可变性都不能作极端的理解。我们反对那种把智商视作是所谓固定不变的"天生"智力的反映的观点。智力不是天生不变的,那么作为智力测验结果的智商也完全可能随之变化。

另外,我们不应仅根据对儿童施测一次智力测验所得的智商分数就轻易地对其智力水平作出定论。从总体上说,一个有效和可靠的智力测验能区分不同智力水平,但是对于一个人所得的具体智商分数却不能抱着绝对的态度,特别是对智商分数低的人下结论时更应谨慎。应该把所得的智商分数和家长与教师的评定、学业考试成绩、日常表现以及儿童测验时的态度、情绪、身体状况和测试时的环境等因素综合起来考虑。应该注意非智力因素在智力表现上所可能起的作用。前面已述及,由于从智力到任务操作的多次转换,再加上各种非测验本身的因素(如被试不配合,精力不集中,甚至思想上有抵触等),因此造成智商分数和儿童实际智力水平不一致的情况是完全有可能的。

斯腾伯格曾主张"对传统智商IQ测验不应抛弃""传统的IQ测验仍有其存在的价值,只要无偏见地使用,IQ测验分数总可以向我们提供一些可参考的信息"。目前世界上的智力测验方式众多,其基本原理和主要方法都是由比奈奠定的。这种状况持续的主要原因,当然是与智力这个事物本身的复杂性有关。可以认为,传统比奈式智商测验不会消失,它将随着测验编制思想的更趋合理和新技术的广泛应用而获得新的发展和应用。

第六节 智力的理论和智力测验的新发展

每一位心理测验学家总是根据自己对智力的看法,并依据自己信奉的理论去编制一个智力测验。在本节中,我们将概要介绍智力概念和定义的演变、现代智力因素分析理论、智力的认知理论中两个代表性的新理论,以及智力测验的新发展的特点。

一、智力概念和定义的演变

"几乎没有一个心理学概念像智力这一概念那样如此广泛地被人运用和接受,同时又是如此难以捉摸、令人困惑",这是斯腾伯格的著作《超越智商(Beyond IQ)》中的第一句话。多少年来,心理学家们在智力的确切定义上发表过种种意见,但至今仍无统一的定义。到目前为止,如果作一归纳,大致有以下几种不同的看法:① 智力是适应新情境的能力;② 智力是一种学习能力;③ 智力是指抽象的思维能力;④ 智力是从事艰难、复杂、抽象、敏捷和创造性的活动的能力,并且是能集中精力,保持情绪稳定以从事这种活动的能力;⑤ 智力是一个人能够为着某些目标而行动、能够理智地思考和有效地适应环境这三种能力的综合表现。虽然上述观点各不相同,但我们可以看到,对智力概念的认识已经从认为智力是单一的能力发展到认为智力是由性质不同的能力所组成的"综合性"认识阶段了。智力的复杂性质已绝非单一因素所能表示。美国心理学家韦克斯勒在20世纪70年代曾提出:"智力是一个假设的结构,它是一个人有目的地行动,合理地思维,并有效地处理周围事物的整体能力。"这种观点很有代表性,它和我国心理学界对智力的看法比较吻合。我国一些心理学家认为,智力是各种认识能力的综合表现,是观察、记忆、想象、思维等能力的综合,而思维能力是智力的核心。情感、动机、注意等对智力来说是非智力因素,但对智力发展有不容忽视的影响。

二、现代智力因素分析理论

智力定义的讨论主要是对于智力功能或智力作用的解说,但对个体个别差异感兴趣的心理学家更企图了解智力行为是怎样组成和构成的,即探讨智力的结构(假设)。现代智力因素分析理论正是随着这种探讨而产生并发展的。20世纪60年代以前,智力的因素分析理论一直占优势,这一模式的智力理论的共同特点是认为智力是人脑的内部的和有待发现的能力构成的,建构这一模式理论的主要方法是因素分析方法,这种技术(数学方法)开始于相关矩阵(或者协方差),然后发现方差隐含的原因(详见第七章效度附录)。智力的因素分析理论被认为主要是对智力进行静态的因素描述。以这些理论为基础编制的许多智力测验,即传统比奈式的智商测验测量的是构成智力的各种不同能力因素的个别差异。

按照因素数目的变化或者因素在几何结构上排列的变化产生了各种智力因素理论。从因素数目的变化方面看,因素的数目从1个到150个,后再增至180个因素;从因素结构的几何排列上的变化来看,有4种结构:① 无等级(无层次)排列模式,其中每个因素的重要性是相等的;② 立体排列模式;③ 等级(层次)排列模式,它们的共同特点是,能力不是同等重要的,某个能力更具有普遍性,因而比别的能力更重要;④ 辐射(圆形)排列模式。为了更清楚地了解现代智力因素分析理论,下面将介绍几种著名的智力因素理论。

(一)斯皮尔曼的两因素论

在因素数量极少的一端的是著名英国心理学家斯皮尔曼(Spearman)在1904年提出的两因素论。他认为人的智力中都有一种普遍因素,或者一般因素(general factor),它经常被称作为G因素;还有一种或多种特殊因素(specific factor),即S因素(如图3-3所示)。因为由一般因素所表现的能力渗入到所有的智力任务的操作中,由特殊因素表现的能力只渗入到一种单一的任务中,因而一般因素(G)具有重要的心理学意义。斯皮尔曼的两因素论因强调一般因素的重要性,亦可归为单一因素论。

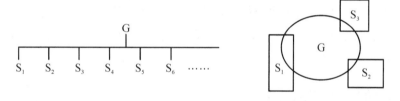

图3-3 G因素理论模型

智力的G因素可以定义为因素分析矩阵中的第一个基本因子。这个因子支配了其他因素。G因素是智力活动的主体,所以采用单一IQ分数的智力测验都是依据这种理论编制的。这个理论对于现代智力因素分析理论的贡献近于微积分对于经典物理学的贡献。它一经提出,便引起了强烈的反响,如资深望重的斯滕也盛赞它为"迄今为止最确定的研究成果"。但另一方面,它又引起了长期的争论和批评。

(二)塞斯顿的多因素论

美国心理学家塞斯顿(L. L. Thurstone)凭借多因素分析的方法提出了他的基本能力(primary mental abilities,简称PMA)学说。根据这一学说,人的全部智力可分成若干种基本能力因素,这些基本能力因素的不同搭配,便构成了每一个个体独特的智力整体。因而阐明每一基本能力的性质,并测得每一个体的不同基本能力的水平,便可勾画出不同的个体智力多相图(剖面图)。他提出的7种基本智力能力分别为:① 空间能力因素(S)(spatial or visualization),这是塞斯顿从测验变量中最初分离出来的一个基本能力因素,是观察空间事物能力因素。它有关于空间知觉能力,也即想象空间几何模式,想象物体或图形在二维或三维空间中彼此间关系的能力;② 计数能力(N)(number),迅速而正确地进行简单算术和处理数字的能力;③ 言语理解(V)(verbal comprehension),即对文字和语义的理解能力,也即对词的意义以及词与词之间关系的理解能力;④ 词汇流畅性(W)(word fluency),这是一种应用字词的能力,即迅速生成和流畅使用词汇的能力;⑤ 记忆能力(M)(memory),这是一个与其他因素基本相独立的因素,其中包括迅速强记的能力,对无意义材料的即时回忆、回忆过去的经历事件的能力;⑥ 推理与归纳能力(R 或 I)(reasoning and induction),这是塞斯顿最感兴趣的因素,它是一种从一组材料中发现规律、原则和原理的能力。并且他认为这是一种超越具体内容的能力。推理能力强的人,可以利用以往的知识经验,对其所面临的问题作正确的研究、判断和解决问题。他推测这种能力可能和创造性有一定的联系;⑦ 知觉速度(P)(perceptual speed),这是塞斯顿最后提出的一种能力,是正确与迅速辨别事物、图形和符号的细节及异同的能力,即迅速而精确地注意细节的能力。塞斯顿于1941年根据上述7种基本能力编成了"基本心理能力测验"(primary mental abilities test,简称PMAT),它是著名的心理测验之一。

最初塞斯顿认为这7种能力因素在功能上是相互独立的,但后来发现它们彼此之间存在正相关关系。

塞斯顿的多因素论是智力因素分析理论发展中一个承前启后的重要中间环节。自该学说提出后,关于斯皮尔曼的G因素的存在已不再成为一个讨论的问题,智力因素的研究开始转向对智力的进一步因素分析。

(三) 吉尔福特的三维结构模型

这个理论是美国心理学家吉尔福特(J. P. Guilford)在1959年提出的,它是智力多因素论中最典型的代表,也是智力立体结构的代表。同时,它也是智力的因素分析理论中最复杂的模型之一。吉尔福特提出的智力结构可用一个长方体的三个维度来表示,它们分别为:内容、操作、结果(产物)。

1. 内容

内容这一维度指的是引起智力活动的各类刺激,它包括四个从属范畴或称为组成类型:① 图形:指通过感官看到的具体信息,事物的各种形状和图画;② 符号:指图形或事物的象征标志,主要指数字、字母、单词;③ 语义:指言语含义或概念;④ 行为:指本人及他人的行为。

2. 操作

操作这一维度是指各种刺激所引起的智力活动的方式,即智力实现的过程和方式。其中可细分为:① 评价:它是这个模型中较有特色的一个范畴,即按照一定的标准进行比较的过程。② 发散思维:以不同的思维方式求得新的答案。这是这个模型中最富有特色的一个范畴,是吉尔福特理论的一个创新,因为它对创造力的分析具有重大意义,因此提出后曾轰动一时。③ 聚合思维：对只有一个客观正确答案的问题进行系统思考的方式，与发散思维相对应。吉尔福特认为这种思维方式实际上是逻辑演绎的能力。④ 记忆：对以往学习的东西的保持。⑤ 认知：吉尔福特的认知定义与一般心理学中的认知概念有些不同，它不包括记忆、思维、想象等其他全部认知过程，它是指知觉、直接发现和再次发现，各种形式的再认、领会或理解，它与上述的记忆的区别在于它是一种信息的直接展现，而记忆则是一种潜在的信息的保持。

3. 结果（产物）

结果这一维度指的是智力活动的产物或生成形式，亦即运用各种智力能力对各类问题处理的结果。这些结果从简单到复杂共有6种：① 单位：这是最基本的生成形式，可以按单位计算的产物，如一个词，一句话，一个特定的数字和概念等。② 类别：一系列有关的单元，指的是对具有共同特征从而成为类成员的所有单元的集合所进行的抽象的结果。③ 关系：找出单元与类别之间的关系，找出事物之间的关联性。④ 系统：指的是事物之条理或逻辑的完整体系，用逻辑方法组成的概念。⑤ 转换：涉及某种改变，指的是物体、形态、结构或关系改变，对问题的变动、修正、重新说明都属于转换的性质。⑥ 蕴涵：表示的大体上是一种预见性，即从已知的信息中观察某些结果。

吉尔福特在1967年提出的三维智力结构模型由120种因素组成。1982年，内容维度的图形改为视觉图形、听觉图形两种，1988年，操作维度的记忆分为短时记忆和长时记忆，这样，因素的数目就增加至180种。吉尔福特在1982年宣布已经展现了180个可能存在的因素中的105个因素，但是他至今仍难以圆满地找到所有的因素。1982年他曾说，虽然150个因素在逻辑上是独立的，但从心理学上看，它们在相互关系的意义上是不独立的。

吉尔福特的智力的三维结构模型虽然引起了不少批评，但是最严厉的批评者也不能否认它的开创性和启发意义。在分离析取独立因素的道路上，吉尔福特的理论走到了尽头，现代智力因素分析理论的发展到吉尔福特时代已基本走完了它的一个阶段。而自20世纪70年代起，理论的悬锤又摆回智力因素统一化的彼端，卡特尔的理论便是这一回摆的主要标志。

（四）卡特尔的流体和晶体智力理论

这个理论调和了斯皮尔曼和塞斯顿的观点，卡特尔从智力的一般因素（G）中分析出两个一般因素和三个次要因素。他称这两个一般因素为流体（fluid）智力（gf）与晶体（crystallized）智力（gc）两种G因素（如图3-4所示）。

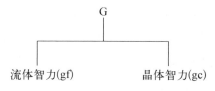

图3-4　卡特尔的智力理论模型

流体智力是指个体基本的生物潜能,是非言语及不受文化影响的智慧能力。而晶体智力指的是通过学校和社会文化经验而获得的能力,是个体所获得知识与技能的结合,表现为个体的学识水平。三个次要因素是:视觉能力、记忆提取和执行速度。

卡特尔认为流体智力与晶体智力是两个相关的智力因素,一个人的接受能力有赖于其流体智力因素的水平。而作为晶体智力标志的一个人的学识,则是流体智力、学习努力与学习机会的交互作用的结果。

流体智力和晶体智力在发展和衰退机制上有很大的不同(如图3-5所示)。从遗传上看,流体智力比晶体智力更多地得自遗传,流体智力水平上的差异要大于晶体智力水平上的差异。流体智力较晶体智力更受生理结构(如大脑皮层特定部分)因素的影响。流体智力后期会随着年龄衰退,但晶体智力则反之。流体智力的增长通常到青春期阶段就已大致发展定型,并进入高原期,于14岁左右达到高峰,而从22岁后便显示出持续下降的趋势。晶体智力则至青春期仍在上升,并保持其水平直至个体的晚年。这种理论提供了一种老年智力仍有部分进步的说法。

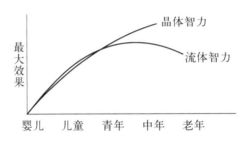

图3-5 流体智力与晶体智力成长图

(五) 弗农的智力层次结构理论

在现代智力因素分析理论中,智力的层次结构理论是最流行的。根据这种理论,各种能力不是同等重要的,某种能力是更加一般或普遍的(global),因此也比其他的能力更加重要。斯皮尔曼提出的两因素模型可以看作是最早的层次结构模型[一个为一般或普通因素(G),另一个为比较不重要的特殊因素(S)],虽然斯皮尔曼本人并没有这样看待自己的理论。在众多的智力层次结构理论中,最有代表性的是英国心理学家弗农(P. E. Vernon)的智力层次结构理论。

弗农提出了一个复杂的智力层次模式。他认为最上层是普通能力即G因素;第二层次可以分为两个主要群因素(major group factors):一个是言语和教育(verbal, educational, v: ed),一个是操作与机械(spatial, practical, michanical, p: m);再下一层次是由主群因素下分出的若干较小群因素(minor group factors),例如创造力、语词流畅、数字能力、空间、心理动作能力等;而最底层则是多种特殊因素。

弗农认为愈低层次的因素影响智力行为的范围愈小,愈高层次则愈广,他相信若要了解一个人的智力,必须首先考虑他的普通能力的水准。他的理论显然保留了斯皮尔曼的一般智力因素(G),同时又把塞斯顿的基本心理能力和吉尔福特的智力结构归纳为(G)因素的下级层次。该理论巧妙地综合了各个理论的不同发现和解释。这种理论似乎也得到了生理学的某种支持——它与大脑两半球机能分工的现象有一定联系。这种把一般智力(G)分为言语和操作两个因素群的两分法,对传统智商测验的编制尤其是对韦克斯勒智力测验系列产生了相当的影响。

(六)卡特尔-霍恩-卡罗尔认知能力三层级理论(CHC)

这个理论的产生是心理测量取向的智力因素分析理论发展的结果。在20世纪60年代,卡特尔提出了流体智力和晶体智力理论。

在卡特尔研究的基础上,自1976、1978、1985至1988年,霍恩(Horn)先后将智力的结构进行扩展,最终形成了卡特尔-霍恩模型,该模型含有10个能力因素,分别是流体智力、晶体智力、视觉-空间思维、短时记忆、长时提取、加工速度、数量能力、听觉加工、阅读和写作能力、决策反应时。

到了20世纪90年代,卡罗尔(Carroll)在对人类认知能力进行因素分析的基础上,提出了认知能力三层级模型,第一层是69个特殊能力,第二层是8个因素(流体智力、晶体智力、听觉加工知觉、数量能力、视觉加工知觉、一般记忆和学习、提取能力、认知速度),第三层是G因素。

20世纪80年代末、90年代初,伍德科克-约翰逊认知能力测验修订版和伍德科克(Richard W. Woodcock)的研究中最早提出了"CHC宽能力"这一术语。20世纪90年代后期到21世纪初,弗拉南根(Flanagan)、麦克格林(McGrew)、奥提兹(Ortiz)等人提出应通过跨越不同测验的途径来全面测量宽、窄两种认知能力,并尝试整合卡特尔-霍恩模型和卡罗尔模型。2001年,麦克格林与伍德科克正式提出卡特尔-霍恩-卡罗尔认知能力三层级理论,简称CHC理论(如表3-7所示)。CHC理论是典型的层级模型,将认知能力按照一般性程度划分为3个层级。模型的底层(stratum I)就是窄认知能力,包括69个特定化能力,反映练习或经验的效果,是完成某些特定任务必须具有的。模型的中间层(stratum II)是16种宽认知能力(因素)。这些广泛能力是指在某一领域内操作和影响大多数行为的特征,是个体与生俱来且持久的特征。模型框架的顶层(stratum III)是一般智力,即G因素。

表3-7中10种宽认知能力是CHC理论中间层被广泛提及的认知能力(因素)。还有其他6种认知能力:心理运动速度(Gps)、一般知识(Gkn)、心理运动能力(Gp)、嗅觉能力(Go)、触觉能力(Gh)、动觉能力(Gk)。

CHC理论模型一经提出,就得到了许多学者的探究和验证,这些研究结果不仅验证了CHC理论模型,还为其提供了实证支持。某些心理量表在编制和修订中也采用CHC理论作为理论基础,例如斯坦福—比奈智力量表第五版(SB5)和考夫曼儿童成套评价测验第二版(KABC-II)。

表 3-7 CHC 理论模型

顶层 (stratum Ⅲ)	中间层 (宽认知能力) (stratum Ⅱ)	底层 (窄认知能力举例) (stratum Ⅰ)
G 因素 (一般智力)	流体智力(Gf)	数量推理、演绎推理、归纳推理……
	晶体智力(Gc)	一般信息、听力能力、文化知识、词汇知识、语言发展……
	视觉-空间(Gv)	视觉记忆、空间关系、完形速度、直观化……
	短时记忆(Gsm)	工作记忆、记忆广度……
	长时存储和提取(Glr)	命名流畅性、思维流畅性、再认记忆、意义记忆、联想记忆……
	听觉加工(Ga)	语音或噪音辨别、抵制扭曲听觉刺激、声音记忆模式、音素编码……
	认知加工速度(Gs)	数字运算流畅性、知觉速度、测验快速完成率……
	决策/反应时间或速度(Gt)	语义加工速度、选择反应时、简单反应时、心理对比速度、检验时间……
	数量知识(Gq)	数学知识、数学成就……
	阅读和写作(Grw)	阅读理解、拼写能力、阅读解码、写作能力……

三、智力的认知理论

20 世纪 60 年代以后,随着认知心理学的兴起,智力理论有了新的发展。人们更重视对智能活动的内在过程进行分析,于是出现了一股以新的智力观超越或取代传统智商概念的思潮。最初的研究大多集中于一般的认知加工过程(如选择反应时和词汇信息检索速度等),对智力测量的有效性仍然存在问题。但随着一些更为成熟的智力认知理论的形成,使我们有可能更深入地揭示智力的内部加工过程,并以此作为评价智力差异的新的维度和标准。这方面最引人注目和最具代表性的是斯腾伯格在 1985 年提出的智力的三重结构理论和由戴斯、纳格利尔里(J. A. Naglieri)、考尔比(J. R. Kirby)在 1990 年提出的智力的 PASS 模型理论。下面分别对这两种新智力理论作一简单介绍。

(一) 智力的三重结构理论

斯腾伯格提出智力的三重理论(triarchic theory of intelligence)无疑是出于对传统智商测验的不满。不过他对传统智商测验所持的基本观点仍是"超越"而并非完全地"取代"。换言之,他认为智商测验仍有其继续存在的权利,只不过它需要其他测量的评定结果的补充。

智力三重理论由三个亚理论组成,即智力成分亚理论(componential subtheory);智力经验亚理论(experiential subtheory)和智力情境亚理论(contextual subtheory)(如图 3-6 所示)。它们分别从主体的内部世界、人生存的客观外部世界和联系主客体的经验世界这三个方面阐述智力的本质及其结构。

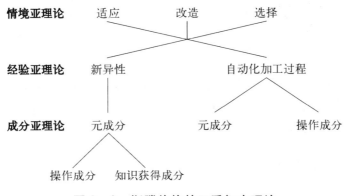

图 3-6　斯腾伯格的三重智力理论

智力成分亚理论是三重智力理论的核心内容,它阐述了智力活动的内部结构和心理机制。智力的成分亚理论以一种新的信息加工的语言来描述智力。所谓成分,乃是一种最基本的信息加工单元。斯腾伯格认为：智力的成分从功能上划分有三个层次,它们分别是元成分(metacomponents)、操作成分(performance components)和知识获得成分(knowledge-acquisition components)。元成分是智力活动的高级管理成分,它的功能是对其他成分的运行进行计划、评价和监控。操作成分的功能是执行元成分的指令,进行各种具体的认知加工操作,对信息进行编码、推断、提取、应用、存贮等一系列操作,同时向元成分提供反馈信息。具体任务不同,主体所动用的操作成分的种类也有所不同。知识获得成分的功能是学习如何解决新问题,学会如何选择解决问题的策略等。

应该指出,根据成分来分析智力,它强调的是智力活动过程的特点。从编制测验的具体工作的角度讲,无论是从动态过程,还是从静态因素出发,它们总是要通过具体测题来进行。从这个意义上讲,智力测量总是一种间接测量。无论智力测验的具体形式如何演变,这一特性是不会改变的。改变的只是测题内容。所以,当斯腾伯格主张"超越 IQ"时,准确地说,它"超越"的只是传统智商测验所依据的静态因素分析的智力观,而不是智力测验编制工作本身。

当然,仅就智力成分亚理论而言,它关注的还只是智力的内部特征,它与传统智商测验仍站在同一层次上,不管它们是静态的结果,还是动态的过程。斯腾伯格三重智力理论的重大贡献还在于它提出了除智力成分亚理论以外的另外两个亚理论。因此,斯腾伯格关于超越智商的观点还有更深的含义。这种从智力的外部世界和经验世界去分析智力本质属性的新观点,极大地丰富了智力的内涵。

智力的情境亚理论从本质上揭示了智力的社会文化的内涵。归根到底,智力是一种对主体生存环境的适应、选择和改造的行为。因此,情境亚理论规定了某一种特定的社会文化背景下的智力范围,这是任何智力测验的编制能有效进行的必要前提。任何测验当它从现实情境中的问题演变为实验室中的或测验试卷中的操作问题或纸笔问题时,它已经在一定程度上丧失了某种实际情境性。这是一切从事测验工作的人员必须有的清醒认识,也是斯腾伯格主张对智商测验应以其他评价手段予以补充的根本原因所在。

智力经验亚理论从主体经验角度提出了另一个有关测验公平性的问题。要保证测验结果的有效和公正,就应使所有受测者对测题保持在基本相同的经验水平上,亦即要使测题对主体来说,处于相对新异或处于加工自动化的过程之中。非如此不能保证所测的是真正的智力活动。经验亚理论反映了斯腾伯格对智力的某种基本看法;处理新异性的能力和加工自动化的能力是智力的最基本的特质之一。

(二) 智力的 PASS 模型理论

如果说,斯腾伯格提出智力的三重理论是企图"超越"传统的智商概念,其立场还算温和,相比之下,戴斯等人的观点则激烈得多。他们主张"必须把智力视作认知过程来重构智力概念"。他们提出了一种新的智力理论,即 PASS 模型(plan—attention—simultaneous successive processing model,简称 PASS),希冀以此完全取代传统的智力理论。所谓 PASS 模型,即指"计划—注意—同时性加工和继时性加工"三级认知功能系统中所包含的四种认知过程。可见,PASS 模型的智力观是一种完全不同于因素构成论的智力观。

PASS 模型中的三个系统在智能活动中各司其职:注意—唤醒系统的主要功能是使大脑处于一种适宜的工作状态,它处于心理加工的基础地位,其功能状态直接影响到另两个系统的工作。同时性加工—继时性加工系统又称编码系统,它负责对外界输入信息的接收、解释、转换、再编码和存贮。这一系统在 PASS 模型中处于关键地位,因为智能活动的大部分实际操作都在该系统中发生。它又分为两种不同的加工方式,即若干个加工单元同时开始进行信息处理的同时性(并行)加工方式和几个加工单元先后依次对信息进行加工处理的继时性(序列)加工方式。处于 PASS 模型最高层次的是计划系统。它执行的是计划、监控、评价等高级功能:如确定和调整目标、制定和选择策略、决定和修改解决问题的方法,以及对方法及其结果作出评价,实现对整个操作过程的监控和调节等。三个系统之间存在密切的相互作用,尤以第一和第三系统之间的关系更为紧密。三个系统又是在人的一定知识背景的基础上发挥各自功能的(如图 3-7 所示)。

PASS 模型的三级认知功能系统直接派生于鲁利亚神经心理学中大脑三级机能联合区的思想。这无疑提高了 PASS 模型的实证性,至少不能说它是一种纯思辨的构想。我们很容易可以看出 PASS 模型与大脑三级机能联合区两者之间的对应关系:保证调节紧张度或觉醒状态的第一机能区与注意—唤醒系统相对应;接受、加工和保存来自外部世界的第二机能区与同时性加工—继时性加工系统相对应;制定、调节和控制心理活动的第三机能区与计划系统相对应。

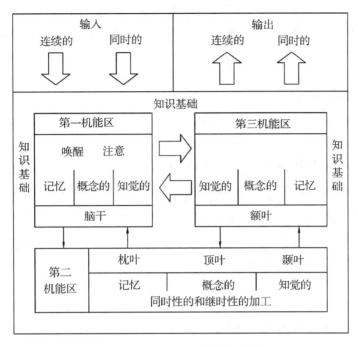

图 3-7 智力的 PASS 模型

戴斯等人自信地认为,他们的理论为编制不同于传统智商测验的新的智力测验提供了一个"健全的理论基础",从而使我们能建立一种"超越传统测验的能力测量"。他们把根据 PASS 模型所设计的新的智力测验称为 DN 认知评价系统(the Das-Naglieri: cognitive assessment system,简称 DN-CAS)。全系统由 12 种任务类型构成四个分测验,每一个分测验有三种任务,分别对计划、注意、同时性加工和继时性加工进行测定。应该指出,由于 PASS 模型是对各认知过程的测量,所以 DN 认知评价系统实际上是一套各自相对独立的测验,因而它所提供的有关个体智力的信息要比传统 IQ 测验的简单分数丰富得多。限于篇幅,我们对这些测验中的具体任务内容不作详述,仅简略地列出其测题类型。它们是:第一分测验(测查计划性功能系统):① 视觉搜索(visual search),② 计划连接(planned connection),③ 数字匹配(match number);第二分测验(测查注意-唤醒功能系统):④ 表现的注意(expressive attention),⑤ 找数(number finding),⑥ 听觉选择注意(auditory selective attention);第三分测验(测查同时性加工成分);⑦ 图形记忆(figure memory),⑧ 矩阵问题(matrics),⑨ 同时性的言语加工(simultaneous verbal);第四分测验(测查继时性加工成分):⑩ 句子重复(sentence repetition),⑪ 句子问题(sentence question),⑫ 字词回忆(word recall)。

PASS 模型作为一种新智力理论,它以对加工过程的分析作为评价智力的基础,这与当代认知心理学的主流颇为合拍。在一定程度上,它与其他认知派的智力理论一起,标志着智力理论和智力测验的范型转变。但是,PASS 模型并非无懈可击。人们也许会设问:"为什么确定这四个认知过程就可实现对智力的测定?"根据戴斯等人的观点,因为这四个过程是人的智能活动中最一般的过程。以这四个最一般的过程作为评定智力的指标,这似乎有过于简单之嫌。在这一点上,尽管 PASS 模型与斯腾伯格智力三重理论中的成分亚理论都属于同一层次——都是揭示智能活动的心理机制,但它所分析的内容要比后者的内容简单得多。

四、智力测验的新发展

在新型的智力理论发展的影响下,当今智力测验的编制和应用表现出了新的特点。

(一) 注重对智力中的核心成分——元认知的测量和评定

自从 20 世纪 70 年代中期美国著名心理学家弗拉威尔(J. H. Flavell)提出"元认知"概念之后,人们逐渐重视智能活动中对认知过程本身的认知及自我意识的研究,以求揭示影响认知效率的高级控制因素的作用。这一新概念迅速地反映到了智力的新理论之中。如上述斯腾伯格智力成分亚理论中的元成分和 PASS 模型中的计划系统。它们的功能极为接近。元认知能力是人类智力的本质,这似乎已成为人们的共识。

(二) 重视探索相应的智力培训程序

斯腾伯格和戴斯等人在设计和编制他们的测验的同时,还探索了相应的智力训练程序。智力测验已不仅仅作为一种智力评价和测量工具,而且作为智力训练、辅导和提高的手段。研究者们探索智力训练程序,以期为被试认知功能成分较弱的方面提供有效的帮助,从整体上提高智力水平。斯腾伯格曾在 1986 年写过《应用的智力——了解和提高你的智力》(Intelligence Applied — Understanding and Increasing Your Intelligence)一书,充分表现了这一新的特点。

在本章结束之际,我们对上述作一简短小结。我们的观点是:一方面,对于传统的比奈式智商测验,目前似乎并未到了应该拒斥的时刻。当然,对其局限性应有充分的认识。另一方面,对依据新的智力理论创立不同于传统智商测验的新智力测量工具的努力,应该予以肯定。而且,对智力的因素分析和过程分析应该求得某种统一。在当前情况下,理想的智力测量可能是不同类型的测量工具的组合。比奈和西蒙以及韦克斯勒都曾小心地指出过他们的工具在评价智力结构时的局限性。早在 1916 年比奈和西蒙就认为,对人的仔细观察和研究要经过一个长的时期。并且他们都只把其量表所得的结果看作是试探性的,而不是能力的总的指标。实际情况确实如此。任何一个测验都不可能解决所有问题和符合全部标准。对于不同人的智力所包括的不同技能所达到的范围,没有一个测验是完全符合的。任何一个智力测验仅能提供的是一个人智力的大约估计值。在进行结果解释时,不同类型的测量工具的组合能够告诉我们比单个测验更多的智力信息。因此,在对一个人进行智力水平评定时,应该使用多种量表进行测试,然后对测验结果(分数)进行综合分析和评价。对智力测验及其结果应作如是观。

本章思考与练习

1. 智力测验的三种结果(智龄、比率智商和离差智商)各自的特点是什么?
2. 智力分布和分类与智商的对应关系是什么?
3. 举例说明智力测验的种类及其主要特点。
4. 简述斯坦福-比奈量表的发展历程、理论框架和主要内容。
5. 简述韦克斯勒儿童智力量表的发展历程、理论框架和主要内容。
6. 智力理论的演进是如何推动智力测验的发展的?

第四章 人格测验

本章主要学习目标

学习完本章后,你应当能够:
1. 了解人格测验有哪些种类;
2. 了解不同种类人格测验的编制思路;
3. 掌握几种主要的人格测验工具的使用方法;
4. 了解人格测验,特别是自陈式人格测验存在的问题及解决对策;
5. 了解人格测验与人格评定的联系与区别;
6. 了解人格测验与能力测验在编制、施测以及结果解释方面的区别。

第一节 人格测验概述

一、人格、人格理论及人格测验的概念

顾名思义,人格测验是以人格为测量对象的测验。在心理学中,人格(personality)有多种定义。我国台湾心理学家杨国枢对人格所下的定义较有综合性:人格是个体在与其环境交互作用的过程中所形成的一种独特的身心组织,而此变动缓慢的组织使个体适应环境时,在需要、动机、兴趣、态度、价值观念、气质、性向、外形及生理等诸方面,各有其不同于其他个体之处(陈仲庚 张雨新,1986)。朱智贤认为,多数研究者同意人格具有几个显著的特点:第一,复合性,即人格结构是多层次的、多侧面的,是由复杂的心理特征所独特结合构成的整体。(朱智贤,1989)其中的层次性是立体而深刻地理解人格整体的关键,也是理解其他特点表现及作用机制的要点。考察一个人的人格既要从整体全面多维度(侧面)来考察,又要透视其层次关系立体地考察。第二,相对稳定性。与其他心理现象相比,人格具有在一定时期内相对的稳定性,即使发生变化也是较为缓慢的,须在较长时间内方能显出变化的效果。一般来说,层次越深的人格成分与遗传及先天因素关系越密切,受其影响也越大,其稳定性也越大。第三,差异性。组成人格的各个心理特征的强度在不同人身上可能不同,而且各种特征的结合模式也有差异,表现出个人的独特性。第四,可变性。人格作为一个由多层次、多侧面的心理特征结合构成的复合体,它只是一种相对稳定的状态。随着人生理、心理、生活环境的变化,人格中的各种特征都有可能发生或大或小的变化,从而在整体上表现出一个人人格的变化。同样,层次深浅不同的人格成分,其可变性也是不同的,一般来说,层次越浅的人格成分受后天环境影响的程度越大,其可变性也越大。人格测验的结果只是表示此人目

前的人格特点，而非终生不变的人格定型。正是由于人格的差异性和相对稳定性，我们才能辨别一个个不同人格的个体；正是由于人格的可变性，我们才有可能和有必要讨论人的内外环境对人格的影响，我们对不同人格的辨认和把握才有意义。

在心理测量领域中，人格这个术语常指个性中除能力以外的部分，亦特指那些不同于人的认知能力的情感、需要、动机、态度、信念、价值观、兴趣、气质、性格、品德等。这里，我们倾向于采用这种人格概念内容，将人格测验的对象限定于个性中除能力之外的部分。如果对心理测验进行最粗的划分，那么，可以将心理测验划分为两大类：一类是认知测验，包含智力、能力倾向、特殊能力、知识、技能等测验；一类即是人格测验，包括认知测验以外的各种个性心理测验。

自古以来，人们就对人格和人格的评估表现出浓厚的兴趣，发展出许多关于人格的理论和评估人格的方法。人们借以评估人格的方法，从科学性来看，经历了从无到有、科学性由低到高的发展历程。属于前科学水平的人格评估方法主要以颅相学、相面术和笔迹学方法为代表。这些评估方法中，笔迹学的名声相对要好一些，但并没有获得足够的效度证据，科学性仍很不足。19世纪末到20世纪中叶的一些人格评估方法尝试可以被看作科学的人格评估的先驱。例如，1884年，高尔顿提出通过记录心率和脉率的变化来测量情绪，通过观察社会情境中人的活动评估人的性情、脾气等人格内容；1905年，荣格（C. G. Jung）用词语联想测验检查和分析了心理情结；1919年，武德沃斯发表了第一个标准化的人格问卷——个人资料表，并用于军事人员的甄选工作；1920年，罗夏墨迹测验问世；1942年，哈萨威（S. R. Hathaway）和麦金利（J. C. Mckinley）发表了明尼苏达多相人格问卷（Minnesota multphasic personality inventory，简称 MMPI）；1956年，卡特尔发表16种人格因素测验（16PF）。努力还在继续，1962年，教育考试服务中心（Educational Testing Service，简称 ETS）出版了迈尔斯-布里格斯类型指标作为研究工具，并进而将其推向职业咨询领域（凌文辁、方俐洛，2003）；1975年，艾森克推出 EPQ 人格测定量表；随着"大五"人格研究的兴起、"大五"人格结构（big five）和人格五因素模型（five-factor model，简称 FFM）的出现，许多研究者依据这些理论和模型相继开发出了多种五因素取向的人格测验，最常用的有约翰（John）等人（1991）编制的大五人格问卷（BFI）、戈德堡（Goldberg）等人（1992）编制的描述特质的形容词表（trait descriptive adjectives，简称 TDA）及科斯塔（Paul T. Costa Jr.）和麦克雷沃（Robert R. McCrare）编制的 NEO 人格问卷修订版（NEO-PI-R）。较早期的人格问卷如 MMPI、EPQ 和 16PF 已成为科学的人格测量量表的经典，仍是当今人格研究和实践应用中的主要量表。不过，据约翰等人2008年的统计，30年来，传统人格测验（16PF、EPQ 等）的使用在1995年之前尚保持稳定的比例（1990年前处于"统治地位"）。随着大五人格问卷的广泛应用，使得传统甚至经典的人格测验使用比例日益缩小，在2000年之后，大五人格问卷的使用比例在西方心理学界已占绝对优势。

人格理论是心理学家为探索人格的形成、结构、功能、变化以及与外显行为的关系而形成的概念系统和经验体系。迄今为止，心理学家们已提出过许多不同的人格理论，可还没有哪一种能被人们所普遍认可与接受。然而，另一方面，有几种人格理论已经对心理学和心理测量产生了较大影响，它们在人格测量的发展中有其独特的影响地位。特别是，在心理测量理论出现了重视理论导向方法(theory-driven-approach)的趋势下，即在相对成熟的心理学理论的基础上完成测验编制的过程，并且将有关测量内容的理论框架也视为测量理论研究中的一个部分(张厚粲，1997)。且不论是对人格测验的研制工作，还是为了更好地学习、理解和应用人格测验，我们都有必要对一些较有代表性的人格理论，如精神分析理论、人格特质理论、现象学理论、认知理论和学习理论有所了解。如果就对人格测验产生较大影响的人格理论做最粗略的划分，可以将人格理论分为特质理论、类型理论和其他理论。特质理论是人格理论的一个重要理论，这种理论认为人格是指个体的内部特质，这些内部的特质因素决定着人们的行为，是行为的原因。按照这种观点，每个人的人格都可以从相同的维度去分析，不同的人在同一维度上所处的位置不同。特质理论的代表人物是戈登·奥尔波特(Gordon Allport)和卡特尔。类型理论是关于人格的比较早的理论，其基本思路是把人进行分类。古罗马的医生盖伦(Galen)根据希波克拉底(Hippocrates)的体液学说，认为存在着4种气质类型：多血质、胆汁质、抑郁质和粘液质，20世纪生理学家巴甫洛夫使用神经类型学说解释了这种气质分类观点。类型理论的另一个代表是20世纪20年代的著名精神分析心理学家荣格的人格类型理论，他把人的性格分为外倾性和内倾性，并称之为一般态度类型；同时荣格又指出，个人的心理活动有感觉、思维、情感和直觉四种基本机能，两种态度类型与四种机能组合后，共有八种机能类型。

从人格测量的角度看，当前种类繁多的人格问卷或量表基本上可以分为两大类：一类是有明确理论基础的人格问卷；一类是没有明确理论基础，从实际经验出发所编制的人格问卷。有明确理论基础的人格问卷大都是基于类型理论和特质理论。基于类型理论的人格问卷，最为大家所熟悉的是迈尔斯-布里格斯类型指标。这类人格量表的编制多是基于治疗者的临床经验和案例观察资料，具有直觉、主观、模糊的特点。基于特质理论的人格问卷有很多，多采用语词分析和统计方法处理量化数据。其中卡特尔的16种人格因素问卷(16PF)和大五人格问卷是杰出代表。美国心理学家卡特尔以其人格理论为基础，采用形容词列表法和因素分析法编制了16PF，该问卷在国际上颇有影响，具有较高的效度和信度，被广泛应用于人格测评、人才选拔、心理咨询和职业咨询等领域。NEO人格调查表是美国心理学家科斯塔和麦克雷沃以他们的人格五因素模型为基础于1992年所编制的人格问卷(NEO－PI－R)。20多年来，大五人格问卷已被广泛地应用于工业与组织领域。EPQ是由英国伦敦大学心理系和精神病研究所艾森克教授所编制，该问卷以特质论为基础，但又兼有类型论的特点。由于该问卷信效较高，因而在各个领域应用广泛。有明确理论基础的人格问卷除了以上所介绍的量表外，还有以精神分析理论为基础的投射测验，例如主题统觉测验(thematic apperception test，简称TAT)和罗夏墨迹测验等。投射测验主要适用于临床领域，而且信效度不高，因而要谨慎使用。没有明确的理论基础，以经验效标为基础所编制的人格测验，最著名的代表是明尼苏达多相人格测验(MMPI)和加州心理调查表(California psychological inventory,简称 CPI)(柳恒超,2010)。

二、人格测验的种类

长期以来,哲学家、心理学家以及其他研究领域的学者们对于人格进行了大量的研究,伴随着这些研究,对人格测量的各种手段也层出不穷。从方法上进行归类,人格测验主要可分为两大类:一类为结构明确的问卷式人格测验;一类为结构不明确的投射测验。

(一)问卷式人格测验

问卷法所用的工具为各种量表(scales),一般是经过标准化处理的测验量表(inventory),也可称为问卷(questionnaire)(宋维真 张瑶,1987)。测验量表的结构明确,编制严谨,任务明确,包括很多具体问题,从不同角度来了解受测者的情况。对于每一个问题,受测者面临的是有限的几个选择,并被要求按照实际情况作答。然后根据受测者对问题所作的回答,换算为数量(分数)予以评定。问卷式人格测验又可以分为两类:一类为自陈量表;一类为评定量表。

1. 自陈量表

自陈量表(self-report inventories)是一种自我报告式问卷,即对拟测量的人格特征编制许多测题(问句),要求受测者作出是否符合自己情况的回答,从其答案来衡量这项特征。自陈量表多采用客观测验的形式,受测者只需对测题作是非式或选择式的判断。编制自陈量表的具体方法主要有三种,即合理建构法(逻辑法)、因素分析法、实践标准法(经验法)。相应地,可分成三种自陈量表,即内容效度人格问卷、因素分析人格问卷和经验效标人格问卷。

(1)内容效度人格问卷。这是采用逻辑法编制的问卷。大部分早期人格测验采用了这种方法。它是由专家根据某种人格理论,确定所要测量的特质,用逻辑分析的方法编写和选择一些看起来能测验这些特质的题目。这种问卷的缺点是:① 从表面上看能测量某一特质的题目,实际上可能并不是测量这一特质,即测验的表面效度并不能保证测验的真正效度。② 由于测验题目与所测特质联系过于明显,受测者一眼就能看出所测的是什么,因而容易作假。这类量表的典型例子是爱德华个人偏好量表。不过,该量表通过把社会期望上同等程度的两个项目作为一对,让受测者必须二择其一的方法较好地解决了作假的反应心向问题。

(2)因素分析人格问卷。这是用因素分析方法编制的人格问卷。做法是先对标准化样本施测大量的题目,题目和被试的选择可以没有任何理论根据。然后通过对被试在各题上的得分进行因素分析或其他相关分析,把有相关的题目归到一起,形成若干组内相关高的具有同质性的题目组,每一个组即形成一个因素。构成一个组的题目既经确定,就可通过分析题目的具体内容给每一组题目命名,由此便可得到若干个同质量表来测量对应于这若干个因素的若干个人格特征。用因素分析方法编制人格测验,最早始于奥尔波特、卡特尔、吉尔福特等人。卡特尔的16种人格因素测验(16PF)是这类量表的典型代表。

（3）经验效标人格问卷。用实践标准法编制问卷可以没有任何理论作为基础，而是从实践出发，根据特定被试表现出来的实际特征来选择测验的题目。研究者首先选出几组人，已知各组间在某一人格特点上不同。然后以一系列的测验题给各组受测者施测，选出那些能区别各组受试的题目。各组差异所根据的标准可以是他们的职业、教育程度或其他人格特征。组数多少及各组包含的内容与研究者的目的有关。这种量表的编制原本与理论无关，完全是从实践中来的，题目反应的内容只需"行得通"即可，而无需"说得通"。这类量表的代表首推明尼苏达多相人格问卷。

逻辑法、经验法和因素分析法是编制自陈量表的三种主要方法。但是单独使用其中的一种方法编制的人格问卷往往既有长处也有不完善之处。虽然逻辑法最不完善，但在用其他方法编制测验的开始阶段，却都用逻辑法来选择题目。如果测验主要用来作预测或作实际决定，采用经验法编制量表更为有效；若测验主要用于理论研究，则采用因素分析法较为适当。理想的测验编制策略是将上述几种方法结合起来，可称之为综合法。具体步骤如下：第一，采用逻辑法经由推理获得一大批题目。同时用经验法确定效标组特征也获得一大批题目。第二，采用因素分析法编出若干同质量表。第三，将同质量表中没有效标效度的题目删掉。同时将表面效度太高的题目删掉。最好保留效标效度高，但表面效度不高的题目。用综合法编制的量表有中国人个性测量表(the Chinese personality assessment inventory，简称CPAI)(宋维真等，1993)、加州心理调查表(CPI)等。

2. 评定量表

评定量表(rating scale)，包括一组用以描述个体的特征或特质的词或句子，要求评定者在一个多重类别的连续体上对被评者的行为和特质作出评价判断。严格说来，评定量表并不是一种测验，它是以观察为基础，由他人（或本人）对某个人（或本人）的某种行为或特质作出评价（即所谓他评或自评），而不是由受测者本人对测题项目作出反应。这种通过观察给人的某种行为或特质确定一个分数或等级的方法，被称为评定。以标准化程序来表达评定结果叫评定量表。评定法可以看作是观察法与测验法的结合，所以评定量表具有二者的一些特点。它有一定的客观性和自然性，但没有人格问卷准确，也比投射测验肤浅。尽管如此，评定量表还是在临床和研究中频繁地用于行为和人格特征的评估。另外在检验一个测验的效度时，也有很多研究者采用评定量表。

（二）投射测验

这类测验所用的刺激多为意义不明确的各种图形、墨迹或数字，让受测者在不受限制的情境下自由地作出反应，由对反应结果的分析来推断其人格。投射的意义是指一个人把自己的思想、态度、愿望、情绪等个人特征投射到外界事物上，通过对外界事物的反应，表达出自己内心的感受。这种方法的机理是精神分析心理学理论中的外射机制。精神分析理论认为，一个人的人格结构大部分处于潜意识中，通过明确的问题很难表达出自己的感受，而当面对意义不明确的刺激任其随意反应时,却常可以使隐藏在潜意识中的欲望、需求、态度、心理冲突流露出来。这类测验主要以罗夏墨迹测验、主题统觉测验(TAT)、文字联想测验、画人或画树测验为代表。

(三) 人格评估的其他方法

除了问卷式人格测验和投射测验之外,还存在着许多种难以归入以上两类的其他人格评估方法。下面简单介绍其中较为常见的一些方法。

1. 人格的客观测量

它采用的是较为间接但相对客观的评估方法,强调测量人格中不明显的,但更有结构的生理、认知和行为。这一方法由于不易伪装反应以及不大受反应定势的影响而受到人们的喜爱。

(1) 人格的生理学测量。这种测量在生理学水平进行,主要是测量应激和唤起条件下被试的反应。这些反应特点的测量可用多道生理记录仪完成。它能记录血压、脉率、皮肤电活动,甚至血液化学成分的变化、脑电波、肌肉紧张度等生理指标,由此推测出某些人格特征。

(2) 知觉和认知测量。有相当多的研究已经发现,人格特征和知觉及认知的某些方面有一定关系。例如,与外向性格的人相比,内向的人更警觉,对痛更敏感,更易厌烦,更谨慎等。在一些知觉和学习任务(如词汇再认、未完成图案的辨别、暗适应等)中的反应速度也与某些人格特点有关。然而这类测验多数比较粗糙,还不能取代传统人格测验。这类测验有:① 场独立和场依存测验。如赫尔曼·威特金(Herman Vitkin)等人通过"身体调节测验""标尺和框架测验""镶嵌图形测验"来区别出场独立和场依存人格。前者是可靠的、独立的、心理更成熟、自我接受的个体。这种人主动应对环境,以理智思维作为防御机能,明晰自己的内部经验。后者则是不太可靠的、被动的、心理不够成熟的个体,内部经验不够协调,倾向于以压抑和否定作为防御机制。男性往往比女性更为场独立。② 认知风格测验。认知风格(cognitive style)用来表示人们在了解和处理外部世界时所喜好使用的知觉、记忆和思维的策略或方法,如有"思考"与"冲动"风格,"内控"与"外控"风格。已出现测量认知风格的测验。

2. 人格的行为观察法

(1) 特殊的观察技术。通过轶事记录、时间取样、事件取样、自我观察的内容分析等技术收集资料反映人格真相。

(2) 情境测验。它是指在一种控制情境下观察被试行为的评估方法,如品格教育调查、军事情境测验、无领导团体讨论等方式。

(3) 非语言行为。研究表明,对非语言信息的敏感性与人格有一定关系。罗森塔尔(Rosenthal)等人(1979)设计了一套用以测量这种敏感性的测验,即"非言语敏感性测验"(profile of nonverbal sensitivity,简称PONS)。测验由45分钟的影片组成,在屏幕上呈现一系列图像,如面部表情或者是让被试听到一些只有调和音而不是单词的短句。每一张图像呈现完毕后,要求被试从两个答案中选择一个最合适的答案。PONS 的作者报告说:在测验中得高分的被试比得低分的被试倾向于朋友较少,但更诚实、热情,对性关系较为满意等。

3. 晤谈法(interviews)

这实际上是最古老和最广泛应用的获得个体信息及评估人格的一种方法。严格地说,晤谈不是测量,晤谈的结果经常不能定量化。它更像是一门艺术。有些人就比其他人容易建立起和谐的关系,有的人在晤谈中更有洞察力。它更多地属于晤谈者的人格功能范围内,是不容易传授的。晤谈可分为以下几种:① 临床晤谈和人事晤谈。② 结构性晤谈和非结构性晤谈。前者指的是晤谈的内容经过组织,问题简单直接,通常涉及个人申请表或简历表中常见的问题。后者则是未经组织的、"随意"进行的晤谈。③ 应激晤谈(stress interview)则用以评估被试在应激状态下应对和解决问题的能力。也可以用于时间较短,被试反复唠叨或赌气不反应以及自我防卫过强等情况。这种方法主要是通过询问一些刺探性、挑战性的问题,就像警察审讯那样,以激起被试的情绪反应。

第二节 自 陈 量 表

在目前广泛使用的人格测验类型中,自陈式量表是我国临床心理学工作者所偏好的一类人格测评工具。据戴晓阳等人(1993)的一项调查表明:在被重点调查的 37 种智力与非智力心理测验中,EPQ 和 MMPI 排在第 2 与第 3 位,16PF 排在第 11 位(戴晓阳、郑立新,1993)。如果考虑到更多的学校与企业单位心理咨询中的使用情况,16PF 的位次可能更靠前。若超出临床心理学应用的范围,在企业和学校的职业选择、人员招聘和选拔等应用领域中,16PF 和 CPI 的应用则更加普遍与频繁。因此,本节将着重介绍 16PF、MMPI、EPQ 和 CPI 这 4 种最著名且使用最多的自陈问卷式人格测验,之后再简要介绍若干较有影响的人格测验。

一、卡特尔 16 种人格因素测验(16PF)

(一) 16PF 的理论背景及编制思路

16 种人格因素测验是美国伊利诺伊州立大学人格及能力测验研究所卡特尔教授编制的。根据一项研究,1971—1978 年间被研究文献引用最多的测验中,16PF 仅次于 MMPI 排居第二。在一项关于心理测验在临床上应用的调查中,16PF 排第五(前四位依次是 MMPI、EPPS、CPI 和问题调查表)(谢小庆等,1992)。

卡特尔是人格特质理论的主要代表人物,对人格理论的发展作出了很大的贡献。要介绍 16PF,不能不提到特质理论,因为 16PF 是伴随着卡特尔的人格特质理论而发展的,二者可谓"相辅相成"。尽管卡特尔不是从理论构想出发编制成的 16PF,但是对 16PF 的因素(特质)的解释却与他的特质理论构相联系(或以之为基础)。

特质理论不是一个单一的理论，而是一个理论"流派"，其中包括许多有影响的理论和代表人物，比如奥尔波特、卡特尔、艾森克等人及其理论。它们的共同之处在于不是从类型的层次而是从因素或特质（trait）分析人格，把特质看成分析人格的最基本的测量单元。

奥尔波特是人格特质理论的创始人。他认为特质就是那些可以进行"活的组合"的测量单元。它是一种神经心理的结构，尽管不是具体可见的，但可由个体外显行为推知其存在。特质不是习惯，它比习惯更具一般性。例如一个人也许会有刷牙、勤换衣服、梳头、洗手、剪指甲等习惯，但他具有这些习惯的原则是"清洁"这一特质。换言之，一种特质体现在许多特殊的习惯中。特质也不是态度。态度比特质更具体。态度意味着评价，而特质则尽量避免评价。

在对特质的看法上，奥尔波特与卡特尔在许多方面是不谋而合的（并非是谁受谁的影响）。他们的特质研究在取材来源的思路上是相同的，即主要是从自然语言中搜集描述人格的词汇。他们的基本假设是：整个人格体系所包括的行为都在语言中有其象征（代表者）。假如我们能收集描述行为的全部词汇，就可以包含整个人格体系了。这一取材思路对于采用因素分析方法研究人格的卡特尔来说尤为重要。因为一种常见的说法是：你用因素分析只能得出你放进去的东西。要研究所有的人格特质，使其人格测验包括所有特质，那就必须使研究素材能涵盖所有特质。按照这一思路，奥尔波特和奥德波特（Odbert）从 1925 年版的《韦波斯特新国际词典》的 40 万个词中，选出了 17953 个描述人格的词汇。主要是形容词和分词，名词和副词只有当它们没有相应的形容词和分词时才被包括进来。其中，Ⅰ类词，指能最清楚地表示"真正的"人格特质的术语有 4504 个，占 25%；Ⅱ类词，指描述目前活动、心理和心境暂时状态的词有 4541 个，占 25%；Ⅲ类词，指对性格进行评价的词，有 5226 个，占总词数的 29%；Ⅳ类词，指不能归入前三类的词，有 3682 个词，占 21%。

在奥尔波特等人工作的基础上，卡特尔（1947 年）开始了他的人格特质实证研究工作。他主要从奥尔波特等人词表中的第Ⅰ类词中选择词汇，并从第Ⅱ类中选了 100 个词。他先将选出的词按照语义划分为"同义词"组，与反义词进行配对。结果得到了 160 个大多是"同义词-反义词"配对的丛类，平均 20 多个词一个丛类，可以代表大约 4500 个词。然后他从每一丛类中选择出 13 个词作为代表，并用一个术语来描述这一丛类。这样，卡特尔就将奥尔波特等人的第Ⅰ类词表压缩了一大半。为了检验这一词表是否具有代表性，卡特尔又对当时的人格文献进行了总结，认为这一词表基本上是完整的，只是又往其中增加了 11 个丛类。这 171 个丛类远远超出了 40 年代的因素分析技术的范围。因此，卡特尔采用了两个步骤来解决这一问题：第一步，用聚类分析法把这 171 个丛类缩减成 35 个特质变量（也叫表面特质，见下文详述）。第二步，编制一些由这些基本词组成的评价参照表，让一些人对他们熟悉的人进行评价。而后根据这些变量间的相关关系实施因素分析。因素分析的结果是，卡特尔报告发现了 12 个经斜交旋转得到的主因素。多年之后，经过大量分析和实验，人们获得了 15 种因素。后来卡特尔又从已有的各种人格文献中收集出问卷资料，结合前面的因素分析结果，编制出 1946 个问卷项目，并在大量正常人身上测试，看哪些问卷项目是相关的。最后经因素分析得到20个因素,其中有许多意义不明确。将其删除后,保留15个因素,再加上一个(评价性)智力因素(不是经过因素分析获得的),共得到16个因素,其中有12个与前面得到的15个因素中的12个是相同的。然后再加入与这16个因素有关联的题目,结果得到A、B、C三式测验,各有187题,每10—13题组成一个分量表,测量一个人格因素(根源特质,见下文详述)。这16种人格因素或分量表的名称和符号是:乐群性(A)、聪慧性(B)、稳定性(C)、恃强性(E)、兴奋性(F)、有恒性(G)、敢为性(H)、敏感性(I)、怀疑性(L)、幻想性(M)、世故性(N)、忧虑性(O)、实验性(Q1)、独立性(Q2)、自律性(Q3)、紧张性(Q4)。经许多心理学家研究证实,这些因素普遍地存在于年龄及文化背景不同的人群之中。这些因素的不同组合,就构成了一个人不同于他人的独特人格。

(二) 卡特尔人格特质因素的理解

卡特尔认为人格的基本结构元素是特质。特质是从行为推出的人格结构成分,它表现出特征化的或相当一致的行为属性。特质的种类很多,有人类共通的特质,有各人所独有的特质;有的特质决定于身体结构(遗传),有的决定于环境;有的与动机有关,有的则与能力和气质有关。若由向度来分,可分为以下四种向度。

1. 表面特质与根源特质

表面特质是指一群看起来似乎聚在一起的特征或行为,即可以观察到的各种行为表现。它们之间是具有相关性的。根源特质是行为的最终根源和原因。它们是堆砌成人格的砖块。每一个根源特质控制着一簇表面特质。透过对许多表面特质的因素分析,便可找到它们所属的根源特质。以前尽管有一些人格特质论者看到了特质的层次性,但是都是在表面特质的层面上下功夫,而且完全依靠研究者的主观偏好认定特质的类型。卡特尔则通过对实证材料的因素分析抓住了更深层的东西,分析起来较简明清楚。表面特质与根源特质的关系是,前者是后者的表现形式。根源特质可以看成人格的元素,它影响我们的作为。卡特尔推断所有的个体都具有相同的根源特质,但每个人的程度不同。举例来说,所有人都有智力(根源特质),但并不是全部人都具有同等量的智力。在特定个体身上,这种根源特质的强度将影响这个人的很多方面(根源特质表现),比如读什么书,交什么朋友,采用什么谋生手段,以及对高等教育的态度。这些表现都是智力这一根源特质的外部表现,亦即归属于智力这一根源特质的表面特质。

2. 能力特质、气质特质、动力特质

能力特质与认知和思维有关,在16PF中主要由智慧因素(B因素)表示,决定工作的效率。行为的情绪、情感方面则表明了气质和风格的特质。动力特质与行为的意志和动机方面有关。动力特质可反映动力来源,即能和外能。能是一种动力的、体质的根源特质,卡特尔称之为尔格(erg),与其他理论家所称的内驱力、需要或本能十分相似,如弗洛伊德的"力比多"。卡特尔的研究揭示了十一种能。外能是一种来源于环境的动力根源特质,即外予的压力。外能又分为情操与态度。情操是学习来的,它使个体注意某种或某类事物并以固定

的感受对待它,以一定的方式作出反应,是一系列深刻而广泛的价值观念体系,如世界观、人生观、价值观,它们来自家庭、学校和社会。态度则比情操更为具体和特殊,它受情操左右,是在特殊情况下以特殊的方式对待特殊事物,作出反应的一种倾向。不过,这种动力来源分析还是静态的,所以卡特尔试图借用精神分析理论的概念来解释人格动力特质的动态作用关系,如他将动机分成三种成分:① 意识的本我,与精神分析的本我概念一样,与能相对应。② 自我表达,与精神分析中的自我概念一样。③ 超我(理想自我)。这些成分在 16PF 中都有代表。

3. 个别特质和共同特质

卡特尔赞同奥尔波特的观点,认为人类存在着所有社会成员共同具有的特质(共同特质)和个体独有的特质,即个别特质(指表面特质)。虽有共同特质,但共同特质在各个成员身上的强度却各不相同(指根源特质)。此外,卡特尔还发现即使是共同特质,在一个人身上还是会发生变化的,即不同时间也有不同。共同特质(根源特质)中基本的特质比较稳定,而与态度或兴趣有关的特质则不那么稳定。这就为人格的变化提供了依据。

4. 体质特质和环境塑造特质

卡特尔认为 16PF 中有些特质是由遗传决定的,称为体质根源特质,而有些特质来源于经验,因此称为环境塑造特质。卡特尔认为,在人格的成长和发展中,遗传与环境都有影响。他十分重视遗传的重要性,曾试图决定每一根源特质的特殊遗传成分。他使用了一种 MAVA 方法(the multiple abstract variance analysis method,简称 MAVA),即多重提取方差分析法,来决定每一种特质的发展中遗传与环境的影响各占多少。MAVA 方法是用许多人格测验对大量的家庭成员施测,然后将测验资料分为四类:家庭内环境差异、家庭间环境差异、家庭内遗传差异、家庭间遗传差异。经过许多公式的运算发现,遗传与环境对特质发展的影响谁更重要,是因特质的不同而异的。例如,智力特质估计遗传约占 80%—90%,对 C 因素的影响遗传约占 40%—50%,A 因素则主要由遗传决定。他还估计出整个人格大约有 2/3 决定于环境,1/3 决定于遗传。

对卡特尔关于人格特质的上述意义的理解和把握,对于深刻理解卡特尔关于 16PF 的解释性理论构想,从而对 16PF 的测评结果给予深刻而正确的解释是十分重要的。

(三) 16PF 的特点

1. 客观性

16PF 结构明确,每一题都备有三个可能的答案,被试可任选其一。在两个相反的答案之间有一个折中的或中性的答案,使被试有折中的选择(例题如,我喜欢看球赛:a 是的,b 偶然的,c 不是的;又如,我所喜欢的人大都是:a 拘谨缄默的,b 介于 a 与 c 之间的,c 善于交际的,避免了在是否之间必选其一的强迫性,所以被试答题的自发性和自由性较好)。为了克服动机效应,测验尽量采用了"中性"测题,避免含有一般社会所公认的"对"或"不对","好"或"不好"的题目,而且被选用的问题中有许多表面上似乎与某种人格因素有关,但实际上却与另外一人格因素密切相关。如此,受测者不易猜测每题的用意,有利于据实作答。从测题的排列上看,测验采取了按序轮流排列的方式,这既能使被试保持作答时的兴趣,又有利于防止其凭主观猜测题意去作答。测验的名称是直接且非蒙蔽的,被试知道这是人格测验,或许有时会发现某一道题目的含义。但在多数情况下,测验题目和人格特质之间的关系不明显。

2. 标准化

16PF 的重测信度较高(国内李绍衣 1981 年的测试表明,最高的信度系数为 0.92(O 因素),最低的信度系数为 0.48(B 因素));分半信度不高。在效度方面,测试结果表明 16 种因素之间的相关较低,表明各因素之间是独立的。构想效度较高,量表项目的因素负荷在 0.73 到 0.96 之间,同一因素中各题的反应有高度一致性。

3. 多功能

通过 16 个人格因素或分量表上的得分和轮廓图,不仅可以反映受测者人格的 16 个方面中每个方面的情况和其整体的人格特点组合情况,还可以通过某些因素的组合效应反映性格的内、外向型,心理健康状况,人际关系情况,职业性向,在新工作环境中有无学习成长能力,从事专业能有成就者的人格因素符合情况,创造能力强者的人格因素符合情况。也可以反映受测者的人格素质状况,并作为临床诊断工具用于心理临床诊断。此外,16PF 与其他类似的测验相比较,能以同等的时间测量更多方面主要的人格特征,是真正的多元人格量表。

4. 广普性

16PF 的常模群体为正常人群,它的评价一般也是针对正常人,因而适用领域很广。它既适合个别施测,也适合团体施测。每一次测验只需要一个小时左右即可完成。凡具有高中以上文化程度,有阅读能力的青年、壮年和老年人都适用。

5. 深刻性

卡特尔有长期的临床心理学经验,对麦独孤的本能心理学和弗洛伊德的精神分析理论有过专门的研究。在他的特质理论中,不难发现本能心理学和精神分析理论的影响。此外,他出生和受教育于英国,有着良好的人文主义素养,具有很强的直觉体悟和洞察能力。因此他对人格结构和人格因素的解释具有整体性、动力性和深刻性。他甚至试图使 16PF 分析成为一种"定量的精神分析"。当然,这种"整体性"和"深刻性"的努力也使得其他使用 16PF 的主测人员在解释测验结果时会遇到不同程度的困难。

(四) 16PF 的施测程序及注意事项

测卷封面上有简要的指导语,要求被试严格按指导语要求作答。被测者可以个别默读指导语和测题,自行答题,或者由主试朗读指导语。不论是个别测验还是团体测验,主试必须设法取得被测者的信任与合作,使被测者觉得测验是对自己有益的,或创设某种有利于诚实回答的条件。

测验时,每人一份测题本和一张测题纸,测验不计时,但被测者应以直觉性的反应依题作答在测题纸上,无须迟疑不决,拖延时间。主试应声明:① 每一题只可选一个答案。② 不可遗漏任何测题。注意对准测题本和测题纸上的题号。不能决定是 a 或是 c 答案时,可以折中选 b(中性)答案。主试应留心并记下异常情况,以备解释结果时作参考。

记分方法:除聪慧性(B)量表的测题外,其他各分量表的测题无对错之分,每一测题各有 a、b、c 三个答案,可按 0、1、2 三等记分(B 量表的测题有正确答案,采用二级记分,答对给 1 分,答错给 0 分)。使用计分模板得出各因素的原始分,再将原始分按常模表换算成标准分。这样即可依此分得出受测者的人格因素轮廓图(如后文图 4-1 所示),也可依此分去评价他的相应人格特点。16PF 目前已发展出多种计算机评分软件,可以由计算机进行评分,做出轮廓图,甚至写出解释报告。

(五) 16PF 的因素解释

1. 16 个因素的含义

在每一个特质因素上都可以看到有前述四个向度的意义。首先,它们都是根源特质。其次,它们都是共同特质。再次,每个特质都有遗传和环境作用的不同比例。最后,有的特质是能力特质,有的是气质特质,有的是动力特质。或进一步说,有的特质反映能,有的特质反映外能(情操、态度)。各种根源特质都是根据被测者在其因素上是否有"高点分"(标准分高于 7,低于 4)来分析的。也就是说,确定一个人在某种人格特质上是否异常是以常模群体的次数分布的统计标准为根据的。现将各因素"高点分数"的含义简介如下:

因素 A　乐群性:高分者外向、热情、乐群;低分者缄默、孤独、内向。
因素 B　聪慧性:高分者聪明、富有才识;低分者迟钝、学识浅薄。
因素 C　稳定性:高分者情绪稳定而成熟;低分者情绪激动不稳定。
因素 E　恃强性:高分者好强固执、支配攻击;低分者谦虚顺从。
因素 F　兴奋性:高分者轻松兴奋、逍遥放纵;低分者严肃审慎、沉默寡言。
因素 G　有恒性:高分者有恒负责、重良心;低分者权宜敷衍、原则性差。
因素 H　敢为性:高分者冒险敢为,少有顾忌,主动性强;低分者害羞、畏缩、退却。
因素 I　敏感性:高分者细心、敏感,好感情用事;低分者粗心、理智、着重实际。
因素 L　怀疑性:高分者怀疑、刚愎、固执己见;低分者真诚、合作、宽容,信赖随和。
因素 M　幻想性:高分者富于想象、狂放不羁;低分者现实、脚踏实地、合乎成规。
因素 N　世故性:高分者精明、圆滑、世故,人情练达、善于处世;低分者坦诚、直率、天真。
因素 O　忧虑性:高分者忧虑抑郁、沮丧悲观,自责、缺乏自信;低分者安详沉着、有自信心。
因素 Q_1　实验性:高分者自由开放、批评激进;低分者保守、循规蹈矩、尊重传统。
因素 Q_2　独立性:高分者自主、当机立断;低分者依赖、随群附众。
因素 Q_3　自律性:高分者知己知彼、自律谨严;低分者不能自制、不守纪律、自我矛盾、松懈、随心所欲。

因素 Q_4　紧张性：高分者紧张、有挫折感、常缺乏耐心、心神不定，时常感到疲乏；低分者心平气和、镇静自若、知足常乐。

2. 次元人格因素分析

在 16 个人格因素的基础上，卡特尔进行了二阶因素分析，得到了 4 个二阶公共因素，并计算出从一阶因素求二阶因素的多重回归方程。这 4 个二阶公共因素即是综合相应一阶因素信息的次元人格因素，其计算公式和解释为：

$$适应与焦虑性 = (38 + 2L + 3O + 4Q_4 - 2C - 2H - 2Q_3) \div 10$$

式中字母分别代表相应量表的标准分（以下同）。由公式求得的最后分数即代表"适应与焦虑性"之强弱。低分者生活适应顺利，通常感觉心满意足，但极端低分者可能缺乏毅力，事事知难而退，不肯艰苦奋斗与努力。高分者不一定有神经症，但通常易于激动、焦虑，对自己的境遇常常感到不满意；高度的焦虑不但会降低工作的效率，而且也会影响身体健康。

$$内外向性 = (2A + 3E + 4F + 5H - 2Q_2 - 11) \div 10$$

运算结果即代表内外向性。低分者内向，通常羞怯而审慎，与人相处多拘谨不自然；高分者外倾，通常善于交际，开朗，不拘小节。

$$感情用事与安详机警性 = (77 + 2C + 2E + 2F + 2N - 4A - 6I - 2M) \div 10$$

所得分数即代表安详机警性。低分者感情丰富，情绪多困扰不安，通常感觉挫折气馁，遇问题需经反复考虑才能决定，平时较为含蓄敏感，讲究生活艺术。高分者安详警觉，果断刚毅，有进取精神，但常常过分现实，忽视了许多生活的情趣，遇到困难有时会不经考虑，不计后果，贸然行事。

$$怯懦与果敢性 = (4E + 3M + 4Q_1 + 4Q_2 - 3A - 2G) \div 10$$

低分者常人云亦云，优柔寡断，受人驱使而不能独立，依赖性强，因而事事迁就，以获取别人的欢心。高分者独立、果敢、锋芒毕露，有气魄。常常自动寻找可以施展所长的环境或机会。

3. 综合人格因素分析（应用性人格因素分析）

综合因素分析是以统计标准和社会适应性标准这双重标准为根据的。尽管从理论上讲，经过因素分析处理后的 16 个因素中各因素间是相互独立的，但由于在社会适应的现实情境中，某种行为表现往往是多种人格因素共同作用的结果，因此要分析人在某一实践领域的实际表现，就必须将多种人格因素的得分结合起来进行综合分析。于是卡特尔通过对实验资料的统计，并搜集了 7500 名从事 80 多门职业及 5000 多名有各种生活问题的人的人格因素测验答案，详细分析各种职业部门和各种生活问题者的人格因素的特征和类型，提出了综合多种人格因素得分进行分析的"预测应用公式"。在这些公式中，卡特尔根据各因素在实际社会情境中的某种行为表现中所起的作用大小，对不同因素进行了加权处理，因而在综合分析中所依据的标准是在统计标准上加上了社会适应性标准。按照这样的双重综合标准对受测者作出评价,就不仅要考虑每个因素的得分,还要考虑各因素的作用方向和权重以及它们之间的协调情况。比较常用的公式及其解释有以下几种:

（1）心理健康者的人格因素。其推算公式为：$C+F+(11-O)+(11-Q_4)$,式中字母为各量表的标准分(以下同)。公式运算结果代表了人格层次的心理健康水平。心理健康者得分通常在 0—40 分之间,均值为 22 分,一般不及 12 分者情绪很不稳定,仅占人数分布的 10%。

（2）从事专业而有成就者的人格因素。其推算公式为：$2Q_3+2G+2C+E+N+Q_2+Q_1$。通常总和分数介于 10—100 分之间,平均为 55 分,60 分约等于标准分 7,63 分以上约等于标准分 8、9、10,总和 67 分以上者一般应有所成就。

（3）创造力强者的人格因素。其公式为：$2(11-A)+2B+E+2(11-F)+H+2I+M+(11-N)+Q_1+2Q_2$。由此式得到的总分可通过下表换算成相应的标准分,标准分越高,其创造力越强。

表 4-1　总分标准分对照表

因素总分	15—62	63—67	68—72	73—77	78—82	83—87	88—92	93—97	98—102	103—150
相当标准分	1	2	3	4	5	6	7	8	9	10

（4）在新环境中有成长能力的人格因素。其公式为：$B+G+Q_1+(11-F)$。在新环境中有成长能力的人格因素总分介于 4—40 分之间,均值为 22 分。17 分以下者(约占 10%)不太适应新环境,27 分以上者有成功的希望。

4. 特质因素冲突和协调分析

卡特尔将心理异常的原因视为由遗传而来的体质倾向使人易于经验到冲突,加上环境中个人的创伤经历。也就是说病因是由冲突引起的。这与弗洛伊德关于心理疾病的看法是相似的。这些冲突可以从 16PF 的因素得分上看出来。所以卡特尔的 16PF 分析可以看成是一种"定量的精神分析"。早在 1965 年,卡特尔在《人格的科学分析》一书中就指出,16PF 具有查明病人的心理冲突的功能并建议临床医生使用 16PF 作为诊断工具。要达到这一目的,在使用 16PF 进行诊断时,就必须遵循"协调性原则",即指几种特定因素之间的协调,有两个层次。其一是人的内在需要或欲望与其外部行为表现之间的协调性。其二是指与弗洛伊德所谓的"本我""自我""超我"相对应的人格因素之间的协调性。卡特尔特别强调"自我"的作用,认为人格的成熟就是"自我力量"的壮大,使之能够找出一种现实的、变通的解决办法,使之前的先天驱力或"能"有所变更,从而称心如意,偿还夙愿。当"自我"太弱,"本我"和"超我"太强,特别是后者太强时,最容易造成心理冲突。反之,"本我"太强而"超我"太弱,则易出现社会适应问题。所以心理健康的关键在于壮大"自我"。从这些协调性,特别是协调性出现反差(冲突)的情况中,可以发现个体内外适应上的问题及其原因。

（六）对两个个案的 16PF 分析

1. 个案 1

个案 1：25 岁，女研究生。16PF 测评结果如图 4-1 所示。

人格因素	原分	标准分	低分者特征	标准分 1 2 3 4 5 6 7 8 9 10	高分者特征
A			缄默孤独	· · · · A · · · · ·	乐群外向
B			迟钝、学识浅薄	· · · · · B · · · ·	聪慧、富有才识
C			情绪激动	· · · C · · · · · ·	情绪稳定
E			谦逊顺从	· · · · · E · · · ·	好强固执
F			严肃审慎	· · · · · · F · · ·	轻松兴奋
G			权宜敷衍	· · · · · · G · · ·	有恒负责
H			畏怯退缩	· · · · · · · H · ·	冒险敢为
I			理智、着重实际	· · · · · · I · · ·	敏感、感情用事
L			信赖随和	· · · · · L · · · ·	怀疑 刚愎
M			现实、合乎成规	· · · · · M · · · ·	幻想、狂放不羁
N			坦白直率、天真	· · · · · N · · · ·	精明能干、世故
O			安详沉着有自信心	· · · · · Q · · · ·	忧虑抑郁、烦恼多端
Q_1			保守、服从传统	· · · · · Q_1 · · · ·	自由，批评激进
Q_2			依赖、随群附众	· · · · · Q_2 · · · ·	自立、当机立断
Q_3			矛盾冲突、不明大体	· · · · · Q_3 · · · ·	知己知彼、自律严谨
Q_4			心平气和	· · · · Q_4 · · · · ·	紧张困扰

| 卡氏 16 PF。AB 种修订合订本 修订者：刘永和 梅吉瑞 | 标准分 约等于 | 1 2.3% | 2 4.4% | 3 9.2% | 4 15.0% | 5 19.1% | 6 19.1% | 7 15.0% | 8 9.2% | 9 4.4% | 10 2.3% | 之成人 |

图 4-1 个案 1 的 16PF 剖面分析图

首先，进行"高点分析"，根据手册对标准分得分高于 7 分，低于 4 分的因素进行特征描述。其次，根据由次元人格因素公式和应用性人格公式计算的结果进行较为综合性的人格类型描述。（以上两部分描述略）再次，进行因素协调与冲突分析，进而就社会交往、人际关系、职业适应和心理健康等方面进行综合描述。最后，可根据受测者的背景资料进行情境行为分析。由图 4-1 中可见：该受测者性格外向，一般社会交往效果较好，人际交往形态积极，支配性较强，既有知心深交，又有无意间的得罪；情绪不稳定，周期性情绪起伏较大，情感要求较高，感受敏感，易感情用事，在最亲近的人面前易情绪失控，但由于社会经验丰富，自我同一性较好，善于印象整饰，外部社会适应效果较好，有安全感；人格层次的心理健康状况一般;聪明、有主见,好遐想,易接受新观念、新事物,遇事不退缩,但也不冒尖,社会责任感不强;不适合从事理科性质的精密细致工作,较适合从事人文、艺术或其他对人不对事的工作。

2. 个案2

个案2:(普汶著,郑慧玲,1986)21岁,男大学生。16PF测评结果如图4-2所示。

人格因素	原分	标准分	低分者特征	标准分 1 2 3 4 5 6 7 8 9 10	高分者特征
A			缄默孤独		乐群外向
B			迟钝、学识浅薄		聪慧、富有才识
C			情绪激动		情绪稳定
E			谦逊顺从		好强固执
F			严肃审慎		轻松兴奋
G			权宜敷衍		有恒负责
H			畏怯退缩		冒险敢为
I			理智、着重实际		敏感、感情用事
L			信赖随和		怀疑 刚愎
M			现实、合乎成规		幻想、狂放不羁
N			坦白直率、天真		精明能干、世故
O			安详沉着有自信心		忧虑抑郁、烦恼多端
Q_1			保守、服从传统		自由,批评激进
Q_2			依赖、随群附众		自立、当机立断
Q_3			矛盾冲突、不明大体		知己知彼、自律严谨
Q_4			心平气和		紧张困扰

卡氏16PF。AB种修订合订本
修订者:刘永和 梅吉瑞

标准分 1 2 3 4 5 6 7 8 9 10 依统计约等于 2.3% 4.4% 9.2% 15.0% 19.1% 19.1% 15.0% 9.2% 4.4% 2.3% 之成人

图4-2 个案2的16PF剖面分析图

测验显示,该受测者是个十分聪明外向的年轻人,虽然他没有安全感、容易沮丧,有点依赖。他实际上比他最初给人的印象更不果决、正直和冒险,对他自己是谁、他将何去何从感到困惑和冲突,偏向内省,焦虑水平很高。轮廓图显示他可能有周期性的情绪起伏,也很可能有过心身症的病历。

二、明尼苏达多相人格测验(MMPI)

根据经验效标法编制而且目前广为采用的人格测验,首推明尼苏达多相人格测验。前已述及,不论是临床应用的频率,还是有关论文的数量,MMPI 都高居各种心理测验的榜首。据国外统计,世界上关于 MMPI 的专著和文献早已远远超过 8000 册(篇);使用这个量表的国家超过 65 个,译成外国文字的语种超过 115 个,对 MMPI 的研究几乎成了一门学科(莫文彬 宋维真,1991)。我国学者宋维真等人于 1980 年开始 MMPI 的修订工作,1984 年完成修订,并建立了中国常模。

(一) MMPI 的编制思路及做法

MMPI 是采用经验效标法编制的。从 1930 年开始研究,先从大量病史、早期出版的人格量表、医学档案、病人自述、医生笔记以及一些书本的描述中搜集了一千多条题目。然后将这些题目施测于效标组(经确诊属于精神异常而住院治疗者)和对照组(经确定属于正常而无任何异常行为者,来院探视病人的家属、居民及大学生),比较两组人对每题的反应。如果两组人对某题的反应确有差异,则该题保留;若反应无显著差别,则予以淘汰。换句话说,凡能够区别正常人和精神病患者的题目都保留下来,共 550 题。效标组是根据当时流行的精神病种类划分的,每种病为一个效标组(50 人左右),经过重复测验,交叉测验,制定出 8 个临床量表。后来又增加了"男性化-女性化"和"社会内倾"两个临床量表。这样组成了 10 个临床量表和 3 个有测题的效度量表,共 13 个量表(不包括一个无测题的效度量表,Q 量表)。可见,MMPI 实际上是以精神病的诊断症状群标准来选择题目的。MMPI 最初的版本是 1943 年由心理学家哈萨威和精神病学家麦金利制定并出版的。全量表共 566 个题(其实仍是那 550 题,因为有 16 道题是重复题)。如果将分属各分量表的题数加起来,一共是 654 题,显然有的题分属不同量表,在不同量表里多次计分。1966 年,编制者对测题作了修订(称作 R 式),内容上无变动,只是对题目顺序作了重新排列,把与临床量表有关的题目集中在 1—399 个题目内,400—566 题与另外一些研究量表有关。MMPI 原来是为了诊断精神障碍而编制的,但现在已广泛地应用于心理学、人类学、医学、社会学等研究和实践领域。自 MMPI 出版以来,至今已经编制并使用的分量表在 500 个以上。这些分量表基于不同的效标依据,用于不同的目的,其中有一些量表是应用于正常人的。

MMPI 的测题中有的表面效度很高,应归入哪个临床量表是很清楚的。但是有的题目并不明显,从表面上看不出为何归在某个量表中。这可以从其采用的经验校标的原理上理解。因为题目原本就与某种理论无关,而完全是从实践中来的,题目反映的内容只需"行得通"即可,无需"说得通"。

(二) MMPI 各分量表简介

MMPI 不重复的测题项目有 550 个。这些项目的内容可以分成 26 类(如表 4-2 所示)。它们包括身体的体验、社会及政治态度、性的态度、家族关系、妄想和幻想等精神病理学的行为症状等,涉及人生经验的广泛领域。MMPI 主要由效度量表和临床量表组成(如表 4-3 和表 4-4 所示)。各个量表都有略号。临床量表从 1 到 0 附有序号。效度量表包括疑问(Q 或?)、说谎(L)、效度(F)、校正(K)四个量表。临床量表包括疑病症、抑郁症、歇斯底里、精神病态偏执、性度(男性化-女性化)、妄想狂、精神衰弱、精神分裂症、轻躁狂、社会内向性格等十个量表。

表 4-2　MMPI 各分量表的项目内容和项目数(滨治世、凌文铨,1988)

分 类 项 目	项目数	分 类 项 目	项目数
1. 一般健康	9	14. 有关性的态度	16
2. 一般神经症状	19	15. 关于宗教态度	19
3. 脑神经	11	16. 政治态度——法律和秩序	46
4. 运动和协调动作	6	17. 关于社会态度	72
5. 敏感性	5	18. 抑郁感情	32
6. 血管运动,营养,言语,分泌腺	10	19. 狂躁感情	24
7. 呼吸循环系统	5	20. 强迫状态	15
8. 消化系统	11	21. 妄想、幻觉、错觉、关系疑虑	31
9. 生殖泌尿系统	5	22. 恐怖症	29
10. 习惯	19	23. 施虐狂,受虐狂	7
11. 家族婚姻	26	24. 志气	33
12. 职业关系	18	25. 男女性度	55
13. 教育关系	12	26. 想把自己表现得好些的态度	15

表 4-3　MMPI 效度量表

名　　称	略　号	项目数	模板数
疑问量表	Q 或?		0
说谎量表	L	15	1
效度量表(诈病分数)	F	64	1
校正分数(防御)	K	30	1

(三) 施测与记分

1. 施测方法

施测 MMPI 最常用的方式是问卷式。使用按一定排列顺序、印刷着 566 个项目的题本(常规性的测验只要求做前 399 题),让被试严格按照指导语,根据自己的情况在另外一张答卷纸上相应的题号后的两个选择答案(是或否)之一的选框中打记号。无法回答则可跳过此题,不打记号。测验既可采用个别测试,也可采用团体测试。被试一般为年满 16 岁,具有小学毕业的文化水平,没有什么影响测验结果的生理缺陷者。所需时间最多的是 90 分钟,经常是 45 分钟。如果文化水平低也可能超过两小时,精神病患者所需时间更长。填答此测验是一个需要较长时间而又枯燥的任务。如果被试焦虑或情绪不稳定,经常会表现出对完成这个任务的不耐烦情绪,这时可将测验分成几次完成。如果被试较慌乱,不能理解指导语并按照指导语去做,可以用录音带或由一个固定的人将题目读给被试听,由被试或主试记录下反应。

表 4-4 MMPI 临床量表

序号	名 名 称	略号	项目数	模板数	加 K 数值
1	疑病症	Hs	33	1	5K
2	抑郁症	D	60	1	0
3	歇斯底里	Hy	60	1	0
4	精神病态偏执	Pd	50	1	0.4K
5	性度(男性化—女性化)	Mf	60	2	0
6	妄想狂	Pa	40	1	0
7	精神衰弱	Pt	48	1	1K
8	精神分裂症	Sc	78	1	1K
9	轻躁狂	Ma	46	1	0.2K
10(0)	社会内向性格	Si	70	1	0

2. 计分方法

计分方法有两种。一种是用计算机计分。将答案输入计算机内,自动计算出原始分并转换成标准分(T分),同时完成加 K 计算。另一种方法是人工计分。这种计分方法需借助 14 张模板,每个量表一张,Mf 为两张,男女各一张。每张模板上均有一定数量的与题号相应的计分圆洞。利用模板计算出各分量表的原始分。然后,按照指导手册的要求在 Hs、Pd、Pt、Sc、Ma 的原始分上分别加上一定比例的 K 分。之后,将各量表的原始分登录并标定在剖面图上,将各标定点相连即成为剖析图(如图 4-3 所示)。Hs、Pd、Pt、Sc、Ma 则登记加 K 后的分数。但要注意将剖析图按性别分为男女两种。最后,将原始分转换成 T 分数。这样做的原因在于,每个量表的题目数量不同,得分的基数也不一样,各量表的原始分数无法比较。换算公式为:$T=50+10(x-M)/SD$,x 为所得的原始分,M 与 SD 为这个量表正常组原始分数的平均数及标准差。在 MMPI 原版中,剖析图左右侧已标有与各分量表的原始分相对应的 T 分数,即直接将原始分根据各分量表的原始分刻度标定在剖析图上,然后沿水平方向向两侧找到相应的 T 分就完成了常模转换。T 分数为 50 的原始分为明尼苏达正常组的平均数,T 分为 60 的原始分为加一个标准差的平均数,T 分为 70 的原始分数为加两个标准差的平均数。

需要指出的是,MMPI 中国修订本在计分方面作了几点改动。一是取消了繁琐的加 K 过程,因为研究者在修订和施测中发现是否加 K 意义不大。对原版中需要加 K 的五个临床量

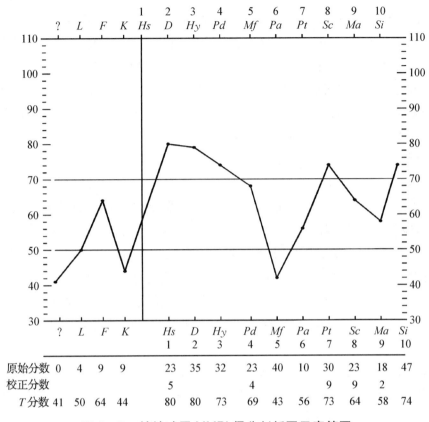

图4-3 某被试甲MMPI得分剖析图示意简图

表,中国修订本只要把原始分换算成T分就行了。二是对剖析图进行了改造,将T分刻度标在剖析图的左侧(纵坐标),取消了各分量表的原始分刻度,即取消了原剖析图兼具的常模转换功能。可将各量表的原始分(可不加K)经查常模表找到T分,然后将T分按剖析图上的T刻度标定在图上。三是在确定区别正常与异常的分数界线上也有变化。原版中T分数超过70,即属异常范围。中国修订本则是以60分为分界线,60分以上为异常,70分以上为病态。

(四)测验结果的解释

对于MMPI结果的解释是一件专业性很强的工作,必须由经过专门训练和具有一定经验的心理学家和精神科医生来进行。一般来说,分数越高,变态的可能性越大,但也不尽然。正常人也可能在某个临床量表上表现出很高的分数。因此,在MMPI的手册以及有关的出版物中,一再强调不能仅仅根据量表的名称而望文生义地对测验结果作出解释。

在对MMPI的分数进行解释时,首先需要看反映测验有效性的四个量表的分数,如果其中一些量表分数过高,那么这个测验结果就是不真实的。

"疑问量表"用"?"表示,也称为"无回答"。对问题无反应以及对"是"和"否"都进行反应的项目总数,就是"无回答"的得分。通常情况下,漏答和回答自相矛盾的题数很少超过5个。如果在前400个题中"无回答"原始分超过了30,则临床量表的结果不可信。

"说谎量表"用 L 表示,由一组与社会称许有密切关系的题目所组成。其用途是为了识破被试者故意想让人把自己看得理想些。该量表由15个项目组成。这些项目涉及那些几乎所有的人都可能有的那种细小的缺点和弱点。可是,想故意让人把自己看得非常理想的那种人,连这样细小的短处也不承认。其结果是,这种人在 L 量表上表现出了很高的得分。当 L 量表的原始分超过10时,就不能信用MMPI的结果。在选择实验的被试时,L 得分在6以上者,最好避免选用。

"诈病"或"伪装坏"分数,用 F 表示。这是一组关于身体或心理异常的题目,只有10%以下的正常成人会作得分反应。F 量表的目的是发现离题的反应或胡来的做法。如果得分过高,就表明他不像一般正常人那样进行反应,或是在有意装病,或是有精神方面的问题。

"校正"或"防御"分数,用 K 表示。这一量表与说谎和诈病分数有关,但更为微妙。正常人可能会故意装病,而真正有问题的人也可能故意掩饰自己的异常,故意表现出健康。K 分数可以克服这些倾向的影响,从而更真实地反映出被试的情况。K 分数高时,受测者可能表现出一种自卫反应,努力掩饰自己的不健康状况;K 分数低时,则可能表现为一种诈病倾向。

在通过上述效度量表的检查后,就要考虑各个临床量表的得分。如果在某个临床量表上得分过高(在某些临床量表上还包括过低),则可能反映出受测者存在某种心理变态或心理障碍。

疑病症(Hs):高分提示受测者有许多叙述不清的身体上的不适。T 分超过60(中国标准),有疑病症的表现。高分者一般是不愉快、自我中心、敌意、需求、同情、诉苦及企图博得同情的表现。

抑郁症(D):高分者往往表现出抑郁倾向,尤其是那些 T 分数超过80(中国标准为70)的人,即为典型的抑郁症患者。高分者表现为易怒、胆小、依赖、悲观、苦恼、嗜睡、过分控制及自罪。

歇斯底里(Hy):得分特别高(T 分超过70,中国标准)暗示着具有经典的歇斯底里征候学特征的病理条件。高分者表现出依赖性神经症的防御,用否认和压抑来处理外界的压力。他们多表现为依赖、天真、外露、幼稚及自我陶醉。他们的人际关系经常被破坏,并缺乏自知力。在高度的精神压力下经常伴有身体症状,并把心理问题作为躯体问题来解释。

精神病态偏执或病态人格(Pd):得高分者很难接受社会的价值观和社会规范,而往往热衷于各种非社会的或反社会的行为。T 分超过70分时,有典型的反社会人格、病态人格。他们表现外露,善交际,但却是虚伪、做作的;爱享受,好出风头,判断力差,不可信任,不成熟,敌意的,好攻击,爱寻衅;经常处理不好婚姻及家庭关系,并违反法律。

性度(男性化-女性化)(Mf):两性越是得 T 分高,就表示越偏离自己原来的性度。高分的男人表现敏感、爱美、被动、女性化。他们缺乏对异性的追逐。低分的男人好攻击、粗鲁、爱冒险、粗心大意、好实践及兴趣狭窄。高分的女性被看作男性化、粗鲁、好攻击、自信、缺乏情感、不敏感。低分的女性被看作被动、屈服、诉苦、吹毛求疵、理想主义（不现实）、敏感。

妄想狂或偏执狂（Pa）：T 得分超过 70 时（中国标准），被试表现出明显的精神病行为，也许有思维混乱、被害妄想，也常有关系观念。他们常想到自己被虐待、被欺负，并且易怒、反抗，有时怀恨。投射是他们通常的防卫机制。极端高分者可被诊断为偏执狂分裂症和偏执狂状态。T 分数在 60—70 之间有偏执型的特征，如过度的敏感、疑心、敌意，也常见穷根究理的态度。他们往往将自己的问题合理化，并归因于他人，所以心理治疗预后不佳，并与治疗者的信赖关系不好。

精神衰弱（Pt）：高分者往往表现紧张、焦虑、反复思考、强迫思维、强迫行为、神经过敏、恐怖、刻板。他们经常自责、自罪、感到不如人和不安。

精神分裂症（Sc）：高分者（T 分在 70—80）表现出异乎寻常或分裂的生活方式。他们是退缩的、胆小的、感觉不充分、紧张的、混乱的以及心情易变的。可有不寻常或奇怪的思想，判断力差及有怪僻（不稳定）的情绪。极高的分数（$T>80$）者可能表现出接触现实差、古怪的感觉体验、妄想和幻觉。高分数者可能在治疗上有困难。

轻躁狂（Ma）：高分者（T 分在 70—75 之间）被看作善交际、外露、冲动、精力过度充沛、乐观、有无拘无束的道德观、轻浮、纵酒、夸张、易怒、绝对乐观及有不现实的打算、过高地估价自己，有些造作、表现性急、易怒。极高分数者（$T>75$）可能表现出情绪紊乱、反复无常、行为冲动，也可能出现妄想。

社会内向性格（Si）：高分者不是病，但预示着内向性高。内向与精神、心理异常有正相关。高分者表现内向、胆小、退缩、不善交际、屈服、过分自我控制、过于慎重、速度慢、刻板、固执及表现自罪。低分者表现外向、爱社交、富于表情、好攻击、健谈、冲动、不受拘束、任性、做作，在社会关系中不真诚。

除了对单个临床量表的得分进行解释外，将多个量表结合起来可给出更为丰富的内容，据此所作出的解释则更为有效和可靠。这种综合性的分析主要有三种，即剖析图形态分析、二元组合分析和四元组合分析。自 MMPI 问世以来，研究者们对综合分析方法进行了大量研究，已经使综合分析成为了定式化的分析。

形态分析法就是将被测者的剖析图的形状与已出版的剖析图分析手册中的各种剖析图形状相对照，将与之相似的剖析图的解释直接套用过来作为被测者的测验结果的解释。具体方法在测验手册中都会给出。

由于剖析图形态分类的规则十分复杂，现在人们似乎对更为简洁的二元组合分析法更为关心。这种方法的明显长处是，能够将在一般情况下所遇到的大部分剖析图适当地分类为少数的两点组合。二元组合分析就是将在剖析图上出现高峰的两个量表，即得分最高的两个临床的数字符号联结起来，分数稍高的写在前面，例如 21/12，前者为 2 量表（抑郁症）高于 1 量表（疑病症），后者为 1 量表高于 2 量表，但二者均为 1、2 量表两个高峰，其意义相同。所以这种方法也称为两高点分析。若两高点组合可以对换的话，那么十个临床量表可以构成 40 个两点组合。例如,图 4-3 中是某受测者甲(男性)的 MMPI 得分剖析图的示意图,从该剖析图反映的各分量表的 T 分数可以看出,该受测者在疑病症(Hs)量表上以及在抑郁症(D)量表上的 T 分数最高(80 分),在"男性—女性化"(Mf)量表上 T 分数最低。有 5 个分量表的 T 分数超过 70 分,即 Hs、D、Hy(歇斯底里)、Pt(精神衰弱)、Si(社会内向性格),对这 5 个量表 T 分数反映的可能存在的异常应予以警惕。从两高点分析的角度看,该受测者的编号可记为"12"或"21"(因为编号 1 和 2 的 Hs 和 D 的 T 分数均最高)。根据这一编号,参照有关两高点分数解释的标准,即可对受测者的人格作较为标准化的解释。现将经常遇到的两点组合的意义简单介绍如下:

12/21　出现这两个高峰的受试者,常有躯体的不适并伴有抑郁情绪。会长时间处于紧张状态,而且神经质。

13/31　由于强烈的精神因素,引起夸张了的各种疼痛或不适。这种人与人相处时关系肤浅。

18/81　这种类型的剖析图,如同时伴有 F 量表的高分,可诊断为精神分裂症。

23/32　具有这种剖析图的人常常感到疲劳、抑郁、焦虑、不能照顾自己。表现出不成熟、稚气、表达自己的感觉困难,有不安全感,适应社会困难。

24/42　具有这种剖析图的人,常有人格方面的问题。如反社会,他们可能因过去受过法律制裁而产生抑郁,因此 2 量表得分会提高。

26/62　具有这种剖析图的人有偏执倾向。

28/82　此类剖析图常见于精神病患者。多主诉焦虑、神经过敏、紧张易激动、睡眠不稳定、精力不集中、思想混乱、健忘等症状。

34/43　这种人以经常性严重的易怒为特征。他们常惹麻烦,对自己的敌对情绪来源无清楚的认识。

38/83　具有这类剖析图的人有焦虑与抑郁感。大多数人可能有多种躯体主诉,有时表现神经错乱。

46/64　这种人多为被动-依赖性人格。对人要求多,当别人对他提出要求时则感到不满,常有压抑的敌对情绪,易激惹。

47/74　这种人对别人的需求不敏感,但很注意自己行为的后果。常自己抱怨自己,经常犯错误而后又自责。表现出行为进行期与自罪懊恼期反复交替。心理治疗效果甚微。

48/84　这种人行为好像很怪,很特殊,行为飘忽不定,不可捉摸,亦可能做出一些反社会的行为。

49/94　这种人常有违反社会要求的行为。经常表现出躁狂、易怒、粗暴、外向、能量很大。常有冲动行为,自我中心,对个人渴求不能推迟等待。

68/86　具有这类剖析图的患者,常易被诊断为精神分裂症。这种人表现多疑、不信任、缺乏自信与自我评价。他们对日常生活表现退缩,情感平淡,思想混乱,并有偏执妄想,不能与别人保持密切关系,常与现实脱节。

78/87　这种人常有高度激动与烦躁不安等症状。缺乏掌握环境压力的能力,可能有防御系统衰竭的表现。

9/98　这类人常有高度激动与烦躁不安等症状。他们需要得到别人的注意,当他们的要求得不到满足时,会变得恼怒。对自己缺乏自知力。活动过度,精力充沛,情感不稳定,有不现实及夸大妄想的表现。

以上两高点分析解释系国外资料(宋维真、张瑶,1988),仅供我国使用者参考。

四元组合分析就是把临床量表中得分最高的三个量表的符号,按得分的大小顺序排列连在一起作为分子,如2、4、7;把10个临床量表中得分最低的量表的符号作为分母,如6,这样就成了"247/6"四个量表的组合(四元组合)。然后就可以按照有关手册中的相应组合类型的解释直接套用了。

(五) MMPI 的新发展

前已述及,MMPI是国际上使用最广泛的心理测验。然而,随着MMPI用于日益广泛的新领域而感受到的种种不适,同时由于几十年来社会文化已发生了很大的变化,以及原先哈慈威和麦金利制定的美国常模存在着取样小,在地域、文化形态以及种族方面缺乏代表性等问题,促使美国MMPI标准化委员会在MMPI问世50多年后,第一次对MMPI进行了重大修订。1989年,明尼苏达大学出版了《MMPI-2施测与计分手册》,标志着MMPI修订工作的完成和MMPI-2的诞生。

MMPI-2与原版MMPI的不同之处主要有以下几个方面:① 原版MMPI有566个项目,其中有16个项目是重复的。MMPI-2包括567个项目,其中没有重复项目。② 原版MMPI包含一些令人反感的内容,如性偏好、宗教、肠和膀胱的功能。MMPI-2删除了具有这些内容的项目。大约有14%的项目用更现代化的语言进行了改写。③ 原版MMPI包括许多没有什么作用、不需计分的项目。MMPI-2删除了这些项目,而用有关自杀、滥用药物和酒精、A型行为、人际关系以及治疗依从性的项目取而代之。④ 原版MMPI包括四个效度量表:?、L、F、K。MMPI-2又增加了三个效度量表:F(B)和两个反应一致性量表,VRIN和TRIN。⑤ 原版MMPI的T分是线性T分。这使得不同量表的T分很难进行比较。MMPI-2使用了一些技术性的处理,采用了一致性T分。它是基于同一量表的分数分布计算出来的。经过这样的处理,一个特定的T分对于不同的临床量表所代表的百分位数基本相当。⑥ 原版MMPI包括Wiggins内容量表。MMPI-2中没有这一内容量表,而新制定了一组,共15个内容量表来评估MMPI-2的主要内容维度。⑦ 原版MMPI被试在答题时允许忽略一些题目,因而,许多被试"不能回答"的分数很高。MMPI-2中则鼓励被试对所有项目都作答。⑧ MMPI的常模不仅收集了被试的年龄和性别资料,而且收集了大量的个人经历和生活事件资料(莫文彬　宋维真,1991)。

我国研究者于1991年10月在广州召开的MMPI国际研讨会上,成立了以中国科学院心理学研究所宋维真、张建新为首的全国协作组,开始了对MMPI-2的引进、研究和对其中国版的修订及常模制定工作,并于1992年底基本完成了这一工作。

此外,我国研究者(宋维真等,1992)还通过对我国正常人MMPI测查结果的每个项目进行统计分析,将区分度较高的项目选出,组成简短式的"MMPI",为了避免与MMPI混淆,而将其称为心理健康测查表(psychological health inventory,简称PHI)。该量表只有168个题目,由更适合中国情况的7个临床分量表组成,成功地保留了原MMPI中常用的临床量表的功能。这些临床分量表是:① 躯体失调(SDM, Somatic disorder)。② 抑郁(DEP, Depression)。③ 焦虑(AMX, Anxiety)。④ 病态人格(PSD, Psychopathic De-viate)。⑤ 疑心(HYP, Hypochondria)。⑥ 脱离现实(UNR, Unrealistic)。⑦ 兴奋状态(HMA, Hypomania)。所以,该量表具有题目少、适合中国情况、功能接近MMPI等特点,经检验,具有较高的信度、效度。

三、艾森克人格问卷(EPQ)

艾森克人格问卷是英国伦敦大学心理系和精神病研究所有关人格的测定工具,是由汉斯·艾森克和其夫人西比尔·艾森克(Sybil B. Eysenck)编制的。

在艾森克的人格研究过程中,他先后编制了几个人格问卷。1952年,第一次正式发表了"莫斯莱医学问卷",1959年发表了莫斯莱人格调查表(Maudsley personality invetory,简称MPI),1964年发展成艾森克人格调查目录(Eysenck personality invetory,简称EPI)。在这些量表的基础上,经过增改和修订,最后于1975年编制成现在的艾森克人格问卷。

(一) EPQ量表的结构及意义

EPQ有成人问卷和青少年问卷两种形式。英国原版的成人问卷中共有90题,青少年问卷中共有81题。陈仲庚等和龚耀先等人编制的中国修订本(1982,1985陈仲庚等和龚耀先等)成人问卷和青少年问卷均为88题。每种形式都包含四个分量表,即E量表(内外向)、N量表(情绪的稳定性,又称神经质)、P量表(精神质)和L量表(效度)。前三者代表人格的三种维度(艾森克认为人格可分为这三个维度,它们是彼此独立的),这三个维度上的不同程度的表现构成了千姿百态的人格结构。艾森克认为E维因素与中枢神经系统的兴奋、抑制的强度密切相关;N维因素与植物性神经的不稳定性密切相关。正常人也具有神经质和精神质,高级神经的活动如果在不利因素的影响下向病理方面发展,神经质可以发展成为神经症,精神质可以发展成精神病。P量表发展较晚,其中的项目是根据正常人和病人具有的特质经过筛选而得来的,不及E和N量表成熟。L量表是测量受测者的"掩饰"倾向,即不真实的回答。同时也有测量受测者的淳朴性的作用。各量表得分意义简介如下:

E 内外向:高分表示性格外向,可能好交际,渴望刺激和冒险,情感易于冲动。低分表示人格内向,可能好静,富于内省,除了亲密的朋友外,对一般人缄默、冷淡,不喜欢刺激,喜欢有秩序的生活方式。

N 神经质(又称情绪性):反映的是正常行为,并非指病症。高分可能是焦虑、担忧,常常郁郁不乐、忧心忡忡,有强烈的情绪反应,以至出现不够理智的行为。

P 精神质(又称倔强性):并非暗指精神病,它在所有人身上都有存在,只是程度不同。高分可能是孤独、不关心他人,难以适应外部环境,不近人情,感觉迟钝,与他人不友好,喜欢寻衅搅扰。

L 测定受测者的掩饰,假托或自身隐蔽等情况。

EPQ 的测题经因素分析测定,每个测题只负荷一个维度因素。每个测题只要求受测者回答一个"是"或"否"。一定要作一回答,而且只能回答"是"或"否"。发卷后主试向受测者说明方法,便由他自己逐条回答。既可个别进行,也可以团体进行。各个国家,各种年龄和不同性别有各自的平均分数作为常模,可根据常模对某一受测者的得分作人格描述。

EPQ 的题目形式如:你是否有广泛的爱好?

　　　　　　　在做任何事之前,你是否都要考虑一番?
　　　　　　　你的情绪经常波动吗?
　　　　　　　你是一个健谈的人吗?

E、N、P 人格维度不但经过许多数学统计上的和行为观察方面的分析,而且也得到了实验室的多种心理实验的考查。这就使得 EPQ 在分析人格结构的研究中受到人们的重视,并被广泛应用于医学、司法、教育等实际领域。一般认为,此量表的项目较少,易于测查。中国修订本的研究和使用情况表明,项目内容较适合我国国情,有一定的信度和效度。

(二) EPQ 量表的使用

在 EPQ 中文版中,为直观、全面地分析测评结果,设置了与 MMPI 相似的剖析图和 E、N 量表关系图(以 E 维为 x 轴,N 为 y 轴,交叉成十字形成一坐标图)。将受测者各量表原始分数在与其性别和年龄相应的 T 分表上查出 T 分数,在剖析图各量表位置上标明,然后将各量表标志点连接,便得到一个量表剖析图,据此可立即判断出受测者的内外向性以及情绪稳定性,还可以判断其气质类型。例如,图 4-4 和图 4-5 分别就是一位成年男性张某某(22 岁)的 EPQ 剖析图和 EN 二维关系图。

剖析图中两侧纵轴的 T 分数在 43.3,50,56.7 三个点上有三条横实线,在 38.5 和 61.5 两个点上有两条横虚线。居中的一条实线为各常模群体的 T 分均值线($T=50$)。在 T 均值线上下各 0.67 个标准差($SD=10$)的范围内,亦即在 $T=43.3$ 至 $T=56.7$ 的两条实线之间,约有相应常模群体 50%的人数。对于内外倾向性(E)人格维度,研究者假定他们属于中间型。在均值线上下各 1.15 个标准差的范围内,即在 38.5 和 61.5 的两条虚线之间,约有相应常模群体 75%的人数,或者说在 $T=38.5$ 至 $T=43.3$ 处以及 $T=56.7$ 至 $T=61.5$ 处这两个区域的人数各占全体的 12.5%,共计 25%。就 E 维度来说,研究者假定他们为倾向内向型或倾向外向型。在 $T=38.5$ 以下和 $T=61.5$ 以上的两个区域各占 12.5%。就 E 维度来看,研究者假定他们分别为内向(38.5 以下)或外向(61.5 以上)。其他人格维度的分析划分,依此类推。

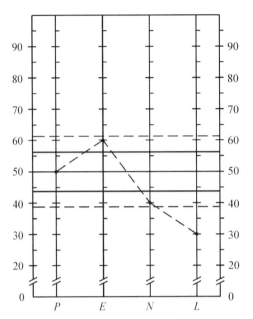

(注：张××，男，22岁。P、E、N、L各量表粗分分别为5，12，8，6，其T分数则分别为50，60，40，30。)

图 4-4 EPQ 量表剖析图

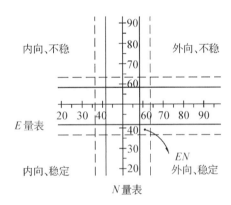

(注：张××的EN相交图倾向于外向稳定型人格。)

图 4-5 EPQ 量表 EN 二维关系图

在 EN 二维关系图中，将 E 和 N 量表联系起来，就此二量表 T 分在图中的坐标点的象限进行分析。图中画有的中间(实线)和倾向(虚线)的划界线，其含义与剖析图(图 4-4)中的含义相同。得知某人的 E 分和 N 分后，在二维图上找到 E 和 N 的交点，便可知其人格特点。

四、加州心理调查表(CPI)

(一) CPI 的结构和意义

加州心理调查表由美国心理学家高夫(H. G. Gough)编制，于 1951 年正式出版，当时只有15个分量表。1957年由心理学家出版社(Consulting Psychologists Press)再版,此时该量表已包括18个分量表(Gough, H. G., 1957)。

作者最初编制CPI的目的是要发展一套能够反映人类正常社会行为方式或常态人格特征的,并能预测个人在特定场合下的社会行为的人格量表。从国内外多年广泛的应用情况来看,CPI已成功地达到了这一目的。

该测验共包括480个测题,测题的主要来源是MMPI(有178个测题来自MMPI)。答题方式也与MMPI相同,采用是-否型选答,团体或个别施测均可,受测者的文化水平最好为初中以上程度。共18个分量表,每个都包含人际关系或社会适应的某一重要方面。每个量表得到原始分后可以根据相应常模转换为平均数为50、标准差为10的T分数(男性和女性的常模是不同的),并可描绘在测验剖析图上,以便对受测者的人格及社会适应进行合理的评价和预测。根据所表现的心理特征,18个分量表可分为四个功能领域或四类。各类中各量表的名称、意义和得分解释分述如下:

1. 第一类:人际关系适应能力的测验(6个量表)

Do(dominance) 支配性:测量领导能力、支配性及社会主动性。高分表示自信、有毅力,善于计划,语言流畅且富有说服力,自立、自主,有领导者的潜能,工作主动。低分表示拘谨、较少激情,言语不多,思维和行动较迟缓,不愿面对紧张复杂的情境,对自己的信心不足。

Cs(capacity for status) 上进心:测量个人积极争取达到某种地位的能力。高分表示具有雄心、积极主动,洞察力强,精力旺盛,能进行有效的沟通,兴趣广泛,但有时对个人的利益关心较多。低分表示和善、朴实,没有太高的追求,淡泊名利,反应不太敏锐,喜欢按习惯方式思考和行动,兴趣范围不广,遇到新的环境或情况易显得不安和窘迫。

Sy(sociability) 社交性:测量外向性、参与社交活动的能力。高分表示喜欢交往、有事业心、聪明,有竞争意识和上进心,思维新颖、流畅。低分表示平静、顺从、传统,不造作。态度超然,与世无争,易受他人态度和意见的影响而改变自己的主张。

Sp(social presence) 自在性:测量一个人在个人与社会交往情境下的自在性、自尊心及自信心。高分表示机敏、热情、富于想象、反应灵敏、表现自然不拘谨、健谈、充满活力、善于言辞。低分表示从容不迫、稳健、有耐心、自我克制、朴实,决策时易犹豫不决、思维较为呆板、程式化。

Sa(self-acceptance) 自尊心:测量自我价值感、自我接纳及独立思考及行动的能力。高分表示聪慧、直率、自信、机敏,有一定的进攻性,自我中心,具有良好的语言表达能力和说服能力。低分表示保守、依赖、传统、易变、安静。自责、易产生负罪感,行动消极、兴趣狭窄。

Wb(sense of well-being) 幸福感:测量一个人烦恼与抱怨的程度。高分表示精力充沛、上进、善变,有雄心、老练,积极且工作能力强,为了自己的利益能够刻苦努力地工作。低分表示胸无大志、懒散、迟钝,谨小慎微、缺乏热情、保守,自我防御、内疚,思想和行动内向。

2. 第二类:社会化、成熟度、责任心及价值观的测验(6个量表)

Re(reponsibility) 责任心:测量责任心、可靠性或事业心、道德感。高分表示善于计划、进取、高尚、独立、有能力、高效率,讲良心,对道德和伦理问题有高度的警惕。低分表示不成熟、情绪化、懒惰、笨拙、易变不可信,受个人偏见的影响,缺少自省和控制,行为易冲动。

So(socialization)　社会化:测量社会成熟程度、完整性及正直性程度。高分表示严肃、诚实、勤奋、谦虚、善良、真诚、稳重,负有责任感和良知,能够自我克制。低分表示保守、要求过多、挑剔、怨恨、固执、不安分、不可信赖、狡猾、过分夸张、掩饰自己的行为。

Sc(self-control)　自制力:测量自我调节、自我控制的程度。高分表示平静、有耐心、实际、自我否定、深思熟虑,对自己的工作严格要求,对他人宽怀大度,真诚、有责任心。

低分表示冲动、兴奋、躁动不安、自我中心、难以抑制,具有攻击性且武断、过分关注个人的乐趣和得失。

To(tolerance)　宽容性:测量心胸的宽广,对人宽容、接纳的程度。高分表示进取、安静、忍让,思路清晰、机智、聪慧、善于言辞,并有广泛的兴趣爱好。低分表示疑心重、心胸狭窄、冷漠、机警、退缩,态度消极,给人一种不可信任的感觉。

Gi(good impression)　好印象:检测是否在制造良好印象,并关心别人对他的反应。高分表示合作、进取、外向、热情、乐于助人,给人以好的印象,并具有勤奋的品质和恒心。低分表示压抑、谨慎、警惕,与他人的关系冷淡,自我中心,对他人的需求毫不关心。

Cm(communality)　从众性:测量一个人与量表常模符合的程度。高分表示信赖的、和气、信赖、真诚、有耐心、稳定、现实,诚实有良知,具备常识和较好的判断能力。低分表示易变化、不耐心、复杂的、富于想象、不安、紧张、狡猾、不专心、易忘,有内部冲突和矛盾。

3. 第三类:成就潜能与智能效率的测量(3个量表)

Ac(achievement via conformance)　遵循成就:测量在集体创造活动中能起积极促进作用的那些兴趣和动机。高分表示有能力,合作、讲效率,稳定、组织性,负责任,勤奋且有毅力,注重智力活动及其成就。低分表示固执、冷漠、笨拙,在紧张状况下易变得惊慌失措,对自己的前途常抱悲观态度。

Ai(achievement via independence)　独立成就:测量在独立自主创造活动中能起积极促进作用的那些兴趣与动机。高分表示成熟,有能量,强悍、支配性强,有预见性,独立自强,有高超的智力水平和判断能力。低分表示保守、焦虑、谨慎、不满足、糊涂、戒备心重。迷信和屈从于权威,缺乏内省和自我了解。

Ie(intellectual efficiency)　智能效率:测量智能水平或精干性。高分表示有效率、头脑清醒、有能力、聪明、进取、有计划、做事彻底、警觉、信息灵通,特别注重智力活动的价值。低分表示谨慎、糊涂、易变、防卫、胸无大志,思维模式固化、缺乏自律。

4. 第四类:个人生活态度与倾向方面的测量(3个量表)

Py(psychological-mindedness)　心理性或共鸣性:测量一个人对别人的心理需求、动机和兴趣敏感的程度。高分表示善察言观色,自然、敏捷、善谈,随机应变,语言流利,社会化程度高,不愿受规则、戒律等因素的约束。低分表示富有同情心、平静、严肃、细致,反应较慢,对权威绝对服从,传统。

Fx(flexibility) 灵活性：测量思维与社会行为的灵活性及适应性。高分表示有洞察力、信息灵通，冒险、自信、幽默、反抗、理想化、武断、自我中心、玩世不恭，对个人的快乐极端关心。低分表示细致、谨慎、担忧、勤奋、警觉、有策略，世故的，严格的，对权威、习惯、传统绝对服从。

Fe(femininity) 女性化：测量个人兴趣男性化或女性化的程度。高分表示欣赏的、有耐心的、乐于助人的、善良的、谦逊的，诚实，被人接纳和受人尊重，依良心和同情心行事，女性化的。低分表示外向，头脑充实、有雄心、男子汉气概浓，活跃、积极，不能安静下来，在与他人相处时，有操纵性和机会主义的倾向，对迟到不耐烦。

1987年高夫对 CPI 进行了再次修订。新的版本中包含了23个分量表，由472个测题组成(Gough, H. G., 1987)。

(二) CPI 的使用

在上述量表中，Gi(好印象)、Wb(幸福感)和 Cm(从众性)这三个量表兼具效度量表的作用。如果 Gi 分数过高，则可能是受测者在企图给人留下好印象。Wb 分数过低，则要怀疑受测者是否夸大了他个人的忧愁，或者完全在作假。Cm 的分数表示受测者在做测验时是否小心尽力，当分数非常低时，说明他随便作答的可能性较大。

与大多数多元人格测验的情况相同，对 CPI 结果剖析图的解释对主试个人的心理学专业素养、使用 CPI 的经验以及对 CPI 所依据的原理的研究知识的依赖很大。也就是说，不同使用者可能采用不同的解释方式和步骤。有的研究者总结发展出一些较为成熟的解释方法。这里引举一种，以资参考(黄光扬,1996)。

第一，注意整个剖析图的高度。如果几乎所有的分数都超过平均标准分数线(T=50)，可能表示这是一个在社交和智力两方面功能都很好的人。相反，如果多数的分数都低于平均分数，则这个人很可能在人际关系适应上存在困难。

第二，注意四类量表间的不同高度。在就各个量表分数做出一般功能性评估后，还应根据各类量表分数间的相对高低进行更为综合的类水平的评估。例如，如果第三类的各量表(Ac、Ai、Ie)分数要比第一类的各量表(从 Do 到 Wb)的分数高，可以认为这个人的智能和学业适应潜力比较强，而他的社交技能发展得比较弱。

第三，注意得分最高的量表和得分最低的量表。分数越极端，该量表解释摘要中那组特别的形容词就越能适当地描述该人。此外，还须注意量表的交互作用。当两组以上的极端分数所描述的行为很类似时，它们越可能相互强化；如果这些行为是相反的或对立的，则它们可能会相互中和。

第四，注意剖析图的独特性。对少见的高分或低分的组合，某些不平常的偏离常模的现象，某个量表格外突出等的解释要格外谨慎。因为，在这些变异中，有些可能与相应的量表解释不符。

（三）CPI中文修订版

CPI 中文修订版有我国台湾地区李本华和杨国枢 1982 年的修订版（改名为"青少年心理测验"）（陈明终等,1988）,宋维真 1983 年初步修订本和杨坚、龚耀先 1993 年的修订版。杨坚、龚耀先 1993 年的修订版是根据 CPI 原文 1987 年版本修订的（与前述的 1957 年版的内容有较大变化）,并建立了全国性常模（杨坚、龚耀先,1993）。我们将对这一修订版进行简要介绍（以下简称国内修订版）。

1. CPI 中文国内修订版的内容与结构

该 CPI 中文国内修订版在删除和调整了部分心理测量学指标不理想或不适合我国文化背景的项目后,全量表含 462 个测题,由三个部分组成。

（1）第一部分：通俗概念量表。

该部分由 20 个概念量表（因素）组成,它们分别是：1. 支配性；2. 进取能力；3. 社交性；4. 社交风度；5. 自我接受；6. 独立性；7. 通情；8. 责任心；9. 社会化；10. 自我控制；11. 好印象；12. 同众性；13. 适意感；14. 宽容性；15. 顺从成就；16. 独立成就；17. 智力效率；18. 心理感受性；19. 灵活性；20. 女/男性化。

（2）第二部分：结构量表。

结构量表包括三个维度：V.1 是外向—内向；V.2 是规范问题—规范遵从；V.3 自我实现或个人整合。这组量表可以认为是在概念量表的基础上形成的次元因素量表。

（3）第三部分：特殊目的和研究量表。

这部分量表包括管理潜能、工作取向、研究和学术高水平创造性等 12 个量表。

2. CPI 中文国内修订版的分数解释与使用

该 CPI 中文国内修订版根据 $T = 50 + 10(X - \overline{X})/SD$ 对 20 个概念量表进行原始分到线性量表分的转换,得到 T 分数常模表。其他两部分量表基本上参照 CPI 原版,对测验分数采用"划界分"判定的常模类型。

对于人格类型的解释是以 V.1 为横轴、以 V.2 为纵轴,在两轴十字交叉的情况下划出以下四种基本人格类型：Alpha 型（外向规范取向型）,特点是 V.1 低而 V.2 高；Beta 型（内向规范取向型）,特点是 V.1 高 V.2 也高；Gamma 型（外向规范问题型）,特点是 V.1 低 V.2 也低；Delta 型（内向规范问题型）,特点是 V.1 高而 V.2 低。每种基本类型又可以根据 V.3 划分为 7 个自我水平。对 V.3 的划界分数基本上按照原版 CPI 常模手册中规定的有关原则来确定。

五、其他问卷式自陈人格测验

（一）CPQ

儿童 14 种人格因素问卷（children's personality questionnaire,简称 CPQ）是由美国印第安纳州立大学波特（R. Porter）博士同伊利诺伊州立大学人格及能力研究所卡特尔教授一起编制而成的。它能在40分钟左右的时间里测量出14种主要的人格特征,适用于8—14岁的中小学生。

CPQ的编制方法和理论构想、施测程序和方式以及绝大多数人格因素的含义与16PF是相似的。其14种人格因素是各自独立的,每一种因素与其他各因素的相关度极小。因此,每一种因素的测量都能使主试对于被试某一方面的人格特征有清晰而独特的认识,也能够对被试人格的14种因素的不同组合作出综合性的了解,从而全面地评价儿童的人格。而且,通过测验,主试还可以进一步就所得的资料,依据卡特尔等已订正的各种次级因素分数的公式,选用某些因素预测并诊断其他方面的人格特征,如适应或焦虑型,内向或外向型,神经是否过敏等。

CPQ与16PF的主要不同之处在于,CPQ去掉了L、M、Q1、Q2这四个因素,而增加了一个D因素(兴奋性)和一个J因素(充沛性);原16PF中的F因素(兴奋性)改名为"轻松性";14个人格因素中每个因素的测题都等量化(均为十题);每题有两个或三个可供选择的答案,一律采用0,1记分法。D因素的解释为:高分:易动感情,有点惹人恼火的事情就会引起苦恼,对各种类型的刺激都反应强烈。低分:情绪安定、冷静、不好动。偏于墨守成规。J因素的解释为:高分:谨慎,好思索,想问题周到。有时表现为个人主义,对他人过于苛求。低分:热情、活泼、精力充沛,敢于发表自己的意见,愿意参加集体活动,喜欢实干。

儿童14种人格因素如表4-5所示:

表4-5 CPQ人格因素表

符号	A	B	C	D	E	F	G	H	I	J	N	O	Q_3	Q_4
名称	乐群性	聪慧性	稳定性	兴奋性	恃强性	轻松性	有恒性	敢为性	敏感性	充沛性	世故性	忧虑性	自律性	紧张性

该量表的中国修订本是在1987年辽宁省教育科学研究所修订的辽宁省儿童人格问卷常模表的基础上,于1990年由祝蓓里、卢寄萍组织修订完成的(建立了全国常模)。

(二)"Y-G"性格测验

Y-G性格测验是由日本心理学家矢田部达郎等人根据美国心理学家吉尔福特编制的个性测验改造而成的。YG是"矢田部—吉尔福特"的英文缩写。Y-G性格测验曾被用于日本的公务员考试。该测验由130个测题,13个分量表(每个分量表10题)组成。其中有12个临床量表(性格特征量表)和1个效度量表。中文修订本是由我国华东师范大学叶奕乾完成的。该中文修订本与原版在测验结构、评分及解释方法上基本相同。略有不同的是,该修订本只有120题,12个临床量表,不设效度量表。现将该中文修订本简介如下:

测题形式如：

我喜欢结交各种类型的人。

在人多的地方我总是往后躲，不喜欢在人前引人注目。

受测者对于每一道题可以在"是""？""否"三者之间选择一项。凡选"是"的为 0 分，选"？"的为 1 分，选"否"的为 2 分。每种临床量表有 10 题，满分为 20 分。

Y-G 性格测验是以性格的特性理论为基础编制的量表。它有十二个性格特性，每个临床量表反映一种特性。这 12 个性格特性及相应量表的功能是：① D 特性——抑郁性。测定是否经常抑郁，容易悲伤；② C 特性——情绪变化。测定情绪变化大小，是否动荡不安；③ I 特性——自卑感。测定自卑感的大小；④ N 特性——神经质。测定是否对人、对事抱怀疑态度，喜欢担心，容易烦躁不安；⑤ O 特性——主、客观性。测定主观还是客观，是否喜欢空想，容易失眠；⑥ Co 特性——协调性。测定是否与集体、社会协调，信任他人；⑦ Ag 特性——攻击性。测定对人是否和悦，对人、对事是否容易采取攻击或过激行为，敢作敢为；⑧ G 特性————般活动性。测定是否开朗、爱动、动作敏捷；⑨ R 特性——粗犷细致性。测定细心还是粗心，慢性还是急性；⑩ T 特性——思考的向性。测定思考内向还是外向；⑪ A 特性——支配性。测定乐于支配还是乐于服从；⑫ S 特性——社会的向性。测定是否善于交际。这 12 个特性又归纳为情绪稳定性、社会适应性、向性（向性中又包括活动性、冲动性、主动性）等主要因素。以上三个方面与 12 个特性之间的关系如图 4-6 所示。

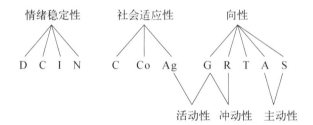

图 4-6 主要性格因素与 12 个基本性格特性关系

根据受测者在各个性格特征上的不同得分，可以将他们划分成五种不同的性格类型。这五种类型的特征如表 4-6 所示。

表 4-6 根据 Y-G 性格检查划分的五种性格类型

类 型	情绪稳定性	社会适应性	内外向性
A	一般	一般	不明显
B	不稳定	不适应	外向
C	稳定	适应	内向
D	稳定	适应	外向
E	不稳定	不适应	内向

最简便的结果分析方法是剖析图对照法。具体做法是,首先分别把 12 个分测验得分标在 Y-G 性格测验剖析图上。该剖析图的纵坐标为 12 种性格特征,横坐标为各性格特征所得分数(0—20 分),连接相邻的坐标点,即形成受测者的性格类型曲线(如图 4-7 所示)。其次,将绘出的受测者的剖析图中的曲线与 5 种性格类型的标准曲线相对照(如图 4-8 所示),判断其属于哪一种曲线,亦即哪一种性格类型。而后,从测验指导手册中找到相应曲线类型的性格描述,对受测者进行评定。

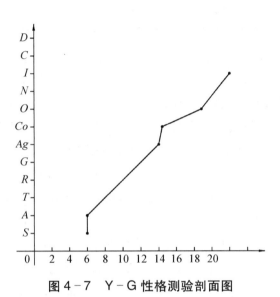

图 4-7 Y-G 性格测验剖面图

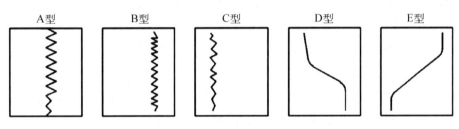

图 4-8 Y-G 性格测验五种标准曲线类型

六、对人格自陈量表的评价

(一) 人格自陈量表的主要优点

人格自陈量表一般采用纸笔测验的形式,与其他类型的人格测验如投射测验相比,具有结构明确、施测简便(团体、个人施测均可)、计分客观、解释比较客观和容易等优点。如果编制过程是严谨的,在一定的信度和效度的保证下,能够高效地搜集到大量有意义的人格资料,既能够用于理论研究,又能够用于评价、诊断以及预测。因此,这类人格测验不仅数量最多,而且在实践中应用也最为广泛。

（二）人格自陈量表的主要问题和编制时可采取的对策

人格测验主要的问题之一是反应偏差（response bias）的存在。心理测验专家把它分为两类：一类是反应定势（response sets），一类是反应形态（response styles）。前者在人格自陈量表中表现最为突出。所谓反应定势就是指受测者有意识或无意识地"扭曲"其对测验项目的反应，从而塑造出一种其内心中所希望显现的形象，而这一形象并不能真正代表他自己。譬如，在职业招聘中，被试在自陈量表的作答中就很可能尽力表现自己更有利于工作岗位要求的"优良品质"。再如，为了逃避法律责任，有的被试会在鉴定是否有精神障碍的问卷作答中假装"不正常"。显然，反应定势无论是有意还是无意，也无论是装好还是装坏，都会损害人格自陈式测验结果的可信性，是影响测验信、效度的不可忽视的因素。最常见的一种反应定势是按社会期望进行反应的"社会赞许倾向"，即被试在对测验内容的反应上有按社会所期望的行为方式作答的倾向，使其能得到"好"的社会评价。由此，很容易看出，反应定势除了与人们普遍的"求好"心理需求有关外，与测验项目的内容有着最为直接的关系。对于大多数人格自陈量表的项目来说，被试都比较容易从其内容上判断如何作出对自己有利的反应。后者，即反应形态，是指当测验的刺激或意义不明显或当被试不知该如何反应时，却常常倾向于使用的一种特殊反应方式，它体现了个人的作答风格。尽管它与测验内容，特别是与社会评价性内容的关系不大，也并非特定于人格自陈量表，但对人格自陈测验的结果的影响也是不应忽视的。反应形态主要表现为：（1）默认倾向，指不论题目如何，被试都有一种偏向，即都反应为同意或不同意，这种偏向也称为趋同应答（acquiescence）。如果一个测验中的大部分测题都以"同意"或"喜欢"等反应来记分，那么出现默认的可能性就更大。因为从心理上讲，否定一个答案比肯定它要更困难，人们一般不太愿意承认自己"不知道"。（2）由记忆的暧昧、模糊所导致的错误回忆和对模糊记忆的潜在的"合理化"加工。

针对反应定势，在测验编制上或施测方法上可以有以下对策：① 在编选题目时，应尽量选择不诱发假装倾向的题目，减少测题的社会评价意义，避免引起受测者的心理防卫和反感。② 选择表面效度与内容效度适当分离的题目。表面效度是指在使用测验的行政人员及其他没有受过专门训练的观察者看来这个测验是否有效，也就是从表面上看起来测验题目与测验目的是否一致。表面效度是由外行对测验作表面上的检查确定的，而内容效度是由够资格的判断者（专家）详尽地、系统地对测验作评价而建立的。常常有这样的情况，外行人认为无效的题目，实际上并不一定无效。例如 16PF 和 MMPI 就大量采用了这样的题目。如 MMPI 中有这样的题目："我的喉咙里总好像有一块东西堵着似的。"表面上看来这种题目似乎与人格无关，但临床上回答"是"的人很可能为癔病或神经衰弱患者。再如 16PF 中"我宁愿选择一个工资较高的工作，不在乎是否有保障，而不愿意做工资低的固定工作"这道题表面上看似乎是测 H（敢为性）或 Q_1（批判性），但实际上是测 Q_3（自律性）。这种做法也许是克服反应定势的最有效的方法。需要指出的是，表面效度与内容效度的分离有时也会产生消极影响。如果表面效度过低，被试在主观上感觉测验与测验目的无关，或觉得测验题目很愚蠢、幼稚等,也会产生不配合、马马虎虎、拒绝测验等心理,从而影响到测验的效度。③ 在量表的名称上做文章。为人格量表加上掩饰性的名称,尽量不使量表名称诱发被试的防卫心理。对此,美国心理学家霍兰德(J. L. Hvlland)的《职业爱好问卷》是一个很好的范例。这是一个"名不符实"的测验。虽然名为"职业爱好问卷",但实则是一个人格测验。这样,以职业爱好名称呈现的人格量表降低了受测者作假的可能性。受测者仅仅将测验视为一个"职业兴趣问卷",而不会将测验与人格相联系。因此,可以较好地克服防卫心理。④ 在安排测题的选答方式时,可以把社会期望程度相同的两个项目配成一对,让被试必选一个。⑤ 创设使受测者老实回答的情境,如指导语或权威暗示等。⑥ 在量表中设置"防伪题"组成各种"防伪量表"。例如,MMPI 中就有说谎量表、诈病分数、校正分数、疑问量表等效度量表,CPI 中也有三个效度量表,如好印象、同众性等。这些"防伪量表"在保证人格自陈量表的可靠性上起到了重大作用。

对反应形态问题的对策可以是:① 在选题时,将"是"和"否"反应计分的题目各选一半。② 一方面要设法控制回答的误差;另一方面在使用测验资料时也须考虑到误差的存在。为此,就要测定回答的误差,开发出即使有回答误差也能找出有效结论的方法,如统计处理方法和像 MMPI 中的加 K 修正的方法。

第三节 投 射 测 验

投射技术(projective technique)也是人格测量中的一种常见方法。该名词由劳伦斯·富兰克(L. Frank)1939 年首先明确提出(普汶,1986),不过在此之前已经产生了利用投射技术原理编制的投射测验,如 1921 年的罗夏墨迹测验。

前已述及,自陈式人格量表面临的一个主要问题是无法完全克服"防卫心理"。为了克服这一不足,人们发展出了投射性测验。

一、投射测验的假设与特点

投射一词在心理学上是指个人把自己的思想、态度、愿望、情绪、性格等人格特征,不自觉地反映于外界事物或他人的一种心理作用,亦即个人的人格结构对感知、组织及解释环境的方式发生影响的过程。

投射测验通过向受测者提供一些未经组织的刺激情境,让其在不受限制的情境下自由地表现出他的反应,通过分析反应的结果,以推断其人格情况。各种刺激情境(墨迹、图片、语句、数码等)的作用就像荧幕一样,被试把他的人格特点投射到这张荧幕上。因此,这类测验叫投射测验。用非学术性语言说,从施测者的方面讲,投射测验是"醉翁之意不在酒""旁敲侧击""意在他图";而从受测者方面说,则是"情人眼里出西施""不经意中露真情"。这些说法对我们来说只是经验之谈,而西方研究者则已对它们进行了理性的分析、系统的验证,从而抽象概括出更一般的理论形态,再根据理论派生出一套有明确规则的技术系统。

投射测验的原理与精神分析理论有密切关系。在20世纪40—60年代,精神分析的思想在人格理论和研究中的影响最大,而其间投射测验增长的数量也最多。精神分析理论强调人格结构中的无意识范畴,认为个人无法凭其意识说明自己,因而自陈量表无法有效地了解人格。必须借助某种无确定意义(非结构化)的刺激情境为引导(引导的方法有多种,暗示也是一种),使个体隐藏在潜意识中的欲望、要求、动机冲突等泄露出来,或者说是不自觉地投射出来。这种假设正是投射测验的理论基础。

投射测验的原理也与人格的刺激-反应理论和知觉理论有关。刺激-反应理论假设:个体不是被动地接收外界的各项刺激,而是主动地、有选择地给外界的刺激加上某种意义,而后再对之表现出适当的反应。知觉理论认为,人们在知觉反应中,实际上或多或少都含有投射的作用。它表现为两个方面:一是知觉者常把自己的情绪投射到外部事物上去(这非常重要,因为透过投射的情绪可以分析潜意识活动);另一方面,人的期望对于知觉经验往往也有影响,人们更容易感知到他们准备感知的事物。所以知觉结果也能反映有意识的期望。

与其他人格测验相比,投射测验有几个鲜明的特点。其一,使用非结构任务,这种任务允许被试有各种各样不受限制的反应。为了促使被试想象,投射测验一般只有简短的指导语,刺激材料也很含糊、模棱两可。在这种情况下,被试对材料的知觉和解释就可反映他的思维特点、内在需要、焦虑、冲突等人格方面。可以这样说,刺激材料越不具有结构化,反应就越能代表被试人格的真正面貌。其二,测量目标具有掩蔽性。被试一般不可能知道他的反应将作何种心理学解释,从而减少了伪装的可能性。其三,解释的整体性。它关注人格的总体评估而不是单个特质的测量。

投射测验也存在一些明显的不足,主要表现在以下几个方面:① 评分缺乏客观标准,难以量化。② 缺少充分的常模资料。测验结果不易解释。③ 信度和效度不易建立。④ 原理复杂深奥,非经专门训练者不能使用。

尽管如此,投射测验在临床诊断上仍在普遍使用。因为这些测验的临床效果给医生们留下了深刻印象。美国临床心理学和学校心理学工作中运用人格测验的种类及频度的统计资料表明,20世纪80年代初,在常用的10种人格测验中,投射测验就占了5种。1984年美国的一项调查研究表明,在美国人格评估协会主要会员使用的人格测验中,使用频度最高的10个测验中,投射测验占了7个(戴晓阳、郑立新,1993)。当然,在实际使用中这些投射测验是否有效,很大程度上依赖于使用者本人。

二、投射测验的分类及几种主要的投射测验

不同学者对投射测验有不同的分类方法。例如林达塞(G. Lindzey)将投射测验分为以下五类:

① 联想型:让被试说出某种刺激(如单字、墨迹)所引起的联想。如荣格的文字联想测验和罗夏墨迹测验。

② 构造型:让被试根据他所看到的图画编造一套含有过去、现在、将来等发展过程的故

事。如主题统觉测验。

③ 完成型：提供一些不完整的句子、故事或辩论等材料，让被试自由补充，使之完成。如语句完成测验。

④ 选排型：让被试根据某一准则来选择项目，或作各种排列。可用图画、照片、数字等作为刺激项目。如内田测验（邓光辉、孔克勤，1995）。

⑤ 表露型：使受测者利用某种媒介（如绘画、游戏、心理剧等）自由表露他的心理状态。如画人、画树测验。

我国有的学者把投射测验分成四类，即联想型、构造型、完成型和表达型（黄光扬，1996）。

以下将重点介绍几种投射测验。

（一）罗夏墨迹测验

1. 测验内容及施测方法

罗夏墨迹测验是由瑞士精神病学家罗夏（Hermann Rorschach）于1921年创编完成的。他从1910年开始使用墨迹图研究精神障碍对于知觉的影响。最初制作时，先在一张纸的中央滴一摊墨汁，然后将纸对折并用力压下，使墨汁四下流开，形成沿折线两边对称但形状不定的图形。他用多种这样制成的墨迹图对各种精神病患者进行测试，发现不同类型的病人对墨迹图形有不同的反应，然后再和低能者、正常人、艺术家等的反应作比较。经试验过数千种墨迹图片后，最后选定其中十张作为测验材料，逐步确定记分方法与解释原则，并于1921年发表《心理诊断法》一书，详述该法。虽然过去也有人利用墨迹图片组成类似的测验，但作为人格测量的工具一直沿用至今，并在人格测量和临床心理学中产生巨大影响的，当属由罗夏所设计的这个由10张墨迹图片组成的测验。

在此套测验的10张对称的墨迹图片中，其中有5张是黑白的（1、4、5、6、7），各张墨色深浅不一；2张主要是黑白墨色加以红色斑点（2、3）；3张由彩色构成（8、9、10）。图4-9为罗夏克墨迹图形示例（图片2）。

施测时，先设法使被试感到放松、舒服，以简单一定的指导语告诉被试如何完成测验。主试尽量少加上自己的意见或其他说明。罗夏墨迹测验专家贝克（Beck，S. J.，1944）建议告诉被试如下的指导语："我要给你看十张卡片，一次一张。卡片上印有墨迹染成的图形。你看每一张卡片时，告诉我，你在卡片上看到了什么，或者你认为出现在卡片上的是什么东西。每一张卡片看的时间不限制，只是请你务必把每一张卡片上看到的任何东西，都告诉我。当你看完一张卡片时，也请告诉我。"（Beck，S. J.，1944）不同使用者在施测时采用的系统程序可能有所不同。最多可以经过四个阶段，即自由（联想）反应阶段、提问阶段、类比阶段和极限测试阶段。其中，前两个阶段是每个被试都必须接受的，后两个阶段则是在经过前两个阶段仍不能确认被试的反应类型时才考虑采用的。在自由（联想）反应阶段，主试一般不作其他的说明或暗示，对被试的反应一般也不予干涉，但要把被试的每一回答尽可能完整地记录

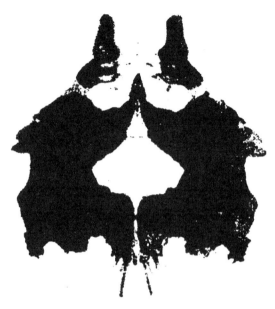

图4-9 罗夏墨迹测验墨迹图示例

下来。该阶段的主要任务为：① 逐句记录反应的语句；② 每张图片从出现到开始第一个反应所需的时间；③ 各反应之间较长的停顿时间；④ 每张图片中反应的全部时间；⑤ 被试在图片里最敏感反应的位置；⑥ 被试附带动作、情绪及重要的行为；⑦ 被试在反应过程中带有某种重复出现的反应倾向等。在提问阶段，当所有图片完成后，再把图片逐一递交给被试，并进行提问。提问包括：① 每一反应是根据图片中的哪一部分作出的。② 引起该反应的因素是什么(形状、颜色、阴影等)。如果经过提问阶段尚不能确认被试的反应类型，有时需要进一步通过类比阶段和极限测试阶段来确认。在类比阶段，主要是询问被试的某种考虑是否与其他一些反应相类似。在极限测试阶段，则是直接问被试是否能看到某种具体的东西。例如可以问："别人从这张图片上可以看出两只熊，你能看到吗？"

2. 罗夏墨迹测验的记分

罗夏墨迹测验最复杂也是最困难的部分为评分和解释。美国学者伊克斯纳(Exner)在1972年的一项调查中发现，在经常使用此测验的临床工作者中，约有25%的人并不对被试的反应作正式的评分，另外75%的主试虽然加以评分，但他们也较少使用一种固定的评分系统(黄光扬，1996)。所以有相当数量的人对被试的反应的解释基本上是依据其个人在临床工作中所建立的经验法则，采用直觉的方式对测验结果加以解释或推理。这种直觉式的解释难免会有主观的成分在内，其效度也自然会受到较大的影响。为此，后来的研究者不断研究发展了一些相对完整系统的评分程序。下面引介目前较常用的一种(戴忠恒，1987)。

(1) 记分的基本逻辑。

如果被试的反应与多数人相同，即被认为是正常的。如果被试的反应方式怪异，与一般人差别很大，这个人就可能存在心理障碍。如果被诊断为某种精神疾患的人都具有某种反应类型,而被试也具有此种反应类型,那么,被试就可能具有某种精神疾患。

(2) 记分时需要考虑的要素。

一是定位(location)。确定被试的每一反应着重墨迹图的哪一部分。具体要看:① 整体(W),对墨迹图作整体的或接近整体的反应。② 部分(D),被试的反应只利用了墨迹图中明显的某一部分。③ 小部分(d),被试的反应只利用了墨迹中较小但仍可明显划分的一部分。④ 细节(Dd),被试的反应所利用的是墨迹图中极小的或不同一般方式分割的一部分。⑤ 空白(S),被试的反应所利用的是墨迹图中的白色背景部分。

二是决定因素(determinants)。确定决定被试反应的因素。可分为:① 形状(F),通常认知的形状为F,少见而很清楚的形状为F+,莫名其妙的形状为F-。② 黑白光度(K),对于黑白光度的反应表示与情感满足有关。③ 色彩(C),对于纯色彩的反应而不带有形状者为C,形状较色彩显著者为FC,色彩较形状显著者为CF。④ 运动(M),是看成动物的动态? 人的动作? 还是抽象的或非生物的动作?

三是内容(content)。确定答案的内容是什么。H 表示看到的是人;A 表示看到的是动物;AT 意味着是解剖学上的答案(骨、器官等类似的东西)。

四是独创和从众(original and popular)。被试的反应若和一般人的反应相近则为从众;若不平常,则为独创。罗夏本人主张在一般的被试中若有 1/3 对同一墨迹作反应,则为从众反应。如果一般人在一百次反应中只出现一次,则可视为独特反应。

3. 罗夏墨迹测验结果的解释

(1) 对定位的解释。如果被试有 W 分,表示他有高度的组织能力和抽象思维能力。

不过有独创的 W 和一般的 W 的含义有所不同。D 分数表示有具体的、实际的、少创见性的心理能力。Dd 表示有特殊的知觉,有时表示有精确的批评能力。如果表现极端,则表示注意琐事。刻板而有规则的人,往往先有 W,而后有 D,接着 Dd,最后有 S,精神病人的反应往往先后次序凌乱。

(2) 对形状的解释。被试如有 F+或 F,表示他对于心智的过程和做事上有控制能力。分裂型的人,其行为无组织,对事曲解,故常有 F-分。F 分过高,表示在情绪上和社会适应性上会受限制。

(3) 对色彩的解释。被试如只是反应色彩(或色彩和形状结合),则表示其冲动行为以及情绪上对环境的关系,FC 表示具有情绪上的控制和社会适应的能力;CF 表示冲动和自我中心。C 则表示情绪激动。此外尚有色彩震惊(color shock),这表示被试由于焦急、神经症或受严重的损伤而致的情绪的不平衡。心理上严重失常的人会特别有此现象。

(4) 对黑白光度的解释。对于黑白光度的反应,表示被试有情绪上的需求。但也可以视为与焦虑、压抑以及不满足感有连带关系。

(5) 对运动的解释。被试有 M 分表示有丰富的社会生活和理想生活。若只有运动反应而无色彩反应,表示有内心的生活,而对外在的事物无感情,即外向的人格。除精神病外,适应有困难的人有 M 分表示幻想生活。躁狂症的人有 M 分则表示自我中心的愿望满足。

(6) 对内容的解释。有 H 表示与别人关系密切的可能性。有 A 是正常的,但看到太多动物可能表示不成熟。有 AT 可能意味着存在焦虑或用身体不适来进行心理自卫的倾向。对独创与从众的解释。如果被试的反应与一般人不同,则可能表示他有独特见解,智力比较高,或者是有意歪曲事实,有与社会不易相融的倾向。反之,与一般人有许多雷同的地方,可能表示他的智力一般,或者社会适应良好。

下面是一被试对图 4-9 中的墨迹图反应的记分及解释举例(普汶,1986)。

被试反应:有两只熊,熊掌贴着熊掌,好像在玩拍拍掌,或者也可能是在打架,红色是打架受伤流出来的血。

计分:DFM,CAP

定位:D 为大部位

决定因素:FM 为动物在动

C 为红色,表示血

内容:A 为动物

独创和从众:P 为普遍反应(看到两只熊,这是对该张卡片的普遍反应)

解释:被试一开始的反应即为"动物",提出看到两只熊,这是一个普遍反应。指出熊在玩拍拍掌,表现出嬉戏、幼稚的行为。随后是敌意举动的反应。颜色反应和血的内容,显示他可能不易克制自己对环境的反应。他是否用嬉戏、幼稚的外表来掩饰敌意和破坏的感觉?而这种感觉可能会影响他对环境的处理。

4. 对罗夏墨迹测验的评价

正如前述,在 20 世纪 60 年代前期,罗夏墨迹测验一直是心理工作中使用最经常的心理测验。到了 80 年代,虽然它的最高位置已被 MMPI 所取代,但仍是一种普遍使用的有效的临床心理工具,足见其难以忽视的临床使用价值。迄今为止,有关罗夏墨迹测验的研究不下 600 种,结果褒贬不一。主要是对其信度和效度争论不休。褒义的观点除了肯定它在临床上的用途外,还特别强调它在克服被试的心理防卫方面的积极效果。贬义的观点除了认为该测验在解释上有较大的主观性,效度不甚可靠外,还认为其记分和实施比较复杂,总之,依现代心理测量标准来看,这个测验还不够令人满意。在罗夏之后,许多研究者针对该测验的上述不足,在客观评分和标准化施测上取得了一些进展。如哈若沃团体墨迹测验和霍兹曼墨迹技术等。我国对罗夏墨迹测验的研究和使用工作也已逐步开展。

(二) 默瑞主题统觉测验(TAT)

主题统觉测验是投射测验中与罗夏墨迹测验齐名的另一类人格测验。这种技术是由默瑞(H. A. Murray)及其同事于 20 世纪 30 年代发展而来的。在这类测验中,默瑞于 1943 年发表的第三套主题统觉测验是最主要,也是使用最广泛的一种测验。这套测验由 30 张内容颇为暧昧的黑白图片组成。图片内容多为人物,兼有部分景物。就刺激情境而言,

TAT较墨迹测验更有组织和意义。不过TAT对被试的反应也不加限制,任其自由凭想象去编造故事,所以测验也有投射性质。被试要按年龄和性别分成成年男性、成年女性、男孩和女孩四组。30张图片也组合成4套,其中,每组专用的图片各一张,成年组与非成年组共有的图片各一张,男女共有的各7张,各组通用的共10张。施测时每个组测20张(包括一张空白片),依照规定顺序呈现。在每张图片上画着一个情境。例如,一个青年在沉思、一个提着箱子的男人、一个男人和一个女人等。被试要根据每一张图片编一个故事。被试要讲出是什么原因引起了当前的情境,此时此刻正在发生什么事情,图中人物在想什么,有什么感受,结果会怎样。对于空白图片,要求被试首先想象一个图,描述这个图的形象,然后再编一个故事。TAT图片样例如图4-10所示。

图4-10 主题统觉测验图片之一

主题统觉测验的基本假定是,个人面对图画情境所编造的故事与其生活经验,特别是心理深层的内容,有密切的关系。故事内容,有一部分固然受当时知觉的影响,但其想象部分却包含有个人有意识或无意识的反应。也就是说,被试在编造故事时,常常是不自觉地把隐藏在内心的冲突和欲望等穿插在故事的情节中,借故事中人物的行为投射出来。主试如果能对被试所编的故事善加分析,便可了解其心理需求。

主题统觉测验的分析和解释并无一定公认的方式。有些心理学家曾依不同的心理学理论发展出若干种自成一格的方法。现将默瑞本人提出的一种评分和解释方法叙述如下(戴忠恒,1987),分析时要注意:

主角本身:在各种图片中被试被认为代表他自己的角色,如隐士、领袖、优越犯罪者等。

主角的动机倾向和情感:主角行为,特别是异常行为,在分析时应予以注意,提到次数多的,就是强烈的表示。默瑞举出若干特性,如屈辱、成功、控制、冲突、失意等,均可按照叙述的强烈、持续、重复次数以及重要性做成一个五等级量表。

主角的环境力量：特别是人事力量。有时图片中所没有的人和物，是被试自己选出来的，这些对主角所产生影响的力量（如拒绝、身体的伤害、缺陷、失误等），可根据其强度而列成五等级量表。

结果：主角本身的力量和环境力量的对比，经历了多少困难和挫折，结果是成功还是失败，是快乐还是不快乐。

主题：主角的力量和环境力量相互作用的结果是成功还是失败就是简单的主题，这些情况联合成为一串的东西，就是复杂的主题。从这些当中分析出被试最严重、最普遍的难题是来自环境的压力还是自身的需要。

兴趣和情操：譬如图片中的人物，如老年妇女常常被比喻为母亲，老年男子常常被比喻为父亲；图片中的角色，有时被表现为正面人物，有时被表现为反面人物。

默瑞的这套评分和解释方法是以其人格理论中的"需要—压力原则"为根据的。该原则认为，人类复杂的心理行为，都可以用特定的欲求和压力相结合的简单形式来解释。个体人格的形成及表现，具有明确的动力性。完整的人格，往往是内在欲求和压力相平衡的结果。若不平衡，则会发生人格偏离或心理异常。以这种观点来解释测验的结果，显然是具有相当的深刻性、动力性和整体性的。但这种方法还是有很大的主观性，而且很费时间，往往要四至五个小时才能评定一份记录。

基于TAT而发展出来的其他类似测验在数量上颇多，其共同的特点是向被试提供结构性或半结构性、明确或模糊的作品，要求被试编讲故事或以相宜的动作表演来代替。比较常见的有密执安图片测验（Michigann pictures test，简称MPT）、密西西比主题统觉测验、斯内德曼编图画故事测验（make a picture story test，简记为MAPST）和罗桑兹威格逆境对话测验等。

1993年，我国浙江省精神卫生研究所的张同延等人对默瑞的主题统觉测验进行了修订改进。为了弥补原版测验操作复杂，结果的分析、评定主观因素较多，信度、效度较低的缺陷，该中国修订版把原有的无结构投射法修改为半结构化的联想—选择法投射，即每个图片有固定数量的描述短句由被试选答；为避免文化差异的影响，将测验图片上的人物形象全部改绘成中国人的形象，画面场景亦按中国的社会文化背景进行了适当改绘。该修订版具有一定的信度、效度，并建立了国内地区性常模（张同延等，1993）。

（三）其他类型的投射测验

1. 语句完成测验

这类测验属于完成型，有两种方式：① 限制选择式。在一句未完成的语句后面列有数个短句，要被试从中选择一个自认为最合适的短句完成句子。② 自由完成式。要求被试将未完成的句子补充完善成完整的句子，而对被试不加任何其他限制。测题如"我喜欢——"，"我认为婚姻生活——"等。较常见的语句完成测验有罗特（J. B. Rotter）的"未完成的语句填充测验"和塞克斯（J. W. Sacks）的"塞克斯语句完成测验"。

2. 绘画测验

这属于表露型测验。在艺术创作领域中,一般认为作品,特别是绘画作品,常透露出创作者的内心世界。基于同样的道理,心理学家也借绘画法来了解一个人的心理。绘画法在人格测量上较有名的应用有麦柯弗(Machower)的画人测验(Draw-A-Person Test, 1949年);布克(Buck)1948年的"屋—树—人技术"(House-Tree-Person technique,简记为H-T-F);伯恩斯(Burns)和考夫曼(Kaufman)1970年的家庭活动绘画技术(Kinetic-Family-Drawing technique,简记K-F-D);科赫(Charles Koch)的画树测验(Drawing-A-Tree)等。这类测验由于在使用上相当简便,而且具有时间上经济的特色,尽管其信度和效度长期以来并没得到有利的研究证明,但在临床使用中仍为许多人所青睐。

第四节 人格测量中的评定量表和情境测验

一、人格评定量表

(一)人格评定量表的性质与种类

在心理测量方法中,评定量表(rating scales)是用来量化观察中所得印象的一种测量工具。人格评定量表就是通过观察,给人的某种行为或人格特性确定一个分数(通常为等级)的标准化程序。评定量表是以自然观察为基础的,但评定过程绝不是现场观察的直接记录和短暂印象,而实际上是较长时间的纵向观察及多次印象的综合。这是与一般的自然观察不同的地方。因此,评定量表的使用在某种程度上也包含了评定人的主观解释和评价的意义。从这个意义上讲,评定量表并不是一种测验,至少不是像自陈量表那样规范化的标准化测验。一般来说,评定量表是由与被评者比较熟悉的他人对被评者的行为或人格特点作出评价,而不是由被试自己对测验条目作出逐一反应。评定量表与自陈量表实际上是从不同的方向或角度对个体的人格进行测评。对同一人格内容的测评,自陈与他评的结果的相符情况具有很丰富的意义。就测验的编制来说,这里包含重要的效度信息。所以评定量表经常被用于对测验的效标资料的搜集和研究工作。有人通过调查发现,在美国工业和政府机构所公布的测验效度资料中,有68%的研究者用评定作为测验的唯一效标(郑日昌,1987)。此外,虽然评定人的评价是主观的,但由条目内容加以限制的评定依据及来源却是比较客观的,因而具有相当的真实性。同时,评定量表还有结构明确、各条目描述精练、内容丰富、施测简便等特点。这些性质和特点使得评定量表的应用甚广,不但成为在学校、机关、企业中应用很广的考核人员的工具,也是在临床心理学实践和心理学研究中广泛使用的工具。

由于评量方式不同,评定量表有多种形式,但绝大多数可归属于如下四种形式之一:

① 数字评定量表。在数字评定量表中,评定者根据被评定的某种属性(例如领导能力、人际交往有效性等)在被试身上的表现作出判断,并分派给数字值。所有这些评定都要求在

一个连续体上的不同位置分派给不同的价值,分别代表不同的属性程度。例如,评定一个人的领导能力,可在下面的数字量表上确定一个等级。

② 图表评定量表。要求评定人在一个描述某种行为或特质的维量上选择一个合适的位置来反映被评定者具有这种行为或特质的程度。典型的图表评定量表是,在维度的最左端是对行为或特质最低程度的描述,右端则是最高程度的描述。维度的中间点则是对特质的中间程度的描述。

③ 标准评定量表。评定者将被试与标准进行比较,从而获得某种特质的估计。

④ 强迫选择评定量表。在该类量表中,每道题目有两个在社会赞许性上等值的句子。要求评定者标出与被评定者最为相似和最不相似的句子。虽然有时这种量表有选择上的困难且容易令人生厌,但它要比标准评定量表更公平些。

(二) 评定量表举例

1. 梵兰社会成熟量表

梵兰社会成熟量表(Vineland social maturity scale,简称 VSMS)是美国梵兰训练学校校长道尔在长期工作中摸索编制的,适用于婴幼儿至三十岁的成人。其结构与标准化是以斯坦福—比奈量表为蓝本的。测题以年龄分组,很像斯坦福—比奈量表。下面列举几项有关自助、自我指导、移动、作业、交往及社交方面的项目:

自助:接触邻近的东西(出生至一岁)

自我指导:购买自己的衣服(十五岁至十八岁)

移动:在屋里随意漫步(一至二岁)

作业:助理细小家务(三至四岁)

交往:打电话(十至十一岁)

社交:引人注意(出生至一岁)

主试与被试本人或亲友会面之后,根据交谈和调查结果逐项计分,由此可得一社会年龄(social age),再用其除以实足年龄。即得社会商数(social quotient,简称 S. Q.)。

1980 年,日本三木正安教授修订了该量表,称之为婴儿—初中生社会生活能力量表(日本 S—M 社会生活能力检查修订版)。以后,婴儿—初中生社会生活能力量表经我国学者张履祥、左启华等人修订,有了中国版本(张履祥,左启华 1995)。

2. 汉密尔顿焦虑量表

汉密尔顿焦虑量表(Hamilton anxiety scale,简称 HAMA),由临床心理学家汉密尔顿于1959 年创编。主要用于评定神经症及其他病人的焦虑症状的严重程度,是精神科中应用较为广泛的医用心理卫生评定量表之一。在国外的一项关于评定量表的比较与评价的研究中,汉密尔顿焦虑量表在他评焦虑量表系列中位列第一(参见中国心理卫生杂志1993年增刊,第16页)。国内外的有关研究对HAMA的信度与效度进行了多方面的考查,表明它有较高的评分者信度和效度(同上,第222页)。

HAMA通常由经过训练的两名评定员进行评定。所有14个项目的评定,除了第14个项目外,都根据被评者的口述进行评分。该量表参照如下各项症状表现,按0—4分进行五级评定。各症状评定标准如下:

a. 焦虑心境:担心、担忧,感到有最坏的事将要发生,容易激惹。
b. 紧张:紧张感、易疲劳、不能放松,情绪反应,易哭、颤抖、感到不安。
c. 害怕:害怕黑暗、陌生人、一人独处、动物、乘车或旅行及人多的场合。
d. 失眠:难以入睡、易醒、睡得不深、多梦、夜惊、醒后感疲倦。
e. 认知功能:注意力不能集中,记忆力差。
f. 抑郁心境:丧失兴趣、对以往爱好缺乏快感,抑郁、早醒、体重昼重夜轻。
g. 躯体性焦虑(肌肉系统):肌肉酸痛、活动不灵活、肌肉抽动、牙齿打颤、声音发抖。
h. 躯体性焦虑(感觉系统):视物模糊、发冷发热、软弱无力感、浑身刺痛。
i. 心血管系统症状:心动过速、心悸、胸痛、血管跳动感、昏倒感、心搏脱漏。
j. 呼吸系统症状:胸闷、窒息感、叹息、呼吸困难。
k. 胃肠道症状:吞咽困难、嗳气、消化不良、肠动感、肠鸣、腹泻、体重减轻、便秘。
l. 生殖泌尿系统症状:尿意频数、尿急、停经、性冷淡、早泄、阳痿。
m. 自主神经系统症状:口干、潮红、苍白、易出汗、起鸡皮疙瘩、紧张性头痛、毛发竖起。
n. 会谈时行为表现:① 一般表现:紧张、不能松弛、忐忑不安、咬手指、紧紧握拳、摸弄手帕,面肌抽动、不宁顿足、手发抖、皱眉、表情僵硬、肌张力高、叹气样呼吸、面色苍白。② 生理表现:吞咽、打嗝,安静时心率快、呼吸快、腱反射亢进、震颤、瞳孔放大、眼睑跳动、易出汗、眼球突出。

(三) 人格评定量表的编制和应用应注意之点

① 人格特征的定义必须清楚。对于所要评定的人格特征,评定者需要清楚而一致地了解。为使其意义明确,可举实例加以说明。

② 人格特征的等级必须规定明白。等级的区分应和特征的定义同样明白确定。但要注意等级的划分不宜过细。研究表明,只有受过严格训练的人才能区别十一个等级,大多数人对于七级以上就不能作有效的辨别了。所以通常等级的划分都在三至七级之间,而以采用五个等级的最为常见(郑日昌,1987)。

③ 量表可用计分法或等级排列法。计分法可使被试按其自身成绩而获得一分数或占一等级。每一等级有一分数,如用五分法时,左右各得-1,-2,+1,+2,以零为均数;或由左而右,由+1至+5,其均数为+3。等级排列法是团体中各被评者相互比较的一种方法,即由评定

者按被试在某项特征上所拥有的程度排列名次。一种简便的方法是评定者先选出最高、最低和中等者三人作为参照,然后按各被试拥有特质的程度接近上述三种水平中的哪一种,再对他们依次排列。

④ 信度的确定。往往是以同一个评分者对若干被试的两次评分(中间间隔一段时间)结果的相关系数作为信度系数。

⑤ 效度不易确定。评定量表很难找出有用的效度准则。在实际应用上,评定量表的效度取决于评定者对各项特征意义的了解以及评定的正确与否。

⑥ 外显特征的评定较内隐特征的评定可靠。一些外显的行为活动较之对个体内在生活及对自我感情的评定更为可靠。

⑦ 评定者须接受指导。评定者需要了解影响信度和效度的各个方面。如评定过严、过宽或趋中评定(避免作出极端的评定)的倾向都会缩小分数分布的范围,而使评定的区分度降低;逻辑错误(评定者把他认为相互关系的特质都作同样的评定)和"光环"效应(对一个人总的看法影响了对其具体特质的评定,即以偏概全)更会影响评定的"正确性"。所以评定者对于同一个人某一项特征的评定,不必和对该被试其他特征的评量相混淆,即避免"光环"效应;评量不可在对被试没有适当认识的情况下进行;评定者必须对广泛的社会阶层的人有所认识;同时必须有最诚恳的动机而使评定达到可信的要求。

二、情境测验

情境测验(situational test)是指预先布置一种情境,主试观察被试在此情境中的行为表现,从而判定其人格。由于有意设计和控制了情境,可以认为情境测验是一种特殊的实验观察,亦即一种清净"实验"。

用于测验人格的情境,不外"实际生活情境"与"设计的情境",前者多用于教育上,如品格教育测验;后者多用于特殊人员的选拔,如情境压力测验。

(一)品格教育测验

哈特松(Hartshorne)和梅尔(May)所设计的一套品格教育测验(character education inquiry,简称 CEI)就是最为典型的情境测验之一。

CEI 采用的是学龄儿童日常生活或学习中所熟悉的、自然的情境,用来测量诸如诚实、自我控制以及利他主义等品格或行为特点。一种测验方式是用于平常考试的情境,试题多而作答方式简单。"考试"完毕后将试卷收回,复印一份。然后在下次上课时,将未批改的试卷连同标准答案一起发给学生,让学生自己批改并打上分数。最后再将试卷收回,与复印的试卷对照,就可以看出学生是否有修改答案以提高分数的不诚实行为。

另一种诚实测验由多种特制的材料组成,包括曲线迷、周迷、方迷三个测验。例如周迷测验,给学生一张画有十个大小不等和位置不规则的圆圈的纸,如图 4-11 所示。要求学生闭紧双眼,用铅笔在每一个小圆圈中画上记号。根据哈、梅二氏的研究,每次顶多只能画中 4

至5个小圆圈,所以连续测量三次的总成绩不应超过13个(分),如果超过此分,则表示被试不诚实。上述三个测验均要事先通过控制测验确定诚实分数常模,亦即在不偷看的情况下,各种团体的被试所能获得的最高分数。

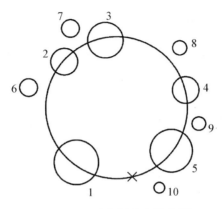

图4-11 周迷测验示意图

(二) 情境压力测验

无领导团体情境(leaderless group situation)是情境压力测验中的典型情境。这种情境测验是用来鉴别领导能力、想象力、小组合作等人格特征的。该测验是在一组不相识的人群面前,提出一项在有限的器材条件下需参加者通力合作,并要求在规定时间内完成的任务。在这里,谁是小组领导人未确定,而且规定如不能按期完成任务,每人都要受罚。在此情境下,有人自动承担起领导者的责任,并获得小组成员的支持而顺利完成任务,此人即具有领导者的特质。现在人们根据这类测验的道理,设计出了许多类似的情境测验,如处理一堆公文的"文件筐"测验、"商业模拟游戏"测验以及"司法模拟"测验等,来甄选做特定工作的人员,如军事领导、社会工作人员、教师、推销员、经理人员等。

情境测验比较逼真、自然,而且在许多情况下,被试并不知道自己在被观察,故可以收集到一些在平时正常情境下不大可能出现且又难以测量的内容。但其不易做到标准化,使用起来费时费钱、效率低,不宜用于大量的人员测评的情况。

第五节　人格测验中存在的问题

与其他认知能力方面的测验相比,人格测验的困难与问题较多。了解这些情况,有助于在对人格测验的学习、使用和研究中避免失误,寻求对策和新的突破方向。综合各家的看法,将人格测验中的问题作如下概括。

一、人格基本概念的不一致

人格内涵复杂。对于人格的定义、结构以及分类问题,迄今未获得一致的结论。对于人格应包含哪些特质,不同的学者也有不同的看法。由于没有同一的标准,测验的项目内容也就无法一致,使得不同人格测验的结果难以进行比较,即使都是以特质理论为基础的测验。因为两个人格测验可能测的是完全不同的特质。

二、整体动态人格测验的困难

人格测验经常受到的批评是它不能恰当地描述人格的动态性质。如果所谓"动态"指的是随时间而产生的一些变化,那么,我们可以将在不同时间施测的测验结果联系对照,就可以描绘出这种动态性质。但如果"动态"指的是每个人特有的、复杂的人格结构以及其整体的作用效应,则目前的人格测验还有相当距离。因为多数人格测验是把不同的人格维度割裂开来分析,而一些进行整体分析的测验(如投射测验和情境测验),标准化水平又比较低,在计分和解释上不够客观。

三、信度和效度系数较低

与能力和学绩测验相比较,人格测验的信度和效度系数确实不高。其原因是多方面的。其一,如前所述,人格测验受情境及个人心态的影响比能力测验要多。其二,对于人格测验,很难确定适当的效标。人格测验所用的效标,多半是根据心理学者、精神病学者或教师所作的评定。凡属评定,其信度往往是低的,人格测验的分数与不十分可靠的效标求相关,其效度自然不会高。不过,有一些临床心理学家认为,心理测验技术只要在临床上被证明是一种很有用且很有效的心理评估工具,就不应当强调测验的信度及分数结构的一致性。在一致性与真实性发生矛盾时,应该毫不犹豫地舍弃一致性而维护真实性。各种投射测验在国内外临床心理实践中被广泛使用的事实,似乎为这一观点的合理性提供了现实的注脚。对于人格测验的效度问题,有的学者认为,不能仅从效度系数的绝对值就判定人格测验的效度一定比能力和学绩测验的低,因为它们所测的是不同的东西,采用的是不同的标准(郑日昌,1987)。也有学者认为,对人格测验的效度评价问题,不宜恪守传统观念,应该从多方面来收集人格测验的效度,但最重要的一条是,必须坚持实验验证或临床验证的观点(黄光扬,1996)。有些人格测验是按照某种人格理论或概念严格推论而来的,具有不可否认的结构效度。然而,这类测验在临床实际应用中也可能并不那么有效。看来,人工测验的效度证据不能限于内部或纯理论的分析,必须重视寻找可行的效标以及多方面的证据。心理学家斯达格纳(R. Stager)曾归纳出五种考验人格测验效度的方法,即:① 看测验能否识别在客观基础上选出的极端的一群人。② 将测验结果与专家评定结果相互比较。③ 将测验结果与生活资料或临床记录相互比较。④ 看测验结果能否预言将来的行为。⑤ 以理论上的推论去判断。

四、人格测验的题目

人格测验所测的特质往往没有明确定义或不易明确定义,因而题目范围难以界定,各种可能的刺激项目数不胜数,而测验题目在内容或措辞上的细微差别,加上前述的人们在理解上的个别差异,常常会导致反应的巨大差异。

五、测验分数的解释

人格测验的答案无对错之分。人格有独特性,用同样的标准去解释不同人的行为是否恰当,是值得怀疑的。因为一种行为对某人来说是良好适应,对另一个人来说也许是不良适应。另外,按统计标准(常模)评价人的行为,结果可能会奖励了从众行为,而限制了个性发展。

六、伪装和社会赞许反应

如前所述,人格测验的题目往往易于与社会评价联系(尽管已努力避免),有的被试不是根据自己的实际情况来回答问题,而是根据社会的舆论、他人的态度来回答问题,因而使测验的结果不可靠。尽管已有前述的种种努力措施,但是这些努力在解决这类问题上并没有取得完全成功。

七、隐私

西方国家对人格测验的一种批评是,某些人格测验侵犯了个人秘密,违背了民主原则。所以,在涉及个人的实际利益的录取、选拔、司法鉴定等实际应用中,如何既能发挥人格测验的评量作用,又能兼顾个人隐私的保护,是一个需要多方面(心理学、社会学、司法、教育等)协调解决的问题。

本章思考与练习

1. 人格测验与能力测验有何区别?人格测验有何特殊困难?
2. 编制自陈式人格量表的方法有哪几种?试各举出一种代表性量表。
3. 针对人格测验,特别是自陈式人格测验存在的问题,请提出相应的解决对策。
4. 人格测验与评定有何联系与区别?

第五章 学业成就测验

本章主要学习目标

学习完本章后,你应当能够:
1. 掌握成就测验的类别;
2. 掌握标准化成就测验的含义、类别和功能;
3. 了解几个著名综合成就测验的结构、特点和功能;
4. 了解几个单科综合成就测验的结构、特点和功能;
5. 了解标准化成就测验的现状和发展趋势。

第一节 学业成就测验概述

一、成就测验的起源、含义和种类

在心理和教育测量领域,成就测验所测量的"成就"(achievement)是指个体对当前所学知识和技能所掌握的程度或达到的水平。这与普通心理学和日常所理解的个体在自己或者社会树立的目标上所取得的成就(accomplishment)或者造诣(attainment)大有不同(Ray,2002)。

成就测验一词最早可能出现于 20 世纪 20 年代。1923 年,美国斯坦福大学的推孟及其同事首次编制并出版了具有标准化测验特征的斯坦福成就测验(Stanford achievement test,简称 SAT),适用对象是一到九年级的学生,测试内容有阅读、听力、拼写、数学、科学、社会科学和环境等不同学科(Robert,2007;John & James,1998)。随着 SAT 的广泛应用,其影响力随之扩大,成就测验一词也很快深入人心,并广为接受。在此之后,不少由心理和教育测验专家编制的与学科知识和技能有关的测验大都以成就测验命名,比如成就和熟练度测验(tests of achievement and proficiency,简称 TAP)、加利福尼亚成就测验(California achievement test,简称 CAT)、大城市成就测验(metropolitan achievement test,简称 MAT)、韦克斯勒个人成就测验(Wechsler individual achievement test,简称 WIAT)等。心理测量学家编制的这些成就测验以标准化为首要特征。

到今天,尽管学界关于成就测验的描述不尽相同,但普遍认为成就测验是针对知识和技能的测验。例如,以戴忠恒(1987)、彭凯平(1989)为代表的中国学者认为成就测验的目的是测量学生或者受试者对某学科或某组学科经过学习或者训练之后所获得的知识和技能或者学习成效。与之近似,阿瑟·雷伯(Authur S. Reber,1996)编著的《心理学辞典》这样写道:

"成就测验,成绩测验,任何设计用来评价一个人当前的知识或者技能的测验。"彼得罗夫斯基和亚罗舍夫斯基(1997)认为,成就测验是"解释被试者掌握具体知识、技能和熟练程度的一种心理诊断学的方法。"黄希庭(2004)主编的《简明心理学辞典》对成就测验作了如下解释:"用来评价一个人当前知识和技能掌握的测验,包括学科测验和综合成就测验。"当然,随着成就测验的应用从教育领域拓展到职业领域,成就测验的范围有所扩大。荆其诚(1991)主编的《简明心理学百科全书》指出:"成就测验测定当时已经具有的知识与技能的测验……包括教育成就测验、职业成就测验。"

综上,可以认为成就测验是测量学生或者受试者对某学科或某组学科,或者经过学习或者训练之后所获得的知识和技能的测验。换言之,成就测验测量的是一个人在某一学科和某组学科或者任务上的学习成效或者掌握的程度(Robert,2007)。其类别分为教育成就测验和职业成就测验。

二、成就测验与教育测验

关于教育测验的起源,根据美国的普雷斯科特(Hall Prescott F.)于1897年发表的《移民和教育测验》(Immigration and the Educational Test)一文,可以推知教育测验一词的出现至少不晚于1897年。此外,虽然笔试测验的源头最早可以追溯到中国古代汉朝,但是现代教育测验的萌芽则是1897年美国的莱斯编制的儿童拼写能力测验(Robert,2007)。测验的编制和应用则始于20世纪初期,并以桑代克于1909年编制、1910年3月发表于美国哥伦比亚大学师范学院月刊上的"书法量表"为标志。这是第一套采用科学方法(等距原理)编制而成的教育测量工具。桑代克随后还编制了作文量表、图画量表。斯通(C. W. Stone)的算术推理测验、希莱加斯(M. B. Hillegas)的作文测验、布肯汉姆(B. R. Bukingham)的拼写量表也均是在桑代克的指导下完成的。因为他的突出贡献,桑代克被艾尔丝(L. P. Ayres)誉为"教育测验运动的鼻祖"。1911年,美国纽约市采用柯蒂斯(S. A. Courtis)编制的标准化的教育测验工具——算术测验对学校教学进行了检查。标准化的教育测验在不少大城市得到了认可(陈选善,1947)。一战之后,美国的工业、公立学校和大学对能够简便施测和评分的测验需求急剧增加,由奥提斯与伊尔克斯等人编制的陆军A式和B式量表也很快服务于普通用途,并迅速成为团体测验大家庭中的范版,对包括成就测验在内的不同类测验产生了巨大影响:测验的特征发生了变化,开始采用多项选择形式(客观题)(Robert,2007;Robert & Norman,2000)。与教育有关的测验所测试的内容范围从小学扩展到中学的诸多科目,数量也大大增加(陈选善,1947)。此外,20世纪30年代后期,计算机记分的出现大大提高了教育测验的应用效率。再者,应教育测验发展和应用所需,美国产生了专门从事测验开发的研究机构,例如大学入学考试委员会(College Entrance Examination Board,简称CEEB),后来发展成为教育考试服务中心,负责跨州乃至全美范围的大规模测试。标准化的教育测验在美国逐渐得到了推广。

当时,这些测量学科知识和技能的测验通常为教育服务,自然而然地被称为教育测验。

其特征是以学业成绩为主要测量目标,依科目的不同可分为阅读测验、算术测验、史地测验等(陈选善,1947)。据美国《心理测验年鉴》所载,如今,教育测验的内容已经扩展到学业知识和技能之外的多个领域,包括教育或学校环境、有效教学、学习技能和策略、学习风格和策略、学校态度、教育项目(program)或课程、兴趣调查和教育领导力等。

至于成就测验与教育测验的关系,可以认为,成就测验一词最初是心理和教育测量学家对教育测验的另一诠释,主要是为了与智力测验等能力及倾向测验相区别。早期的成就测验主要以学科知识和技能为测量内容,故成就测验在测量界一度就是教育测验的代名词。随着成就测验应用领域的扩展,成就测验至少可以分成教育成就测验和职业成就测验两大类;同时由于更多类型的测验,比如能力、能力倾向、态度等测验应用于教育背景,教育测验的范围亦大大扩展,成就测验与教育测验不再完全重合,而是彼此区别又相互交融,其交融的部分就是教育成就测验或者学业成就测验(academic achievement test)。学业成就测验一般分为教师自编测验和标准化成就测验,本章着重介绍标准化成就测验。

三、标准化成就测验

(一) 标准化成就测验的意义、分类和功用

1. 标准化成就测验的意义

所谓标准化成就测验(standardized achievement test),就是通常由编制测验的专业人员根据测验原理和具体的教学目标编制而成,旨在测量受测者学习某学科或某组学科之后,或者参加训练后所获得的知识和技能,为评价教育目标实现的程度、衡量学生学习的状况提供依据的测验(John & James,1998)。

与教师自编成就测验相比,标准化成就测验的主要特点是以客观题为主要题型,测验内容范围广泛,并且有统一的评分和解释标准(最常见的是常模),可以对不同地区、不同学校和不同班级学生的学业成就进行比较,其信度和效度高;具有筛选、鉴别、诊断、安置、进展评估、课程评估以及协助其他相关问题的研究等诸多功能。而教师自编成就测验一方面因具体的教学内容(比如某课程、某单元)、具体的班级以及具体的教师不同而有不同,相对于标准化成就测验而言,具有针对性更强的特征;但另一方面,测验内容因为过分具体而不广泛,而且由于是教师作为测验编制者,往往缺乏专业和足够的测验编制技术,同时缺乏统一的评分和解释标准和信度、效度证据,因而测验难以在不同班级、不同学校、不同地区进行使用,测验的应用范围狭窄(John & James,1998;戴忠恒,1987;彭凯平,1989)。

2. 标准化成就测验的分类

(1) 根据内容所涉及学科的多少可以把标准化成就测验分成单科成就测验和综合成就测验。综合成就测验(multiple skill achievement test),也译为多重成就测验,评价的是学生关于不同课程领域的知识和理解(John & James,1998)。例如前面提及的斯坦福成就测验(SAT)、加利福尼亚成就测验(CAT)、成就和熟练度测验(TAP)、大城市成就测验(MAT)等

均是综合成就测验的典范,测验内容大都包括阅读、数学、科学、社会知识等若干课程领域。单科成就测验的测验内容范围针对某一课程领域,例如阅读、数学、口语、书面语言等,通常旨在更加详细地评价受测者掌握某学科知识或技能的具体状况乃至缺陷。著名的测验有伍德科克掌握阅读测验(Woodcock reading mastery test,简称 WRMT)、斯坦福阅读诊断测验(Stanford diagnostic reading test,简称 SDRT)、书面语言测验(test of written language,简称 TOWL)、斯坦福数学诊断测验(Stanford diagnostic mathematics test,简称 SDMT)等。

(2)根据内容是否具有特殊性和缜密性分为诊断性成就测验和非诊断性成就测验。诊断性成就测验的目标主要是鉴别受测者在成就发展中的强处与弱处,测验题量通常较大。例如成套诊断成就测验(diagnostic achievement battery,简称 DAB),DAB 没有明确的测验时间限制,一般需要 1 到 2 个小时完成。而非诊断性成就测验主要为了对受测者进行比较,题目量相对较少,例如微型成套成就测验(mini-bttery of achievement,简称 MBA)是为教育、职业安置、研究以及临床所需而编制,测试时间只需 30 分钟左右,主试无须接受特别培训(John & James,1998)。

(3)根据同时参加测验的受测人员的多寡把标准化成就测验分为个别测验和团体测验。个别成就测验在同一时间只能测试一个被试,在施测时可能要求主试向被试读出问题,被试作口头回答;个别测验能够让主试观察被试思考和解决问题的过程,例如前面提及的韦克斯勒个人成就测验(WIAT)。团体成就测验在同一时间可以测试一组被试,因此往往要求被试自己读题目、写出或者标出答案。

(4)根据测验结果解释的参照的不同,成就测验还可以分为常模参照成就测验和标准参照成就测验。常模参照成就测验把某个学生与其他相同年龄或者年级的学生相比较,来评价该学生学校学习和其他生活经验的水平。绝大多数成就测验都是采用的常模参照解释。例如加利福尼亚成就测验(CAT)、斯坦福成就测验系列(stanford achievement test series,简称 SATS)、考夫曼教育成就测验(Kaufman test of educational achievement,简称 KTEA)等。标准参照成就测验则通过咨询学科专家编制而成,目的是对照缜密界定的教育目标、确定个体属于什么位置或者水平(荆其诚,1991)。标准参照成就测验能够反映国家课程和课程的一般趋势。例如,标准化阅读量表(standardized reading inventory)、关键数学测验修订版(key math-revised,简称 KeyMath-R)、数学诊断量表(diagnostic mathematics inventory,简称 DMI)。纯属此类测验的成就测验的数量相对常模参照测验而言少得多,不过,不少著名的成就测验在提供常模参照解释的同时,也提供了标准参照解释,比如加利福尼亚成就测验(CAT)、大城市成就测验(MAT)的指导性测验系列、斯坦福成就测验系列(SATS)、斯坦福数学诊断测验(SDMT)。

3. 标准化成就测验的功用

根据萨尔维亚(John Salvia)和耶塞尔代克(James E. Yesseldyke,1998)的观点,标准化成就测验的功能大致如下。

(1)筛选和鉴定。这可能是大多数成就测验的主要目的。这些测验主要用来筛选学生,鉴定学生与同伴相比,其成绩处于低水平还是中等水平,或者高水平。成就测验可用于对学生学业技能发展进行全方位的估计,也可以用来鉴别那些需要教育干预的学生(技能发展水平确实较低者,以及技能发展水平非常突出者)。

(2)诊断。经过筛选测验鉴别出来的学生,需要用诊断测验进一步评价,以确定个体具体所需的教育干预措施。

(3)权利判定(entitlement decision)。行为取样范围广泛而完整的成就测验,例如在美国,斯坦福成就测验系列(SATS)、大城市成就测验(MAT)的测验结果可以用作判定学生个体是否具有参加国家资助的特殊项目的权利。

(4)进展评估。即对照国家标准来评估不同年级水平的学生所取得学业进展的程度。在美国,成就测验能够为社会、学校董事会和家长提供教学质量的指标;当学生达不到预期的进展水平时,学校和教师常常会遭到质疑。此外,成就测验还可以用来评估不同备选课程的相对效力。

标准化成就测验上述功能使其在教育评价中具有独特的地位。格雷戈里(Robert. J. Gregory)指出,"(教育)评价(assessment)是一个比'测验'(testing)内涵更为复杂的词语,指综合某个人的所有信息,并用之推断个人的人格特征,预测其行为的这一整个过程。对人类特征的评价包括观察、面谈、核查、调查、投射以及其他心理测验。测验是评价的信息来源之一。"

(二)标准化成就测验与能力测验的区别与联系

1. 区别

一般认为,成就测验与能力测验(包括能力倾向测验和智力测验在内)的主要区别在于测量内容所依据的经验有所不同。成就测验测量的通常是个体在正规教育情景下,对具体课程、培训项目内容和要求的掌握情况,这属于具体标准和更为规范经验的影响。而能力测验通常测量的是各种复杂的、范围更加广泛的,包括教育在内的生活经验的累积影响(吉尔伯特·萨克斯,2002;马惠霞,龚耀先;2003),比如韦克斯勒儿童智力量表各修订版均含有的理解分测验,就是测量个体对于自然、人际关系和社会活动等有关问题的理解和解答的能力,这明显与儿童经验和社会成熟度、对行为规则的了解和遵循有关。

第二个区别是,成就测验一般以个体现在已掌握的知识和技能为测量目标,具有当时性;而能力测验,尤其是倾向测验,往往具有预测个体未来的能力或者成就水平的功能(吉尔伯特·萨克斯,2002),比如估计参加测验的个体未来的职业表现或者学业表现等,因此具有预测性。这一区别使得在验证测验的效度时,成就测验特别注重内容效度的分析,而能力测验则重视预测准则关联效度分析。

2. 联系

一方面,成就和能力这两个构念本身并非完全独立,而是彼此联系,相互影响,因而成就测验和能力测验在所测的内容上往往有交叉重叠,比如像韦克斯勒儿童智力量表、斯坦福—比奈智力量表这样的考查智力多侧面表现的智力测验均包含数量(数学)和词汇理解的内容,而这些内容同样是成就测验所关注的。

另一方面,成就测验和能力测验归根到底测量的都是个体的行为表现,多多少少都要受到已有的学习和生活经验的影响。所以受到教育影响越大的能力测验,与成就测验的关联就越大。因此,不少能力测验,如前面提及的韦克斯勒儿童智力量表和斯坦福—比奈智力量表可以在一定程度上对个体的学业成就作出预测。而一些综合成就测验内容范围广泛,与具体的课程关联并不紧密,也可以用来预测个体未来的学习表现(成功与否)。

因此,成就测验和能力测验的差异并非是绝对的。二者主要的区别可能不在内容上,而在使用目的或者用途上,即如果测验的目的是测量先前学习的知识和技能,那么研究者可以认为该测验是成就测验;如果测验的目的是测量能力以及预测未来的情况,那么测验应该属于能力测验(吉尔伯特·萨克斯,2002)。例如,美国著名的大学入学考试——学术评价测验(scholastic assessment test,简称 SAT),曾命名为学术倾向测验(荆其诚,1991),以及我国每年举行的高等教育入学考试——高考,它们的主要目的都是预测考生是否具有顺利完成大学学业的能力,因此将这两个测验划分为能力倾向测验更为恰当。

第二节 综合学业成就测验

如前所述,综合学业成就测验评价的是学生关于不同课程领域的知识和理解。美国的综合成就测验历史悠久,数量和质量堪称世界之最。下面主要介绍斯坦福成就测验系列、加利福尼亚成就测验、河畔 2000 评价系列和大城市成就测验。

一、斯坦福成就测验系列

斯坦福成就测验作为标准化成就测验的标杆,历经 80 多年的发展,到了 20 世纪 90 年代,美国哈考特·布雷斯教育测量公司(Harcourt Brace Educational Measurement)推出由三套独立测验组成的斯坦福成就测验系列:斯坦福早期学业成就测验(the Stanford early school achievement test,简称 SESAT)第四版,适合幼儿园和一年级的学生;斯坦福成就测验(Stanford achievement test,简称 SAT)第九版,适合一到九年级的学生;成就技能测验(the test of achievement skills,简称 TASK)第四版,适合九年级到社区大学的学生。整个系列被称为斯坦福 9。测验的所有形式和年级水平都采取团体施测,测验结果同时提供常模—参照和标准—参照解释。斯坦福 9 的整个评价体系包括多重选择型和无确定答案型两种测试方法。在编制新版的多重选择题目时,作者在课堂或真实生活情景的框架里来编写题目,并增加了测量加工过程或策略的题目的数量。测验为盲人、视力学生和听力障碍学生分别提供特殊版本。

斯坦福 9 有 13 个水平,每个水平对应的分测验、各分测验包含的题目数量及施测时间有所不同。测验分为成套基础测验和成套完整测验,前者不含环境、自然科学和社会科学分测验;成套基础测验的施测需要 1 小时 45 分钟到 4 小时 35 分钟,完整成套测验则需要 2 小时 5

分钟到 5 小时 25 分钟。出版者还提供了分别包含所有阅读测验和数学测验的小册子。

（一）分测验简介

音和字母(sounds and letters)：在 SESAT1 和 2，SAT 的 2 和 3 水平里测试，评价搭配单词的首或尾音、识别字母、读音和字母的搭配的能力。

单词学习技能(words study skills)：只在小学测试，测量学生单词解码和识别音与字母之间的关系的能力。

单词阅读(word reading)：在 SESAT 和小学 1 水平里测试，测量学生识别单词的能力。

句子阅读(sentence reading)：只在 SESAT 的 2 水平测试，要求学生把描绘所读句子的图片辨别出来。

阅读词汇(reading vocabulary)：学生需挑选出最符合主试阅读定义的词语，测量学生的单词知识。

阅读理解(reading comprehension)：该分测验有两个平行形式，评价学生阅读不同题材段落的技能。要求学生阅读后回答与字面理解和推论理解有关的问题。该分测验含有评价诸如初步理解、解释、批判分析和运用阅读策略等重要阅读加工过程的题目。

听单词和故事(listening to words and stories)：评价学生记忆细节、听从指导(follow direction)、辨别因果、识别主要观点和理解语言结构的各个方面的能力。

听力理解(listening comprehension)：评价学生加工听到的信息的能力。学生在听材料的时候可以做笔记。

语言(language)：此分测验有两个版本，一个版本测量技术方面(mechanics)和表达的熟悉度，以及内容、组织和句子结构。另一版本称为"整合语言分测验"(integrated language subtest)，测量写作前的构思、写作(composing)、校订和整体性拼写(spelling in a holistic fashion)。让学生在上下文中进行校订，以此来测量学生在拼写、标点符号等技术方面的能力。如果使用分测验的平行形式，就不能测"学习技能"和"拼写"分测验。

学习技能(study skills)：测量学生在观察过程中使用的技能。

拼写(spelling)：学生辨认拼写正确的单词。

数学(mathematics)：包含数学问题解决和数学步骤(procedures)两个分测验，采取多重选择和开放回答两种测题。

科学(science)：测量学生对生物和物理科学的事实和概念的理解，以及评价学生加工科学信息和科学探索的技能。测验包括多重选择和开放回答两种测题。

社会科学(social science)：测量学生在地理、历史、人类学、社会学、政治科学和经济学方面技能的发展，以及评价学生解释图表资料的能力。无确定答案的社会科学问题，要求学生应用概念并做推理的水平比多重选择问题所要求的更高。

环境(environment)：由自然科学和社会科学分测验综合而成，评价学生有关社会和自然环境的概念，用于幼儿园到小学 3 年级水平的儿童。

(二) 测验分数和解释

整个测验系列提供了多种转换分数:九级记分,年级当量,百分位数,以及各种标准分数。测验可以手工评分,也可以交付出版者进行机器评分。出版者可以提供每个学生的记录单,给家长的测验结果报告,项目分析,班级剖面图,个体成绩与能力比较的剖面图,对每个学生达到具体目标的表现分析,以及地方常模等。还可以得到不同的表现分数。表现标准通过每个内容领域的全美教育者专门小组进行专家判断而获得。使用人员也可以用自己的标准。阅读、数学、斯坦福写作评价,以及所有内容领域里的无确定答案的题目都提供了表现标准,比如,不令人满意,掌握了部分的知识和技能,学术表现扎实和表现超常。

(三) 常模、信度和效度

1. 常模

1995 年,斯坦福成就测验系列同时制定了秋季和春季常模。根据多个变量(地区、社会经济地位,社区性质(城市或农村),公立还是私立)来选择样本。约 250000 个学生参加了测验系列的标准化工作。

2. 信度

提供 SESAT、SAT、TASK 每个水平的 KR-20,KR-21 内在一致性系数和复本系数。KR-20 从 0.78 到 0.98,只有两个系数低于 0.80。复本信度估计值从 0.58 到 0.93。除极少数例外,各分测验的分数对团体决策和报告而言是足够可信的。

3. 效度

内容效度:题目经过学科专家组审核,保证了内容准确度;题目经过测量专家的检验和修订,编者再次对题目表达的清晰度做了检查。题目还提请少数民族的代表,把不合适多文化团体的题目剔除掉,学校的教师参与了标准化过程,评估了指导语和题目的清晰度。

经验效度:题目的难度随年级水平的提高而增加;与系列测验的第 8 版具有中度到高度的相关;与斯坦福各分测验存在交互相关。

目前 SAT 的最新版本是斯坦福成就测验系列 10(Stanford achievement test series tenth edition),简称斯坦福 10。根据出版商培生教育集团官网的介绍,斯坦福 10 可以提供线下和线上两种测试,于 2019 年 2 月进行了常模更新,适用于幼儿园到 12 年级的儿童,压缩版测试时间最长为 3 小时 30 分,完整版的时间为 2 小时 15 分到 5 小时 30 分不等。斯坦福 10 测验的内容与旧版一致,依然包含阅读和理解,音和字母,数学,语言,拼写,听力理解,科学和社会科学等领域,不仅提供分测验分数和各领域的总分,还能够提供四个成就参数:内容参数、过程参数、认知参数和教学标准,能够鉴别学生在学业上的优势和需求,支持有效的安置和教学。

二、加利福尼亚成就测验

麦格劳·希尔公司(McGraw-Hill)公司 1993 年出版的加尼福利亚成就测验(简称

CAT/5)是一套常模参照测验,提供学生在具体教学目标上的掌握分数。CAT/5 提供从 K 到 12 年级共计 13 个相互衔接的学业成就水平,测量阅读、拼写、语言、数学、研究技能、科学和社会研究等学科的技能发展情况。CAT/5 有两套测验,分别是调查测验和全套测验。调查测验适用于 10 个年级水平,只提供常模参照信息。全套测验则有两个平行测验,提供常模参照分数和课程参照信息。全套测验的测试时间从 K 级水平的 1 小时 27 分钟到 14 级水平及以上所需的 5 小时 16 分钟不等。

(一) CAT/5 的组成

全套测验由三大领域组成:阅读/语言文科(reading/language arts)、数学(mathematics)和补充内容(supplementary content area)。

1. 阅读/语言文科

视觉识别(visual recognition):要求学生通过识别口述的单个字母,识别同一字母的大小写形式,匹配字母块等来区分字母。

读音识别(sound recognition):评价学生识别口述单词的读音。一类任务是主试读单词,学生把与主试最初或最后所读单词读音一致的图片辨别出来;另一类任务要求把名称和主试所读单词同韵的图片辨别出来。

词语分析(word analysis):测量学生解码和运用结构化线索辨别生词读音和意思的技能。

词汇(vocabulary):测量学生对词语意义的理解。辨别词义相同或相反的两个单词。学生需使用上下文线索来判断多义词在文中的意义。

理解(comprehension):测量对文学、推理、评价的理解。学生要得出句子和段落的引申意义。

拼写(spelling):适用于学业水平为 1 到 9 级的被试。

语言机制(language mechanics):测量概念形成和标点符号技能。要求学生把段落编辑成不同的格式。

语言表达(language expression):评价学生的书面表达技能。

2. 数学

两个分测验符合美国国家数学教师理事会(National Council of Teachers Mathematics,简称 NCTM)制定的标准。

算术(mathematics computation):评价包括学生所掌握的整数、分数、带分数、小数和代数表达式的加法、减法、乘法、除法技能。

数学概念和应用(mathematics concepts and applications):测量学生理解和应用广泛的数学概念技能。

3. 补充内容

研究技能(study skills):测题与部分书、字典惯例、图书馆技能、图示信息和学习技巧。

即发现和运用信息的技能。

自然科学(science)：测量学生对自然科学语言、概念和调查方法的了解。题目从自然科学包括的主要领域里选出。

社会研究(social studies)：测量对社会科学的了解，包括地理、经济、历史、政治科学和社会学。

(二) 分数、常模和信效度

1. 三套分数

CAT/5 能提供常模参照分数、标准参照分数和预期分数。其中，常模参照分数包括百分等级、年级当量、正态曲线当量和量表分数。标准参照分数是课程参照信息。一个是目标表现指标(objective performance index，简称 OPI)，是一学生在某一个目标上的正确百分数；一个是掌握带(mastery band)，是根据测量误差和学生的测验分数计算出来的，表示学生在某目标上的实际水平。预期分数：如果学生同时做了认知技能测验(test of cognitive skills，TCS/2)，就可以计算这一分数，该测验测量的是学习倾向。

2. 三套常模

CAT/5 测验在 1991 年的 1 月(冬季)、4 月(春季)和 10 月(秋季)进行了三次标准化，相应提供冬季、春季和秋季三套常模。

3. 信度和效度

信度：提供了每个分测验的 K-R21 内在一致性估计值。其中，成套调查测验的多个分测验估计值在 0.8 以下(提醒：或许该套测验不适合用来做筛选)。成套完整测验各分测验的估计值一般都在 0.8 以上(1.2 年级(水平 11 和 12)的自然科学和社会研究分测验除外)。

效度：作者努力加强了内容效度，并在编制题目时尽量排除了文化偏差；描述了随着年龄的增加，学生掌握的目标也随之提高；汇报了测验与其他测验的相关。

三、河畔 2000 评价系列

河畔 2000 评价系列(Riverside 2000 Assessment Series)包括三套测验：衣阿华基础技能测验(Iowa tests of basic skills，简称 ITBS)，成就和熟练度测验(tests of achievement and proficiency，简称 TAP)，衣阿华教育发展测验(Iowa tests of educational development，简称 ITED)。ITBS 适用于 K—8 年级，其他两套适用于 9—12 年级。三测验均为常模—参照和标准—参照测验。三套测验的内容更倾向于一般功能，而非具体的事实和内容，是对学业和未来成功生活所必须具备的基本技能的发展的连续性测量。

(一) 衣阿华基础技能测验(ITBS)

ITBS 诞生于 1935 年，是最早为每个年级提供测验水平信息的成套成就测验，由美国衣阿华大学的林奎斯特(E. F. Lindquist)教授与其同事编制而成。1996 年版由胡佛(Hoover)、耶罗尼米斯(Hieronymus)、福瑞斯比(Frisbie)和邓巴(Dunbar)编制。该测验的目的在于提供学生个体是否具备学校学科学习基本技能的信息，用以制定班级普通教学指导计划、个人指导计划、监控个体进程、课程评估以及为家长提供报告。ITBS 有三种形式：K 和 L(1994出版)，M(1996出版)。M 是 K 和 L 的最新常模版。分测验简介如下。

听力(listening)：评价对文字意义和推论意义的理解；听从指挥；次序理解；数字、空间和时间关系的理解；预测结果；理解语言关系；了解讲话者的意图，观点和风格。

词汇(vocabulary)：测量学生听写词汇，或阅读词汇，或辨认词语。

单词分析(word analysis)：测量学生字母识别和字母—读音一致技能的发展，或对字母—读音关系的知识。

阅读理解(reading comprehension)：测量 6 年级水平学生的单词识别，猜词义，字面理解和推理理解的技能。对于更高年级水平的学生，该分测验则测量其建构事实意义(理解事实信息、推断出单词或词组的字面意义)，建构推论/解释性意义(下结论，概括，做推理或推断意义，推测情感)，建构评估意义(总结主要观点，辨认作者的观点，识别情绪、基调和风格；解释非字面的内容)等技能。

语言技能(language skills)：该套测验从两个途径测量语言技能：一是拼写、大写用法、标点符号、惯用法和表达。二是写作技能整合，即在故事、信件和报告中嵌进问题，与学生课堂学习的编辑、修订步骤相似。

数学技能(mathematics skills)：包括三种数学测验，分别是数学概念知识，解决书面问题并解释数据，解决计算问题(供选择)。

科学(science)：评价学生的事实和概念知识，对自然科学的理解，评估生活科学、地球和空间科学、物理科学等方面的事实和概念的能力。

社会研究(social studies)：评价学生对社会研究的事实和概念认识和理解，评估经济学、地理、历史、政治科学、社会学、人类学，以及相关的社会科学的事实和概念的能力。

地图和图表(map and diagrams)：评价学生阅读地图、图表、图解的技能。

参考(references)：评价学生使用参考的能力，证实怎样用字母表示，阅读内容表格，使用检索、字典、百科全书，及其他普通的参考资料。

还有一个作为补充测验的写作分测验，供 9—14 年级水平的学生选测。

(二) 成就和熟练度测验(TAP)

成就和熟练度测验(TAP)最早于 1992 年推出，1995 年更新了常模，包括成套完整测验和成套调查测验。成套完整测验的施测时间需要 4 小时，成套调查测验只需要 1 小时 40 分钟。TAP 有 5 个目的：鉴别学生个体和班级在技能发展上的优势和弱点；监控学生的进展；决定学生应该选学哪些初中课程；为向家长汇报提供基础；项目和课程评估。分测验简介如下。

词汇(vocabulary)：评价学生工作用的单词，不受上下文线索的影响。要求学生辨别同义词（从初中科学、数学等课程内容里选取）。

写作表达（writing expression）：强调完成作文，评价用写作的方式表达观点所必需的技能。包括拼写、句子结构、关系代词的用法，测量写信件、报告、轶事和分析句子和段落的技能。

阅读理解（reading comprehension）：评价学生从散文里建构三种意义的技能，包括事实意义，解释意义和评估意义。阅读内容一般选自文学、自然科学和社会科学。

信息加工（information processing）：评价学生能够阅读、使用各种地图、图表和图解，并能使用参考获取信息的程度。

数学（mathematics）：包括两种测验，一种是测量对数学法则的理解和在日常生活中数量管理上的基础应用。第二个测验评价计算技能。

社会研究（social studies）：评价学生关于人与人之间、人与环境之间存在问题的知识。

科学（science）：评价学生解决问题和解释科学信息的能力，内容选自生活科学、地球和空间科学。

（三）衣阿华教育发展测验（ITED）

ITED 由费尔特（Feldt）、福赛斯（Forsyth）、安斯利（Ansley）和阿尔诺（Alnot）于 1996 编制，属于常模参照和标准参照测验。包括两种格式：成套完整测验和成套调查测验。完整成套测验需要 3 小时 55 分钟。ITED 主要有 3 个目的：评价学生完成中等（secondary）教育主要目标的能力；监控学生的进程；评估课程/方案。成套完整测验的各分测验简介如下。

词汇（vocabulary）：测量一般词汇量的发展、普通交流时代表的词语。

文学材料解释能力（ability to interpret literary materials）：用高质量的作品评价学生根据散文推导出意义的能力，以及学生具有的非文学、事实性的推理意义结构，还有学生归纳主题、观点、识别文学技巧和风格的能力。

正确和恰当表述（correctness and appropriateness of expression）：测量学生识别标准美国英语写作的正确和有效用法的技能。要求学生修正散文。

数量思考能力（ability to do quantitative thinking）：测量问题解决而非计算的技能。以 NCTM 标准为基础，以现实情况为基础。

社会研究材料分析（analysis of social studies materials）：要求学生回答评估和分析社会研究信息的多重选择测题，包括作推测或预测、区别事实和观点，识别作者的目的、判断信息是否足以用来下结论、信息是否充分。

科学材料分析（analysis of science materials）：要求学生评估和分析自然科学信息，包括根据观察数据作推测或预测、界定科学实验针对的问题，区别假设、假定、数据和结论，选择回答问题的最佳证据。

信息资源运用（use of source of information）：测量学生运用重要信息资源的能力。

成套调查测验包括三个分测验：阅读（reading），表达正确和恰当（correctness and

appropriateness of expression),进行数量思考的能力(ability to do quantitative thinking)。阅读分测验的测题是从完整测验中的词汇、解释文学材料的能力、分析社会研究材料的能力、分析自然科学能力各分测验中选出来的,需要 90 分钟。题目全部是多重选择形式。

(四) 河畔 2000 评价系列的分数、常模和信、效度

三套测验提供 6 种分数:原始分,发展标准分数,年级当量,全美百分位等级,全美标准九,全美曲线当量。

常模方面,河畔 2000 评价系列于 1992 年进行了标准化,精心抽取了全美 170000 名学生,1996 年更新了常模。

信度和效度方面,河畔 2000 评价系列只报告了内在一致性信度。1992 年版汇报了 ITBS 原始分数的信度:K 到一年级分别为 0.65 到 0.94 之间,其他年级在 0.61 到 0.93 之间。1992 年和 1996 年的两个版本,TAP 和 ITED 原始分数的信度都超过了 0.80。效度方面,作者在保证内容效度上做了很多工作,编写项目时参考了课程指南、教科书及研究,请专家对测题进行了修改,来自 30 个州的 10 万名学生进行试用后做了项目筛选。未汇报其他效度证据。

四、大城市成就测验

大城市成就测验第 7 版,即 MAT7,由巴洛(Balow)、法尔(Farr)和霍根(Hogan)于 1992 年编制,属团体成就测验,测量学生的阅读、语言、数学、自然科学和社会研究,还评价研究技能和思维技能。包括 14 个等级,跨越幼儿园和 12 个年级,幼儿园分为两个等级,其他各年级对应一个等级。有两个形式,测试时间从 1 小时 35 分钟到 4 小时 10 分钟不等。

(一) 分测验

单词识别(word recognition):测量辨别辅音、元音和单词组成部分的能力。

阅读词汇(reading vocabulary):由学生阅读,测量学生推测单词在上下文中意义的技能。

阅读理解(reading comprehension):评价学生识别细节和次序,推测意义,因果,主要观点和人物分析;做总结。

前阅读(prereading):仅在学前和小学等级使用。测量学生听觉辨别、视觉辨别和字母识别的能力。

数学(mathematics):仅在学前和小学等级使用。评价基本的数字和单位、图形和钱的概念。

语言(language):测量听力理解和写作的能力。

写作前的构思/作文/编辑(prewriting/composing/editing):多重选择格式。学生需要评估节选的课文,并回答与写作三步骤有关的问题。

概念和问题解决(concepts and problem solving)：评价学生选择问题解决策略的能力。测验要求学生仔细分析问题,综合信息,留意细节。

程序(procedures)：备选测验,且只用于高中水平。包括传统的计算问题和词语问题。

科学：既评价学生掌握的基础的自然科学事实和概念,选自物理、地球和太空,生活科学；还包括评价探索和批判分析的能力。

社会研究：评价对地理、经济、历史、政治、社会学、人类学和心理学各领域的事实和概念的掌握和理解。

研究技能/思考技能(research skills/thinking skills)：用于三年级以上,测量使用图书馆资源和其他收集资料方法、在不同背景下恰当分析和使用信息的技能的发展。

(二) 分数

可以得到各分测验的原始分数和数种导出分数。导出分数包括量表分数,百分等级,年级当量,常态曲线当量,阅读功能水平(functional reading level),内容分组成绩类别(content-cluster performance categories),熟练能力确认(proficiency statements),以及对学术潜能测验(scholastic aptitude test)和美国大学测验(American college test)成绩范围的预期。其中的内容分组成绩类别,是通过把每个学生与全国同年级学生相比,确定其在MAT7每个内容分组(content-cluster)上的成绩。

阅读功能水平分为三种：教导型,独立型和阻碍型。教导型阅读水平(instructional reading level)是学生阅读的最高水平的指标,没有阅读的障碍；其他两种都是标准-参照分数,独立型(independent reading level)表示学生容易有效阅读的材料等级,阻碍型阅读水平(frustration reading level)则表示学生即便有指导,也很难理解材料。熟练能力确认：根据MAT7分数,确定学生能够完成的任务。MAT7可以手工记分,也可以送至出版商进行计算机评分,提供班级和个人的常模-参照分析和标准-参照分析。

(三) 常模、信度和效度

常模：MAT7在1992年春季和秋季进行了标准化。春季标准化包括300个学校的100000学生,秋季标准化则有79000名学生。根据地区、社会经济状态(socioeconomic status,简称SES)、社区类别(城市或农村)和种族特点进行统计加权抽样。

信度：提供了复本信度和KR-20、KR-21等信度证据,大多数的信度系数都超过了0.8。说明测验足以用来进行团体报告和筛选,但研究者认为不适合用来做个体决策。

效度：在编制测验时,作者在加强内容效度方面做了一些工作,包括参考学校课程、邀请不同种族的人修改题目；结构效度提供了测验(分数)在跨等级/水平上出现了增长的趋势,测题能区分出不同的年级水平。

以上介绍的四个综合成就测验均可用于大规模测试,美国教育领域还有不少采用个别测试的综合成就测验,例如韦克斯勒编制的韦克斯勒个别成就测验(简称WIAT),考夫曼夫妇编制的考夫曼教育成就测验。这两个测验目前都推出了第三版。WIAT-III 可用于临床、教育和研究等不同情景，测试对象是年龄为 4 岁到 50 岁零 11 个月的个人，具备筛查读写困难者，鉴别学生的学业能力和具体的学习能力，进行教育安置、设计教学目标和干预措施，缜密评估学习困难等诸多功能。WIAT-III 分测验包括听力理解、口语表达、书面表达、阅读理解、口头阅读、数学流畅性、早期阅读技能。KTEA-3 旨在对核心的学术技能进行深度测评，测试对象为 4 岁到 25 岁零 11 个月的个体，制作了不同年龄和年级水平的常模。KTEA-3 评估阅读、数学、书面语言和口语等方面的学业能力，鉴定学习困难和成就差距，评估干预效果等，包含语音加工、数学概念和应用、字母和词汇再认、阅读理解等共计 19 个分测验。

第三节　单科学业成就测验

如本章第一节所说明的，单科学业成就测验的测验内容范围主要针对某一课程领域，比如专门测量化学、物理、生物、历史、经济不同科目的知识和技能。不少单科学业成就测验甚至能详细地评价受测者掌握某学科知识或技能的具体状况乃至缺陷，起到诊断的作用，比如阅读、数学、口语、书面语言。本节着重介绍伍德科克掌握阅读测验(WRMT)、斯坦福阅读诊断测验(SDRT)、关键数学测验修订版(KeyMath-Revised)和斯坦福数学诊断测验(SDMT)等四个测验。

一、伍德科克掌握阅读测验

伍德科克掌握阅读测验(WRMT)由美国心理学家伍德科克编制，最早出版于 1973 年。这里主要介绍 1987 年的修订版(Woodcock reading mastery test-revised，简称 WRMT-R)。该测验是由六个独立施测的测验组成的成套个别测验，包括 G 和 H 两种形式，用以评价准备技能、基础阅读技能和阅读理解技能的发展，适用于幼儿园到大学不同年级水平的学生和 75 岁以下的成人。测验可用以临床评价和诊断、课程计划和研究等不同背景。

(一) 测验组成

WRMT-R 有 6 个分测验，包括视觉-听觉学习、字母辨认、词语辨认、拼读单词、词语理解、段落理解。简介如下：

视觉-听觉学习(visual-auditory learning)：被试或学生需要把陌生的视觉刺激(通常是符号)与熟悉的口语词汇相联系，把一串符号翻译成句子。

字母辨认(letter identification)：测量给字母命名或字母发音的技能，字母有大小写区分，并采用多种字体，比如斜体、连体、美术体等。

词语辨认(word identification)：测量读出单个词语的能力。

拼读单词(word attack)：测量运用音节和结构分析读出无意义单词的技能。

词语理解(word comprehension):有三个分测验。其中的反义词分测验和同义词分测验分别要求被试读一个单词后给出反义词或同义词。类比分测验要求被试读出一对单词后,找出这对单词的内在联系,然后读第三个单词,根据所得的内在联系提供一个单词与第三个单词配对。

段落理解(passage comprehension):要求被试默读段落后填充段落中遗漏的词语。

以上6个分测验有三个组合。视觉-听觉学习和字母辨认属于准确度组合,词语辨认和拼读单词为基础技能组合,词语理解和段落理解则是阅读理解组合。

(二) 分数、常模和信效度

WRMT-R 提供三种精确性不同的解释,解释信息分为四种水平,共计9种导出分数。其中,四种水平的信息包括:分析被试错答的每一个题目;描述被试的年级当量和年龄当量;通过相对表现指数、差异分数等描述学生表现的特点和质量;汇报学生在团体中的百分等级或标准分数。导出分数有的很复杂,比如由拉希标度得来的 W 分数,也有简单的原始分数,以及相对表现指数、教学区间、年龄当量、年级当量、百分等级和标准分数等。

WRMT-R 的常模包含6千余名学生,严格按照地域、社区规模、性别、人种、族裔进行分层随机抽样;成人样组除了考虑以上因素,还考虑了受教育年限、职业层次、职业类型诸多因素。

信度方面,WRMT-R 测验组合的信度均超过0.8,两个测验组甚至超过0.9,各分测验信度大都超过0.8。效度方面提供了多种证据,内容效度采用了专家评判和用 Rasch 标度程序来建构测验;同时效度和聚合效度都不错。

伍德科克掌握阅读测验的最新版本目前是第三版,即 WRMT-Ⅲ。该版本保持了修订版的格式和结构,但拓展了测验的内容范围,增强了测验的诊断功能。新添了语音识查(phonological awarenes)、听力理解(listening comprehension)、快速自动命名(rapid automatic naming)和口语流畅阅读(oral reading fluency)四个分测验,修订了字母辨认、词语辨认、拼读单词、词语理解和段落理解。2009年7月到2010年6月完成了新常模的制定。

二、斯坦福阅读诊断测验

斯坦福阅读诊断测验是团体诊断测验,于1966年首次出版,1995年推出了第四版,即 SDRT4。SDRT4 经过精心设计和编制,具有诊断功能,旨在鉴别学业成就低的学生在阅读上的优势和薄弱之处,缜密分析语音分析、词汇、理解和快速查阅等技能。与其他诊断测验题目由易到难的排列不同,SDRT4 特意把难题穿插在简单题目中间,借此减轻学生遭遇一连串难题后产生的挫折感。SDRT4 从低年级(1.5,即一年级零5个学月)开始到高年级(13.0,即13年级)共有6个水平,分别用红色、橙色、绿色、紫色、棕色和蓝色表示,头三个水平各有一个测验形式,后三个水平各有两个平行形式的测验。

(一) 测验组成

语音分析(phonetic analysis)：考查学生字母和词段与用元音和辅音联系起来的技能。

词汇(vocabulary)：测量听词汇、辨别同义词和词语归类的技能。

理解(comprehension)：从初步理解、解释、批判性分析、阅读技巧四个方面来测量理解。

快速查阅(scanning)：测量学生快速阅读课文、获取重要信息的技能。

此外，SDRT4还提供三套非正式的测评工具：一份阅读策略调查，一份阅读态度、兴趣等方面的问卷和一份故事复述量表。

(二) 分数、常模和信效度

SDRT4同时提供常模参照和标准参照两种结果解释。根据测验使用的目的，SDRT4可提供6种分数：各分测验的原始分数、进步指标、百分等级、标准九、年级当量以及量表分。进步指标是一种标准参照分数，能够显示学生在学习有效阅读的不同进程中，是否掌握了重要的具体技能。SDRT4可以向主试(比如教师)和家长分别提供信息丰富的班级和个体解释报告，既有分测验的结果分析，还有每道题目的作答情况。

常模样组的建立采用了分层随机抽样技术，考虑了社会经济地位、城市性、种族和地理区域等，于1994年秋季到1995年春季进行了标准化，共计400个学校参与，标准化样组包含60000名学生。

信度方面，SDRT4各个水平测验(包括部分水平的平行形式)几乎均超过了0.8，有一个测验的内在一致性系数为0.79，平行测验之间的稳定等值系数在0.62到0.88之间。效度方面，提供了内容效度和准则关联效度证据。内容效度包括请学科专家评估题目是否与内容目标吻合，组织测量专家反复检测题目的特征，并在标准化过程中得到地方学校的检验。准则关联效度证据是SDRT4与第三版的相关。

三、关键数学测验修订版

1988年，康诺利(Connolly. A. J.)推出了关键数学测验修订版(KeyMath-R)。KeyMath-R是常模参照测验，采用个别施测，可对基础数学进行诊断测查。该测验具有四大用途：教学计划、比较学生、教学项目评估和课程评估。KeyMath-R分为A、B两种形式，各有258题。

(一) 测验组成

KeyMath-R把整个数学表现分为基础概念、运算和应用三个部分。基础概念部分包括计数、有理数和几何等三个分测验。运算部分包括加法、减法、乘法、除法、心算等五个分测验。应用部分包括测量、时间和金钱、估计、数据解释、问题解决等五个分测验。每个分测验又包含3—4个子领域。例如，实数分测验包括分数、小数和百分位数三个子领域。

（二）分数、常模和信效度

KeyMath-R 为测验总体表现和三个部分表现提供了 6 种导出分数，分别是标准分、正态曲线当量、标准九、百分等级、年龄当量和年级当量。每个分测验均汇报百分等级和标准分。每个领域分数则按照四分位数把学生的表现分为强、中等和弱三等。

KeyMath-R 采取分层抽样的方法在全美范围内进行了标准化。常模样组由 1798 名幼儿园到八年级的学生组成，考虑了地域、年级、性别、社会经济地位和种族，每个年级的人口统计特征与美国的人口总体一致。

KeyMath-R 提供的信度证据比较充分。有抽样于几个年级的被试所得的稳定等值系数；汇报了总分的信度系数优良，分测验和各部分的信度系数不到 0.85。各年级和各年龄段的分半信度出色。KeyMath-R 还提供了基于项目反应理论的信度估计值，结果与分半信度相似。效度方面，没有提供明确的结构效度证据，仅给出了各年级逐渐提高的均分；内容效度证据是用于编制测题的指导细则表。

2007 年，康诺利完成了关键数学诊断测验第三版（keymath-3 diagnostic assessment，简称 KeyMath-3DA），测试对象是 4 岁半到 21 岁零 11 个月的个体，贯穿幼儿园至 12 年级水平。其内容有所更新，覆盖幼儿园到 9 年级所教授的数学概念和技能，分为基础技能、运算和应用三个内容领域，共计 10 个分测验，包括计数、代数、几何、测量、数据分析和概率、心算和估算、笔算（加减）、笔算（乘除）、问题解决基础、问题解决应用。KeyMath-3DA 强调其测验内容与美国国家数学课程标准保持一致。

四、斯坦福数学诊断测验

斯坦福数学诊断测验最早版本发表于 1966 年，1996 年第四版（SDMT4）由哈考特·布雷斯教育测量公司推出。SDMT4 作为团体诊断量表，旨在详细鉴别学生在数学上的强弱之处。该测验重视普通的问题解决策略和数学问题解决策略，测量学生对作为数学问题解决先决条件的基础的数学技能和概念的掌握情况。测验分为 6 种水平，分别适用于 1 年级零 5 个学月到 12 年级零 9 个学月。测验的题目有多重选择和自由回答两种。

（一）测验组成

测验考查概念与应用、计算两大领域的技能。简介如下。

概念与应用：测量学生对基础概念和技能的掌握程度，以及学生能够在多大程度上整合并应用这些技能去解决与年级水平相称的问题。概念包括位值（place value）、大小、几何属性、数学用语、分数和小数。技能包括凑整（rounding）、测量、认数、解释图表、空间推理和运用数学技能和概念解决问题。

计算：测量学生对加法、减法、乘法和除法技能的掌握程度。

（二）分数、常模和信效度

SDMT4 同时提供常模参照解释和标准参照解释，因此既能对学生与其他学生进行比较，也能具体指出学生在数学技能上的强弱之处。与 SDRT4 相似，SDMT4 也提供 6 种分数，即各个分测验的原始分数、进步指标、百分位数、标准九、年级当量和量表分数。测验分数可以用来形成决策、鉴别学生数学技能的强弱之处，评估学生的进步以及确定学生在班级、学校和学区不同层面上数学成就的表现趋势。

制定常模之前，研究者对来自 32 个州的 27000 名学生试用了大约 3000 道题目，并做了题目筛检。在 1994 年秋季到 1995 年春季进行了标准化，采取了分层随机抽样，共计 425 所学校、48000 名学生参与了秋季的标准化，40000 名学生参加了春季的标准化。

SDMT4 的信度证据充分，提供了各分测验以及全量表在不同水平上的内在一致性系数、复本信度以及评分者信度。其中 98% 的内在一致性系数超过了 0.8；绝大多数的复本信度系数达到 0.8 以上；评分者信度均达到 0.97 及以上。效度方面，SDMT4 提供了内容效度、准则关联效度和结构效度证据。其中，内容效度证据是在测题的编制环节请内容专家对测题是否测量所欲测的内容目标进行了评估。准则关联效度验证发现 SDMT4 与 SDMT3 之间的相关度高。测验还提供了分测验之间的相关、与其他著名学业能力测验分测验之间的相关，以及同一分测验在相邻水平上的相关，以此作为结构效度证据。

2002 年，哈考特·布雷斯教育测量公司推出了 SDMT 4 的简版，作为筛选测验，旨在快速鉴别出在数学学习上需要更多援助的学生，适用于 1 到 13 年级的学生。

第四节　标准化成就测验的现状和发展趋势

本节将简要述评以美国为代表的国外标准化成就测验的发展现状和趋势，然后简述和分析标准化成就测验在中国的发展状况。

一、国外标准化成就测验发展现状和趋势

（一）国外标准化成就测验的发展现状

以美国为代表的西方国家，标准成就测验发展到今天已经相当成熟，不仅种类齐全、数量众多，而且应用广泛，产生了极大的社会影响。

1. 测验数量巨大和种类齐全

美国内布拉斯加大学林肯分校的布洛斯心理测量研究所（Buros Insititute of Mental Measurement）自 1938 年开始定期出版《心理测验年鉴》（mental measeuments yearbooks，简称 MMY），到 2020 年新推出了第 21 版。该年鉴收录的测验以美国为主，亦录入英国、加拿大和澳大利亚几国的测验。根据马惠霞和龚耀先（2003）的研究，1985 年 MMY9 收录的新编或新

修订综合成就测验 68 种,134 种语言测验,97 种阅读测验,46 种数学测验,26 种理科测验,以及一些其他学科领域的测验。1989 年出版的 MMY10,收录新修订或者新编综合成就测验 12 种,以及 23 种语言测验,6 种数学测验和 23 种阅读测验。根据范晓玲、龚耀先(2008)的研究,9—15 版成就测验 606 种,包括成套成就测验(即综合成就测验)104 种,语言测验 200 种,阅读测验 141 种,数学测验 81 种,自然科学测验 44 种,社会研究测验 36 种。

2009 年布洛斯心理测量研究的"在线测验评论"数据库(Test Reviews Online)的"在线测验评论",记录了从 1985 年的 MMY9 到 2007 年的 MMY17 所收录的约 4000 个心理测验。所有的测验依然分为 18 大类,与学科相关的包括成就测验(典型的综合成就测验与没有单独分类的学科成就测验,约 109 种)、英语和语言(约 225 种)、外语(约 52 种)、数学(约 91 种)、美术(约 19 种)、阅读(约 157 种)、科学(约 46 种)、社会科学(约 33 种),以及行为评价、发展、教育、智力与一般倾向、神经心理学、人格、感觉与运动、听和说、职业,以及其他混杂类。前 8 类与学科相关的测验总共约有 730 种测验。就测验目的来看,其中有不少测验与本文所定义的成就测验相符,但亦有不少测验属于相关领域的态度和兴趣、学习策略、能力等测验。又以"成就"为关键词,并设测验题目和测验目标符合"成就"为条件,对"在线测验评论"数据库进行搜索,查得与条件吻合的测验大约有 200 多种,数量依然可观。布洛斯心理测量研究所后来更名为布洛斯测验中心(Buros Center for Testing)。2020 年布洛斯测验中心官网上的"在线测验评论"数据库收录的测验依然分为 18 大类,其中成就测验大类所收录的测验数增加至 129 套,其他类别中大约有 130 套测验的测验名称和目的与成就测验相符,因此收录的成就测验总共应该有 259 套左右,数量较十年前稳中有升。

2. 测验内容领域广泛而深入

(1) 从广度上看,除了成就测量传统的核心内容领域——阅读、数学(代数、几何和计算)、拼写、书面语言之外,成就测验还囊括了科学(物理、化学、生物、地球和空间科学)、美术(知识和技能)、社会科学(经济学、地理、历史、政治科学、社会学,人类学,以及一般的社会科学),以及包括英语(语言理解、交流和书写)和外语,覆盖了美国中小学教育体系的所有学科。

(2) 从深度上看,一是测验类型齐全。各内容领域内,有筛选测验,也有安置测验,还有诊断测验。比如 1996 年推出的 SDMT4,该测验为团体施测的诊断测验,目的在于鉴别受测者在数学上具有的特殊优势和弱点。测验包括概念与应用、计算两大主要内容,强调通过衡量学生在运用基础数学技能和概念解决数学问题时所表现出来的一般问题解决和具体的数学问题解决策略。

二是,测验针对性强。同一内容领域内,有主要针对学龄前儿童的测验,也有针对中、小学生的测验,还有针对大学生以及针对成人的测验,例如早期数学诊断工具(early mathematics diagnostic kit)、加利福尼亚数学诊断测验(California diagnostic mathematics tests)、高级计算安置测验(advanced placement examination in calculus)、澳大利亚教育研究委员会(ACER)编制的职业招聘数学测验(ACER test of employment entry mathematics)，分别适用于上述4种人群。

3. 测验编制严密、质量优良

(1) 美国的标准化成就测验质量可靠，首先得益于编制的标准化、系统化、程序化和组织化。大多数测验由政府部门、出版商或者其他商业组织委托教育考试服务中心(ETS)或者大学学术研究机构等，组织测验专家采用测量学原理，严格按照测验编制的程序精心编制测验，编制过程中同时咨询于学科专家，因此往往能反映出国家课程以及课程的一般趋向。例如，美国最具代表性的中小学生学业成就测评体系——国家教育进步评价(national assessment of educational progress，简称NAEP)，就是由美国国会审定并出资，教育部所属的国家教育统计中心(National Center for Education Statistics，简称NCES)负责执行，由国家评价管理委员会(The National Assessment Governing Board，简称NAGB)组织学科领域的专家、学校校长、政策制定者、教师、家长等各方面相关人员确定测验的框架和内容，并委托教育考试服务中心(ETS)编制测题并设计测验工具(周红，2005)。加利福尼亚成就测验(CAT)以及加利福尼亚数学诊断测验则是由专门出版儿童和成人标准化成就测验的CTB/麦格劳·希尔公司组织测验专家研发，虽然非联邦政府开发，但影响依然很大。又如，由加利福尼亚州立大学(California State University，简称CSU)和加利福尼亚大学(University of California，简称UC)于1977年共同出资成立的数学诊断测验项目(mathematics diagnostic testing project，简称MDTP)，集中了加州近10所大学的数学专家、学者以及中学学科专家组成工作组，在ETS的测验专家的指导下陆续开发了分别适用于幼儿园到中学12个年级(K—12)和大学生的近10套数学测验。其他一些著名成就测验的研发和修订，比如斯坦福成就测验系列(SATS)、河畔2000评价系列、韦克斯勒个人成就测验(WAIT)、伍德科克掌握阅读测验(WRMT)、斯坦福数学诊断测验(SDMT)等，即便最初由测验专家编制，但通过版权收购，现在的修订和出版则由教育出版公司负责。

(2) 测验质量优良是因为测验结果的解释标准客观，信度、效度得到保证。

首先，测验一般提供信息量丰富、客观性强的常模参照解释或者标准参照解释。例如，加利福尼亚成就测验(CAT)同时提供5种常模参照分数和代表标准参照解释的课程-参照信息(包括目标表现指标和掌握带)。斯坦福成就测验系列(SATS)亦同时提供常模-参照和标准-参照解释，且有多个途径来解释标准-参照信息：整个测验系列提供了多种常模参照解释的转换分数(包括九级记分，年级当量分数，百分等级，以及各种标准分数和代表标准参照解释的表现分数)，这些信息均载于测验结果报告(包括项目分析，班级剖面图，个体成绩与能力比较的剖面图)。MDTP也分别为学生和教师提供详尽的测验结果分析报告。

其次，信度证据完备。几乎所有的标准化成就测验均提供了令人满意的信度证据。例如加利福尼亚成就测验(CAT)提供了每个分测验的$K\text{-}R21$内在一致性估计值；大城市成就测验(MAT7)以及SAT均计算了复本信度、$KR\text{-}20$、$KR\text{-}21$三种信度证据；凯数学测验(Key Math－Revised)提供了复本信度、分半信度证据，以及项目反应理论信度估计值等

(John & James,1998)。

最后,测验进行了效度验证。绝大多数测验提供了内容效度证据。前面提及的 NAEP、CAT、SATS、MDTP 等测验均组织了学科领域的专家、学校校长、政策制定者、教师、家长等各方面相关人员确定测验的框架和内容,测验专家编制和设计测题及测验的形式,这些举措正是内容效度的有力证据。此外,一些测验提供了其他效度证据。例如,除内容效度证据之外,SATS 还提供了经验效度证据,包括题目的难度随年级水平的提高而增加;与系列测验的第 8 版具有中度到高度的相关;与斯坦福各分测验和奥提斯-列侬学业能力测验第 7 版(Otis-Lennon school ability test 7,简称 OLSAT7)存在交互相关。考夫曼教育成就测验(KTEA)则提供了部分结构效度证据和准则关联效度的证据。韦克斯勒个别成就测验(WIAT)则提供了充分的结构效度、准则关联效度的证据(John & James,1998)。

4. 测验应用广泛、相关研究多、社会影响大

由于标准化成就测验具有施测、评分的客观性,较之其他评价手段更具公平性,同时能提供学生学业方面的详细信息,自然成为评价学生学业成就的重要手段之一。标准化成就测验已经成为西方教育情景中使用频率最高的测验(John & James,1998),从以下资料可以窥见一斑。

据统计,20 世纪 90 年代初期,美国每年从幼儿园到高中,约有四千六百万名学生要参加一亿五千万次以上的标准化测验(Sam,1991)。另据美国测验和公共政策委员会 1990 年所做的统计,各年龄段的学生至少每年例行做一种标准化测验,学生和教师估计每年要花 10%的课堂时间在成就测验上。以 NEAP 为例,目前 NAEP 的主要评价项目(main assessments)每年要在全美各州举行一次测验,各学科各年级大约抽测 6000 到 10000 名学生。除了全国性的测验,成就测验更多是在美国各州内开展的。早在 20 世纪 70 年代,一些州在 NAEP 的支持下建立了自己的学业成就评价体系。目前各州每年均各自抽取所属的 100 所学校、各个年级共计 3000 名学生进行数学、阅读测验(周红,2005)。此外,在加州,所有的加利福尼亚大学分校以及加利福尼亚州立大学至少有五分之二的分校采用了 MDTP 的测验;2001 年至 2002 年,有 6600 多名中学老师选用了 MDTP 测验来测试学生的学业成就。经典的斯坦福成就测验(SAT)自 1923 年诞生以来不断发展和更新:1996 年推出了斯坦福成就测验系列 9(SAT9),包括传统的适合 1 年级到 9 年级水平的 SAT,适合幼儿园到 1 年级的斯坦福早期学业成就测验和适合 9 年级到 12 年级以及社区大学初期水平的成就技能测验(John & James,1998),到 2002 年重新修订常模并推出了第十版,此后不断更新常模(范晓玲,龚耀先,2008)。从这一发展轨迹不难看出 SAT 系列测验对教育、科研和社会等方面产生的影响。

此外,与成就测验有关的学术研究也呈蓬勃繁荣之态。本书作者通过 EBSCOhost 平台检索 PsycINFO、Psychology and Behavioral Science Collection、PsycARTICLES、PsycCRITIQUES 和 Research Starters-Education 数据库,发现题目和主题词包含"achievement test"或"test of educational achievement"一词的外文论文、研究报告及书籍,从 1922 年到 1949 年有 97 篇,

1950年到1979年有397篇,1980年到1999年有411篇,2000年到2019年有7229篇。研究主题涉及测验的编制、信效度分析、项目功能差异、分数解释和报告、社会后果等诸多方面,为标准化成就测验的健康发展和合理应用提供了有力的学术支持。

5. 标准化成就测验的不足

以美国为代表的西方国家,标准化成就测验经过将近90多年的发展和应用,一方面为教育和科研发挥了工具性的作用,另一方面也逐渐暴露出了一些不足。

首先,标准化成就测验本身存在着不足。早期的标准化成就测验提供的是常模参照解释,不仅对课程标准和内容的反映和结合不足,而且提供的结果解释往往只有笼统的分数,无法反映出学生的强弱之处,更无法展示学生在学业上的细微进步。另外,有些成就测验提供的效度证据不够充分,多数提供内容效度证据,而缺乏结构效度证据(John & James, 1998; 范晓玲,龚耀先,2008)。

其次,标准化成就测验的客观性和量化特征,并不能全面深入地评价学生的在具体学科上的学习情况,尤其是像音乐、美术、摄影术、写作这样的学科(John & James, 1998)。特别是常模更新不及时,年复一年使用旧测验,测验结果的可信度受到质疑(Robert & Norman, 2000)。

再次,少数教育者在运用测验时,把测验"能够评价什么"与测验"应该是什么"混淆了起来。意即有些教育者错误地认为测验的内容就是教育的结果,由此根据测验的内容来决定应该教什么(Robert & Norman, 2000; John & James, 1998)。

最后,与其他测验一样,成就测验对学生还可能或多或少地产生消极影响,比如导致学生焦虑,简单地给学生贴标签,损害学生的自我概念,对少数民族的学生而言公平性不够。在这些因素的作用下,采用大规模的成就测验来安置或者选拔学生,可能会产生高风险。

由于以上存在的问题,加之教育评价曾经一度对客观性测验及量化结果过度倚重而产生不良后果,因此,包括成就测验在内的标准化测验在美国也成为争论的焦点,并受到了质疑(Robert & Norman, 2000;崔允漷,王少非,夏雪梅,2008)。这些质疑客观上成为促使标准化成就测验不断进步的推动力。

(二) 国外标准化成就测验的发展趋势

1. 包括成就测验在内的教育测验依然是教育改革的利器之一

1983年,美国国家优质教育委员会(National Commission on Excellence in Education)发布了《国家处于危急之中:教育改革的紧迫性》的报告,明确指出测验的两个重要特征"第一,测验能发现学生学业表现上的不足;第二,测验可以作为改革的手段",再次肯定了(成就)测验在教育和学业评价中的重要地位。2001年,《不让一个儿童落后法案》(No Child Left Behind Act)出台,为全美教育评价体系NEAP的全面运转提供了政策支持和财政拨款,要求对所有学生是否取得与各州设定的成就标准相符的进步进行测量(周红,2005;Robert &

Norman,2003),将基于课程标准的学业成就考试作为让美国学生的学业成就达成"世界级的高标准"的重要工具(汪贤泽,2008)。这些政策的推行客观上为评价的重要手段——标准化成就测验提供了新的发展机会。

2. 测验内容与课程标准紧密结合成为成就测验的发展趋势之一

在今天的美国,提倡的是基于课程标准的评价(standards-based assessment),测评工具的开发均以课程标准为基础,包括测验在内的评价要与标准紧密结合。标准分为两大类,一类是内容标准(content standards),说明学生在特定教育阶段、在特定内容或学科领域内应该知道什么,能够做什么。另一类标准是表现标准(performance standards),即把内容标准进一步具体化,指明学生在某一具体的内容标准上,学生的表现达到何种水平,比如 NAEP1990 年把学生的表现分为"不合格、合格、熟练和优秀"四种水平(Robert & Norman,2000;Robert & Norman,2003)。斯坦福成就测验系列 10 也明确地把测验内容与国家和各州的课程标准相符合作为其测验的特征之一。由此引发出了如何评估学业评价与课程标准的一致性的新命题。

3. 成就测验结果解释不再是简单地贴标签

由于成就测验的内容向课程标准看齐,不少著名的标准化成就测验在提供常模参照解释的同时,均提供了标准参照解释。即便是大规模测试,也被要求最好能够分析学生在班级或其他团体中的水平高低,能够指出学生知道什么和会做什么,以及学习的强弱之处,为学生自我改进以及教师下一步采取相应的教学措施提供指导。因此,如何为学生、家长和教师分别提供信息丰富的、视觉性强的结果分析报告成为研究的又一新命题(Goodman & Hambleton,2004)。例如,斯坦福 10 提供的测验结果报告旨在向着学业高标准指引教学和学习,信息量大且有针对性,可以分别为教师、家长、学生和咨询员提供有价值的参考和指导。个别成就测验往往具有诊断的功能,在结果解释上更加强调诊断标准的科学性和数据的客观性。例如,韦克斯勒个别成就测验明确对标美国《2004 残障个体教育促进行动法案》(Individuals with Disabilities Education Improvement Act of 2004,简称 IDEA 2004)制定的相关标准,其测验结果报告能够依据鉴定特殊学习障碍的强弱分析范式(Pattern of Strengths and Weaknesses Analysis),结合儿童智力测验的结果进行比较和分析,为是否具有某种学习障碍作出严密可信的科学判定。

4. 测验的编制、评分技术不断进步

其一,近一个世纪以来,心理测量学界已经取得了长足的进步,标准的心理计量模型除了传统的经典测量理论外,更有概化理论(MGT)、项目反应理论(IRT)、潜等级模型(LCM)等现代测量理论。虽然这些模型的原理复杂,但是随着计算机应用软件的开发和应用,其已经逐渐被专业人员用于测验的编制和评分,大大提高了测验的可靠性和有效性。比如,大多数模型已经发展成为多元或者多属性(multiattribute)模型,能够实现对教育和心理学研究中的常见的多个构念(construct)及其之间的关系进行观察和推断;在心理与教育评价领域,这些模型正尝试融合代表具体技能或者能力的认知元素,编制能够揭示学生的学业成就水平在不同阶段的发展变化的成就测验,即马斯特斯(Masters)、亚当斯(Adams)和威尔逊(Wilson)所称的"发展评价"(development assessment)。

其二,随着信息技术的不断更新和普及,有个别标准化成就测验开始尝试使用计算机进行测试和评分,比如美国加利福尼亚州立大学暨加利福尼亚大学数学诊断测验项目推出在线数学分析准备测验(online mathematical analysis readiness test)和在线微积分准备测验(online calculus readiness test),斯坦福成就测验系列10推出斯坦福第10版在线测验(Stanford 10 online)。一般的计算机施测测验较之传统的纸笔测验有以下优势:被试可以根据自己的需要灵活安排测试;测验结果可以及时反馈,无须等待几周的时间,比如斯坦福第10版在线测验测试结束后2—3天就能反馈结果。另外,值得一提的是,现在有一些能力倾向测验和资格认证类的测验已经采用计算机自适应测验(computerized adaptive testing,简称CAT)形式,这类测验在项目反应理论以及强大的信息技术支持下,建立题库,根据被试的能力水平由计算机生成测验。被试测试的题目相比传统测验的题目数量更少,大大节约了时间和精力,同时测验的效率和准确性也得到了提高。不过CAT测验的测题数量通常较少,可能不适合编制诊断类成就测验,但或许可以成为筛选类成就测验的一个发展方向。

其三,评估以标准化成就测验为基础的学业评价与课程标准的一致性的技术的兴起。例如,美国教育评价专家韦伯(Norman L. Webb)主张组织专家判断一致性,并于1997年提出了一致性判断程序及种类相同性、知识深度一致性、知识广度一致性以及代表的平衡性等四条标准。每条标准都设有详细的评估细则和相应的截点分数,并推导出估计平衡性的数学公式。韦伯(2007)还把这一评价模式应用于数学学业评价中,产生了一定的影响。

最后需要指出的是,心理和教育测验的功能得到了客观评价,而不再被夸大。教育部门、研发测验的权威部门和学术界普遍认为,标准化成就测验和能力倾向测验所测量的仅仅是知识、技能和能力的一小部分,测验能够提供的信息有限,从而尽量避免对测验分数的过度依赖(Robert & Norman,2000;Robert & Norman,2003)。因而,教育界亦提倡教师从教学目标出发,对学生的课堂表现进行文件夹评价(portfolio assessment),包含对学生作业的呈列与相应基于知识、策略、方法和过程的多维度评估结果,以之弥补标准化成就测验的不足。美国的加利福尼亚州、肯塔基州、佛蒙特州已经正式引入文件夹评价(John & James,1998)。

综上可见,美国的标准化成就测验进入21世纪前后,再次迎来了一个崭新的发展时期。

二、我国标准化成就测验的发展状况简介

(一)我国标准化成就测验的发展总览

回溯过去,标准化成就测验在我国曾有一个比较好的起点。从20世纪初期到30年代之前,心理测验在我国的发展呈快速上升趋势,标准化成就测验自然得到带动而兴起。距桑代克1909年推出《书法量表》仅仅9年,俞子夷仿编了小学语文毛笔书法量表,这是中国最早

的标准化成就测验。除此之外,俞子夷还编制了小学算术混合四则测验。到抗日战争前夕,我国心理学家一共编制了约50余种教育测验。其中著名的有,艾伟和其他学者曾合作编制和修订的中小学儿童各科成就测验,例如小学语文默读测验、小学算术测验、初等代数诊断测验;廖世承编制的混合数学测验。这些教育测验与美国当时的测验质量相当,采用了标准分数(T分数)汇报结果,提高了测验分数解释的效力(陈选善,1947;戴忠恒,1987;彭凯平,1989)。

我国台湾地区标准化成就测验事业的发展自20世纪50年代开始,紧步欧美之后,到20世纪80年代末期正式发表的成就测验已有20余个,测验的种类有综合测验,亦有单科测验,内容覆盖语文、数学、英语、自然科学、物理、化学,甚至书法等,分别适合小学、初中、高中学生。例如,1972年推出的综合数学测验、语文成就测验,1981年推出的小学低年级数学成就测验、1983年编制的小学中年级数学成就测验,还有初级中学数学科成就测验、初级中学物理科成就测验等(葛树人,1987)。测验编制的理论和技术自20世纪90年代以来有了新的突破。比如,受委托,1993年、1995年台南师院测验发展中心陆续开展了语文、数学、理化等学科的标准化成就测验常模修订和题库建设的系列研究(台南师院测验发展中心,1993a,1993b,1995)。陆君约等人参照斯坦福学业技能测验(stanford test of academic skills,简称Stanford TASK)的结构,编制出了综合性的成就测验——系列学业技能测验,测验内容包括语文、数学、社会科学、自然科学以及英文。2006年,黄国清和吴宝桂(2006)运用经典测验理论和项目反应理论对自编的七年级数学标准化成就测验进行了项目、测验分析。几乎每一个测验在问世后都得到了较好的推广和应用,实现了成就测验作为鉴别、诊断、安置工具之功能。

1949年以后,标准化成就测验在我国大陆地区的发展历经了停滞、复苏的过程。由于历史原因,1979年之前我国心理测验的工作几近停滞,成就测验也未能幸免。20世纪80年代以来,随着心理测验的复苏和逐渐繁荣,以及教育改革和发展的需要,标准化成就测验也慢慢开始进入了发展的轨道。

(二)40多年来标准化成就测验在我国大陆地区的发展

自20世纪80年代以来,标准化成就测验的发展历经了40多年的时间,根据测验研发的数量,基本可以分为复苏萌芽和初步发展两个阶段,略述如下。

1. 20世纪80年代到2000年——复苏萌芽阶段

20世纪80年代能查到的标准化成就测验屈指可数,这里大致列举一下。1985年上海市初中平面几何学业成绩评定研究协作组和华东师范大学心理学系联合编制了上海市初中平面几何标准测验。该测验的特点有:运用了双向细目表(包含教材内容和布卢姆学习水平分类系统)确定测验的内容和结构,以及测题数量;共32题,题型包括选择、填充、作图、改错、短答等;测验编制者提供信效度证据,做了项目分析,制订了常模(戴忠恒,1985)。其次,1986年郑冠军、陈孝禅编制了小学钢笔正书书法量表、1997年王孝玲推出小学生识字量测验

(范晓玲,龚耀先,2008)。另外,北京师范大学心理学系也曾编制了中小学生学业水平综合测验,内容包括语文、数学、物理化学三个领域。测验全部采用客观题。测试对象为小学生、初中生和高中生(顾海根,1997)。令人遗憾的是,这些测验后来没有再做进一步的应用研究,在心理和教育领域未能产生应有的影响。

2. 2001年至今——初步发展阶段

这一期间,标准化学业成就测验的编制工作有了一定的突破。主要归功于心理学家龚耀先以及马惠霞、范晓玲等学者在这一领域里的辛勤耕耘,21世纪以来,陆续有将近10余套涉及多学科和单科的成就测验问世,并不断加以检验和修订。根据测验科目的多少,这些测验可以分成综合成就测验和单科成就测验,略述如下。

综合成就测验的编制最早见于2002年,马惠霞、龚耀先采用经典测验理论初步编制了多重成就测验。该测验分为甲乙两套,均包含语文、数学、物理、化学和历史五个分量表,共18个分测验。测题形式多样。测试对象为中学生,在太原地区初一年级到高二年级以及大学一年级进行抽样,检验了测验的信、效度(马惠霞,龚耀先,2003)。2005年,范晓玲和龚耀先初步编制了4—6年级多重成就测验,分为A、B两套题本,包括语文和数学两个分量表,共10个分测验,以客观题为主、主观题为辅,进行了信效度检验和项目分析。2008年,作者再度对测验的效度进行了验证(范晓玲,龚耀先,2008)。2012年,范晓玲带领陈锡有、于艳、曾凡梅对该测验分别作了效标效度、内容效度以及修订研究。2007年,程灶火等四人编制了学习技能诊断测验,分低级(1—3年级)和高级(4—6年级)两个版本,每个版本含语文分量表和数学分量表,进行了项目分析、信效度检验(程灶火,陶金花,刘新民,袁国桢,2007)。

单科成就测验的编制研究相对更多。在范晓玲的指导下,刘丽娟初步编制了小学低年级数学成就测验(刘丽娟,2004),测验对象是小学一、二年级学生,每个年级测验分别有2个题本,题型为选择题,做了项目分析和信效度检验。同年,魏勇(2004)运用项目反应理论(IRT)初步编制了小学三年级数学成就测验,题型为客观题。作者尝试用IRT技术筛选测题,分析信度,设定了截点分数;检验了测验的内容效度和结构效度。2005年,闫春平初步编制了7—9年级语文成就测验,有A、B两个题本,测试对象为初中7年级到9年级的学生(闫春平,2005)。同年,柴彩霞(2005)初步编制了7—9年级数学成就测验,分为A、B两个题本,各49题,测试对象为初中7年级到9年级的学生。做了项目分析,检验了信效度。2006年,李映红初步尝试编制了四年级数学成就计算机自适应测验(CAT)(李映红,2006)。

此外,针对特殊儿童的学业成就测验也初步问世。2004年,刘成伟初步编制了小学六年级学习困难儿童学业成就筛查测验,初衷是对六年级学习困难学生进行筛查和诊断,内容涉及语文和数学,测题采用客观题,进行了项目分析、信效度检验(刘成伟,2004)。2014年,马红英等人编制了适用于随班就读智力障碍儿童的阅读成就测验。

综上,已有的这些成就测验大都以课程标准为基础,但内容和结构与课程标准及教学目标匹配的程度不一。特别是,有些单科成就测验能够测量到的教学目标不够精细,从提供的资料看,测题所对应的课程标准所包含的内容范围较大,层级高,不够具体。例如,从魏勇(2004)制定的双向细目表中可以看出,最终的考查目标和内容落在"长方形、正方形、平行四边形的周长和面积""统计初步与可能性"等这样的大目标上;柴彩霞(2005)的双向细目表测题总共对应7个内容,比如"整式的加、减、乘法运算""不等式(组)""统计与概率""几何"等,仍显粗略,对编写测题、分析测题、解释被试的作答可能带来不利。

从编制测验所倚重的测验理论来看,不少测验主要依据经典测验理论(CTT)编制,少数测验运用了项目反应理论。这说明由于CTT在设计测验结构、编写测题等环节上较之IRT更容易上手,易于接受和使用。少数研究者基于IRT理论编制了计算机自适应测验(CAT)。CAT在对被试能力的估计和测试时间上具有明显的优势,但是在研发时对构建题库有很高的要求,往往需要投入大量人力。值得关注的是,近年来随着国内对认知诊断模型研究的深入,在儿童数学和阅读两个领域涌现出了一些认知诊断测验的编制研究,比如2009年,涂东波尝试编制了儿童数学问题解决认知诊断计算机自适应测验。2013年,曾春花、辛涛等人进行了小学数学应用题认知诊断测验的编制及效度验证。2018年范晓玲等人编制了针对阅读障碍儿童的认知诊断测验等。这些基于认知诊断模型的测验,尽管其质量尚待教育实践检验,但无疑,有关的研究是促进我国标准化学业成就测验发展的可贵探索。

整体而言,我国大陆地区的标准化学业成就测验与美国等发达国家的差距依然很大。除了测验数量和种类严重不足,已有研究至少还存在其他几个问题。一是被试代表性的问题。测验均是针对全国范围的适合对象,但是由于人力物力的限制,被试抽样大都局限在一省范围内的有限地区,这影响到了测验的推广性。二是测验结果解释的问题。多数成就测验没有明确测验分数的解释标准,既没有制定常模,也没有阐明采用何种标准参照解释。另外,较少提供结果解释报告,不利于测验的使用。三是测验的研发和应用研究有限。迄今为止,标准化成就测验在我国大陆地区的发展进程颇为缓慢,缺乏可持续发展的研发机制,落后于人格测验和智力测验,更谈不上大力推广和应用。

导致这些问题的主要原因有三个方面。第一,任务难。由于教学目标和内容的差异,我国大陆地区标准化成就测验的发展不可能走修订其他国家或地区已有测验的道路,只能循自主开发之路,然而编制研究费时费力,任务艰巨,让研究者却步。第二,缺支持。标准化成就测验的意义和价值尚未得到教育部门、社会和教育界足够的认识和重视,目前我国大陆地区标准化成就测验的研发既无教育部门的投入,也无出版单位或商业组织的支持。第三,力量弱。从事心理测验研究的专业人员原本就稀少,专注于标准化成就测验研发者则少之又少。

然而,差距意味着挑战,挑战意味着机遇。毋庸置疑,我国大陆地区存在着对学生在某一学科和某组学科或者任务上的学习成效或者掌握程度的测评或诊断的客观需求,而且这个需求是巨大的。因此,旨在促进教学、提高学业水平的标准化学业成就测验在我国有着很大的发展空间,尽管困难重重,但未来可期。

本章思考与练习

1. 什么是成就测验？成就测验的类别有哪些？
2. 什么是标准化成就测验？标准化成就测验的特点、功能和类别是什么？
3. 分析和比较国内外标准化成就测验的发展状况，思考国内标准化成就测验的发展前途。

第三编
测量的理论

第六章 信 度

本章主要学习目标

学习完本章后,你应当能够:
1. 理解信度的含义;
2. 知道误差的种类和测量误差的来源;
3. 理解真分数理论;
4. 掌握信度的估计方法;
5. 掌握测量标准误差的估计方法;
6. 知道概化理论的基本原理。

作为心理学研究人员,经常会用到各种各样的测量工具,比如性格、气质、学习能力、智力、态度、兴趣、心理健康等方面的各类量表及问卷。在这个时候,作为心理学专业人士,我们不仅要让测试对象(被试)信任我们所采用的测量工具,我们自己更应该对测量工具持信任态度,否则就无法把工作做好。那么,我们首先必须寻找一些足以让大家信服的,有关测验结果足够可靠的证据。换言之,就是在相似情景下,相同个体多次重复测验的测量结果是一致的,或者是可重复的。这就涉及测验的信度问题。

第一节 信度的理论

一、信度的含义

信度就是对测量一致性程度的估计。作为测验的基本特点之一,信度相当重要。虽然一份测验的最终目的是求得较高的效度,但是信度的高低对测验性能的优劣依然影响很大。举一个简单的例子,假设有一名被试参加了某项智力测验,测得智商为120。隔一个月后,在相同条件下再测了一次,测得智商为90。显然,两次结果相差太远。如果后经调查,发现被试在这两次测试期间没有明显的应试状态和身体情况的变化;相当数量的被试两次测试的结果均出现类似的差异,那么,该测验结果的不稳定现象说明这项智力测验本身可能不可靠,当然也就不能轻易推广使用。因此,良好的测验量表和问卷通常必须具有较高的信度。一般来说,性能良好的能力测验、学业成就测验的信度系数应达到0.90以上,性格、兴趣、价值观等人格测验的信度系数应达到0.80以上。例如:

① 韦克斯勒学龄儿童智力量表第四版(WISC-IV)和韦克斯勒成人智力量表第四版(WAIS-IV)

WISC-IV：

全量表IQ：内在一致性系数为0.96—0.97。

四个指数：内在一致性系数为0.91—0.92。

各分测验：内在一致性系数为0.79—0.90。

WAIS-IV：

全量表IQ：分半信度达0.98。

各合成分数：分半信度为0.9—0.96。

各分测验：除划消分测验（为0.78）之外，其余分测验的分半信度为0.81—0.94。

② 斯坦福—比奈智力量表第五版(SB5)

言语、非言语和全量表IQ的平均信度分别为0.98,0.95,0.96。

五个因子0.90—0.92。

各分测验信度系数均高于0.80。

③ 塞斯顿态度量表

该量表的信度系数为0.8—0.9。

④ 罗森伯格(Rosenberg)自尊量表

Cronbach-α系数为0.77—0.88,稳定系数为0.85。

不过，要获得一份信度高的测验并非易事，这要求测验编制者不仅要遵循测验编制的原则，还要具备一定的信度理论知识和验证方法。追根溯源，信度有高有低，是因为它受到误差的影响。我们首先从误差入手来认识信度的理论原理，然后再进一步学习估计信度的方法。

二、误差

心理测量所指的误差就是指测量中与目的无关的变因所产生的不准确、不一致效应。误差大致可分为抽样误差、系统误差和测量误差三种。

（一）抽样误差

抽样误差即由抽样变动而造成的误差。例如，以某高校全体大学生为全域，以各个系为样组，从每个系各抽取100人进行某项人格测验，那么测验以后，各系的平均数不可能相同，各系平均数与该高校总体平均数也不会相同。这就是说，由于抽样的缘故，样组之间存在差异，样组均数与总体均数也存在差异。在进行信度估计时，抽样误差可以忽略不计，根据公式 $S_{\bar{X}} = \dfrac{S}{\sqrt{n}}$ 可以理解。一般来说，编制测验时，取样总是成百上千，即 n 很大，故算出来 $S_{\bar{X}}$ 很小。另一方面，抽样误差 $S_{\bar{X}}$ 代表的是样组均数与总体均数的离差，与测量的优劣没有必然的联系。所以在研究信度或效度时,可以忽略抽样误差。

(二) 系统误差

系统误差是由与测验目的无关的因子所引起的恒定、系统的、有规律的变化,存在于每次测量中,故又称常定误差。它直接影响着测量的准确性,与效度有关。因为它们在测验中不引起测量结果的不一致性,所以与信度无关。

从图6-1(a)可以看出,所有的射击几乎都落在靶心的同一外侧(图中为右侧),射击的偏差具有一致性、系统性。在编制教育测验、心理测验时,可能会出现研究者对所研究的问题理解不全面,因而在确定测验内容、测验取材上有偏颇。测验时,被试对模棱两可的测题可能存在着一律选"是"或者一律选"否"的倾向。测验还可能用被试不熟悉的语言进行测试。这些情况对多次测验的影响是一致的,但却使得测验结果不准确。

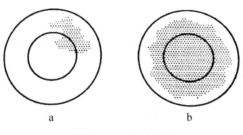

图6-1 打靶图

(三) 测量误差

测量误差是使用测量工具进行心理测量所造成的误差,又称观察误差、随机误差、偶然误差。

测量误差是由与测验目的无关的偶然因素引起的,使得几次测量结果不一致,且这种不一致是无系统的、随机的。从图6-1(b)可以看出,所有的射击几乎是随机地散落在靶心的四周,不具有一致性和规律性。实施测验时,若有被试猜测答案,或被试个人状态的波动、生病、紧张、厌试等,或漏做题目,或测试时场外偶发噪声(如汽车马达声等),这些情况一般会引起被试的临时反应,产生测量误差,使得几次测量结果既不准确又不一致。故测量误差与信度及效度都有关系。信度则完全受测量误差的影响。所以下面就从测量误差开始,进入信度的理论部分。

三、测量误差和真分数理论

(一) 物理测量的测量误差

为了方便读者理解信度理论的基本概念和假设模型,先就物理测量中的测量误差与真实值、实测值之间的关系作简单介绍。举一个测量重量的例子,就可以明白了。

表 6-1 某一物理测量数据

实测重量(微克) X_t	真正重量(微克) X_∞	误差(微克) X_e
12	10	2
19	20	−1
27	30	−3
41	40	1
51	50	1
$\sum X$ 150	150	0
$\bar{X}$ 30	30	0
S^2 203.2	200	3.2
S_e		1.8

由表 6-1 可得出以下结论：

（1）实测重量 X_t = 真实重量 X_∞ + 误差 X_e。

（2）误差之和为零。

（3）实测重量的平均值 = 真实重量的平均值。

物理测量中的真实值在不少情况下是可以想办法获知的，这样就可以直接计算误差。而心理测量中的真实值，也就是真分数，通常是个体内在的心理特性或者是代表心理特性的行为，无法像物理测量那样通过反复测量而获取，也就不能直接得到误差的大小。我们只能借助一些方法对其进行估计。这里，我们着重介绍经典的真分数理论，这是最常用的、也是最基本的信度理论模型。

（二）真分数理论

1. 真分数的定义

真分数，即测量中不存在测量误差时的真值或客观值，操作定义就是无数次测量的平均值，通常用 X_∞ 或 T 表示。

用 X_t 或 X 表示实测分数，X_e 或 E 表示误差分数（以下本章所说的"误差"即测量误差）。这三者之间的关系与物理测量中三者间的关系相似，据此可得到真分数的基本方程式。

2. 真分数理论的基本方程式

$$X_t = X_\infty + X_e \tag{6.1}$$

或

$$X = T + E$$

意即实测分数是真分数与误差分数的函数,即实测分数 X_t 由 X_∞ 和 X_e 共同决定。进行心理测量时,X_∞ 一般被视为稳定不变的,因此个体实测分数 X_t 的变化是由 X_e 引起的。

除了基本方程式,真分数理论还有三个基本假设作为整个理论的支柱。

3. 真分数理论的三个基本假设

其一,误差分数的平均数是零。由于测量误差的随机性,对这个假设不难理解。我们还可以用表6-2的数据进行验证。

其二,误差分数与真分数相互独立,即相关为零。理论上,真分数可以完全反映出一组人的不同水平。如果误差分数与真分数存在相关,那么它也就可以部分地反映出一组人的不同水平,就不称其为误差。以表6-2为例,运用积差相关公式 $r = \dfrac{\sum xy}{n S_X S_Y}$,直接计算误差分数与真分数的相关来验证这一假设。

其三,两次测量的误差分数之间的相关为零。误差是随机出现的,每次测量所产生的误差是独立的,两次测量之间没有必然的联系,意即不存在统计意义上的相关。

基本方程式中的 X_e,是个人的测量误差分数,而我们所要的是对于一组人都是相似的测量误差,也就是某一个测验在一定条件下的特性,所以,根据真分数理论的三个基本假设,我们利用和的方差公式 $S^2_{X_1+X_2} = S^2_{X_1} + S^2_{X_2} + 2r_{X_1 X_2} S_{X_1} S_{X_2}$,就可以把基本方程式写成方差的形式:

表 6-2 实测分数、真分数、误差的分布

实测分数 X_t	真分数 X_∞	误差 X_e
17	18	-1
35	37	-2
28	28	0
37	31	6
44	42	2
36	36	0
15	11	4
27	32	-5
25	24	1
14	13	1
14	21	-7
21	22	-1
18	14	4
16	18	-2
38	33	5

续 表

实测分数 X_t	真分数 X_∞	误差 X_e
23	27	-4
28	26	2
34	34	0
22	25	-3
28	27	1
$\sum X = 520$	520	0
$\bar{X} = 26$	26	0
$S^2 = 77.6$	67.3	10.3

$$S_t^2 = S_\infty^2 + S_e^2 \qquad (6.2)$$

式中,S_t^2 是实测分数方差,S_∞^2 是真分数方差,S_e^2 是误差方差。

有了这个公式,我们就可以用数学语言给信度下定义了。

四、信度的数学定义

(一) 定义及表达式

信度就是一组测验分数中真分数方差与实测分数方差的比率。表达式为:

$$r_{tt} = r_{t\infty}^2 = \frac{S_\infty^2}{S_t^2} \qquad (6.3)$$

这里,r_{tt} 就是信度,也称作信度系数;$r_{t\infty}$ 则是信度指标,是真分数与实测分数的相关。$r_{t\infty}^2$ 叫决定系数,是真分数与实测分数相关系数的平方,表示两测量间共有的方差比率,标志着因变量能以自变量解释的比例部分。

公式 6.3 的推导过程具体如下。

首先由表 6-2 的数据可以描绘出实测分数对真分数的回归图,如图 6-2 所示。

根据图 6-2 和统计学的回归原理,实测分数与真分数的离差的标准差就是统计学里的估计误差的标准差。所以可把估计误差方差的计算公式 $S_{Yd}^2 = S_Y^2(1 - r_{XY}^2)$ 改写为:

$$S_e^2 = S_t^2 (1 - r_{t\infty}^2)$$

又因为

$$S_e^2 = S_t^2 - S_\infty^2$$

所以

$$S_t^2 - S_\infty^2 = S_t^2 (1 - r_{t\infty}^2)$$

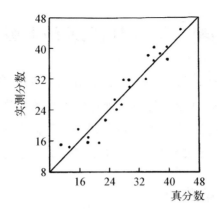

图6-2 实测分数对真分数的回归图

$$S_t^2 - S_\infty^2 = S_t^2 - S_t^2 r_{t\infty}^2$$

$$r_{t\infty}^2 = \frac{S_\infty^2}{S_t^2}$$

(二) 信度与 S_e^2 的关系

由公式 $r_{tt} = \dfrac{S_\infty^2}{S_t^2}$ 和 $S_t^2 = S_\infty^2 + S_e^2$,

可得
$$r_{tt} = 1 - \frac{S_e^2}{S_t^2} \tag{6.4}$$

所以 S_e^2 越小,r_{tt} 就越大。

由图6-3可以直观地看出真分数方差、误差方差、实测分数方差以及信度之间的关系,其中(a)图表示 S_e^2 小,测验信度较高;(b)图表示 S_e^2 较大,测验信度低,测验不可靠。

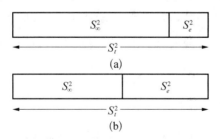

图6-3 S_∞^2、S_e^2、S_t^2 及信度的关系

我们知道,心理测量实际上是无法直接测量到真分数和真分数方差的,所以对信度只能作估计。而上式提供了一个对信度估计的基础,即求测量误差方差,用它来估计信度。

值得强调的是,信度是一组测验之间的一致性,而非个人的分数的一致性。

第二节 测量误差的来源

在学习信度估计方法之前,有必要先研究测验分数中各种可能的误差来源,这不仅可以帮助我们在测验的编制、实施、计分等环节对那些影响测验分数的无关变量进行控制,以使得测验分数尽可能地接近真分数,还有助于我们理解各种信度估计方法的特点。

心理测量中,测量误差通常来源于三个方面:测验本身、测验实施过程和被试本身。

一、测验本身引起的测量误差

(一) 测验题目取样不当

测验题目取样不当指题目数量少或取样缺乏代表性。被试的反应很容易受机遇,也就是通常所说的运气的影响。比如被试碰巧准备或没准备到某次考试的某道题目,其得分与否纯属偶然,这对测验分数的一致性影响甚大。另外,同一测验的几种平行形式实际上不平行或者不等值,比如测验内容、测题格式、测验难度上的不匹配等,由此得到的测验分数难免会不一致。

(二) 测验题目格式不妥

是非题或者二选一的题型相对多选题、填空题和问答题而言,受猜测的影响更大,而猜测本身就是一种随机误差。如果这类题目占测验的较大比例,那么测验分数受猜测或者机遇影响的风险会增加,最终可能引起大的测量误差。

(三) 测题的难度过高

测题的难度过高,大多数被试无法正确作答。如果测题是选择题且答错不扣分,那么被试可能会猜测作答,测验分数受随机误差的影响增大,信度降低;如果测题是填空题或者问答题,大多数被试往往放弃作答或答错,得分均会趋于一致,作为相关系数的信度系数自然会受其影响而变小。

(四) 测题或指导语用词不当

测题所表达的意思含糊不清、模棱两可,易使被试随意猜测作答,产生不稳定的测验分数,亦即测验分数受随机误差的影响增大,信度减小。

(五) 测验时限过短

测验时间限制很短,被试来不及完成测验,一方面容易引起被试仓促回答,如果进行多次测试来估计测验的信度,势必每次测验的分数都会不稳定。另一方面,因为时间短,每次测验总有一些测题未能完成,这些测题如果处理不当、均记零分,那么就会人为提高测验结果的一致性,从而可能高估信度。

由此我们不难发现,编制标准化的测验是控制测量误差的第一步工作。

二、测验实施过程引起的测量误差

(一)物理环境

施测现场的温度不适,光线过暗,背景声音(例如过于安静或一直有噪音),桌椅不舒适,空间大小不当,通风不够等诸多情况都会产生测量误差。

(二)主试方面

主试的年龄、性别与施测要求不相符合,穿着不得体,施测时的言谈举止不符合施测要求,表情夸张或过分呆板,都会不同程度地影响被试的测试状态乃至测验分数。有的主试不按规定实施测验,或发生计时错误,或指导语解释错误,或给被试作答提供暗示。主试人员过多,给被试(尤其是儿童)造成压力;或者人员不足,无法控制施测程序。这些情况都会影响被试的测试,产生测量误差。

(三)意外干扰

测试途中突然停电、突发噪声,或有人生病、作弊,或测验用品临时出问题(如计时表失灵,题目、作答卷纸印刷不清,或有装订错误)等不能预见的干扰都会产生测量误差。

(四)评分不客观,计算、登记分数出错

问答题、论文题等自由反应型题目,评分标准难以客观。尤其是测验有多个评分者时,评分者的偏好往往各不相同,难以保证分数的一致性。

从上面的分析亦可看出,不仅测验编制的标准化重要,施测的标准化也很重要。

三、被试本身引起的测量误差

即使测验编制得很出色,又配有标准化的施测和记分程序,但是,由于被试应试时本身的变化,仍然会使测验分数不一致。这也是最难控制的误差。

(一)应试动机的影响

如果被试在两次测试时的动机不一样,会使被试的回答态度、注意力、持久性以及反应速度发生变化,就容易引起测量误差。

(二)测验的焦虑

测验的焦虑与被试的能力、抱负水平以及测验经验有关,它对被试的兴奋性水平、注意

力和反应速度都有影响。过度的焦虑对活动有不良影响,从而产生测量误差。因而主试在施测时应对测验目的和测验程序作出清楚的解释,并适当地鼓励被试,以缓解焦虑、稳定情绪。

(三) 生理因素

当被试在测试前失眠,或在生病、疲劳的状态下进行测试,也容易引起测量误差。

(四) 学习、发展和教育

重复测验中,如果有个别人在首次测验后受到特殊训练(学习),复本测验中某些人在两次测验间受到特殊训练,或教育学习量不同,均会造成测量误差。

(五) 测验经验

被试对测验的程序、内容材料的熟悉程度不同以及回答技巧的差异都会影响测量的一致性。所以在正式测验之前,应有示范或例子、练习。

第三节 估计信度的方法

前面曾提到公式6.4(见本章第一节)提供了一个估计信度的基础,但由于测量误差本身也无法直接测量,因而运用起来具有较大难度。在实际研究中,主要依据信度是对测量一致性程度估计这一含义来对信度进行估计。同时,也是根据求信度的不同方法来给信度分类的。常用的信度估计方法有重测信度、复本信度、内在一致性信度、评分者信度,以及综合重测信度和复本信度特点的稳定-等值系数等五种。

一、重测信度

重测信度也称稳定系数,是一组被试在不同时间用同一测验测量两次(两次测验间隔一段时距),两次测验分数的相关系数。

(一) 计算方法

用同一种测验,对同一组被试先后测量两次,然后计算这两次测验分数的相关。整个过程简示如下。

$$\text{图式} \quad \text{测验} \xrightarrow{\text{一段时距}} \text{再测验}$$

这里,"一段时距"可以为几分钟,也可以长达几年,依实际研究需要和测验性质而定。同时需要尽可能保证两次测验的被试状态和测试条件相同。

计算公式:

$$r_{tt} = r_{X_1 X_2} = \frac{\sum X_1 X_2 - \sum X_1 \sum X_2 / n}{\sqrt{\sum X_1^2 - (\sum X_1)^2 / n} \sqrt{\sum X_2^2 - (\sum X_2)^2 / n}} \tag{6.5}$$

其中 X_1、X_2 分别代表首测和再测分数。运用这一公式可以直接根据测验分数求相关。

例：假设有一份主观幸福感调查表，先后两次施测于 10 名学生，时间间隔为半年，结果如表 6-3 所示，求该测验的重测信度。（为了便于理解和计算，本章估计信度的例子都是小样组，实际应用时应该采用大样组。）

表 6-3 某幸福感调查表的两次测试结果

测验	被试									
	1	2	3	4	5	6	7	8	9	10
X1	16	15	13	13	11	10	10	9	8	7
X2	16	16	14	12	11	9	11	8	6	7

根据表 6-3 和计算公式 6.5，可算出：

$$\sum X_1 X_2 = 1324, \quad \sum X_1 = 112, \quad \sum X_2 = 110,$$

$$\sum X_1^2 = 1334, \quad \sum X_2^2 = 1324$$

即可求出重测信度

$$r_{tt} = \frac{1324 - 112 \times 110/10}{\sqrt{1334 - 112^2/10} \sqrt{1324 - 110^2/10}} = 0.97$$

如果能用计算器或手动计算求出两次测验分数的平均数和标准差时，则可采用下式：

$$r_{tt} = \frac{\sum X_1 X_2 / n - \bar{X}_1 \bar{X}_2}{S_{X_1} S_{X_2}} \tag{6.6}$$

公式 6.6 是由公式 6.5 通过分子、分母同时除以 n 或乘以 $1/n$ 而得到的。

上例中，可以算出

$$S_{X_1} = 2.82, \quad S_{X_2} = 3.38, \quad \bar{X}_1 = 11.20,$$

$$\bar{X}_2 = 11.00, \quad \sum X_1 X_2 = 1324$$

把以上数据代入 6.6 式，可得

$$r_{tt} = \frac{1324/10 - 11.20 \times 11.00}{2.82 \times 3.38} = 0.97$$

当然,也可以手动计算出平均数及标准差,再运用公式6.6求重测信度。

注意:这里 S_{X_1} 和 S_{X_2} 都是标准差,如果求出的是总体标准差的估计值,则应该采用下一公式:

$$r_{tt} = \frac{\sum X_1 X_2 - n \overline{X}_1 \overline{X}_2}{(n-1) \sigma_1 \sigma_2} \tag{6.7}$$

上例中,总体标准差的估计值 $\sigma_1 = 2.97$,$\sigma_2 = 3.55$。

公式6.6中样组标准差与公式6.7中的总体标准差的估计值在小样组的条件下差异大,样组规模很大时就几乎没有差别。

(二) 重测信度的误差来源

测验本身:测验所测的特性本身就不稳定,例如情绪,使得测量的随机性更大。

被试方面:在两次测量间隔的时间里,身心成熟、知识的发展并非人人等量增长,在练习因素、记忆效果等方面也存在个体差异,这些因素可能会使得不同个体在两次测量结果上有不一致的变化。

偶发因素的干扰:如主试计时错误,个体突发疾病,或动机变化等。

因此,计算重测信度时必须保证所测特性是稳定的,被试的记忆、练习效果是相同的,两次测试期间,被试的学习效果没有差别。否则就难以根据重测信度来判断测验的稳定性。

二、复本信度

复本信度,又称等值系数,估计的是两个假定相等的复份测验之间的一致性,是两个平行测验分数的相关。当同一测验不能用来实施两次时,就需要给同一种测验编制两份平行的测验,这样就可以分别用这两个平行测验进行测试。例如大学期末考试的各科考题,均以A、B卷出现,以保证缓考和补考的公平性。创造力、逻辑推理的问题记忆效果好,也不能用相同的测题对被试进行重复测验。这时,就可以计算复本信度。

(一) 计算方法

先实施该测验的复份A(第一型),然后在最短时距内实施复份B(第二型),再求两次测验分数的相关系数。简示如下。

图式　　测验复份A $\xrightarrow{\text{最短时距}}$ 测验复份B

例子:假设用A、B两型创造力复本测验对初中一年级10个学生施测。结果如表6-4所示,X_1、X_2分别代表A、B两型测验。

表 6-4 某创造力复本测验测试结果

测 验	被 试									
	1	2	3	4	5	6	7	8	9	10
X_1	20	19	19	18	17	16	14	13	12	10
X_2	20	20	18	16	15	17	12	11	13	9

经计算得出以下统计值：

$$\sum X_1 X_2 = 2494, \quad \sum X_1 = 158, \quad \sum X_2 = 151,$$

$$\sum X_1^2 = 2600, \quad \sum X_2^2 = 2409$$

运用计算公式 6.5 求复本信度

$$r_{tt} = \frac{\sum X_1 X_2 - \sum X_1 \sum X_2 / n}{\sqrt{\sum X_1^2 - (\sum X_1)^2 / n} \sqrt{\sum X_2^2 - (\sum X_2)^2 / n}}$$

$$= \frac{2494 - 158 \times 151/10}{\sqrt{2600 - 158^2/10} \sqrt{2409 - 151^2/10}}$$

$$= 0.94$$

当然，同样也可以用公式 6.6 来求复本信度。这就需要算出 $\overline{X}_1, \overline{X}_2, S_{X_1}, S_{X_2}$。把 $\overline{X}_1 = 15.8$，$\overline{X}_2 = 15.1$，$S_{X_1} = 3.22$，$S_{X_2} = 3.59$，代入公式 6.6：

$$r_{tt} = \frac{2494/10 - 15.8 \times 15.1}{3.22 \times 3.59} = 0.94$$

如果计算器算出的是总体标准差的估计值（$\sigma_1 = 3.39, \sigma_2 = 3.78$），则用公式 6.7。

为排除施测顺序的影响，求复本信度前，在实验设计时可以先把被试分为两组，一组人先作 A 型测验，再作 B 型测验，另一组人先作 B 型测验，再作 A 型测验。

（二）复本信度的误差来源

复本信度的误差来源主要是测验两种形式是否等值：测题取样是否匹配，格式是否相同，内容、题数、难度、平均数、标准差是否一致。再就是被试方面的情绪波动、动机变化等，以及测验情境的变化，偶发因素的干扰。这些都会引起测量误差。

在重测信度和复本信度原理的基础上，把这两种方法加以综合应用就可以产生另外一种信度估计方法，得到稳定—等值系数。采取的方法就是给相同的被试先施测复份 A，过一段时间后，施测复份 B，然后计算两次测验的相关。过程简示如下。

图式　　　测验复份 A $\xrightarrow{\text{一段时距}}$ 测验复份 B

稳定—等值系数的计算原理和公式与前两种信度的计算原理和公式相同,这里不再赘述。需要注意的是,该系数不可避免地要受到重测信度的误差来源和复本信度误差来源的双重影响,因而往往要比同一测验施测于相同被试所得的重测信度和复本信度都低。

三、内在一致性信度

当测验既无复本,也不可能重复测量时,我们常用内在一致性系数来估计测验的信度。该系数反映的是测验内部的一致性,即项目同质性。当被试在同一测验里表现出跨项目的一致性时,就称测验具有项目同质性。也就是测验里各测题得分为正相关时,即为同质,反之测题间相关为零则为异质。所以,当测验同质时,就可以从一个人在一个测题上的作业情况预测其在其他测题上的作业情况。内在一致性系数不可避免地要受到测试时被试成绩的临时波动、猜测、记分等测量误差的影响。除此之外,测验内容抽样引起的误差也会对其产生影响,而后者更是研究内在一致性系数所需重视的误差来源。

估计内在一致性系数的方法通常有两类,一类是分半法,另外一类方法需要对项目反应的方差或协方差进行分析。下面逐一介绍这些方法。

(一) 分半法

分半法通常先把一份测验按题目的奇偶顺序或其他方法分成两个尽可能平行的半份测验,然后计算两半之间的相关,即得到分半信度系数。由于这种方法很可能低估原长测验的信度,所以需要再用斯皮尔曼—布朗公式对分半信度系数进行修正,就可以获得修正后的分半信度,即原长测验的信度估计值。

1. 斯皮尔曼—布朗(Spearman - Brown)公式

$$r_{tt} = \frac{2 r_{hh}}{1 + r_{hh}} \tag{6.8}$$

其中,r_{hh}是分半信度系数,r_{tt}是测验在原长度时的信度的估计值。

现以表 6-5 为例,表中"1"表示答案正确记 1 分,"0"表示答案错误记 0 分;X_o 表示奇数项目得分,X_e 表示偶数项目得分。可计算出 $\sum X_o X_e = 50$,$\sum X_o = 22$,$\sum X_e = 18$,$\sum X_o^2 = 64$,$\sum X_e^2 = 56$。利用积差相关公式可求得:

$$r_{hh} = \frac{\sum X_o X_e - \sum X_o \sum X_e / n}{\sqrt{\sum X_o^2 - (\sum X_o)^2/n} \sqrt{\sum X_e^2 - (\sum X_e)^2/n}}$$

$$= \frac{50 - 22 \times 18/10}{\sqrt{64 - 22^2/10} \sqrt{56 - 18^2/10}}$$

$$= 0.542$$

表 6-5　10 名被试 8 个项目分数及奇偶分数

被试	项目								$\sum X_i = X_t$	X_o	X_e
	a	b	c	d	…	i	…	n			
1	0	0	0	0	0	0	0	0	0	0	0
2	1	0	0	0	0	0	0	0	1	1	0
3	1	0	1	0	0	0	0	0	2	2	0
4	1	1	0	0	1	0	0	0	3	2	1
5	0	1	0	1	0	0	1	0	3	1	2
⋮	1	1	1	0	1	0	1	0	5	4	1
	1	1	1	1	1	1	0	0	6	3	3
i	1	1	1	1	1	1	0	0	6	3	3
⋮	1	1	1	1	0	1	0	1	6	2	4
N	1	1	1	1	1	1	1	1	8	4	4
$\sum_{i=1}^{N} X_i$	8	7	6	5	5	4	3	2	$\sum X_i = 40$	22	18
p_i	0.8	0.7	0.6	0.5	0.5	0.4	0.3	0.2	$\overline{X}_i = 4$	S_t^2	
$p_i q_i$	0.16	0.21	0.24	0.25	0.25	0.24	0.21	0.16	$\sum p_i q_i = 1.72$	$S_t^2 = 6.0$	

把结果代入公式 6.8 有：

$$r_{tt} = \frac{2 \times 0.542}{1 + 0.542} = 0.70$$

这里需说明的是，公式 6.8 实际上是斯皮尔曼—布朗通式的特例。

2. 斯皮尔曼—布朗通式

$$r_{nn} = \frac{n r_{11}}{1 + (n-1) r_{11}} \tag{6.9}$$

这里，n 是可能测验长度与原测验长度的比率，r_{11} 是原测验信度系数，r_{nn} 为测验增长成原来的 n 倍时的信度估计值。

用分半信度系数估计信度时，n 应该为 2，代入公式 6.9 即可得到公式 6.8。所以说斯皮尔曼—布朗公式是通式的特例。

采用斯皮尔曼—布朗公式时，须假定测验两半严格平行，即两半之间的平均数、标准差、项目的组间相关、分布形态及内容都相似。采用通式时，须假定新项目和原项目来自同一个全域。

利用分半法估计信度还可以采用另外两个公式，即费拉南根公式和卢龙公式。这两个公式不要求两个分半测验分数的变异性相等。

3. 费拉南根(Flanagan)公式

$$r_{tt} = 2\left(1 - \frac{S_a^2 + S_b^2}{S_t^2}\right) \tag{6.10}$$

其中，S_a^2、S_b^2 分别是两个分半测验的方差，S_t^2 是整个测验的总分方差。

4. 卢龙(Rulon)公式

$$r_{tt} = 1 - \frac{S_d^2}{S_t^2} \tag{6.11}$$

其中，S_d^2 是两个分半测验分数之差的方差，S_t^2 是整个测验的总分方差。

(二) 基于项目协方差的方法

把测验划分成两半的方法实际上有多种，除了奇偶法以外，还有随机安置法、内容匹配法、难度排序奇偶法等。而每一种划分方法产生的 r_{tt} 估计值都有差别，因此用分半法得到的信度估计值不具备唯一性。所以库德(Kuder)、理查逊(Richardson)针对分半法的不足，提出以项目统计量为转移，利用每道测题的方差或协方差来计算信度。不过，与斯皮尔曼—布朗方法的假设相似，库德—理查逊方法也要求测题的难度相等、组间相关相等。

1. 库德—理查逊公式20(K-R20)

$$r_{tt} = \left(\frac{n}{n-1}\right)\left(\frac{S_t^2 - \sum pq}{S_t^2}\right) \tag{6.12a}$$

式中，n 是测验项目的数目，p 是项目通过率，q 是项目未通过率，S_t^2 是整个测验的总分方差。由于库德—理查逊公式要求 0，1 记分，所以 $\sum pq$ 实际上就是每道测题的方差之和。

例如，将表6-5的资料代入 K-R20 公式

$$r_{tt} = \frac{8}{7} \times \frac{6.00 - 1.72}{6.00} = 0.81$$

当测题难度相近时，每个项目的通过率应基本相近，所以就可以用通过率和未通过率的平均值代替各个项目的通过率和未通过率。运用库德—理查逊公式21(K-R21)求 r_{tt}。

2. 库德—理查逊公式21(K-R21)

$$r_{tt} = \left(\frac{n}{n-1}\right)\left(\frac{S_t^2 - n\bar{p}\bar{q}}{S_t^2}\right) \tag{6.12b}$$

式中，$\bar{p}$ 为各项目 p 的平均数，$\bar{q}$ 为各项目 q 的平均数。由于是 0,1 记分，且 $\bar{p} = \dfrac{\overline{X}}{n}$，$\bar{q} = 1 - \bar{p} = 1 - \dfrac{\overline{X}}{n}$，其中，$\overline{X}$ 是所有被试的平均分数，这里的 n 仍是题目数量，而非被试人数。所以，K-R21 还可以转换成如下形式：

$$r_{tt} = \frac{n}{n-1} \times \frac{S_t^2 - n \times \dfrac{\overline{X}}{n} \times \left(1 - \dfrac{\overline{X}}{n}\right)}{S_t^2}$$

$$= \frac{n S_t^2 - \overline{X}(n - \overline{X})}{(n-1) S_t^2}$$

这样，当项目难度相近时，根据 $\overline{X}$ 和 S_t^2 即可求出 r_{tt}。

例如：把表 6-5 的有关数据代入上式，可得：

$$r_{tt} = \frac{8 \times 6 - 4 \times (8 - 4)}{7 \times 6} = 0.76$$

公式 K-R20 和 K-R21 只适用于 0,1 记分的测验。而实际上，测验采取非 0,1 记分的情况很多。所以克朗巴赫(L. J. Cronbach)提出了一个适用范围更广的公式，以满足多重记分的测验。

3. 克朗巴赫 α 系数

适用于非 0,1 记分的一种内在一致性系数，计算公式为：

$$\alpha = \left(\frac{n}{n-1}\right)\left(\frac{S_t^2 - \sum V_i}{S_t^2}\right) \tag{6.13}$$

式中，V_i 是测验每个项目的方差。

例如，假设某一认知测验有四个项目，项目的评分范围为 0—10 分。测试后，可计算出各项目的方差分别为：$\sigma_1^2 = 9$，$\sigma_2^2 = 4.8$，$\sigma_3^2 = 10.2$，$\sigma_4^2 = 16$。如果总分方差为 100，试计算该测验的信度。

解：由于是多重记分，故可以估计 α 系数，如下：

$$\alpha = \frac{4}{4-1} \times \frac{100 - (9 + 4.8 + 10.2 + 16)}{100} = 0.8$$

实际上，项目采用 0,1 记分时，V_i 等于 $p_i q_i$，$\sum V_i$ 也就等于 $\sum pq$，这时的 α 系数与公式 K-R20 估计值相等。因此从这个意义上讲，库德—理查逊公式是 α 系数的一种特例。

除了以上两类方法，还有一种与方差分析有关的方法可用来衡量测验的内部一致性，这就是霍伊特（C. Hoyt）信度。其主要原理就是把一组测验分数的总方差划分成三个来源：人与人的差异，项目之间的差异，以及人与项目之间相互作用的差异。信度定义式里的观测分数方差用人与人之间的差异 MSp 来估计，测量误差方差则用人与项目的交互作用 MSr 来估计。计算公式为：

$$\rho = \frac{MS_p - MS_r}{MS_p} = 1 - \frac{MS_r}{MS_p}$$

由于这种方法的计算较之其他方法要复杂，因而现在不常用，但是其运用方差分析估计信度的思想则为现代测量理论之一的概化理论的诞生奠定了一定的基础。

从上述介绍可以看出，内在一致性信度的优点在于，只需施测一次就可以估计信度系数，省时省力。另外用内在一致性系数所算出的信度系数一般要比重测信度和复本信度的高。不足之处在于求分半信度时，分半的方法不同，估计出的信度系数就不同。而且，测验须要求具有同质性。所以项目异质的人格测验，通常不建议用内在一致性系数来估计信度。

另外，对速度测验的信度问题需做简单探讨。速度测验一般具有时限短，测验内容的量超过正常水平所能达到的特点，因而被试不可能完成全部测验。这就必然存在无法确定已完成与未完成的项目是否同质的问题。这样如果依照把测验按项目直接分成两半的方法来求分半信度，势必会高估测验本有的信度。所以曾经认为不能用分半系数来估计速度测验的信度。但是如果是按照时间把测验分成两半，问题就可以迎刃而解了。研究者可以编制两个一半时限的平行测验；或者把测验按时间分成四个等份，再把第一个 1/4 测验成绩与第四个 1/4 合并成一份分半成绩，剩下两个 1/4 合并成另一份分半成绩，这样就可以计算速度测验的分半信度了。

四、评分者信度

评分者信度是由多个评分者给一组测验结果评分，所得各个分数之间的一致性。有些情况下，被试的得分会受到评分者的主观判断的影响，不同的评分人员对相同被试的评分存在着差异。典型的例子有心理测量中的投射测验、学业测验中的高考作文水平的测试、职业选拔中的面试，这时就有必要考虑评分者之间的一致性了。

估计评分者信度的方法有多种。当只有两个评分者时，让评分者分别给同一组被试的同一份测验结果评分，然后根据采用的连续变量评分还是等级评分，计算两次评分的积差相关或等级相关。当测验的评分者多达三个以上，且测验采取等级评分时，可以用肯德尔和谐系数，计算公式如下。

$$W = \frac{\sum_{i=1}^{N} R_i^2 - \frac{\left(\sum_{i=1}^{N} R_i\right)^2}{N}}{1/12\, K^2 (N^3 - N)} \tag{6.14}$$

其中，K 是评分者人数，N 是被试人数或答卷数，R_i 是每个被试所得等级的总和。

例子：假设有三位专家给六篇论文评等级，结果如表 6-6 所示，试计算此次评分的评分者信度。

表 6-6 三位专家给 6 篇论文的评定

专　　家	1	2	3	4	5	6
1	2	4	1	5	6	3
2	3	4	1	5	6	2
3	3	5	1	4	6	2
R_i	8	13	3	14	18	7

解：分别求出各篇论文的等级之和 R_i，依次为 8,13,3,14,18,7。

则有 $\sum R_i = 8 + 13 + 3 + 14 + 18 + 7 = 63$，

$\sum R_i^2 = 64 + 169 + 9 + 196 + 324 + 49 = 811$

由题意 $K = 3$，　$N = 6$，

把以上各值代入公式 6.14，可得

$$W = \frac{811 - 63^2/6}{1/12 \times 3^2(6^3 - 6)} = 0.95$$

以上介绍的各种信度估计方法都是对测验的一致性进行估计，但由于误差来源不同，它们研究的侧面各不相同，说明的是信度的不同方面。其中，

重测信度：估计测验跨时间的一致性

复本信度：估计测验跨形式的一致性

稳定—等值系数：估计测验跨时间和形式的一致性

内在一致性系数：估计测验跨项目或两个分半测验之间的一致性

评分者信度：估计测验跨评分者的一致性

可见，上述估计信度的每一种方法具有不同的意义，单其一种信度系数不能代替其他信度系数。所以编制测验或使用测验时，应该尽可能收集到各种信度证据，以充分证明测验的可靠性。

第四节　影响信度系数的因素

本章第二节介绍了测验内容、施测和被试等三大方面的各种误差来源，它们均会引起测量误差，从而导致分数不一致，影响信度系数的高低。这些误差来源尽管各不相同，但从其产生的效应来看，可以归结为以下三种因素。

一、分数分布范围的影响

(一) 分数分布范围越宽,信度系数就越高

我们知道,相关系数的大小受分数分布范围(即全距)的影响。以图6-4为说明。

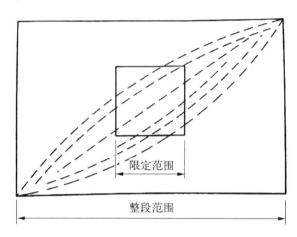

图6-4 分数分布范围与相关系数的关系

从图6-4中可以看出:小方框(限定范围)里两次分数集中在一团,几乎呈随机变化,相关低;大方框(整段范围)内两次分数散点分布广,各散点呈较狭长的椭圆形,相关高。信度系数也是一种相关系数,因此必定受到分数分布范围的影响。而分数分布范围的狭窄或宽阔,则受到样组中各被试的能力或者特性的范围影响。具体影响过程是这样的:测验样组各被试的能力或特性越是接近,即其范围越狭窄,也就是测验团体的同质性越高,势必会使得测验分数接近,即分数分布范围就越狭窄,这样分数的变异量(即方差)会降低,信度系数 r_{tt} 就会减小。

因为公式 $r_{tt} = 1 - \dfrac{S_e^2}{S_t^2}$,当 S_e^2 不变时, S_t^2 作为分数变异量的反映指标, S_t^2 减小,那么 $\dfrac{S_e^2}{S_t^2}$ 就会增加, r_{tt} 反而降低。故测验样组各被试的个体差异越大,测验团体异质性越高,测验分数分布范围就会越宽,最终在通常保证 S_e 稳定的情况下,就可以提高信度系数。

分数分布范围对信度系数的影响,还可以用马格鲁森(Magnusson)提出的公式检查出来。

(二) 马格鲁森公式

由信度系数的推导公式

$$r_{tt} = 1 - \frac{S_e^2}{S_t^2}$$

可得
$$S_e^2 = S_t^2(1 - r_{tt})$$

在同一个全域里，一个测验应用于有代表性的两个群体，这个时候，我们可以假定这两个不同差异范围的测量误差的标准差，也就是测量标准误差是相等的。那么，就可以根据其中一个群体的信度系数、分数分布的标准差与另一个群体的分数分布的标准差，利用 $S_e^2 = S_t^2(1 - r_{tt})$ 来估计另一个群体的信度系数。

基于这一思想，马格鲁森推导出如下公式：

$$r_{nn} = 1 - \frac{S_o^2(1 - r_{oo})}{S_n^2} \tag{6.15}$$

式中，S_o 是信度系数已知的分布标准差，S_n 是信度系数未知的分布标准差，r_{oo}、r_{nn} 分别是两个分布的信度系数。

从这个公式，就可以看出分布标准差实质上也就是分数分布的范围对信度系数的影响。所以，我们在编制测验量表、抽选被试时，往往要考虑选取不同层次的被试，以使得测验团体呈异质性，从而使得信度提高。反之，当需要同质团体的信度时，就应该尽量选取同一层次的被试。

例：一记忆力测验实施于某市全体初中生，其分数的标准差为 10，信度系数为 0.90，若将该测验施测于初二年级，其分数标准差为 6。求初二年级的信度系数估计值。

解：$r_{nn} = 1 - \dfrac{10^2 \times (1 - 0.90)}{6^2} = 0.72$

标准差从 10 降至 6，信度系数也从 0.90 降至 0.72。

二、测验长度的影响

凭直接经验，只有 1 道题的测验通常都不如由 10 道题甚至更多测题组成的测验可靠。假设有两份小学数学测验：

测验 A 只有一道测题：1 + 1 = ____

测验 B 有 1 + 1 = ____，3 - 2 = ____，7 + 5 = ____，8 - 2 = ____．…等共 30 道测题

这样，被试在测验 A 的得分完全决定于一道题目，无法全面而真实地考查被试的学习状况。测验 B 考查的知识范围则远远大于测验 A，能够较全面地反映出被试的学习水平，显然测验 B 要比测验 A 可靠得多。

前面介绍分半信度时，曾提及分半信度系数低估了原长测验的信度，这是因为其他条件不变时，测验长度越长，即题目越多，信度就越高，测验长度增加，信度就随之提高。利用通式试作推导：假设 $n > 1$

$$r_{nn} = \frac{n\, r_{11}}{1 + (n-1)\, r_{11}} \Rightarrow \frac{r_{nn}}{r_{11}} = \frac{n}{1 + (n-1)\, r_{11}}$$

因为　　$1 > r_{11}$

$$(n-1) > (n-1)r_{11} \Rightarrow 1+(n-1) > 1+(n-1)r_{11}$$

即 $n > 1+(n-1)r_{11}$

$$r_{nn} > r_{11}$$

当然，通式中的 n 也可以小于 1，即测题减少、测验长度缩短，倘若其他条件不变，这时测验的信度将随之降低。实际上通式不但可以用来估计测验长度增减时的信度，还可以根据要求达到的信度值反过来求 n，即决定测验长度的变化。现在，我们可以再利用斯皮尔曼—布朗通式作推导，直接根据所想达到的信度决定测验的长度。

由斯皮尔曼—布朗通式 $r_{nn} = \dfrac{n\,r_{11}}{1+(n-1)\,r_{11}}$

推出
$$nr_{11} = r_{nn} + r_{nn}r_{11}(n-1)$$
$$= r_{nn} + nr_{nn}r_{11} - r_{nn}r_{11}$$
$$nr_{11}(1-r_{nn}) = r_{nn}(1-r_{11})$$

$$n = \frac{r_{nn}(1-r_{11})}{r_{11}(1-r_{nn})} \tag{6.16}$$

其中，r_{11} 是长度已知测验的信度，r_{nn} 是长度未知测验的信度。这样，就可以决定一个长度较短的测验，当其信度较低时，需要把长度扩大到原长度的多少倍才能达到我们想要的信度。注意 n 是倍数，而非项目数。

例如，某一测验有 10 个项目，信度是 0.60，问测验应增加到多少个项目，才能使信度达到 0.90？

解：$n = \dfrac{0.90 \times (1-0.60)}{0.60 \times (1-0.9)} = 6$

$$6 \times 10 = 60$$

所以测验项目应增加到 60 个，才能满足要求。

当然，也可以在保证信度不受较大损害的情况下，利用公式 6.16 来削减测题测验中过多的测题。这时 n 小于 1。

三、测验难度的影响

测验难度对信度估计的影响不能像测验的分数分布范围和长度那样，可以用公式直接反映出来。但是，如果测验对某个测试团体而言太难，被试对许多题目就只能作随机反应，即猜测，这时，测验分数的差别就主要取决于随机分布的测量误差，信度系数当然就很低，趋近于零。相反，如果测验太容易，被试对许多测题的反应都为正确，那么测验分数就相当接近，分数分布范围随之变得狭窄，同样会使得信度降低。这就表明，要使信度达到最高，测验应该有一个适当的难度水平，以产生最广的分数分布。

第五节 测量的标准误差

一、测量的标准误差

(一) 定义及由来

测量的标准误差,就是测量误差分布的标准差,表示测量误差的大小,用 S_e 表示,又称标准误。

信度仅说明一组测量的实测分数与真分数的符合程度,并没有直接反映出个人测验分数的变异量。由于测量误差的缘故,个人实测分数可能比真分数高,也可能低,也可能两者相等。理论上,应该对一名被试施测无限次,然后求出实测分数的平均数与标准差。在这个分布里,平均数就是这个被试的真分数,标准差则是测量误差的指标。实际上这是行不通的。所以,可以用一组被试两次施测的结果来代替对同一个人的反复施测,每个人在这两次测验中的分数差异等于其测量误差之差。所有个体的测量误差之差形成一个分数分布,其标准差与测量的标准误有数学关系。可以作进一步的推导,最终推算出测量的标准误差。本节的第二部分对此作了详细介绍。不难得出结论,真分数理论的信度反映的是一组被试测量结果的一致性程度,测量的标准误反映的也是一组被试测量结果的情况。测量的标准误可以用来估计个人的真分数。

(二) 计算公式

$$S_e = S_t \sqrt{1 - r_{tt}} \left(由 r_{tt} = 1 - \frac{S_e^2}{S_t^2} 推导而来 \right) \tag{6.17}$$

这样,就可以根据测验实测分数的标准差和测验的信度,计算测量的标准误差,进而估计个人的真分数及误差。

(三) 用测量的标准误差估计真分数

统计学里 Z 检验的基本公式为 $Z = \dfrac{X - \mu}{\sigma}$,并可以用 Z,$\sigma$ 和 X 来估计 μ。

这里,测量的标准误差是测量误差分布的标准差,用常态分布标准分的数学模型 $Z = \dfrac{X - \mu}{\sigma}$ 来处理,这时,可以表达成 $Z = \dfrac{X_t - X_\infty}{S_e}$,同样可以用 Z,$S_e$ 和 X_t 来估计真分数 X_∞。

1. 方法

如果选用95%的可靠性要求(置信水平),$Z_{0.95} = 1.96$,那么,真分数就有95%的可能性落在 $X_t \pm 1.96S_e$ 的范围内,即

$$X_t - 1.96S_e < X_\infty < X_t + 1.96S_e$$

$$P(X_t - 1.96S_e < X_\infty < X_t + 1.96S_e) = 0.95$$

例如，已知 WISC-R 的标准差为 15，信度系数为 0.95，对一名 12 岁的儿童实施该测验后，IQ 为 110，那么他的真分数在 95% 的可靠度要求下，变动范围应是多大？

解：$S_e = S_t \sqrt{1 - r_{tt}} = 15\sqrt{1 - 0.95} = 3.35$

已知　$X_t = 110$

则　　$110 - 1.96 \times 3.35 < X_\infty < 110 + 1.96 \times 3.35$

即　　$103.4 < X_\infty < 116.6$

这就是说有 95% 的把握断定该儿童的 IQ 真分数在 103.4 到 116.6 之间。

2. 注意事项

第一，S_e 对真分数作的是区间估计，不可能由此得到一个确切的点。这就说明，测验分数不是一个定点，而是具有一定的分布范围，或呈带状。这样，就不会对两次测验之间微小的差别作过分的解释。第二，置信水平确定后，估计的精度主要取决于 S_e。S_e 越小，估计就越精确，相反则越粗略。第三，真分数不等同于真正能力或特质。当系统误差对实测分数产生影响时，用此方法估计出的真分数就并非代表被试的真正能力或特质。

（四）判断差异分数的显著性

在运用测验进行研究、评估或者临床诊断时，研究者可能会对被试接受一段时间的训练或者学习前后是否存在知识、技能、智力等认知因素的改变，或者态度、情绪上的变化感兴趣，也有可能关注同一套测验中的不同分测验分数的差异（比如言语分数和操作分数），希望判断这些测验分数的差异是否能够说明被试在某些心理特性或者认知的发展方面有差别。这时，就可以利用测量的标准误差来判断差异分数是否具有足够的显著性。

例如，有一位小学生参加了韦克斯勒学龄儿童智力测验第四版的测试，得到的言语理解指数是 108，知觉推理指数是 103。那么他的言语理解是否显著优于知觉推理呢？首先需要用两次测验的测量标准误（差）估计差异分数的标准误（差），公式如下。

$$S_{ed} = \sqrt{S_{e_1}^2 + S_{e_2}^2} \tag{6.18a}$$

或者
$$S_{ed} = S_t \sqrt{2 - r_{tt_1} - r_{tt_2}} \tag{6.18b}$$

公式 6.18a 中，S_{ed} 表示差异分数的标准误，$S_{e_1}^2$、$S_{e_2}^2$ 分别表示每一次测验的测量标准误。公式 6.18b 中，S_t 表示的是两个测验的标准差，而且相等；r_{tt_1} 和 r_{tt_2} 分别是两个测验的信度系数。实际运用公式计算时，两个（次）测验的分数应该具有相同的单位，否则就无法比较差异的显著性。因此，测验分数通常都转换成标准分数，其标准差亦是标准分数的标准差。

上例中，可以进一步获知，言语理解的测量标准误为 3.67，知觉推理的测量标准误是 3.97。代入公式 6.18a 可得：

$$S_{ed} = \sqrt{3.67^2 + 3.97^2} = 5.41$$

在此基础上,可以要求分数差异达到 0.05 或者 0.01 的显著水平,从而判断分数差异可能是显著的,而非受到测量误差的影响。如果以 0.05 为显著水平,则将计算得到的 S_{ed} 数值 5.41 乘以 1.96,结果为 10.60。而这位小学生的两个指数分数之差为 5,小于 10.60,意味着差异不显著。

当然,如果获知两个测验的标准差和信度系数,则可以运用公式 6.18b 来估计 S_{ed}。

二、直接估计标准误差

用公式 $S_e = S_t\sqrt{1-r_{tt}}$ 求 S_e 是一种间接计算方法,它是从理论出发,以假定真分数已知为前提。在实际问题中,也可以直接根据分数误差的方差来求 S_e。方法如下。

用复份法、再测法、分半方法获得每个被试成对的分数。采用复份法,或再测法时,X_∞ 为被试的真分数,X_1, X_2 分别是同一被试两次测验分数,E_1, E_2 分别是同一被试两次测验的误差分数。根据真分数模型的基本公式,即得:

$$\begin{matrix} X_1 = X_\infty + E_1 \\ X_2 = X_\infty + E_2 \end{matrix} \Rightarrow X_1 - X_2 = E_1 - E_2$$

那么,$X_1 - X_2$ 的方差等于 $E_1 - E_2$ 的方差。

即 $$S^2_{X_1-X_2} = S^2_{E_1-E_2} \qquad (1)$$

又因为误差之间相关为零,即 $S^2_{E_1-E_2} = S^2_{E_1} + S^2_{E_2}$

假设两次测验分数误差的标准差相等,即 $S_{E_1} = S_{E_2}$

则 $$S^2_{E_1-E_2} = 2 S^2_E \qquad (2)$$

由(1),(2)两式,得

$$S^2_E = \frac{1}{2} S^2_{X_1-X_2}$$

$$S_E = 0.707 S_{X_1-X_2}$$

因为 S_E 即 S_e

故 $S_e = 0.707 S_{X_1-X_2}$

用复份法和重测法估计 S_e 时,$S_{X_1-X_2}$ 即是两次测验分数的差异的标准差。

用分半相关法估计 S_e 时,则用公式 $S_e = S_{X_o-X_e}$,直接以分半测验分数间差异的标准差为测量的标准误差 S_e 估计值。顺便提一下,这时的 S^2_e 实际上就是卢龙公式 $r_{tt} = 1 - \dfrac{S^2_d}{S^2_t}$ 中的 S^2_d。

第六节 概化理论简介

随着经典测验理论在心理与教育测量中的广泛应用，其作用和地位日益显著，但同时也暴露出其自身难以克服的不少弊端。其中，与信度有关的问题之一在于它严格平行测验的假设。由此假设，只有当测验的交替形式严格平行或等值时，CTT 的信度系数才有意义，否则就会产生误导。而事实上难以保证测验的交替形式严格平行。问题之二是把测验分数简单划分成真分数和随机测量误差两部分。这种划分对于心理测量而言较为粗略。CTT 只能提供一个无区分的误差。估计信度方法通常有重测法、交替形式（复本）法、内在一致性系数等方法。一方面，估计方法不同，误差来源就不同，测验分数的真分数和误差两部分的组合也随之不同。另一方面，在评分者信度研究中，如果有不同的评分人员对相同被试的数篇短文进行评分，那么评分者之间、短文题目之间均会产生差异，这些差异必然会对评分结果的一致性产生影响。当测验分数的不一致受到多方面因素的影响时，就有必要把误差中与各方面影响因素相对应的效应区分出来。CTT 对此无能为力。

针对 CTT 的不足，克朗巴赫及其合作者以方差分析为基础，创立了概化理论：1963 年、1965 年相继发表了三篇有关 GT 的论文，1972 年出版的《行为测量的可靠性：测验分数和剖面图的概化理论》(*the Dependability of Behavioral Measurement: Theory of Generalizability for Scores and Profiles*)一书标志着 GT 的正式形成。GT 为研究信度和测量误差开辟了新的思路。正如克朗巴赫指出的："概化分析超越经典信度分析之处在于它明确问到，这个分析过程如何计算误差？每个来源的变异有多大？"到 90 年代，GT 已发展成为一种与项目反应理论(IRT)同等重要的现代测量理论，广泛运用于评分者信度的估计、临界分数误差估计、测验分数的推广性和标准参照测验的信度等研究中。

一、GT 的基本原理和概念

GT 把测量者希望测量的那些实体称为测量目标(object of measurement)，在心理与教育测量中通常是人的能力、成就等特性。对测量目标的测量都是在特定的测量条件下进行的。GT 用侧面(facet)这一概念来表示一组特定的测量条件，并称条件的数量为该侧面的水平(level)。在前面所举的例子里，如果要求每个被试写两篇题目不同的短文，并由三名评分者给所有短文评分，这里，测量目标就是被试的写作水平，题目和评分者就是两组测量条件或两个侧面，其水平数分别为 2 和 3。GT 认为，每次测量所处的测量条件及其影响可能并不相同。测量的根本目的不是获得特定条件下的测量结果，而是要以此来推断更广泛的条件下可能得到的测量结果。这些测量条件会对测量结果产生影响，因而可能是误差的来源。GT 的主要任务就是针对预定的测量目标，分析测量情况，区分误差的各种来源，把误差方差分解成各个相应的方差分量，为控制和减少测量误差、提高测量的精确性提供依据。

整个任务涉及概化研究(generalizability study,简称 G 研究)和决策研究(decision study,简称 D 研究)。G 研究的目的是辅助设计一项具有充分概化力的 D 研究,G 研究的设计需要预计到测量的不同用途和目的,并且应该提供尽可能多地测量变异来源的信息,其主要工作是用方差分析等方法来估计方差分量,为 D 研究提供分析数据。故原则上 G 研究应该在 D 研究之前进行。GT 把观察分数的总体方差(total variance)分解成测量目标方差、侧面方差、各种交互作用方差,以及交互作用与其他不明的变异来源的混杂(confound)效应的残差方差部分。这里,GT 首先抛弃了 CTT 严格平行测验的假设,代之以随机平行假设,即从全域里随机抽取出的样本是平行的,也就是如果每次测量的所有条件样本都随机抽取自同一观察全域,那么由这些条件构成的测验彼此随机平行。以此为据,GT 假设存在一个容许的观察全域(universe of admissible abservations),它包含了所有可能的测量条件。这个全域定义越广,G 研究能估计的方差分量就越多。GT 还可以通过评判方差分量的绝对大小或计算相对大小(方差分量估计值在总体方差中所占的百分率)来解释方差分量。

D 研究则为作决策或解释收集数据。研究者在 D 研究时,首先要界定出概化全域(universe of generalization),它包含了研究者希望把研究结果推广而至的所有侧面及其水平数。然后,研究者需要明确对测量结果是作相对决策,还是作绝对决策,以便确定相应的测量误差和概化系数。所谓相对决策是把某个被试的分数与其他被试进行比较而作决策,例如常模参照测验的结果解释。绝对决策则是指只根据某个被试自己的分数,不与其他被试作比较而作决策,例如标准参照测验的结果解释。最后,用 G 研究所得到的方差分量估计值来评价各种可能的 D 研究设计方案的效果,从中选出最佳的设计,而使测量误差趋于最小。

GT 为评价 D 研究不同设计方案的效果提供了两个误差指标:用于相对决策的相对误差方差和用于绝对决策的绝对误差方差。前者是每个侧面与测量目标之间交互作用的方差分量之和,后者是除测量目标之外的包括所有交互作用的方差分量以及各侧面的方差分量之和。为了进一步说明在被试行为样本的基础上,把其观察分数推广到全域分数的精确性,GT 还提供了两个类似于经典信度系数的指标,一个是用于相对决策的概化系数(generalizability coefficient),简称 G 系数(也可用 $E\rho^2$ 表示),是测量目标方差与测量目标方差加上相对误差方差之和的比率,近似等于观察分数与全域分数相关平方的期望值。在 GT 中,全域分数(universe score)就是个体所有重复测量结果的期望值,测量目标的方差实际就是全域分数方差。另一个指标是用于绝对决策的可靠性指标(index of dependability),又称 Φ 系数,是测量目标方差与测量目标方差加上绝对误差方差之和的比率。

侧面有随机(random)和固定(fixed)之分。如果一个侧面代表的是概化全域更为广阔的一组条件,样本所包含的条件是从全域中随机抽取出来的,样本容量比全域要小得多,或者容量相同的样本之间可以互换,这个侧面就是随机侧面。如果一个侧面是指概化全域和实际观察拥有相同的一组条件,或者说侧面条件穷尽了全域所有的条件,这个侧面就是固定侧面。例如,某成就测验,在获取实际观察值时有两个评分者,若研究者在 D 研究选定的评分者不限于这两个评分者,而是与之相当的其他多名评分者,评分者侧面就是随机的;反之,如果 D 研究的评分者仍是原来的那两位,评分者侧面就是固定的。须指出的是,当侧面固定时,该侧面实际上就成为测量目标的一部分,因此要达到推广测量结果的目的,研究设计至少要有一个侧面是随机的。

当测量条件有多个侧面时,两个侧面可以相互交叉(crossed),也可以一个侧面嵌套于(nested)另一个侧面。如果一个侧面的每一个条件都和另一个侧面的每一个条件结合起来出现,那么这两个侧面就是交叉的。例如,8 份测验的每一种均在 4 个场合里实施一次,测验和场合这两个侧面就是交叉的。如果一个侧面的不同条件组与另一个侧面的每个条件分别结合起来出现,就称前一个侧面嵌套于后一个侧面。上一例中,若把测验分成 4 组,每组测验只在 4 个场合中的一个场合实施一次,且四组测验对应的场合均不相同,那么测验这个侧面就嵌套于场合侧面。同理,测量侧面可以交叉、也可以嵌套于被试中。侧面的随机或固定,侧面水平数的多少,侧面之间、侧面与被试之间是交叉还是嵌套,共同决定着设计方案的制定。而设计方案不同,两种误差方差和 G 系数、Φ 系数也就随之不同。

在假设 G 研究和 D 研究的测量条件来自同一个全域的基础上,整个 GT 的研究过程就是:根据 D 研究可能的设计方案进行 G 研究,包括设定可接受的观察全域、进行方差分析等步骤,然后进行 D 研究,运用 G 研究提供的方差分析结果估计各种可能的设计方案相应的误差方差和 G 系数或 Φ 系数,最后结合实际情况选择一个最适宜的 D 研究设计方案。

鉴于本节的初衷是仅对 GT 作简单介绍,以下只介绍单侧面随机设计和双侧面随机交叉设计 G、D 研究,包括各自的设计方案以及方差分量的估计、测量的误差方差和概化系数计算公式。

二、单侧面随机设计

根据测量侧面与被试的交叉或嵌套关系,单侧面设计可以分为交叉设计和嵌套设计两大类。当每个被试面对相同的测量条件时,就称测量侧面与被试交叉(crossed with examinees),记作 $p \times i$,p 指被试,i 指测量条件。当每个被试面对不同的测量条件时,就称测量侧面嵌套于被试(nested in examinees)记作 $i:p$。以只有评分者一个侧面为例,单侧面设计可有两种:

一是交叉设计:由 n 个评分者给每个被试评分;每个被试的评分者相同。
二是嵌套设计:由 n 个评分者给每个被试评分;每个被试的评分者不相同。

设计方案的不同,测验分数的变异来源就不同。采用随机设计时,变异来源分别是被试(测量目标)的差异、测量条件的差异以及被试与测量条件的交互作用和其他不明来源的混杂效应。采用嵌套设计时,测量条件嵌套于被试,因此变异来源分别是被试的差异以及测量条件差异和交互作用的混合。为易于理解,用韦恩图表示如图 6-5 所示。

G 研究和 D 研究的设计方案均可从这两种设计中进行选择。这里介绍单侧面随机设计

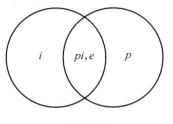
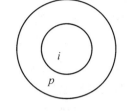

a. 随机设计　　　　　　　　b. 嵌套设计

图 6-5　单侧面设计的变异来源

中，G 研究选择设计方案 1，D 研究分别采取交叉和嵌套设计时的 GT 研究全程。所涉及的几个统计量如下：

X_{pi}，评分者 i 给被试 p 的评分，即观察分数

T_{pi}，评分者 i 给被试 p 评分的期望值

μ_p，被试 p 的全域分数，即被试 p 经不同评分者而得的 T_{pi} 的平均数

μ_i，评分者 i 给各个被试评估的真分数期望值，即经各个被试而得的 T_{pi} 的平均数

μ，各个被试全域分数的平均值，又称总平均数

e_{pi}，残差，等于随机误差加上评分者与被试的相互作用

由上可得到 X_{pi} 的线性模型：

$$X_{pi} = \mu + (\mu_p - \mu) + (\mu_i - \mu) + e_{pi}$$

上式中相应的方差分量为：

σ_p^2，各被试全域分数 μ_p 的方差

σ_i^2，评分者的平均数 μ_i 的方差

σ_e^2，残差方差

首先进行 G 研究。对采集好的数据进行双因子方差分析，由此来估计方差分量。在统计学中双因子方差分析较为常见，这里不作介绍。由双因子方差分析表可以推导出 σ_p^2，σ_e^2，σ_i^2 的计算公式及估计值，如下：

$$\sigma_p^2 = (EMS_p - EMS_r)/n_i$$
$$\sigma_i^2 = (EMS_i - EMS_r)/n_p$$
$$\sigma_e^2 = EMS_r$$

各自的估计值为：

$$\hat{\sigma}_p^2 = (MS_p - \hat{\sigma}_e^2)/n_i$$
$$\hat{\sigma}_i^2 = (MS_i - \hat{\sigma}_e^2)/n_p$$
$$\hat{\sigma}_e^2 = MS_r$$

以上 6 个公式里,EMS 表示均方差期望值,MS 表示均方差,n_p 是被试人数,n_i 是侧面的水平数,即本例中的评分者人数。

估计出方差分量后,G 研究还可以算出各方差分量的相对大小,即占总体方差的百分率,以便对方差分量做解释。至此 G 研究结束。

完成 G 研究后,研究者即可进入 D 研究阶段,利用 G 研究结果来计算 D 研究各种可能的设计方案的误差方差和概化系数。

表 6-7 中 n'_i 表示 D 研究中侧面的水平数。n'_i 可以与 G 研究中的 n_i 相等,也可以是其他值。研究者可以根据需要变换侧面的水平数,或者更改 D 研究的设计形式,变交叉设计为嵌套设计等,再来计算 n'_i 值不同或者不同设计形式时的指标。最后逐一进行比较,挑选出误差小、概化系数高且又实际可行的最适宜的方案。

表 6-7 单侧面随机设计 D 研究的误差方差和概化系数

设计形式	侧面水平	相对误差方差 σ^2_{Rel}	绝对误差方差 σ^2_{Abs}
$p \times i$	n'_i	σ^2_e / n'_i	$(\sigma^2_i + \sigma^2_e)/n'_i$
$i : p$	n'_i	$(\sigma^2_i + \sigma^2_e)/n'_i$	$(\sigma^2_i + \sigma^2_e)/n'_i$
G、Φ 系数		$G = \sigma^2_p/(\sigma^2_p + \sigma^2_{Rel})$	$\Phi = \sigma^2_p/(\sigma^2_p + \sigma^2_{Abs})$

以上是 G 研究采用交叉设计、D 研究分别采用交叉设计和嵌套设计时单侧面随机设计误差方差和概化系数的估计方法。当然也可以用 G 研究为嵌套设计时的方差分量估计值来计算 D 研究为嵌套设计的有关指标,但无法用来计算 D 研究为交叉设计的相应指标,适用性相对较小,加之篇幅有限,故本节不做详述。

三、双侧面完全随机交叉设计

当研究者所考虑的测量条件有两种及以上时,则需要进行双侧面的研究设计。本节第一部分所举的每个被试写两篇短文,并由三名评分者给所有短文评分一例,就有短文和评分者两个侧面。现在假定短文题目众多,且可以相互替换;评分者也有很多人选,也可以相互替换,那么这两个侧面都是随机的。不难看出,这两个侧面之间、侧面与被试之间都是交叉的,这种研究设计被称为双侧面完全随机交叉设计,记作 $p \times i \times j$,p 表示被试,i,j 分别表示两个侧面。这里介绍 G,D 研究均采用 $p \times i \times j$ 设计的情况。这种设计的测验分数变异来源比较复杂,一共可以找到 7 种变异来源,用韦恩图表示如图 6-6 所示。

双侧面随机交叉设计所涉及的方差分量归纳如下:

σ^2_p,被试的方差

σ^2_i,侧面 i 的方差

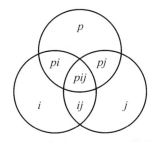

图 6-6 双侧面完全随机交叉设计的变异来源

σ_j^2，侧面 j 的方差

σ_{pi}^2，被试与侧面 i 的相互作用的方差

σ_{pj}^2，被试与侧面 j 的相互作用的方差

σ_{ij}^2，侧面 i 与侧面 j 的相互作用的方差

σ_e^2，残差方差

进行 G 研究时，对采集到的数据进行三因子方差分析就可以得到相应的均方差项。通过代换，首先计算出残差方差分量的估计值，然后即可依次求出其他方差分量的估计值。各方差分量估计值的计算公式如下：

$$\hat{\sigma}_e^2 = MS_e$$

$$\hat{\sigma}_{ij}^2 = (MS_{ij} - \hat{\sigma}_e^2) / n_p$$

$$\hat{\sigma}_{pi}^2 = (MS_{pi} - \hat{\sigma}_e^2) / n_j$$

$$\hat{\sigma}_{pj}^2 = (MS_{pj} - \hat{\sigma}_e^2) / n_i$$

$$\hat{\sigma}_i^2 = (MS_i - \hat{\sigma}_e^2 - n_p \hat{\sigma}_{ij}^2 - n_j \hat{\sigma}_{pi}^2) / n_j n_p$$

$$\hat{\sigma}_j^2 = (MS_j - \hat{\sigma}_e^2 - n_p \hat{\sigma}_{ij}^2 - n_i \hat{\sigma}_{pj}^2) / n_i n_p$$

$$\hat{\sigma}_p^2 = (MS_p - \hat{\sigma}_e^2 - n_i \hat{\sigma}_{pj}^2 - n_j \hat{\sigma}_{pi}^2) / n_j n_i$$

估计出方差分量后，与单侧面 G 研究一样，双侧面 G 研究还可以求出各方差分量的相对大小，以便解释各方差分量。至此，G 研究完成。

随后进行 D 研究。这里假定 D 研究采用与 G 研究相同的完全随机交叉设计，$p \times i \times j$。其相对误差和绝对误差分别为：

$$\sigma_{Rel}^2 = \frac{\sigma_{pi}^2}{n_i'} + \frac{\sigma_{pj}^2}{n_j'} + \frac{\sigma_e^2}{n_i' n_j'} \tag{6.19a}$$

$$\sigma_{Abs}^2 = \frac{\sigma_i^2}{n_i'} + \frac{\sigma_j^2}{n_j'} + \frac{\sigma_{ij}^2}{n_i' n_j'} + \frac{\sigma_{pi}^2}{n_i'} + \frac{\sigma_{pj}^2}{n_j'} + \frac{\sigma_e^2}{n_i' n_j'} \tag{6.19b}$$

G 系数：

$$E\rho^2 = \frac{\sigma_p^2}{\sigma_p^2 + \sigma_{Rel}^2} \quad (6.20a)$$

可靠性指标：

$$\Phi = \frac{\sigma_p^2}{\sigma_p^2 + \sigma_{Abs}^2} \quad (6.20b)$$

这时，研究者可以根据实际需要调整各侧面的水平数，比较不同水平数下的误差大小以及概化系数或可靠性指标的高低，从而挑选出最合适的方案来。

除了采用随机交叉设计，研究者还可以采用其他设计进行双侧面的概化分析，比如随机嵌套设计、有一固定侧面的混合设计，这两类设计又拥有多种形式。另外，研究者对 G、D 研究既可以采用相同的设计形式，也可以采用不同的设计形式，只要保证 G 研究所得到的方差分量估计值足以计算 D 研究的误差和 G、Φ 系数即可。一般地，采用随机交叉设计的 G 研究可以适用于所有设计形式的 D 研究，但是这种设计所需的人力、物力往往难以满足，所以为了节省时间和财力，实际研究常常使用嵌套设计或混合设计。此外，本节内容仅涉及单个变量的概化理论，因测量目标包含的变量数量不同，GT 实际上有单维和多元之分。研究者的测量目标是由多个变量构成的，或者说是多维的，比如斯坦福—比奈智力量表第五版（SB5）通过五个子领域的分数来合成总智商，如果把总智商视为测量目标，那么这个测量目标至少包含五个变量，适用于多元概化理论（multivariate generalizability theory）分析测量的变异来源及大小。对以上内容感兴趣的读者可以进一步阅读沙维尔森（Shavelson）和韦伯（Webb, 1991）、布伦南（Brennan, 2001）、杨志明和张雷（2003）的有关著述。

四、小结

通过前面所述，可以看出 GT 的特色具体表现在于：通过一次量化分析就能估计出各个误差来源的大小，并且为研究者提供了测量信度最优化的方法（进行 D 研究时可以对侧面水平数和设计形式进行调整）；把整个研究细分成了概化（G）研究和决策（D）研究；对相对决策和绝对决策作了区分。

学习 GT 还必须清楚两点。第一，对 GT 本身而言，其理论的重心是表示各个测量误差来源的方差分量，而不是概化系数，因而运用 GT 作研究时应该以探究误差来源和减小误差为重。第二，GT 较之 CTT 有明显优势，但并不意味着 CTT 就可以被取而代之。GT 在测题的编写和测验的编制方面依然遵循 CTT 的框架。"从概念、实践和历史上看，CTT 都有理由继续存在。"（Robert L. Brennan, 2000）

GT 所涉及的方差分析运算复杂，从单侧面和双侧面设计的方差分量估计可以窥见一斑。使用者可以套用公式进行计算，也可以借助专用软件 GENOVA、mGENOVA，以及其他计算机统计软件，如 GLM 和 SAS 中的 VARCOMP 等。

本章思考与练习

1. 信度的含义是什么？信度与测量误差有何关系？
2. 信度有哪几种估计方法？分别适用于什么情况？
3. 测量的标准误差如何计算？它有何用处？
4. 有10名初中生参加了由6道题目组成的工作记忆测验，各位学生每道测题的得分情况总结如表6-8所示。

表6-8 10名初中生工作记忆测验得分

学生编号	测题						总分
	1	2	3	4	5	6	
1	1	0	0	0	0	0	1
2	0	0	0	1	0	0	1
3	1	0	1	0	0	0	2
4	1	1	0	0	1	0	3
5	1	0	0	1	0	0	2
6	1	1	1	0	1	1	5
7	1	1	1	1	0	1	5
8	1	1	0	1	1	0	4
9	0	1	1	0	0	1	3
10	1	1	1	1	1	1	6
p	0.8	0.6	0.5	0.5	0.4	0.4	$S_t^2 = 2.76$

（1）请运用合适的方法计算该测验的信度。

（2）如果要把测验的信度系数提高到0.90，倘若其他条件不变，测验应该增加到多少道题目？

第七章 效 度

本章主要学习目标

学习完本章后,你应当能够:
1. 掌握效度的含义以及与信度的关系;
2. 知道影响效度的因素;
3. 掌握内容效度的含义和主要验证方法;
4. 掌握结构效度的含义、一般验证程序和证据收集方法;
5. 掌握校标效度的含义和验证方法;
6. 理解校标分数和预测误差的估计;
7. 知道因素分析及其在效度验证中的应用。

第一节 概 述

一、效度所要回答的问题

信度是对测量一致性程度的估计,从这个操作定义可以知道,信度研究的结果是确定某个测验在使用中是否具有稳定性、可信赖性;从信度的基本定义(或理论定义)来看,信度是指一组测验分数中真分数方差(S_∞^2)与实测分数方差(S_t^2)的比率,即

$$r_{tt} = \frac{S_\infty^2}{S_t^2} = 1 - \frac{S_e^2}{S_t^2}$$

从这个公式来看,只要尽可能减少测量误差的影响,就能获得比较一致的测量结果,使测验具有较高的信度。

真分数 X_∞ 是理想状态下的准确值,是不可能直接得到的,需要用测量误差分布的标准差 S_e 对它进行间接估计。在95%的可靠度下, $X_t - 1.96S_e < X_\infty < X_t + 1.96S_e$。但是,当系统误差对实得分数产生影响时,运用这个方法估计的 X_∞ 就会出错。由于系统误差的影响,真分数并不是真正的能力的代表,对真分数的估计并不完全代表了对真正能力的估计。系统误差对真分数的影响是恒定的,并不会降低测验的信度,只要使测量误差尽可能小,就能获得高信度的测量结果。从这一点看,测量结果的稳定、一致并不意味着所研究的这个测验就测量到了它所要测量的东西,这涉及效度的基本问题。

效度的基本问题是什么呢?任何测验都有它所要测量的目标,偏离这个测量目标,测验

则无效。例如,在一项英语成就测验中,教师本来打算考查学生的语法知识,但是,大量的测验题目是关于动词短语的,因此造成了这样一个系统误差。也许前后两次测量结果的一致性很高,但这项测验并没有真正测量到学生掌握语法知识的程度,所以,该测验是低效的。另一方面,如果这个测验有效,那么它对于所测量的东西又能测量到什么程度呢?这两个问题是信度所不能研究的,它们就是测验效度的基本问题:

一是测验测量的是什么东西?或者说,测验测到了它要测的东西吗?

二是测验对它所测量的东西能测量到什么程度?

效度(Validity)即有效性,是测量的有效性程度,是测量工具能测出其所要测量特质的程度,或者简单地说,是指一个测验的准确性、有用性。效度是指所测量到的结果反映所想要考查内容的程度,测量结果与要考查的内容越吻合,则效度越高;反之,则效度越低。效度是科学的测量工具所必须具备的最重要的条件。

二、效度的含义

(一) 效度的含义

效度就是一个测验对其所要测量的特性测量到什么程度的估计(效度的操作定义)。实测分数中存在一部分测量误差,它影响到测量的一致性,所以可以把总分方差(S_t^2)分为真分数方差(S_∞^2)和测量误差的方差(S_e^2)两个部分;但是,除了测量误差之外,还可能存在由与测量目的无关的因子引起的系统误差,它们是恒定的,所以并不影响测量的一致性,但却影响了测验的准确性,使对真分数的估计并不代表对真正能力的估计。因此,可以把总方差(实得分数的方差S_t^2)分为三个部分:

$$s_t^2 = S_{co}^2 + S_{sp}^2 + S_e^2$$

S_{co}^2:由所测量的心理特性引起的主要方差,是测验题目(或项目)与所测量的心理特性有关的共同(common)拥有的因素所引起的方差。

S_{sp}^2:由与所测量的特性无关的其他个别(specific)特性所造成的方差(系统误差引起的方差)。

S_e^2:误差方差,是测量误差的方差。

只有由所观察的心理特性引起的方差(S_{co}^2)部分才是真正要测量的东西,它在总方差中所占的比重大小也就是效度的大小。所以说,效度是总方差中由所测量的特性造成的方差所占的百分比(效度的理论定义),即

$$Val = \frac{S_{co}^2}{S_t^2} \tag{7.1}$$

(二) 效度的性质

1. 效度是针对测验结果的

举个例子,当对某一儿童实施一套智力测验时,儿童的父母首先可能会提出"这个测验

有效吗？"这样的问题。实际上，他们是在问"这个测验真的能测出智力吗？测验的结果真的代表了孩子的智力水平吗？"可以看出，测验的有效性是针对测验结果而言的，即测验效度是"测验结果"的有效性程度。

2. 效度是针对某种特定的测验目的的

任何测验的效度是对一定的目标来说的，或者说测验只有用于与测验目标一致的目的和场合才会有效。所以，在评价测验的效度时，必须考虑效度测验的目的与功能。

例如，卡特尔16PF人格测验是测量人格的，它对于智力的测量就缺乏有效性，所以在描述和评价一个测验的效度时，必须考虑到这一测验的特殊用途，指明该测验对测量什么是有效的。

3. 效度具有连续性

测验效度通常用相关系数表示，它只有程度上的不同，而没有"全有"或"全无"的区别。效度是针对测验结果的。

通过推论，我们得到以下结论：在教育或心理测量中，由于被测对象非常复杂，只能采用间接测量的方法，对所要测量的东西进行推论。效度是一个测验对它所要测量的特性测量到什么程度的估计，而根据效度的定义式 $Val = \dfrac{S_{co}^2}{S_t^2}$，$S_{co}^2$ 是不可能得到的，所以只能靠已有的资料来对效度进行推论。

三、效度的种类

要确定测验在解决某方面问题时的效度，需要收集充分的客观事实材料和证据，这种收集大量资料和证据来检验测验效度的工作过程就叫作效度验证（validation）。在效度验证的过程中，测验的目的不同，对测验效度也有不同的要求。一般来说，效度可分为三种主要类型：内容效度、结构效度和效标效度。一个测验可用于多个方面，因此，它可能有多种效度，其中有的方面显得效度高，有的方面则较低。事实上，三种效度类型在操作上和逻辑上是相互关联的，很难说在特定情境下只有单独的某一种效度类型是重要的。效度类型的划分只是为了学习和讨论的方便，效度的充分研究应该涉及所有这些方面的信息。

（一）内容效度

在编制测验时，比方说生物课的期末考试卷，测验编制者不可能在两个小时内对整本书的内容进行考核，而只能挑选出其中一个有代表性的样组，通过在这个样组上的得分来确定考生是否掌握了书本里的内容。内容效度（content validity）就是测验用的测题对整个测验内容范围的代表性程度。成就测验特别要注意内容效度。

（二）结构效度

在心理学中有许多假设性地构建出来的结构，比如说智力、内向—外向等，它们都是科学想象的产物,是用来对某些可直接观测的行为加以分类和描述的观念。心理结构是不能直接观测到的,就比如智力的测量,不同的测验编制者要根据一定的理论来编制智力测验。编制出来的测验是否真正体现了最初所依据的理论结构,以及体现该理论结构的程度就是该测验的结构效度。因此,结构效度(construct validity)就是测验能说明心理学上的理论结构或特质的程度,或者说结构效度就是用心理学上某种结构或特质来解释测验分数的恰当程度。

(三) 效标效度

效标效度(criterion related validity)也称经验效度或统计效度,曾译为准则关联效度,用测验分数和效标分数之间的相关系数 r_{XY} 来表示,它实质上是指测验分数对某一行为表现的预测能力的高低。

假设新编了一套智力测验,需要对它进行效度研究,但是,智力是科学想象的产物,不具有可操作性,那么,要研究智力测验的效度,就只有寻找某种足以显示测验所欲测量的特性的变量,把它作为检测、评定效度的参照尺度。在这一例子中可以考虑:学业成绩在一定程度上是智力水平的反映;老师对学生的智力评定也可以作为一个参照尺度;另外,已经存在的知名的智力测验,如韦克斯勒智力测验的资料也可作为参照。这样一些足以显示测验所欲测量的特性的变量,就是效标。若测验与效标间相关系数高,就可以利用测验分数来预测被试在校标上的表现。相关系数越高,预测也就越准确。根据获取校标资料时间的不同,效标效度又可分为同时效度和预测效度。

1. 同时效度

如果效标资料与测验分数可以同时得到,则根据这个资料计算的效标效度就是同时效度(concurrent validity)。例如,若对飞行员的心理素质进行评估,可以用一套观测系统对飞行员进行观测和评估,但这样做很费时间,而且经济代价也很大;如果采用替代性办法,先对飞行员进行笔试,而后马上在实际飞行中对他们的表现(即心理素质的体现)作观测和评估,计算出测验分数和在实际飞行中表现的评分间的相关系数,就获得了同时性效度的资料。在确定这份测验对于飞行员心理素质的评估具有高效度之后,就可以用这套测验代替低效而又不经济的观测系统,达到省时、省力又省钱之效。

2. 预测效度

预测效度(predictive validity)是指测验对校标变量预测的有效性。预测效度中,效标资料是要在一段时间以后才能收集到的。例如,要预测 MBA(工商管理学硕士)考试中得高分者以后的工作成就的高低,就要计算 MBA 测验的预测效度。在得到考试成绩之后,必须经过长期的跟踪调查,积累关于被试在工商管理方面成就的资料,作出相应的评定,算出二者的相关,了解 MBA 考试对预测工商管理成就的有效性以后,才可能把它用于预测其他被试的工商管理能力。

四、效度与信度的关系

(一) 高信度是高效度的必要条件,而不是充分条件

在信度一章中提出 $S_t^2 = S_\infty^2 + S_e^2$,误差方差 S_e^2 是测量误差分布的方差。由于测量误差是随机的,S_e^2 会影响到信度的大小。在实得分数方差(即总方差 S_t^2)中,还存在着与所欲测量的特性无关的因素造成的误差,它是恒定的系统误差,不影响测验的一致性,所以在信度部分未加以考虑。但是,由于系统误差的存在会对测验的有效性产生影响,真分数方差 S_∞^2 又可以分为两个部分:一部分是与所测量特性有关的共同因子造成的方差 S_{co}^2,另一部分是由与所测量的特性无关的因子引起的方差 S_{sp}^2。如图7-1所示:

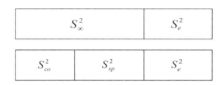

图7-1 总体方差分配图

S_{co}^2 决定着测验效度的高低;S_{sp}^2 则是影响效度的变异部分,但它的存在却提高了信度。再看图7-2:图①、②中的信度比图③中的高,但图②中的 S_{sp}^2 变异部分大,所以效度比图①中的低;图③中的 S_e^2 大,从而降低了信度,而效度与图②中一样,也不高。从另一个角度说,一个测验信度不高,则 S_e^2 占了总方差的很大部分,所以 S_{co}^2 在其中所占比例无论如何也不可能高;而一个测验效度高,则 S_{co}^2 在总方差中所占比例大,因此,再加上 S_{sp}^2 部分的方差,就必然有高的信度。这就可以发现,高信度并不一定能保证高效度(高信度≠高效度),但如果测验具有高效度,就可以肯定它具有高信度(高效度=高信度),所以说信度高是效度高的必要条件,而不是充分条件。

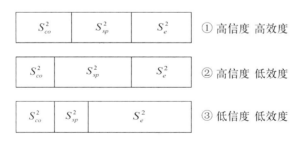

图7-2 信效度之间的关系图

当然,信度是效度的必要条件,也并非说在任何情况下,信度越高越好。比如,对某些预测效度来说,测验的内部一致性系数过高,则其中测题的同质性过高,导致测验不能全面体现被试的情况,反而会引起测验预测效能的降低。这时,为了确实提高预测效度值,对信度系数值适当降低要求也是必需的。

(二) 信度系数的平方根是效度系数的最高限度

测验的效标效度与测验本身的信度和效标测量的信度有关,如果这两个信度低,则效度系数就会降低,从而低估了测验的真实效度,这时要对效度系数进行矫正:

$$r_c = \frac{r_{XY}}{\sqrt{r_{XX}r_{YY}}} \tag{7.2a}$$

这里采用的是减弱矫正法,除以 $\sqrt{r_{XX}r_{YY}}$ 表明除去测量误差对两个变量间相关系数的影响,可以看出 $\sqrt{r_{XX}r_{YY}} \leq 1$,所以它就增大了相关值,从而消除了测量误差对相关系数的减弱,而获得真实的相关 r_c。上式中 r_c 是指矫正后的真实的效度系数,r_{XY} 是实际测得的效度系数,r_{XX} 指测验的信度系数,r_{YY} 指效标测量的信度系数。

因为 $|r| \leq 1$,由矫正式可以得出:

$$r_{XY} \leq \sqrt{r_{XX}r_{YY}}$$

取效标测量的最大信度值,有:

$$r_{XY} \leq \sqrt{r_{XX}} \tag{7.2b}$$

所以,信度系数的平方根是效度系数的最高限度。信度系数的平方根又称信度指数,也就是说,效度系数的最高限度是信度指数。

第二节 内容效度和结构效度

一、内容效度

(一) 含义

如前所述,内容效度研究的目的是要评估测题是否充分代表了所要测量的内容范围,即测验题目对有关内容或行为范围取样的适当性,它所关注的是测验的内容方面。例如,要求学生在学期结束时掌握 1000 个英语单词,为了检验学生的学习情况,可以编制一个包括 100 个单词的词汇测验。显而易见,只有当这 100 个单词能代表所要求掌握的 1000 个单词时,测验结果才会有比较高的内容效度。如果所选择的单词代表性不好,太难或太易,都将影响到测验的内容效度。所以,编制测验时,关键就在于测题取样是否恰当。测验编制者可以采用一定的方法来确定和提高测验的内容效度,使测题取样更恰当。

(二) 验证和提高内容效度的方法

专家评定是一种确定内容效度的典型程序,它要求一组独立的专家(他们不是测验的编制者,但都非常熟悉所测量的内容领域)判断测验题目对所研究的领域的取样是否具有代表性,通过这些评定资料来确定一个测验的内容效度。

这种评定过程是对测验的测验题目与所涵盖的内容范围是否符合以及符合程度的判断,没有数量化的指标可用于描述测题与内容范围的符合性程度;并且,由于各专家不同的教育思想或心理学观点,对同一内容范围侧重点的不同都会影响到对内容效度的判断,这就涉及评判者的一致性问题。克朗巴赫曾提出了一种编制复份的方法来评估内容效度。该方法需要组织两组测验编制人员,按照研究者提供的内容界定、取样规则等信息,分别编制一套测验。然后通过统计方法判断两个测验是否同属相同的测量目标。

确定测验的内容效度是效度验证过程中的事情。通常,在测验编制之初就应考虑如何提高测验的内容效度。因此,在测验编制之前要做的第一步便是尽可能明确而详尽地规定应测量的领域,编写出双向细目表。

什么是双向细目表呢?

如表7-1所示,这就是一个双向细目表。它是两维的,左边一列表示教材每章中的内容,第一行表示所要测量的学习结果,表中的数据表示对于某一内容达到某种结果所占的权重。

表7-1 高中化学标准测验双向细目表

	识记	了解	应用	分析	综合	评价	合计
第一章			8	2			10
第二章		10	6	2	10		28
第三章	3	6	2	4	7		22
第四章	2	9	12	6	5	6	40
合　计	5	25	28	14	22	6	100

编制双向细目表时,先要列出教材重点(学科内容)和所要测量的学习结果(能力层次),再根据教材重点的相对重要性决定它们的权重。编制好命题双向细目表,明确规定了应测领域后,就可以根据每个部分的权重来确定这个部分的题量、分数值,再根据这些权重随机抽取测题。当然,在抽选测题时,还必须考虑到统计上的特殊要求(参见"测验编制"一章)。总的说来,抽选测题也不是完全随机的,还要在随机抽选的基础上进行综合平衡。

双向细目表除了可以提高测验的内容效度以外,还可用来克服专家评定方法中所存在的一些不足。比如,要求专家根据明确细致的双向细目表来判断测验的内容效度,这可以避免各人的观点、侧重点不同所带来的判断不一致。

在评估内容效度时,还必须考虑到国家、种族、性别差异等因素是否与内容效度的判定有关。例如,如果把测量算术文字题的解题能力的题目用英语呈现给中国儿童,那么,这些题目测的就不是儿童的算术文字题的解题能力,而变成了使用特定算术技能解决以英文陈述的问题的能力了。

(三) 表面效度

在讲内容效度时,必须区分内容效度和表面效度。表面效度是指测验使用者或被试的主观认识上觉得有效的程度。

顾名思义,表面效度就是一个测验在使用者或被试看来,直觉地被认为它在测量什么,是否测到了测验所要测量的东西。这种认识是主观的。严格来说,表面效度不算是效度,它只是表面上的东西。但是表面效度可以取得被试的合作,譬如,被试主观上认为测验与测验目的无关,测验内容幼稚无聊,或是测验的印刷效果太差,他们就可能排斥这个测验,从而影响测验的效果,损害测验的实际效度。在职业兴趣测验、成就测验中,均应该重视测验的表面效度。但是,在人格测验中就不一样了。为了引出被试的真实反应,测验编制者并不希望被试了解人格测验的目的,所以,对人格测验而言,高的表面效度是不合适的。

二、结构效度

(一) 定义

如前所述,结构效度是测验能说明心理学上的理论结构或特质的程度,或用心理学上某种结构或特质来解释测验分数的恰当程度。其中,结构(construct)是指用来解释人类行为的理论框架或心理特质,它是心理学中抽象的假设性的概念、特性或变量。比如,智力、动机、创造性以及焦虑等,都可称为结构。

(二) 验证结构效度的方法

结构效度的验证就是要考查一个测验测量到其所拟测量的结构与特质的程度。与内容效度的验证不同,结构效度的验证首先要求对所研究结构或特质进行界定(建立理论框架),说明该结构或特质的心理学意义,它与其他结构或特质之间的关系;再依据理论框架,提出各种可能的有关的假设;然后检验假设是否成立。

假设要检验一个适应行为测验的结构效度。首先就要根据已有理论中受到广泛认可的"适应行为"定义提出一些假设,比如,随着年龄的增长,适应行为得分应逐步提高;智力障碍儿童和正常儿童相比,前者的适应行为显著弱于后者;儿童的适应行为表现与其所处的社会经济、文化背景有关。

提出假设之后,就可以用实证的方法搜集资料,对假设逐一加以验证。如果用来编制测验和提出假设的理论是正确的,那么,当这些假设都得到验证,就可以说这个测验具有高的结构效度;如果其中有些假设没有完全得到验证,则说明这个测验的结构效度不高。

在这三个步骤中,很关键的一点是要核实各种假设,下面就谈谈搜集结构效度资料的方法。

(三) 搜集结构效度资料的方法

结构效度没有单一的效度指标,要从多方面的资料来源,经过长期的、艰苦的搜集和积累证据资料的过程,才能逐步验证测验的结构效度。常用于搜集结构效度资料的方法有如下几种。

1. 测验内方法

这种方法主要是通过研究测验内部构造(如测验的内容、对测题反应的过程,以及项目间或分测验间的关系)来分析测验的结构效度。它主要包括内容效度、被试解答测题时的反应过程和测验的同质性三个方面。

(1) 内容效度。内容效度可以作为检验测验结构效度的一个方面。举个例子,在编制一个数学测验时,编制者主要考虑的是计数和运算能力,那么,如果该测验具有较高的内容效度,基本上也就可以排除它测量数学推理能力这一结构的可能性。由此可见,内容效度可以作为结构效度的证据。

(2) 被试解答测题时的反应过程。一般是在施行个别测验时,要求被试边想边说,从而可以分析被试解题时的心理过程,以核实测验是否真正测到了所欲测量的心理结构。比如,在进行数学推理测验时,通过被试边想边说的过程,就可以了解测题是否测量到了所预期的推理过程。

(3) 测验的同质性。这种方法以测验的内在一致性系数(比如库德—理查逊公式 20 和库德—理查逊公式 21(KR20、KR21)以及 α 系数等)为指标,判断测验测的是单一特质还是多种特质,看它与所预期的结构的相符程度,也就是测验的同质性问题,从测验的一致性就可以为结构效度提供证据。

2. 测验间方法

这一方法的特点是同时考虑几个测验间的相互关联,考查这些测验是否在测量同一心理结构。测验间方法有多种,如相容效度、会聚效度、区分效度及因素分析(详见"附录因素分析")等。

(1) 相容效度(congruent validity)。从理论上说,测量相同结构的各测验之间应该有较高的相关度。这就要求计算新编制的测验与原有的、已知的效度较高的测验间的相关。比如,在评价新编制的智力测验时,通常要计算这个测验与斯坦福—比奈智力量表或韦氏智力量表的相关,如果相关度高,则可推断新量表的相容效度也高。

(2) 会聚效度(convergent validity)。会聚效度又称为求同效度,其基本思想是,如果两个测验测量的是同一特质,即使使用不同的方法进行测量,它们之间的相关也应该是高的。

(3) 区分效度(discriminant validity)。区分效度又称为求异效度,其基本思想是,如果两个测验测量的是不同的特质,即使使用相同的方法进行测量,它们之间的相关也应该是低的。

3. 不同类型信度的特点

测验可以具有多种类型的信度,由于测验所测的特质或结构不同,这些信度的取值也应表现出不同的特点。如,对于一个焦虑量表来说,由于"焦虑"这一结构具有较强的情境性,所以其重测信度值会比分半信度值低。如果测验的不同信度类型未能表现出这种特点,则说明该测验不能很好地测量到"焦虑"这一结构。

4. 效标效度的研究

在本章第一节中介绍了效标效度,它反映了测验对效标的预测力的高低。既然测验能够预测效标,那么效标的性质和种类也就可以作为测验所欲测量的结构的指标。这种研究最主要的是看测验分数能否把不同团体的人区分开来。例如,兴趣测验应该可以把不同兴趣爱好的人区分开来,反过来,也可以根据测验分数的分布组成不同的团体,然后指认出团体的特征,从而对这些心理特征(结构)作出定义。例如:巴伦(Barron)指出在自我强度量表(ego strength scale)上得最高分数的研究生被评为敏捷、具有冒险性、有决心、独立、有主动性、坦率、坚持、可靠、富有智谋且具有责任感;得分低者被评为依赖、女人气、有礼貌与温和。这些描述使得由测验所得的结构具有自己的特点,因此,就定义了结构的性质。

效度系数本身的高低也会影响到人们对测验所欲测量的结构的信赖性。效度系数高,人们必然会更相信这个测验是测到了所要测量的结构的。

5. 发展水平的变化

许多智力量表的效度验证都使用了智力的年龄差异这一特点。众所周知,儿童的智力是随年龄的增长而增长的,那么智力测验分数也应该随着年龄的变化而变化,如果前后两次智力测验的分数不符合这一点,就可以认为这一测验不具有高的结构效度。

从上例发现,前后两次测量智力商数的变化,实际上是一个稳定性的问题,也就是说稳定系数(即信度资料)也可作为效度的证据,这从另一个角度说明了效度、信度间的密切关系。

6. 实验操作

有些测验(如成就测验)很容易受到特殊训练的影响,而另一些测验(如智力测验)得分则不易受特殊训练的影响。根据不同测验具有不同的特性,可以预期经过某种实验处理之后将会发生哪些变化,以此推测测量某个心理结构的测验的结构效度。比如,可以预期将某个人放在容易产生焦虑的环境中,其焦虑测验得分会有所变化。如果预期得到证实,就说明这个测验有结构效度。这种方法实际是要比较实验处理前后测验得分的差异。

第三节 效 标 效 度

一、效标

(一) 效标的含义

效标效度的实质是要检验测验分数与准则(标准)之间的相关和一致性,也即利用测验分数来推断效标的取值能够有多准确。如验证 MBA 考试的效标效度是以 MBA 考试(测验分数)与被试多年后的工作业绩(效标分数)间的相关来表示的。若二者相关高,就可以较准确地用 MBA 的成绩来预测被试以后的工作成就。因为测验分数是用于推测的实际根据,因此测验可称为预测变量,而效标分数是用于提供标准的东西,并且最终是被预测的东西,因此效标被称为效标变量。

如前所述,效标是检验效度的参照标准,它是指用以显示测验所欲测量的特性的变量,通常以一种测验分数或活动来表示。比方说,智力测验以学科成绩、教师评定结果为效标,而招工测验的效度通常以录取后的工作表现为效标,大学入学考试的效度则以大学一年级的成绩作为效标。

除了随测验种类的不同而不同,效标也可能随时间而改变。例如,学生在校时成功的效标是考试成绩,毕业后在工作岗位上成功的效标就成了在工作中解决实际问题的能力。不管采用什么效标,都需要对它加以测量。那么,怎样才能得到效标分数呢?

(二)效标的测量

效标要为效度的验证提供参考标准,其确定与测量必须科学,才能为效度的验证指引正确的方向。在说到工作上或学习上的成功、工作表现得好坏时,都只是一个观念上的东西,要对它下操作定义,使观念上的效标转变为可直接测量的东西后才能实际测量,从而确定测验的效度。例如,对大学生进行评价时,观念的效标是学生的素质高低,实际可测量的则为学年各科考试成绩、体育达标等实际可操作的行为表现。除了对效标下操作定义外,效标还必须具有如下几个特点。

第一,效标应能代表理论上测验有效性的主要方面,跟所研究的问题真正相关。如果效标不能真正反应测验有效性的任何重要方面,它也就没有存在的必要。

第二,效标测量与效标要有较高的相关性。如,若工人的每月工作量和加工的产品质量与先进工作者相关很高,那么它们就可作为效标的测量。

第三,效标测量必须测量误差小,具有高信度。这很好理解,如果效标测量本身不可靠,效标分数随机发生变动,也就不能和其他测验有某种恒定的关系,成为这个测验的参照标准。所以在选择校标测量时,必须控制产生测量误差的原因,同时尽可能地使取样具有代表性,以提高测量的信度。

需要注意的是,在效标测量中必须避免偏差。效标测量中产生偏差的主要原因在于效标的污染。所谓效标的污染是指由于评定者知道被试测验的原分数而使被试的效标分数受到影响的情况。例如,如果教师把入学考试中得高分的学生看作"更聪明的人",从而更高地评价学生的学习情况,效标污染就会提高测验得分和评分间表面上的相关。如果教师了解到特定学生预测分相对较低,从而特别努力教育这些学生,效标污染就会降低预测分和效标分间的相关。因为对效标污染导致的影响不可能系统地加以预测或调整,所以使效标污染出现的可能性尽量小就相当重要了。最好的方法是不让评分者看到原来测验的分数,以保证效标分数和原测验分数的独立性。

当效标测量是评定等级时,如智力测验以教师对学生的智力评定等级为效标,如果缺乏对各个等级的具体描述,而只是凭个人印象,将会产生偏差。因此,需要对各等级进行详细的说明。此外,优秀的效标测量方法还必须简单、实用、费用低。

二、效标效度的估计方法

估计效标效度的方法有很多,主要有效度系数、组的分类和取舍正确性等。这里主要介绍效度系数和组的分类方法。因取舍正确性方法与决策论有关,将在本章附录中加以介绍。

(一) 效度系数

效度系数是指测验分数和效标分数之间的相关系数。计算效度系数时先要选择适当的团体,对之施行测验,获得测验分数;再对这一团体进行适当处理,收集效标资料;然后求测验分数(预测分数)和效标分数之间的相关系数。

1. 积矩相关系数

当预测分和效标分都是连续变量时,可采用积矩相关系数的计算方法来求得测验的效度系数。

利用原始分数计算效度系数,当已有数据是有关测验的原始分数时,可以通过积矩相关系数的计算公式 7.3a 和 7.3b 来计算效度系数。其中,X 是预测分,Y 是效标分,n 是被试总数,S_X,S_Y 分别是 X 和 Y 变量的标准差。

$$r_{XY} = \frac{\sum XY - \sum X \sum Y/n}{\sqrt{\sum X^2 - (\sum X)^2/n}\sqrt{\sum Y^2 - (\sum Y)^2/n}} \tag{7.3a}$$

$$r_{XY} = \frac{\sum XY/n - \overline{XY}}{S_X S_Y} \tag{7.3b}$$

例题 1:假设有 10 名男性经职业兴趣测验而被选定作为推销员,其测验分数如表 7-2 第一行所示,而第二行是经过若干年后他们某段时间内的销售金额总量(以万元为单位)。请问该测验的预测效度如何?

表 7-2 职业兴趣测验和销售金额资料表

	被试									
	1	2	3	4	5	6	7	8	9	10
测验分数 X	30	34	32	47	20	24	27	25	22	16
销售数 Y	2.5	3.8	3	4	0.7	1	2.2	3.5	2.8	1.2

根据公式(7.3a)进行相关计算,可得

$$r_{XY} = \frac{\sum XY - \sum X \sum Y/n}{\sqrt{\sum X^2 - (\sum X)^2/n}\sqrt{\sum Y^2 - (\sum Y)^2/n}}$$

$$= \frac{753.9 - 277 \times 24.7/10}{\sqrt{8359 - 277^2/10} \times \sqrt{73.55 - 24.7^2/10}}$$

$$= \frac{69.71}{26.2 \times 3.54}$$

$$= 0.75$$

根据公式(7.3b)进行相关计算,可得

$$\sum XY/n = 75.39$$
$$\overline{X} = 27.70$$
$$\overline{Y} = 2.47$$
$$S_X = 8.28$$
$$S_Y = 1.12$$

把表中的数据代入公式(7.3b),可得

$$r_{XY} = \frac{\sum XY/n - \overline{XY}}{S_X S_Y} = \frac{75.39 - 27.70 \times 2.47}{8.28 \times 1.12} = 0.75$$

利用离差计算效度系数可以采用相关系数的计算公式7.3c:

$$r_{XY} = \frac{\sum XY}{n S_X S_Y} \tag{7.3c}$$

利用Z分数计算效度系数可以采用积矩相关系数的计算公式7.3d。其中,Z_X指每个被试在预测变量上的Z分数,Z_Y指每个被试在校标变量上的Z分数。

$$r_{XY} = \frac{\sum Z_X Z_Y}{n} \tag{7.3d}$$

例题 2:求表7-3所示能力倾向测验(X)的效度系数(以数学成就测验Y为效标)。

表7-3 预测变量与效标变量数据资料

测验	被试									
	1	2	3	4	5	6	7	8	9	10
X	11	10	6	5	12	4	4	8	8	2
Y	8	6	2	1	5	1	4	6	5	2

用原始分数求相关,结果 $r_{XY} = 0.79$。用其他三个公式计算的结果也都等于 0.79,其实,这四个公式是等价的,公式(7.3c)是相关系数的定义式,其他几个式子可以由它推导得出。具体使用时,就看哪一个公式更方便。

2. 二列相关系数

计算效度系数还有一种方法是二列相关的方法。当 X 与 Y 两个常态连续变量中有一个变量由于某些理由被人为地分为两个类别,如,考试成绩的通过与失败,学校分为重点和非重点等,而另一变量为连续变量时,计算出的相关系数就叫二列相关系数。在效度系数的计算中,通常是把效标变量分为两类,而预测变量仍为连续变量。

二列相关系数的计算公式为:

$$r_b = \frac{\overline{X_p} - \overline{X_q}}{S_t} \cdot \frac{pq}{Y} \tag{7.4}$$

其中:r_b——二列相关系数

p——被人为地分为两个类别(如通过和失败)的变量中,"通过"一项所占的比率

q——为 $1-p$,"失败"一项所占的比率

$\overline{X_p}$——p 部分的 X 变量平均值

$\overline{X_q}$——q 部分的 X 变量平均值

S_t——全部连续变量 X 的总体标准差

Y——p 的常态曲线下纵轴高度

例题 1:进行一项智力测验,被试中 66 名来自重点中学,286 名来自一般中学,最后测出重点中学的被试 IQ 均数为 114,一般中学被试的 IQ 均值为 96,所有被试 IQ 分值的标准差为 14.53,计算二列相关系数。

先求出:

$$p = \frac{66}{66 + 286} = 0.1875;$$

$$q = 1 - p = 0.8125;$$

查表后得出常态曲线下 p 所对应的 Y 值为 0.2685。

此外,已知 $\overline{X_p} = 114, \overline{X_q} = 96, S_t = 14.53$

把各数值代入公式 7.4,得出

$$r_b = \frac{\overline{X_p} - \overline{X_q}}{S_t} \cdot \frac{pq}{Y}$$

$$= \frac{114 - 96}{14.53} \times \frac{0.1875 \times 0.8125}{0.2685} = 0.70$$

例题 2：如图 7-3 所示，图中横坐标表示的是能力倾向的测验分数，纵坐标表示的是工作成绩，图中每个小格子中的数字表示的是与横坐标（能力倾向的测验分数）和纵坐标（工作成绩）对应的人数，图中所示的总人数为 100 人。如果以纵坐标（工作成绩）4 分（含 4 分）为界线，划分为 2 组：4 分以上（含 4 分）的为工作成功（合格）组，4 分以下的为工作失败（不合格）组。4 分以上的工作成功组人数为 60，4 分以下的工作失败组人数为 40，总共为 100 人。这样就人为地把效标变量分作两个类别，预测变量仍是连续变量，用二列相关求效度系数，可得：

$$p = \frac{60}{100} = 0.6, q = \frac{40}{100} = 0.4$$

$$\overline{X_p} = \frac{1 \times 0 + 2 \times 1 + 3 \times 4 + 4 \times 7 + 5 \times 10 + \cdots + 10 \times 2}{60} = 6.05$$

$$\overline{X_q} = \frac{1 \times 1 + 2 \times 2 + 3 \times 9 + 4 \times 10 + \cdots + 7 \times 1 + 8 \times 0 + 9 \times 0 + 10 \times 0}{40} = 4.25$$

$$S_t = 1.86$$

$$Y = 0.3867$$

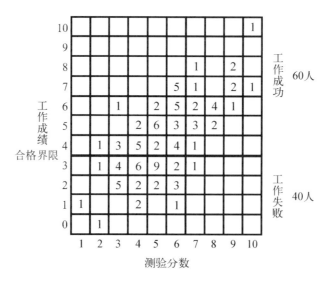

图 7-3 能力倾向测验分数与工作成绩对应人数的分布

则根据公式 7.4，计算得

$$r_b = \frac{\overline{X_p} - \overline{X_q}}{S_t} \cdot \frac{pq}{Y} = \frac{6.05 - 4.25}{1.86} \times \frac{0.6 \times 0.4}{0.3867} = 0.60$$

本例使用积矩相关的方法计算结果为 $r = 0.68$，可以理解，二列相关中在效标上把被试看作两类，忽略了被试间的个别差异，必然会降低相关系数的值。但是，总的说来，两个相关系数间的差异并不是很大,二者都是正确的。关键要把握两种方法的使用条件。

(二) 组的分类

1. 基本思想

如果根据被试在效标上的行为表现,将他们分为不同的组别,那么,这些组在预测分数上也应该有显著性差异。如果这些显著性差异确实存在,那么,就说这个预测的效度是较高的。

在图7-3中,被试在工作成绩上被分为两组,4分(含4分)以上的为工作成功(合格)组,4分以下的为工作失败(不合格)组。如果说这两个组在预测变量(能力倾向测验)上的得分差别显著,就说明这个预测变量能够把工作成功与工作失败区分开来。换句话说,也就是看工作成功(合格)组的被试是否比工作失败(不合格)组被试的得分高。这实质上就是两个独立样组的差异显著性检验,即工作成功(合格)组与工作失败(不合格)组的差异显著性检验,差异显著,则两组能被有效区分。

图中横坐标表示的是能力倾向的测验分数,纵坐标表示的是工作成绩,图中每个小格子中的数字表示的是与横坐标(能力倾向的测验分数)和纵坐标(工作成绩)对应的人数,例如,与横坐标5分、纵坐标4分对应的为工作成功组,该人数为2人;与横坐标7分、纵坐标3分对应的是工作失败组,该人数为1人,图中所示的总人数为100人。如果以纵坐标(工作成绩)4分(含4分)为合格界线,划分为2组:4分以上(含4分)的为工作成功(合格)组,4分以下的为工作失败(不合格)组。4分以上的工作成功组人数为60,4分以下的工作失败组人数为40,总共为100人。

已知工作成功(合格)组、工作失败(不合格)组的均数、标准差、样本规模,独立样组的 t 检验公式是

$$t = \frac{\overline{X_1} - \overline{X_2}}{S_{\overline{x}_1 - \overline{x}_2}} \tag{7.5}$$

其中 $S_{\overline{X}_1 - \overline{X}_2} = S\sqrt{\frac{1}{n_1} + \frac{1}{n_2}} = \sqrt{\frac{\sum X_1^2 + \sum X_2^2}{n_1 + n_2 - 2}\left(\frac{1}{n_1} + \frac{1}{n_2}\right)}$

$= \sqrt{\frac{(n_1 - 1)S_1^2 + (n_2 - 1)S_2^2}{n_1 + n_2 - 2}\left(\frac{1}{n_1} + \frac{1}{n_2}\right)}$

式中,S 为两个样组的平均标准差。根据图7-3可算出工作成功组与工作失败组的差异:

工作成功(合格)组的测验平均分数:$\overline{X_1} = 6.05, S_1^2 = 3.31, n_1 = 60$

工作失败(不合格)组的测验平均分数组:$\overline{X_2} = 4.25, S_2^2 = 1.69, n_2 = 40$

当 $df = n_1 + n_2 = 60 + 40 - 2 = 98$ 时,

$$S_{\overline{X_1}-\overline{X_2}} = \sqrt{\frac{(n_1-1)S_1^2 + (n_2-1)S_2^2}{n_1+n_2-2}\left(\frac{1}{n_1}+\frac{1}{n_2}\right)}$$

$$= \sqrt{\frac{(60-1)\times 3.31 + (40-1)\times 1.69}{60+40-2}\left(\frac{1}{60}+\frac{1}{40}\right)}$$

$$= 0.33$$

代入公式(7.5)可求得：

$$t = \frac{\overline{X_1}-\overline{X_2}}{S_{\overline{X_1}-\overline{X_2}}} = \frac{6.06-4.25}{0.33} = 5.48$$

$$t > t_{0.01} = 2.626$$

因此，由上述 t 检验结果表明，两组分数有极其显著性差异，即该能力倾向测验确实可以有效预测工作上的成败。

2. 重叠量的计算

运用"组的分类"方法表示效度，要检验平均数之间的差异，就要用到均数之差的标准差，而均数的标准误 $S_{\overline{X}} = \frac{S_X}{\sqrt{n}}$，因此，它与样组容量的平方根成反比。均数之差的标准差也存在这种关系，那么，当样组规模 n 很大时，S_X 保持不变，则 n 越大，均数之差的标准误越小，这样就使得 t 值增大，增加了拒绝虚无假设的机会，这就意味着作出"两组具有显著性差异"这一结论的可能性提高了。也就是说，组间平均数差异在统计上的显著性取决于团体的大小，当参加测验的人数增加，则平均数之间的差异即使比较小，但在统计上也将会变得显著。

要避免这一缺点，可以求出这两个分布的重叠量。如果 t 检验没有显著性，就说明两个均数间无显著性差异；如果 t 检验有显著性差异，还必须求两个分布的重叠量，重叠量可以用一组被试得分超出另一组平均数的人数与另一组被试中超出其均数的人数的比率来表示。

一组被试得分超出另一组平均数的人数与另一组被试中超出其均数的人数的比率，通常是以"失败"组超过"成功"组均数的人数来计算的。

例如，如图7-4所示，经计算，成功组均数约为6分，失败组得分超过成功组均数（横坐标6分）的有7人，而成功组在均数（横坐标6分）以上的有38人，则失败组内得分超过成功组均数（横坐标6分）的人与成功组内得分超过成功组均数（横坐标6分）的人的比率为 $\frac{7}{38}$。可以发现，这个比率越低，两组间差异越大。

因此，研究者在进行效度化的过程中，应该把平均数、标准差、重叠量及统计上的显著性一起报告，以防止实际上并无差异，只是由于样组规模增大从而造成的统计上的显著性的提高。

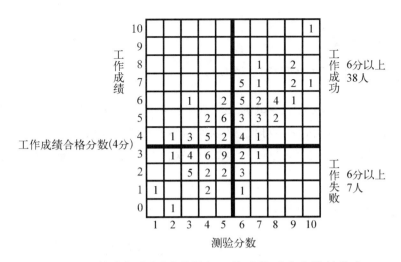

图 7-4 能力倾向测验分数与工作成绩对应人数的分布

三、对效标效度、内容效度和结构效度的几点总结

第一,效度问题的研究基本上是两个问题:

一是测量什么东西,即测验所测量的变量的性质是什么?

二是测验对它所测量的东西达到何种程度,并在帮助取舍决定上效果如何(这一点将在本章第五节中加以介绍)?

测验效度的三种主要类型都是围绕这两方面展开的。其中,结构效度能帮助运用测验分数解释人的心理特质,可由结构效度研究的资料来回答测验所测量的东西或所测量的变量的性质;效标效度可用来了解测验分数能否有效地预测或估计某种行为表现,是关于测验结果的一些实际用途的检验;内容效度研究的问题是变量的内容范围;同时,它又帮助决定测验分数能否代表某种学习结果的成果,也是关于测验结果的一些实际用途的检验。

事实上,内容效度和效标效度的研究并不能脱离作为测验编制基础的心理结构理论。行为领域的界定就属于典型的心理结构理论的问题,而恰当效标的确定也是心理结构理论的问题。因此,就这一点而言,有人主张结构效度可以包括内容效度和效标效度。

第二,任何一个测验都需要各式各样的效度证据,关键在于效度是由一定的测验目的规定的,不同测验偏重于不同种类的测验效度。

第三,效度的验证通常是测验编制好之后进行的工作,但效度的基本指导思想在测验编制过程中始终起着主导作用。效度的观念与测验编制过程是紧密关联的,它比信度更为重要,测验的最终目的还在于效度,从一开始编制测验就应该注重提高测验的效度。

第四节 影响效度的因素

影响测验效度的因素有很多,在编制测验或选择标准化测验时,都应该考虑到这些因素,以免影响测验结果的有效性。

一、测验本身的因素

(一) 测题中所用词汇和句型应简单易懂

测题中的词汇和句型应适于被试的文化水平。例如:小学低年级的测题中若有学生未学过的词汇,可以用图画或拼音字母代替,以使被试都能顺利地看懂题目,否则就成了阅读能力测验,而无法测量到所欲测量的学习结果。这也就是编制低年龄儿童智力测验时要采用非文字测验的原因所在。

(二) 测题的意思应表述清楚

题意含糊,容易产生歧义,以致被试产生误解,也会降低测验的效度。

(三) 所编制的测题应该适合所要测量的学习结果

如果所要测量的是数学推理能力,但测题却是过去做过的练习,则所测量到的是记忆力而不是数学推理能力,这就降低了测验的效度。

(四) 测题中不能提供额外线索

若测题为被试提供了额外线索,就无法确认测题是否真正测量到了所欲测量的学习结果。

(五) 测题的编制要合理

一般地,测题以由易到难的顺序排列。如果难题在前,水平较低的学生就可能由于受挫而影响进一步答题的积极性,并且,学生可能花很多时间去解答这些题目,而没时间做后面较容易的题目,从而无法测出学生的真实水平,降低测验的效度。

(六) 选择题的正确答案不能有明显的组型

如果测验正确答案的位置有明显的规律,学生有可能因发现规律而答对一些原本较难的题目,从而影响测验结果的效度。

(七) 测题数目

增加测题的数目(即增加测验长度)通常可以提高测验的信度,而效度系数的最大值是信度系数的平方根(即信度指数),因此,增加测题数目也能提高测验的效度。

(八) 测题的难度要适当

1. 常模参照测验

常模参照测验是通过比较被试得分间的差异,确定某一特定个体在团体中的相对位置,其测题平均难度应在 0.5 左右,并有适当的难度分布,测题太难或太易都无法区分学生的优劣,从而降低测验的效度。

2. 标准参照测验

标准参照测验是用来描写教学后学生所能完成的各项工作的,每个研究者当然希望所有学生都能完成各项工作,所以标准参照测验并不强调测验分数间的差异,也就不需要区分学生的优劣,这时的测题难度就应该与教学目标的要求相一致。

二、测验实施和计分方面

测验情境,如场地的布置、材料的准备等都会影响到测验的效度。此外,在实施测验的过程中,是否遵照测验使用手册的各项规定进行标准化的施测,指导语是否已将答题方式说明清楚,是否按要求进行时间限制等,也会影响到测验的效度。如果没有按照标准化的程序进行施测和客观地评分,就必然会使测验效度降低。

三、被试的主观方面

被试的兴趣、动机、情绪、态度和身体健康状况以及是否充分合作与尽力而为等,都会影响到测验结果的可靠性和正确性,即效度和信度。

四、进行效度化所依据的有关效标

效标效度是用测验分数与效标间的相关表示的。第一节中提到过,两变量间的最大相关小于等于两变量信度之积的平方根,即 $r_{XY} \leq \sqrt{r_{XX}r_{XY}}$。这表明效度系数受到三个方面的影响,即测验的信度、效标变量测量的信度、预测变量与效标变量间真正的相关程度,所以,效标的选择一定要慎重。

五、样组方面

(一) 样本的代表性

测验是针对某一特定团体而言的,也即确认效度时所依据的样组,必须确实能够代表所要测量的对象,如初中一年级的语文成就测验就必须以初中一年级的学生为样本。如果用来建立效度资料的样本性质和所要测量的群体的性质非常相似,这个测验的效度就较为理想。

(二) 样本规模

样本的规模越大,测量误差就越小。因为测量误差随样本规模的增加有相互抵消的趋势,从而使信度得以增大。信度又是效度的必要条件,所以,信度的增加对效度的提高也有影响。

上文在讲述"组的分类"方法时,指出样组规模大,增大了拒绝虚无假设的可能性,把实际上无效的测验当成有效的,但那只是由 t 检验本身的缺陷造成的,并不是说样组大了不好。

(三) 样本的异质性

如果一个团体的测验分数完全相同,即样本具有同质性,则这个团体测验分数与效标分数的相关为0,也就是效度系数为0。因此,如果其他条件相等,样组分数全距越大,则效度系数越高。

也可以这样理解:$Val = 1 - \dfrac{S_{sp}^2 + S_e^2}{S_t^2}$,样本分数全距越大,即 S_t 越大,那么,在 S_{sp} 和 S_e 不变的条件下,Val 越大。也就是说,在其他条件不变的情况下,样本越具有异质性,则效度越高。前面提到,增加测验长度可以提高测验信度,从而提高测验的效度。但这并不意味着把同样的测题呈现两次,使测验加长就能提高测验效度。因为同样的测题对被试该种特质的反映并无不同。样本分数的方差 S_t^2 不发生改变,在其他条件不变的情况下,效度不变。但常常会发生的情况是,同样的测题反复出现,引起被试反感,被试持不合作态度反而降低了测验的效度。

总的来说,为了提高测验的效度,必须讲求测验编制和实施的标准化。

第五节 效度的应用

效度系数除了用于评价和比较测验的优劣,还可以在做预测和决策方面发挥作用。

一、效标分数的预测及预测误差

(一) 效标分数的预测

大家在统计学中学过回归方程:$\hat{Y} = a + bX$

当预测变量与效标变量之间呈线性关系时,也就可以用最小二乘法原理对它们间的关系进行估计,这条回归线在效标分数的预测中可以表示为:

$$\hat{Y} = b_{YX}X + a_{YX} \tag{7.6}$$

其中:

$$b_{YX} = r\dfrac{S_Y}{S_X},$$

$$a_{YX} = \overline{Y} - b_{YX}\overline{X}$$

由此可得

$$\hat{Y} = b_{YX}X + a_{YX}$$

$$= r\frac{S_Y}{S_X}X + (\overline{Y} - b_{YX}\overline{X})$$

$$= r\frac{S_Y}{S_X}(X - \overline{X}) + \overline{Y}$$

即

$$\frac{\hat{Y} - \overline{Y}}{S_Y} = r\frac{X - \overline{X}}{S_X}$$

所以
$$Z_Y = rZ_X \tag{7.7}$$

这样一来,回归方程就化为以标准分数表示的方程。这时,r 即标准分数的回归方程的回归系数。

当知道被试在测验上的得分,就可以根据公式 7.6 和公式 7.7 预测得出被试在效标上的得分。

例题 1:以图 7-3 中所示内容为例,已知 $\overline{X} = 5.35$, $\overline{Y} = 4.28$, $S_X = 1.80$, $S_Y = 1.89$, $r = 0.68$,分别代入上述三个式子,可算出:

$$b_{YX} = r\frac{S_Y}{S_X} = 0.68(1.89/1.80) = 0.714$$

$$a_{YX} = \overline{Y} - b_{YX}\overline{X} = 4.28 - 0.714(5.35) = 0.46$$

最后得 $\hat{Y} = 0.714X + 0.46$

如果某个被试预测变量得分为 6 分,则工作成绩分数为:

$$\hat{Y} = 0.714(6) + 0.46 = 4.744$$

例题 2:一项资料中提供:数学推理测验的 $\overline{X} = 4.30$, $S_X = 1.79$;代数成绩的 $\overline{Y} = 2.15$,$S_Y = 1.22$,两项测验的相关系数 $r = 0.60$,求出预测的回归方程为:

$$\hat{Y} = 0.39 + 0.41X$$

如果一个学生的数学推理测验得 6 分,则其代数成绩应为:$\overline{Y} = 0.39 + 0.41(6) = 2.85$,但是,测验分数对校标分数的预测有一定误差,所以校标分数的预测实际上是有一定范围的,统计学上称为置信区间,可以用预测误差(S_{est})加以估计。

(二) 预测误差

效度系数是以测验分数和效标分数之间的相关系数来表示的,这就意味着,效度系数(相关系数)的平方表示由测验分数所能说明的效标测量方差的比例,即效标分数中由测验分数造成的变异数的百分比。如:高考英语测验成绩(测验分数 X)与入大学后第一学年英语课考试成绩(Y)的相关为 $r_{XY} = 0.60$,则 $r_{XY}^2 = 0.36$,由此可知,入大学后第一学年英语课考试成绩(效标分数)中有36%的方差可以由高考英语成绩加以解释。

根据测验分数对效标得分进行预测总会存在一定的误差,不可能预测得完全准确。这个误差分布的标准差就称为预测误差,而前面提到,r_{XY}^2表示效标的变异可以用预测的变异来解释的百分比,那么,$1-r_{XY}^2$就表示与预测变量引起的变异无关的变异数,也就是误差所引起的变异数在效标变量的总变异中所占的比例,即:

$$1 - r_{XY}^2 = \frac{S_{est}^2}{S_Y^2}$$

所以有
$$S_{est} = S_Y\sqrt{1 - r_{XY}^2} \tag{7.8}$$

其中:$\sqrt{1-r_{XY}^2}$为与预测变量引起的变异数无关的变异数,可称之为无关系数。

S_{est}为根据预测变量估计效标分数时的误差标准差。

S_Y——效标分数的标准差。

r_{XY}是效度系数,它的平方是决定系数,表示X和Y两个变量共同的方差部分,$1-r_{XY}^2$表示Y中不由X决定的方差部分,即误差方差部分,$\sqrt{1-r_{XY}^2}$就是无关系数。当效度较低时,无关系数大,则预测中存在的误差大,当效度系数低到极端$r_{XY}=0$时,无关系数$\sqrt{1-r_{XY}^2}=1$,误差就决定着整个效标分数,也就是说,预测的效果是由猜测决定的,那就谈不上任何预测了;但效度较高时,决定系数大,则预测中存在的误差小,如果$r_{XY}=1$,则无关系数$\sqrt{1-r_{XY}^2}=0$,这就意味着预测结果毫无误差。由此可见,效度系数越大,预测误差越小。

对应于某一个X值(即预测分数),效标分数都有一个分布,这个分布以预测效标分数为均数,以预测误差S_{est}为标准差。由于预测总是存在误差,单纯用预测分数对个体进行预测是不准确的,被试在效标上的实际得分可能落在某一个范围之内。如,实际效标分数落在预测效标分数±1 S_{est}范围之内,有68%的可能性;落在±1.96 S_{est}范围内,有95%的可能性;落在±2.58 S_{est}范围内,有99%的可能性。在统计学中,将±1.96 S_{est}这样的范围称为置信区间。置信区间内的得分无显著性差异,也就是说,实际效标分数可能围绕预测效标分数而处在置信区间中的某一位置。

例如,在上例中,数学推理测验得6分的学生,预测效标分数是2.85,那么,在95%的置信区间内,这个学生的实际代数测验的得分可能处在2.85±1.96 S_{est}之间,而

$$S_{est} = 1.22\sqrt{1 - (0.60)^2} = 0.98$$

所以,实际效标分数的95%的置信区间为:

$$\hat{Y} \pm 1.96 S_{est} = 2.85 \pm 1.96(0.98)$$

可得实际效标分数在0.91到4.79之间。

对这个区间可以这么理解:这个学生在效标上的得分的最佳估计是2.85分,但其实际得分有95%的可能处在0.91—4.79之间。可以发现,由于预测误差的存在,这一预测的95%

的置信区间包括一个相当广的范围,从 0.91 到 4.79。所以,预测误差越小越好。预测误差越小,置信区间范围越窄,预测也就越精确。要使预测误差尽可能小,就要求测验的效度 r_{XY} 尽可能大。需要指出的是,测验的效度是针对某一团体的有效性建立的,但是,测验的最终结果是对个人作出决定,因此,测验效度也不可能使结果完全适用于团体中的每一个人,对个人的预测必然会有错误,测验的目的就在于要使这些错误尽量地减少。

二、效度与人才选拔

效度既可用来表示测验结果的正确性,还可用作对目前和未来行为表现的预测。比如,凭高考成绩预测学生以后是否能顺利完成学业等。如果在人才选拔中确定了需要 25 个人,那就可以选择得分最高的 25 个人;但是,如果要求择优录取,宁缺毋滥,这种情况下就需有一个合格分数,挑选这个分数线以上的人员,才能使得以后在效标上的成功率提高。

如图 7-4,这是一个根据能力倾向测验分数预测学业平均分数的例子。根据这个图,可以发现能力倾向测验分数较高的被试,其工作成绩也有较高的倾向。工作成绩是可以通过能力倾向测验分数加以预测的,在预测中,效度起着重要的作用。效度可以帮助决策者作出关于个体的决策,如是否录取某人等。因此,有必要从正确、有效地作出决策的角度来研究测验效度,了解使用测验对于提高选择准确性的贡献。这一研究涉及决策论的知识,以下将简单介绍有关的几个基本概念。

(一) 基本概念

1. 基础率

在总体中自然存在着的合格人员的比例叫作基础率。如果 4 分是工作成绩的最低限度的可接受标准(如图 7-4 中粗横线所示),则在图 7-4 所示资料中有 60 人工作成绩达 4 分(含 4 分)以上(落在粗横线上方),另有 40 人没能达到最低要求(落在粗横线下方),即不能胜任工作。在这 100 人的总体中,如不进行能力倾向测验,将 100 人全部录取,正确选对的比例为 0.60,这就是这一总体的基础率。

2. 录取率

录取率指采用测验作为筛选工具时所录取人员的比例。录取率的确定也就意味着确定了一个截点分数,在该分数线以上的人能够被录取。其计算方法是录取人数除以全体参加测验的总人数,即:

$$录取率 = \frac{录取人数}{总人数}$$

如果确定能力倾向测验的截点分数为 6 分(如图 6-4 中粗竖线所示),6 分(含 6 分)以上者录取,则图 6-4 所示资料中的录取率为:

$$\frac{7+38}{7+38+33+22} = 0.45$$

3. 取舍正确性

以图7-4中所示内容为例,确定了横坐标(能力倾向测验分数)的一个截点分数(如6分),把测验分数分成两个类别,即接受(录取)组和拒绝组,在能力倾向测验分数6分以上的人被录取,能力倾向测验分数6分以下的人被拒绝;确定了纵坐标(工作成绩)的一个合格标准(如4分),把工作成绩分成两个类别,即工作成功组与工作失败组,工作成绩4分以上的人是工作成功组,工作成绩4分以下的为工作失败组。

根据图7-4中所示的100人的分数分布情况,转换成测验截点分数及工作合格编制之制定与录取正确率分布图7-5和简图7-6所示内容。

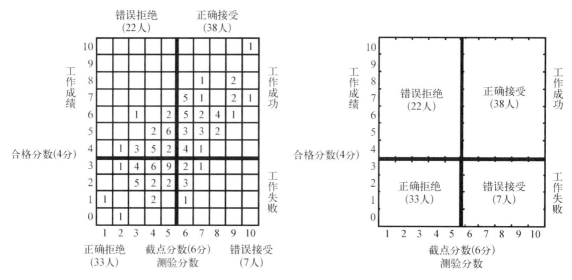

图7-5 测验截点分数及工作合格标准与取舍人数分布

图7-6 测验截点分数及工作合格标准与取舍人数分布简图

在简图7-6中:

在第一象限中,测验成绩为6分以上,同时,工作成绩为4分以上的被试,称为正确接受者,100人中有38人。

第二象限的被试是测验成绩为6分以下,同时,工作成绩为4分以上的被试,称为错误拒绝者,100人中有22人。

第三象限的被试是测验成绩为6分以下,同时,工作成绩为4分以下的被试,称为正确拒绝者,100人中有33人。

第四象限的被试是测验成绩为6分以上,同时,在工作成绩为4分以下的被试,称为错误接受者,100人中有7人。

第一、三象限中正确的接受和正确的拒绝可看作是正确决策,称为命中;第二、四象限中错误的拒绝和错误的接受则表示错误决策,称为失误。表7-4列出了图7-5所示资料中,能力倾向测验的截点分数为6分时各种情况的数据资料。

表7-4 在截点分数为6分情况下的决策正误

效 标	测 验 分 数	
	拒绝	接受(录取)
成功	错误拒绝(22人)	正确接受(38人)
失败	正确拒绝(33人)	错误接受(7人)

这样,可以定义取舍正确性为正确决策的比例,它等于命中除以命中和失误的和,即:

$$取舍正确性比率 = \frac{命中}{命中 + 失误}$$

这个比例越高,则测验越有效。取舍正确性是确定效度的一种方法,测验效度越高,取舍正确性越大。

上例中,取舍正确性比率为 $\frac{38 + 33}{7 + 38 + 33 + 22} = 0.71$。

取舍正确性只考虑某一决定点的有效性,比相关模式更接近实际生活中的情况,但它也存在不足,即对于恰好低于录取分数线或决定点的人来说是不公正的,但在实际生活中,这是难以避免的。

4. 正命中率(录取正确率)

正命中率是录取正确性的指标,其计算公式为:

$$正命中率 = \frac{被录取者中成功的人数}{录取人数}$$

在上例中,运用测验帮助选拔人员后确定选择的人员为落在粗竖线后方的45人。从图7-4可以看出,这45人中,有7人在粗横线之下,属于被错误接受者,另外38人处于粗横线上方,属于被正确接受者,则其正命中率为 $\frac{38}{7 + 38} = 0.84$。即,在所有被录取者中,84%的人被正确选拔出来。这时可以说,在使用能力倾向测验作为筛选工具后,正确选拔人才的比例由基础率0.60上升到0.84,也就是说,测验的使用带来了准确选择的0.24的增益比例。因此,正命中率也可以看作是一个预测效度,测验效度越高,正命中率也越大。

(二) 各比率值之间的关系

上述内容均是在假定最低的可接受工作成绩为4分(即基础率为0.60)的情况下,以能力倾向测验的截点分数6分为例来说明的。如果用能力倾向测验的其他分数作为截点分数,如7分,也可以算出该分数下的基础率时相应的取舍正确率、正命中率和录取率,表7-5列出了不同能力倾向测验的截点分数时的这些值。从其中可发现,在基础率一定的情况下:

表7-5 资料的各种截点分数的取舍正确率、正命中率和录取率

合格分数(1)	取舍正确率(2)	正命中率(3)	录取率(4)
10	0.42	1.00	0.02
9	0.47	1.00	0.07
8	0.53	1.00	0.13
7	0.60	0.50	0.22
6	**0.71**	**0.84**	**0.45**
5	0.70	0.73	0.66
4	0.67	0.66	0.83
3	0.62	0.66	0.86
2	0.61	0.61	0.00
1	0.60	0.60	1.00

第一,截点分数越高,正命中率也越高,但录取率却低。

第二,随着录取率的增加,取舍正确率先增后减。原因在于,以6分为起点,当截点分数提高时,可能成功而被拒绝的人,也就是错误拒绝者增加,所以取舍正确性降低;当截点分数降低时,被接受的人中失败的人增加,也就是错误接受者增加,这也会降低取舍正确性。

第三,截点分数的中间范围内取舍正确性比率最高。在这个例子中,能力倾向测验的截点分数为6分时,取舍正确率最高,正命中率也相当高,录取率适中,所以,把6分作为能力倾向测验的截点分数是好的。一般认为,录取率在45%—50%是比较合适的。此时,取舍正确率最高,而正命中率也是比较高的。需要注意的是,错误拒绝和错误接受的人数比例与截点分数的位置明显有着直接的关系。截点分数越高,错误接受者会降低,但却导致错误拒绝者增多,反之亦然。所以,究竟应采用何种截点分数是应当仔细斟酌的问题,此时,两类错误在实际工作中会带来的后果严重性如何将是必须考虑的。如果所录取的人员在未来工作中遭到失败,会带来严重后果,录取分数线就应定得相当高,以提高正命中率和取舍正确性比率,尤其要尽量减少"错误接受"的比率。比如,在选拔飞行员时必须把录取标准定得相当高,以避免大的事故和损失。在另一些情况下,则应尽量降低录取标准,以减少"错误拒绝"的比率,尽量让优秀的人才有机会被选上。例如,对于选拔优秀运动员或优秀学生的第一阶段的测试,总是将录取标准定得很低,以免错误地将有希望的人淘汰。

除此之外,工作机会的多少,报名者的数目,以及需要工作人员的迫切情形等,都会影响录取分数的高低,这就要视实际情况具体分析了。

附录 效度的统计检验方法——因素分析[①]

一、因素分析方法的研究简史

1904年,英国心理学家斯皮尔曼发表了专题论文《客观决定和测量一般智力》(General Intelligence, Objectively Determined and Measured),用因素分析的技术研究智力结构,并提出智力的两因素论,这也标志着因素分析方法的诞生。斯皮尔曼认为,智力由一般因素(G)和特殊因素(S)构成。G因素是所有智力活动中共同的部分,不同活动需要G因素的程度不同,有的需要得较多,有的需要得较少。S因素是单个智力活动自身的特性,智力活动不同,S因素也不相同。因此,各种智力活动都有一个共同的一般因素,同时又有自身的特殊因素S。二者的结合构成了人的能力总体,决定个体心理活动的特征。

继斯皮尔曼之后,心理学家们进行了大量研究,采用因素分析的技术来探索智力结构的问题。因此,他们所用的因素分析技术又称作探索性因素分析(exploratory factor analysis,简称EFA)。运用这一方法,心理学家们先后提出了多种智力理论。如桑代克的多因素论,塞斯顿的群因素论和吉尔福特的智力理论等。

因素分析产生于智力理论的研究,却不局限于智力理论的研究。它是发现心理规律和将心理学理论形式化的一种有效方法,是心理和教育测量研究中的有力工具。因素分析在心理学的各研究领域中得到广泛应用。除广泛用于心理学和教育学领域外,因素分析方法还在经济学、医学、物理科学、政治科学和社会学、地质学及生物分类等各种科学领域中大量应用,成为统计分析的一大方法。

20世纪60年代后期,统计学家波克(R. D. Bock)、巴格曼(R. Bargmann)及乔纳斯柯格(K. G. Jöreskog)在研究因素分析模型中参数的假设检验问题时,发展出验证性因素分析的方法。该方法克服了传统因素分析模式即探索性因素分析的不足,是一种在社会、经济科学中有着广泛用途的研究技术。

由于因素分析方法涉及较难懂的高等代数等数学基础,本部分将仅介绍因素分析方法的基本原理,感兴趣的学习者可进一步查阅有关参考书。

二、因素分析简介

因素分析是一种多变量统计分析方法。它将彼此高度相关而又与别的变量相对独立的一组变量聚合成群,称之为"因素"(又称潜变量)。因素分析的基本思想是,根据相关性大小把变量分组,使得同组内的变量间相关较高,不同组变量间的相关较低;每组变量代表一个基本结构,即因素。其目的是识别少数几个因子,以之表示并解释多个相关变量之间的关系,从而减少变量数目,简化复杂的数据结构。要学习因素分析方法,须先了解几个基本概念。

[①] 编者注:此部分以介绍因素分析原理为主,效度验证应用涉及甚少,故作为附录安排于本章末。

(一) 基本概念

试看一例,表 7-6 是 Loger-Thorndike 智力测验(简称 L-T 测验)的相关矩阵。由于相关矩阵是对称矩阵,表中只列出了矩阵的下三角各元素。根据相关矩阵,用一系列数学方法可得因素矩阵(如表 7-7 所示)。

表 7-6 L-T 测验的相关矩阵

分测验	1	2	3	4	5	6	7
图形分类 1	1.000						
数字序列 2	0.507	1.000					
图形分析 3	0.547	0.548	1.000				
句子填充 4	0.317	0.260	0.354	1.000			
词语分析 5	0.482	0.383	0.430	0.530	1.000		
算数推理 6	0.431	0.368	0.521	0.470	0.440	1.000	
词汇 7	0.367	0.200	0.387	0.702	0.675	0.604	1.000

表 7-7 L-T 测验的因素矩阵

分测验	因素荷		公共因素方差(h^2)
	A	B	
1	0.461	0.587	0.557
2	0.383	0.705	0.644
3	0.463	0.685	0.687
4	0.816	−0.050	0.668
5	0.843	0.070	0.720
6	0.620	0.257	0.450
7	0.870	−0.047	0.750
特征值(λ)	3.091	1.394	$\sum h^2 = 4.485$
总变异量(%)	44	20	64

该测验有 7 个分测验,用阿拉伯数字表示(图示第一列)。经因素分析发现,该测验主要反映了两个因素(A 和 B),测验 1 与因素 A 的相关值(0.461)称作测验 1 在因素 A 上的因素负荷。也就是说,因素负荷指某一测验(或变量)与某一因素的相关。因素负荷越大,测验(或变量)与因素的相关越高。因此,因素负荷的平方相当于决定系数,也即该因素对某一测验(或变量)的方差贡献大小。各分测验与两个因素的相关值这一部分则称作因素负荷矩阵。本例中是个 7 行 2 列的因素负荷矩阵,共有 14(7×2) 个元素。

表 7-7 的最后一列是公共因素方差,记作 h^2。它代表每一测验(或变量)的变异中能被各因素解释的部分,其数值为每行因素负荷的平方和。如测验 1 的公共因素方差等于测验 1 在两个公共因素 A、B 上因素负荷的平方和,即 $(0.461)^2 + (0.587)^2 = 0.557$。这意味着测验 1 的变异量能被 A 和 B 共同解释的部分是 55.7%。特征值(λ)等于每个因素负荷值的平方和。由表 2 可知,因素 A 可以解释 3.091 个单位方差;因素 B 可以解释 1.394 个单位方差。而原相关矩阵的总方差为 7 个单位(每个分测验方差为 1)。

各个因素的总方差的百分比(表 2 最后一行)等于各因素的特征值除以总方差。以因素 B 为例,总方差的百分比等于 $1.394 \div 7 = 20\%$,因素 A 为 $3.091 \div 7 = 44\%$,合计为 64%,剩余的 36% 就表示这两个公共因素所不能解释的,每个测验所独有的唯一性因素。

(二) 因素负荷矩阵的转换

因素分析的过程中得出的因素负荷矩阵,必须经过旋转才能更好地解释和区分。未经变换的因素负荷矩阵具有很多高负荷值的因素,难以区分,而且有的因素负荷值为负,难以解释。因此,有必要进行因素负荷矩阵的变换,尽量使各分测验上负荷值向两极分化,使其绝对值都接近 1 或 0。因素负荷矩阵的变换包括正交旋转法和斜交旋转法。正交旋转法得出的因子之间互不相关,而斜交旋转法得出的因子之间则是相关的。如图 7-7 所示,因素 Ⅰ、Ⅱ 是因素分析的初始解,但显得难以进行解释,因为 1—10 个变量在因素 Ⅰ、Ⅱ 上均有一定负荷。为使因素的意义明确化,就必须对因素轴进行旋转,使因素轴 Ⅰ、Ⅱ 的夹角不变(仍为 90°)旋转到新位置。图中 Ⅰ′、Ⅱ′ 即导出的新因素轴。可以发现,测验 1—5 几乎位于因素轴 Ⅰ′ 上,而测验 6—10 相对靠近新因素轴 Ⅱ′。

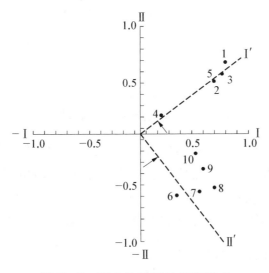

图 7-7 正交旋转后的因素模式

在旋转过程中,两因素夹角保持 90°,这意味着因素间没有相关($\cos 90° = 0$)。这里采用的就是正交旋转法,该方法使得对因素的解释更为方便。但是,在探索、理解心理学现象的基本因素中,不可能先验地认为哪些因素是不相关的。例如,如果发现人格因素间存在正交因素解(不相关的因素解)就太不可思议了。斜交旋转法解决了这一问题。在斜交旋转中,因素轴可以处于因素空间的任意位置,而不必保证因素夹角的正交性,斜交法因此而得名。

如图7-8所示,在初始因素轴上,测验1—4集中于第一象限,测验5—8集中于第四象限。我们可以发现,两条因素轴如果保持正交进行旋转,其中一条轴移近它的变量群时必然会迫使另一因素轴远离它的变量群。斜交旋转不要求因素轴的垂直,所以用斜交法能使每条轴更靠近各自的变量群。斜交因素轴间的夹角余弦值就是因素间的相关。研究中,抽取的公共因素数常常不止两个。如果这些因素间互有相关,就形成了公共因素的相关矩阵,采用因素分析的一般方法对之加以分析,就可以产生"高阶因素"(higher-order factor)。对图7-8的两个因素[称为基本因素(primary factor)或一阶因素(first-order factor)]再抽取公共因素,可以得到一个次级因素(secondary factor)或二阶因素(second-order factor),这就是高阶因素分析。

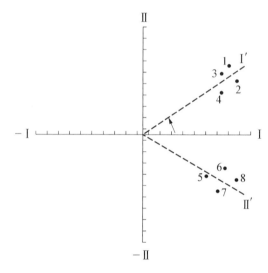

图7-8 斜交旋转后的因素模式

斜交法也存在一定的缺陷,如,每行因素负荷的平方和只是偶然情况下才等于公共因素方差(h^2),以致斜交因素负荷并不能清晰显示每个变量被因素解释的方差比例部分;类似地,每列因素负荷的平方和也只是偶然地才会等于矩阵中的总方差等。因此,并不能完全确定使用哪一种旋转法为好。这就要求研究者根据研究的需要和特点加以选择。

(三) 公共因素的选择及其解释

利用计算机软件进行因素分析,其结果往往会得出许多因素,必须对因素的数量进行适宜的选择才能得到如表7-8所示的结果。那么,究竟几个公共因素才能得到有意义的结果呢?我们知道,因素分析的目的在于简化复杂的数据结构。因此,抽取的公共因素数一般总小于变量数。此外,研究者总希望因素数少一些,便于解释,又要求模型对数据的拟合性好一些。于是,决定因素数的问题实际就关系到模型拟合数据的良好性问题。一般地,估计公共因素数有下述方法。第一,根据抽取的因素的方差百分比来决定因素数。当这个百分比达到75%、80%或85%,且以下各因素的方差贡献的百分比均非常小时终止抽取。特殊情况下,也容许降低百分比的标准。第二,根据特征根(λ)变化的描绘图来决定因素数。当某一特征根较前一特征根的值出现急剧下降时,说明添加相应于该特征根的因素只能增加很少的信息,所以前几个特征根数就是应抽取的公共因素数。第三,以特征根(λ)大于等于1为抽取公共因素的原则。

表7-8 对10个测验正交旋转得出的假设的因素矩阵

测 验	因素 I′	因素 II′
1. 词 汇	0.10	-0.06
2. 类 推	0.75	0.02
3. 完成句子	0.80	0.00
4. 句子排序	0.30	-0.02
5. 阅读理解	0.86	-0.04
6. 加 法	0.00	0.55
7. 乘 法	0.07	0.64
8. 算 数	0.18	0.68
9. 等式关系	0.16	0.54
10. 数列填充	0.13	0.38

当然,决定合适的因素数是为了寻求适当的拟合模型。研究者还应结合专业知识,看所选模型是否有利于作出既合理又富有创造性的解释。因此,研究者必须对抽取的因素加以命名并解释其含义。完成这一步更需要心理学的认识,而不是统计学上的技术问题。要了解特定因素的特性,研究者只要检查在某因素上有高负荷的测验群,试发现它们通常具有什么样的心理过程特征。在特定因素上有高负荷值的测验越多,该因素的特性就越清晰。表3所示内容中,因素 I′显然是言语能力,因素 II′是数字能力。这里的因素 I′、II′由正交旋转得出,因此,表中的因素负荷值代表每个分测验与因素的相关,也称为该分测验的因子效度。

需要提出的是,研究者在对因素加以解释时,不应局限于统计学上的数据资料,而更应按照心理学认识来判断因素含义。并且,低于0.30的负荷值往往被视为不重要的。

(四)验证性因素分析

探索性因素分析试图通过多个可观测变量间的相关,探查不可观测变量的属性,为研究者提供了一种确实可行的统计方法,在心理学发展史上具有不可忽视的作用。然而,它在未知有多少个主要公共因素影响着观测变量、不清楚公共因素之间及公共因素与唯一性因素之间关系的情况下,强制性要求数据的拟合模型符合特定假设:① 所有的公共因素均相关或所有公共因素均不相关;② 所有的观测变量均直接受全部公共因素的影响;③ 唯一性因素间相互独立;④ 每一个观测变量只受一个唯一性因素的影响;⑤ 所有公共因素与唯一性因素相互独立,从而使因素分析的结果有时偏离了实际情况。这时,如果忽视心理认知基础,过分依靠对统计数据进行探索性因素分析所得的模型,必然会带来因素分析方法的误用。1973 年,统计学家乔纳斯柯格创立了一种新的因素分析方法——验证性因素分析,它使运用因素分析检验假设成为可能。

在探索性因素分析研究或相关理论的基础上,验证性因素分析先对变量的因素负荷值进行假设,然后尽可能地使变量的实际负荷值与之相吻合。同时,计算出相应的吻合系数。由于这种方法包含对假设的检验,其科学性得到了原先对探索性因素分析方法持反对态度的心理学家们的接受。

在验证性因素分析中,各变量只受部分公共因素的影响,唯一性因素间可以相关,还可以出现不存在误差因素的观测变量。由于模型的灵活性,就产生了多种可能的模型,但在实际操作时,只需检验由理论或先前研究派生出的多个模型,而不必比较大量的可能模型。这就是验证性因素分析的实质所在。

借助相关的统计软件(如 LISREL 或 Mplus),在验证性因素分析模型的基础上,还可以进一步开展包含潜变量的路径分析,而且具有传统的路径分析所缺乏的技术优势:① 可同时考虑及处理多个因变量,不再像以往分析中排除其他变量影响而只看某一变量与样本量之间的关系;② 容许自变量及因变量含有测量误差;③ 容许潜伏变量由多个指标(项目)构成,并可同时估计指标(项目)的信效度,这在测验编制中得到了广泛应用;④ 采用了比传统方法更有弹性的测量模式,如一个指标(项目)可从属于多个潜伏变量(传统方法中,项目则多依附于单一因子);⑤ 研究者可预计潜伏变量间的关系,并估计整个模型是否与数据吻合。由于验证性因素分析具有这些特征,因此在心理、教育及其他领域的研究中大受欢迎。

三、因素分析方法在效度验证中的作用

因素分析是在分析人的行为资料的内部相关,探索人的心理特质结构的过程中逐步发展起来的。通过因素分析,研究者可以探明测验究竟测到了几个彼此相对独立的因素,测验各组成部分甚至各测题在几个公共因素上的负荷大小,从而从整体关系和各个方面对测验所测心理特质的结构进行量化的分析。因此,因素分析是测验结构效度验证的一种重要手段。

利用因素分析这一方法,测验编制者还可以在测验编制过程中进行测题的选编。编制心理测验时,测验编制者总试图使用少数几个测验来尽可能地完整地反映人的心理状态。从心理测量学的角度看,好的测验其所测量到的应该是同一变量。为达到这一目的,可通过实施大量测题,并计算测题间的相关之后,进行因素分析,选取在一般因素上负荷高的测题

构成测验。因素分析方法在选题中的应用保证了测验符合预定的测量要求,提高了测验的结构效度。

总的说来,探索性因素分析和验证性因素分析对于社会科学领域中大量问题的研究均较为有效。当然,只有正确理解该方法的特性,虑及所有可能导致误导的结果,在正确运用方法、恰当解释结果的基础上,才能真正发挥因素分析解释的优点。

本章思考与练习

1. 效度回答的基本问题是什么?效度的含义是什么?
2. 效度和信度的区别在哪里?
3. 对10名初二学生分别进行了数学成就测验 X 和智力测验 Y,测验成绩如下表所示。请计算数学成就测验 X 的效度系数。

学生测验	1	2	3	4	5	6	7	8	9	10
X	19	19	18	17	16	15	15	14	13	12
Y	20	17	18	18	17	15	13	15	12	12

4. 某市高中学生参加了数学竞赛,其中示范性高中学生的平均成绩 $\overline{X}_p = 75.28$,非示范性高中学生的平均成绩 $\overline{X}_q = 62.43$,所有学生的平均成绩 $\overline{X}_t = 68.86$,标准差 $s_t = 12.26$。示范性高中学生人数比率 $p = 0.46$,对应的正态曲线高度 $Y = 0.396$;非示范高中学生的人数比率 $q = 0.54$。请计算该测验的效度系数。

5. 有一份推理能力测验施测于两组中学生,其中接受过推理训练的实验组共有60名学生,测验的平均成绩 $\overline{X}_1 = 80$,对照组共有52名学生,测验平均成绩 $\overline{X}_2 = 73$,两组学生测验的总体标准差估计值分别为 $S_1 = 18.11, S_2 = 15.15$。请根据这两组学生在测验上的表现判断,测验是否比较好地测到了推理能力?($df = 110$ 时,$t_{0.05/2} = 1.98$)

6. 有一人事测验的效度系数为 $r_{XY} = 0.8$,在获取该效度证据时还求得以下统计量:$\overline{X} = 50, \overline{Y} = 15, S_X = 8, S_Y = 2$。

(1)根据以上数据列出回归方程。

(2)现有一位应聘人员在人事测验上得了58分,请问他的效标分数估计值是多少?

第八章 项目分析

本章主要学习目标

学习完本章后,你应当能够:
1. 掌握难度的含义和估计方法;
2. 掌握鉴别力的含义和估计方法;
3. 理解经典测验理论的不足;
4. 知道项目反应理论的主要原理、模型和常见应用。

在测验的编制过程中,为了改善和提高测验的信度和效度,在组成测验之前,应对每个测题进行分析,这就是项目分析(或称测题分析)。项目分析,就是对组成测验的每个测题进行分析。

项目分析可分为质的分析和量的分析。所谓质的分析是指分析测题的内容和形式。量的分析则采用统计方法来分析测题的品质,主要包括难度分析和鉴别力分析、效度、组间相关及多重选择题的选项分析等,以作为筛选和修改测题的依据。

以普通高校招生考试(高考)和高中学业水平考试为对比,普通高校招生考试为选拔考试,而高中学业水平考试为达标测试。命题人员在编制高考试卷时,试卷难度会控制得较学业水平考试要高。如何知道某道测题的好坏,如何控制试卷的难度,以确保选拔或达标的目的顺利达成,不仅需要专家从内容和形式上进行讨论(如内容效度的研究,也即质的分析),还需要进行一系列对项目的量的分析,如难度、鉴别力等(如表8-1所示)。本章主要涉及量的分析。

表8-1 研究生入学考试英语近三年数据对比分析

科 目	项 目	2019	2020	2021
英语一	平均分	48.59	49.15	47.04
	标准差	13.96	15.46	13.93
	难 度	0.486	0.492	0.470
英语二	平均分	52.66	55.21	50.58
	标准差	17.04	15.95	16.29
	难 度	0.527	0.552	0.506

(数据出自:教育部考试中心编:《全国硕士研究生招生考试英语(一)、英语(二)考试分析》,高等教育出版社2020年版。)

另外,我们常可听到题库(项目库)这一名词,某些测验可以从中抽取测题。在快速、有效地组织一个测验时,题库有很大的作用,比如,国家四、六级英语考试、美国的SAT考试等。那么如何形成题库呢?这也是以项目分析为基础的。

第一节 项目难度

项目分析中首先要提到的就是难度问题。

一、项目难度

(一) 定义

难度是表示题目难易程度的指标。这一概念在能力测验里称为项目的难度水平,而在非能力测验里,称为"通俗性"或"流行性"水平(指一总体中被试在答案范围里回答项目的程度)。

(二) 估计难度的方法

1. 以答对百分比(或比率)来估计难度

(1) 二值记分(即只有答对和答错两种情况,记为1或0)的测题:

$$P = \frac{R}{N} \tag{8.1}$$

其中,P:测题的难度;
R:答对该题的人数;
N:参加测验者的总数。

例:设有80名学生参加某个测验,答对其中某道题目的有32人,则该题的难度是:

$$P = 32/80 = 0.40$$

难度值的范围在[0,1]之间,若两个项目难度分别为0.91和0.72,则项目2的难度大。所以P值越小的项目,其难度越大。

(2) 当测题非二值记分时,计算难度公式为:

$$P = \frac{\overline{X}}{X_{\max}} \tag{8.2}$$

其中,$\overline{X}$:全体考生在该题上所得的平均分数;
$X_{\max}$:该题的满分分数。

例:设某题(比如问答题)满分是20分,全体考生在该题上所得的平均分为10分,则该题的难度为:$P = 10/20 = 0.50$

(3) 分组法。分组法的重要前提是,将被试按总分高低排列。然后取得分最高的27%的被试作为高分组,得分最低的27%的被试作为低分组。也可以取50%、1/3、1/4的比例,但是27%最精确,这是凯利(Kelley)在1939年的一项研究中提出的。计算出高分组答对该题的百分比P_H和低分组答对该题的百分比P_L,计算难度公式为:

$$P = \frac{P_H + P_L}{2} \tag{8.3}$$

例:设有370名被试,取其中成绩最高的27%(100)人定为高分组,成绩最低的27%(100)人定为低分组,对于某一道测题,若高分组有60人答对,低分组有30人答对,则:

$$P_H = 60/100 = 0.60, \quad P_L = 30/100 = 0.30$$

所以该题难度为:$P = \frac{0.60 + 0.30}{2} = 0.45$

2. 项目难度受机遇影响的矫正

例:一个五择一的测题难度指数为0.50,一个四择一的测题难度指数为0.53,哪一题的难度大?

为了对这两个测题的难度进行比较,需要对它们进行矫正,排除考生由于猜测而答对某些题目致使P值增大的可能性。矫正公式为:

$$CP = \frac{KP - 1}{K - 1} \tag{8.4}$$

其中,CP:矫正后的难度;

P:未矫正的难度;

K:选项的数目。

推导如下:我们要矫正难度,首先要矫正R值,也就是答对该项目的人数。由公式$S = R - \frac{W}{K-1}$[这儿要注意的是,R是一个项目有多少被试答对(即人数),而不是一个被试答对的题数,S为校正后答对该项目的人数]可得矫正后的R:

$$S = \frac{R(K-1) - W}{K-1} = \frac{R(K-1) - (N-R)}{K-1}$$

$$= \frac{RK - R - N + R}{K-1} = \frac{RK - N}{K-1}$$

$$= \frac{NPK - N}{K-1} = \frac{N(PK - 1)}{K-1}$$

故:

$$CP = \frac{S}{N} = \frac{KP - 1}{K - 1}$$

再看前面的例题，五择一测题矫正后难度指数为 $CP = \dfrac{5 \times 0.50 - 1}{5 - 1} = 0.38$，第二题，$CP = \dfrac{4 \times 0.53 - 1}{4 - 1} = 0.37$，和未矫正前相反，第二题要比第一题难。

3. 项目难度的等距量表

（1）使用项目难度等距量表的理由。

第一，测题的难度一般用答对某题的人数比率或百分比表示。百分量表是等级（位次）量表，不是等距量表，也就是说，它只能表示事物之间大小、位次的关系，但没有相等的单位，因此不能表示事物之间的差异。

比如，三个项目的难度指数分别为 0.50，0.60，0.70，我们只能说第 1 题最难、第 3 题最简单，但不能说，第 1、2 题的难度之差等于第 2、3 题的难度之差。仅仅为了比较项目难度的大小，是不存在什么问题的；但是如果需要在难度与其他变量之间建立某种函数关系（也就是数量关系时），这种难度表示法就不行了，必须转换成等距量表。

第二，难度量表是反序而行的，P 值越大，项目越容易。

鉴于以上两点，必须使用难度的等距量表。

（2）方法。

当样本容量很大时，测验分数接近正态分布，如果把测题的难度指数 P 作为正态曲线下的面积，查标准正态分布表，就可以将以等级量表表示的 P 值转换成具有相等单位 σ 的等距量表 Z 值。

要注意的是：P 值作为正态曲线下面积时，要从右向左而行，这样就符合习惯了：Z 值越大，难度越高。图上难度 P 为 0.8413，查正态分布表可得 $Z = -1.00$。P 小于 0.5 时，查面积一栏中的较小部分。若 P 大于 0.5，则查面积一栏中的较大部分，查出相应的 Z 值后再加上负号，比如，$P = 0.7257$，$Z = 0.60$，加上负号，$Z = -0.60$。

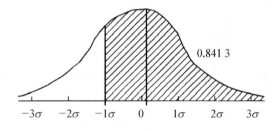

图 8-1 通过项目的百分比与在常态曲线中项目难度的关系

$P = 0.5$，对应 $Z = 0$；$P = 0.6$，对应 $Z = -0.25$；$P = 0.7$，对应 $Z = -0.52$，前面两者相差 0.25，后两者相差 0.27，显然差距是不相等的。

转换中出现的第二个问题是，转换好 Z 值在平均数之下是负数。为了避免负号的出现，有两种方法：

$$a.\ Z' = Z + 5 \tag{8.5}$$

因为出现 $Z = -5$ 的概率为一千万分之六,所以加上 5 后就可保证 Z 值为正值,其中平均数为 5,标准差为 1。

$$b.\ \Delta = 13 + 4Z \tag{8.6}$$

Δ:常态化等距难度指标,13 为均数,4 为标准差;
Z:以 σ 为单位的 Z 值。

美国教育考试服务中心(ETS)提出,标准正态分布的全距一般包括 6 个标准差的距离,即从 -3 至 $+3$(Z 值为 -3 的概率是万分之十三),则 $\Delta = 13 + 4(-3) = 1$,$\Delta = 13 + 4(3) = 25$,所以,等距难度指数 Δ 量表的全距由 1 至 25,平均数为 13,标准差为 4。这种方法使精确度有所提高。

二、项目的平均数与方差

(一)项目的平均数

$$P = \frac{\text{答对该题的人数}}{\text{总人数}} = \frac{R}{N} \tag{8.7a}$$

可见难度 P 就是每个项目的平均数(对二值记分而言)。

(二)项目的方差和标准差

$$\because S^2 = \frac{\sum X^2 - (\sum X)^2/N}{N}$$

$$\sum X = 1 + 1 + \cdots + 0 = Np \quad \text{(由 8.7a 得)} \tag{8.7b}$$

$$\sum X^2 = 1^2 + 1^2 + \cdots + 0^2 = Np \tag{8.7c}$$

$$\therefore S^2 = \frac{Np - (Np)^2/N}{N} = p - p^2 = p(1-p) = pq \tag{8.7d}$$

$$\therefore S = \sqrt{pq} \tag{8.7e}$$

非二值记分的项目的平均数与变差,也是一样可求得的,比如:

均数 $P = \dfrac{\sum X}{N}$($\sum X$ 为该项目上所有被试的得分数)

变差 $S^2 = \dfrac{\sum X^2 - (\sum X)^2/N}{N}$

这儿只是看看二值记分这一特殊情况而已。

（三）总分方差

一个被试的总分数为：$X_i = X_a + X_b + X_c + \cdots + X_n$

其中 $X_a, X_b, \cdots$ 分别是项目 $a, b, c, \cdots, n$ 的答对分数，共有 n 个项目。

$$\text{总分方差} \quad S_t^2 = \sum p_i q_i + 2 \sum r_{ij} \sqrt{p_i q_i p_j q_j} \tag{8.8}$$

其中，$p_i = p_a, p_b, p_c, \cdots, p_n$，它是项目 i 的答对比率，q_i 是项目 i 的答错比率；$i = 1, \cdots, n$；

r_{ij}：项目 i 和 j 的相关系数。

这是按照求总和方差的原则，基于项目方差和共差求出的，推导如下：

（1）两个变量之和的均数等于两个变量的均数之和：

$$\bar{S} = \frac{\sum (X_1 + X_2)}{n} = \frac{\sum X_1}{n} + \frac{\sum X_2}{n} = \bar{X}_1 + \bar{X}_2,$$

（2）两个变量之和的离差等于两个变量的离差之和：

$$d_s = (s - \bar{s}) = (X_1 + X_2) - (\bar{X}_1 + \bar{X}_2) = (X_1 - \bar{X}_1) + (X_2 - \bar{X}_2)$$

$$= x_1 + x_2$$

（3）和的方差之和为：

$$\sum d_s^2 = \sum (x_1 + x_2)^2 = \sum (x_1^2 + x_2^2 + 2x_1 x_2)$$

（4）和的方差：

$$S_s^2 = \frac{\sum d_s^2}{n} = \frac{\sum (x_1^2 + x_2^2 + 2x_1 x_2)}{n}$$

$$= S_1^2 + S_2^2 + 2cov$$

$$= S_1^2 + S_2^2 + 2rS_1 S_2$$

即两个变量之和的方差等于两个变量的方差之和加上两倍相关系数 r 乘以两个标准差之积。

（5）若为三项，则

$$\sum d_s^2 = \sum (x_1 + x_2 + x_3)^2 = \sum (x_1^2 + x_2^2 + x_3^2 + 2x_1 x_2 + 2x_1 x_3 + 2x_2 x_3)$$

$$S_s^2 = S_1^2 + S_2^2 + S_3^2 + 2r_{12} S_1 S_2 + 2r_{13} S_1 S_3 + 2r_{23} S_2 S_3$$

依次类推，可得：

$$S_t^2 = p_a q_a + p_b q_b + \cdots + p_i q_i + \cdots + p_n q_n + 2r_{ab}\sqrt{p_a q_a p_b q_b}$$
$$+ 2r_{ac}\sqrt{p_a q_a p_c q_c} + \cdots + 2r_{(n-1)n}\sqrt{p_{n-1} q_{n-1} p_n q_n}$$

(四) 项目的方差与难度的关系

$$\because S^2 = pq = p(1-p) = p - p^2,$$

求导 $\dfrac{ds^2}{dp} = 1 - 2p$，令 $\dfrac{ds^2}{dp} = 0$，$\left(\because \dfrac{ds^2}{dp} = 0\text{ 时}, S^2\text{ 有极值}\right)$

因为 $1 - 2p = 0$，$p = 0.5$

所以 $p = 0.5$，S^2 有极大值。

用常识也可以解释，如一个群体有 100 人，通过一项目者为 1 人，失败者为 99 人，由此产生 1×99 个差异，因为一个成功者与 99 个失败者每个人有一个差别，共作出 99 个差别，假设 100 人中有 2 人通过一个项目，这个项目作出 2×98 = 196 个差别。如此类推到 50 个人通过一个项目，则有 50×50 = 2500 个差别，因为每一个成功者与每一个失败者都会产生一个差别。由此可见，中等难度的项目产生最大的变差。变差是个别差异，变差大，表明被试分数离散度大，这时项目鉴别力最高。

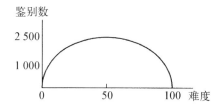

图 8-2 项目难度与鉴别数之关系

三、难度与测验分数的分布

一个测验的难度取决于组成这个测验的各个测题的难度，从测验总分的分布情形，可以大致知道整个测验的难度。由一个标准化的样组所构成的测验分数的分布，一般来说是常态分布。但有时也会出现偏态分布情况。

图 8-3(a) 是正偏态分布，大多数被试集中在左侧低分端，接近零分的多，说明测验过于困难。图 8-3(b) 是负偏态分布，大多数被试集中在右侧高分端，接近满分，这说明测验中的很多项目太容易了，缺少难的项目。

一般能力测验和成就测验的平均难度在 0.50 左右为宜。出现偏态情况时，就要对项目进行筛选、增删、修改，以使测验分数接近正态分布。但测题难度和测验目的有关，正偏态分布适合于筛选性测验（选拔性、竞争性测验），如大学入学考试、数学竞赛，或者一个单位从近百人中招聘 5 人。达标考试属于负偏态分布的情况。比如高中合格考，大部分题目都是比较

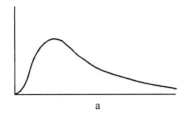
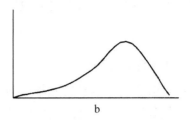

图 8-3 测验分数的偏态分布

简单的。对特殊目的的测验,大多数测题难度不一定集中在 0.5 左右。

四、项目难度的范围对信度系数的影响

信度部分曾经提到过:$r_{tt} = 1 - \dfrac{S_e^2}{S_t^2}$,项目难度过高,则 S_e 增大;难度过低,使 S_t 减小(即大多数人接近 0 分或大多数人接近满分),从而导致 r_{tt} 的降低。

这里主要讨论项目难度的范围对信度系数的影响。难度范围过大,不利于信度系数。难度一高一低不等于会产生大的总分方差。事实上,产生最大方差的难度是 $P = 0.5$,不能把难度的分布范围和总分的分布范围等同起来。从 K-R20 来看:

$$r_{tt} = \frac{n}{n-1} \times \frac{S_t^2 - \sum pq}{S_t^2}, \quad S_t^2 - \sum pq \text{ 大,则 } r_{tt} \text{ 大,}$$

$$\because S_t^2 - \sum pq = 2\sum r_{ij}\sqrt{p_i q_i p_j q_j}, \quad \therefore r_{ij} \text{ 大,则 } r_{tt} \text{ 大。}$$

r_{ij} 是项目的组间相关,项目的组间相关大,则测验的信度高,而项目组间相关高,那么它们的难度相接近。组间相关适当的指数是 r_Φ,这一相关公式将在后面的部分介绍。

第二节 项目的鉴别力

一、定义

项目的鉴别力又称为区分度。它是指项目对不同水平的被试反应的区分程度和鉴别能力。若项目鉴别力高,则能力强、水平高的被试得分高,能力弱、水平低的被试得分低,否则就没有鉴别力。

二、估计方法

(一)项目鉴别指数

这是计算鉴别力时最常用,也是最简单的方法。将被试按总分高低排列,然后取得分最高的 27% 的被试作为高分组,得分最低的 27% 的被试作为低分组。计算高分组该题答对的

人数比率与低分组该题答对的人数比率之差,采用公式:

$$D = P_H - P_L \tag{8.9}$$

D:项目的鉴别指数;
P_H:高分组答对该题的人数比率;
P_L:低分组答对该题的人数比率。

例:某高中物理测验,被试共18人,高分组和低分组若各取总人数的27%,则两组各为5人,第5题高分组5人全部答对,低分组5人中有1人答对,则该题的鉴别指数为:

$$D = 5/5 - 1/5 = 0.80$$

因为 $P_H \in [0,1]$,$P_L \in [0,1]$,所以 $D \in [-1,1]$

D 值越大,项目的鉴别力越大,表示项目的质量越好。

这是进行项目鉴别力的分析,分析结果是对测题进行增减、删改的最重要的标准之一。

表 8-2 测题的鉴别指数与优劣之评鉴

D	测 题 评 鉴
0.40 以上	优良
0.30—0.39	良好,如能修改更好
0.20—0.29	尚可,仍须修改
0.19 以下	劣,必须淘汰

(二) 方差法

方差表示一组数据的离散程度。方差大,数据分散。被试在某一测题上的得分越分散,则该测题的鉴别力越大。

$$S^2 = \frac{\sum (X_i - \overline{X})^2}{n} \tag{8.10a}$$

X_i:第 i 个被试在该题的得分;
$\overline{X}$:所有被试在该题的平均分;
n:被试总人数。

当 $n < 30$ 时,属统计上的小样本,改用

$$S^2 = \frac{\sum (X_i - \overline{X})^2}{n - 1} \tag{8.10b}$$

实际进行项目分析时,被试不能少于30人,但由于练习中 n 不可能很大,所以要用公式8.10b。

(三) 项目与总分相关

我们一般以总分来衡量被试能力的高低,当被试总分高时,在某个项目上的得分也高;总分低时,在项目上的得分也低,说明该项目和总分有一致性,从这个项目上就可鉴别出被试能力的高低,那么这个项目的鉴别力也高。换言之,项目与总分相关高,那么项目的鉴别力也就高。这儿有几种方法。

(1) 点二列相关 r_{pbi} 系数。条件:项目是二值记分,总分是连续变量,则计算项目与总分的相关。

$$r_{pbi} = \frac{\overline{X}_p - \overline{X}_q}{S_t} \sqrt{pq} \tag{8.11a}$$

r_{pbi}:点二列相关系数;
$\overline{X}_p$:答对该题的被试在总分上的平均得分;
$\overline{X}_q$:答错该题的被试在总分上的平均得分;
p:该题难度;q:$1-p$;
S_t:全体被试的总分标准差。

例:下表是某学校的 15 名学生总分和某项目的解答情况:

表 8-3 15 名学生的测验情况

学　　生	A	B	C	D	E	F	G	H	I	J	K	L	M	N	O
总　　分	90	81	80	78	77	70	69	65	55	50	49	42	35	31	10
项目得分	1	0	1	1	1	1	1	0	0	0	1	0	1	0	0
升学情况	1	1	1	1	1	1	1	1	0	0	0	0	0	0	0

$$p = 8/15 = 0.5333,$$

$$\overline{X}_p = \frac{90 + 80 + 78 + 77 + 70 + 69 + 49 + 35}{8} = 68.50;$$

$$q = 0.4667,$$

$$\overline{X}_q = \frac{81 + 65 + 55 + 50 + 42 + 31 + 10}{7} = 47.71;$$

$$S_t = \sqrt{\frac{\sum X^2 - (\sum X)^2/n}{n}} = \sqrt{\frac{58936 - (882)^2/15}{n}}$$

$$= \sqrt{\frac{58936 - 51861.6}{15}} = \sqrt{505.31} = 21.72$$

$$r_{pbi} = \frac{68.50 - 47.71}{22.48} \sqrt{(0.5333)(0.4667)} = 0.48$$

从此公式还可以推导出另外三个等价公式：

$$r_{pbi} = \frac{\overline{X}_p - \overline{X}_t}{S_t} \sqrt{\frac{p}{q}} \tag{8.11b}$$

$$r_{pbi} = \frac{\overline{X}_p - \overline{X}_q}{n S_t} \sqrt{n_p n_q} \tag{8.11c}$$

$$r_{pbi} = \frac{\overline{X}_p - \overline{X}_t}{S_t} \sqrt{\frac{n_p}{n_q}} \tag{8.11d}$$

其中，$\overline{X}_t$：所有被试测验总分的平均数；

n_p：某题答对的人数；

n_q：某题答错的人数；

n：所有被试人数。

求出 r_{pbi} 后，还应检查它是否达到显著性水平，关于相关系数的检验不是测量的重点，这里不再赘述。

（2）二列相关系数。当两个变量都是正态连续变量，其中有一个被人为分成两个类别时，就要用二列相关。这里项目也是正态连续变量，但被人为地分成答对和答错两种情况，比如规定对某个数学题，答错就记 0 分，而不管计算过程是否正确。采用计算公式：

$$r_b = \left(\frac{\overline{X}_p - \overline{X}_q}{S_t}\right)\left(\frac{pq}{Y}\right) \tag{8.12a}$$

其中，r_b：二列相关系数；

Y：正态分布下答对百分比 p 所在位置的曲线高度。

其余字母的意义与点二列相关公式相同，仍用刚才的例子：

因为 $p = 0.5333$，从正态分布表得 $Y = 0.3975$，代入公式，得：

$$r_b = \left(\frac{68.50 - 47.71}{21.72}\right)\left(\frac{0.5333 \times 0.4667}{0.3975}\right)$$

$$= 0.9572 \times \frac{0.2489}{0.3975} = 0.60$$

也可用等价公式：

$$r_b = \frac{\overline{X}_p - \overline{X}_t}{S_t} \times \frac{p}{Y} \tag{8.12b}$$

使用上述两种方法求得的相关系数值是不同的，二列相关系数 r_b 始终大于点二列相关系数 r_{pbi}。这对实际应用的影响很小，因为根据某一系数依其鉴别力的大小所排列的等级与依据另一系数所排列的等级甚为接近，也就是说项目分析的目的是筛选题目，而非数值究竟为多少，因此这一差异不足为虑，比如：

表 8-4 两种相关值比较

	r_{pbi}	r_b
1	0.65	0.71
2	0.30	0.42
3	0.68	0.79
4	0.20	0.29
5	0.19	0.25
6	0.45	0.59

取鉴别力最大的三个，取舍结果一致，都取 1、3、6。

那为什么 r_b 会大于 r_{pbi} 呢？$\because r_b = \frac{\sqrt{pq}}{Y} r_{pbi}, Y < \sqrt{pq}, \therefore r_b > \frac{6}{5} r_{pbi}$（经研究，$r_b$ 至少要比 r_{pbi} 大 1/5）。也就是说两个相关系数的大小和项目难度有关。

两个相关值的不同说明：项目鉴别参数的明显差异可能是由于选择的相关公式造成的，而不是项目之间的差异造成的。所以在对同一测验进行鉴别力计算时，所用公式要一致。

（3）对非二值记分的项目的估计。

项目与总分均为连续变量，采用积距相关公式：

$$r = \frac{\sum XY - (\sum X)(\sum Y)/n}{\sqrt{\sum X^2 - (\sum X)^2/n} \times \sqrt{\sum Y^2 - (\sum Y)^2/n}} \tag{8.13a}$$

r：积距相关系数；
X：被试在某一测题上的得分；
Y：被试测验总分；
n：被试的总人数。

例：设有 A、B、C、D、E 5 个被试，在测验的某个题目上的得分 X 和总分 Y 如表 8-5 所示：

表 8-5 5个被试在测验的某个题目上的得分 X 和总分 Y

	X	Y	XY	X^2	Y^2
	1	30	30	1	900
	2	80	160	4	6400

续　表

X	Y	XY	X²	Y²
3	80	240	9	6400
4	60	240	16	3600
5	100	500	25	10000
∑ 15	350	1170	55	27300

$$r = \frac{1170 - (15 \times 350)/5}{\sqrt{55 - 15^2/5} \times \sqrt{27300 - 350^2/5}} = \frac{1170 - 1050}{167.33} = 0.72$$

其等价公式为：

$$r = \frac{\sum XY - n\bar{X}\bar{Y}}{n S_X S_Y} \tag{8.13b}$$

其中，$\bar{X}$：被试某题得分的平均数；

S_X：被试某题得分的标准差；

$\bar{Y}$：被试测验总分的平均数；

S_Y：被试测验总分的标准差。

项目与总分相关高,说明个别测题与整个测验的作用是有内在一致性的。所以在其他条件相等的情况下,项目鉴别力大,整个测验也就越可靠(可靠性涉及项目的信度);另一方面,项目与总分相关高,意味着该项目能把不同水平的被试区分开来,鉴别力大,则测验的有效性就高。所以,项目的鉴别力对项目的信度与效度都有意义。

（四）项目的组间相关

项目的组间相关又称为项目间的相互相关,它是指一个测验中各个测题之间的相互关系。

1. 估计方法

二值记分的项目适用组间相关用四项相关和 Φ 相关；非二值记分的项目用积距相关。

第 i 题

		0	1	
第 j 题	1	A	B	A+B
	0	C	D	C+D
		A+C	B+D	

A 表示第 i 题答错而第 j 题答对的人数，B 表示两题都答对的人数，C 表示两题都答错的人数，D 表示第 i 题答对而第 j 题答错的人数。

① 四项相关
$$r_t = \cos\left(\frac{\sqrt{AD}}{\sqrt{AD} + \sqrt{BC}}180°\right) \tag{8.14}$$

② Φ 相关
$$r_\Phi = \frac{BC - AD}{\sqrt{(A+B)(C+D)(A+C)(B+D)}} \tag{8.15}$$

如果有个测验中的 4 道题的回答情况如表 8-6 所示：

表 8-6 32 名被试 4 个项目得分

题号	被试															
	1	2	3	4	5	6	7	8	9	10	11	12	13	14	15	16
1	1	1	1	1	1	0	0	0	0	0	0	0	0	0	0	0
2	1	1	1	1	0	0	0	0	0	0	1	0	0	0	0	1
3	1	1	1	1	1	1	1	1	0	1	1	0	1	0	1	0
4	1	1	1	1	0	1	0	1	1	1	1	0	1	1	1	1
1	0	0	0	0	0	0	0	0	0	0	0	0	1	0	0	0
2	0	0	0	0	0	0	0	0	0	0	0	0	0	0	0	0
3	0	0	0	1	0	0	0	0	0	0	0	0	0	0	0	0
4	0	0	1	0	1	0	1	0	0	0	0	0	1	0	0	0

第 1 题

第 2 题	2	4	6
	24	2	26
	26	6	

则第 1、第 2 题有：$r_t = \cos\left(\dfrac{\sqrt{2\times 2}}{\sqrt{2\times 2} + \sqrt{4\times 24}}180°\right) = \cos\left(\dfrac{2}{2 + 9.80}180°\right) = \cos(30.5°) = 0.86$

$$r_\Phi = \frac{4 \times 24 - 2 \times 2}{\sqrt{6 \times 26 \times 26 \times 6}} = 0.59$$

第 3 和第 4 题有：

第 3 题

第4题	8	9	17
	11	4	15
	19	13	

$$r_t = \cos\left(\frac{\sqrt{8 \times 4}}{\sqrt{8 \times 4} + \sqrt{9 \times 11}} 180°\right) = \cos 65° = 0.42$$

$$r_\Phi = \frac{9 \times 11 - 8 \times 4}{\sqrt{17 \times 15 \times 19 \times 13}} = 0.27$$

如果两个项目难度悬殊，相关系数甚至会低于 0.2，当两项目及格比率接近时，r_Φ 较高，此处得到验证。

③ 非二值记分项目组间相关的估计法。

因为项目得分可视为正态连续变量，因此可用积距相关来估计项目组间相关，公式为：

$$r = \frac{\sum X_1 X_2 - (\sum X_1)(\sum X_2)/n}{\sqrt{\sum X_1^2 - (\sum X_1)^2/n} \times \sqrt{\sum X_2^2 - (\sum X_2)^2/n}}$$

测验有 n 个项目，则项目的组间相关就有 $C_n^2 = \frac{n(n-1)}{2}$。比如，某测验有 30 个项目，则共有 $30(30-1)/2 = 435$ 个相关。

2. 项目的难度、鉴别力、组间相关与测验信度、预测效度的关系

（1）组间相关、信度和效度的矛盾。

根据第六章介绍的库德—理查逊公式 20：$r_{tt} = \frac{n}{n-1} \times \frac{S_t^2 - \sum pq}{S_t^2}$，测验总分的方差为 $S_t^2 = \sum p_i q_i + 2\sum r_{ij}\sqrt{p_i q_i p_j q_j}$，可知项目的组间相关 r_{ij} 越大，测验的内在一致性信度越高。同时 r_{ij} 是由 r_Φ 估计的，当测题的难度相近时，r_{ij} 大，则信度高，所以最大的信度要求各项目间的难度相等：项目难度接近或相等⇒项目组间可能相关高⇒测验信度高。但预测效度要求项目难度有差异，即组间相关要低，因此信度和效度就产生了矛盾。

（2）测题难度、组间相关对测验总分分布的影响。

当测验中所有项目难度都是中等难度，即 $P = 0.5$，而且每个项目与其他各项目的相关都达到正 1.0（项目间完全相关）时，测验分数的分布就是 U 形分布。因为根据上述条件，在一个项目上答对的人在其他项目上也会答对，最后，测验总分只可能是 0 分或满分。在这种情况下，项目很难鉴别出被试能力的高低，鉴别力就低。

当项目间高度相关，且项目的难度近似时，全部测验分数的分布将趋向双峰分布，项目鉴别力就增高了。因为被试做对了一题，不是所有题都能做对，这样就形成了一个分布，从

而可以将不同能力的被试区分开来。

如果项目间适度相关,难度不同,则测验分数分布将呈长方形,这时鉴别力最好。因为在测验分数量表上,所有分数值都有被试,因此能区分不同能力的被试。

如果组间相关为 0,所有项目难度为 0.50,则测验分数将呈正态分布,而且内在一致性为 0。这种情况很罕见。

综上所述,从测量的目的出发,连续分布能够把被试在相当精细的等级中区分开来,不需要 U 形分布。为了达到精细的测量,理想的条件是把测题难度沿着总体能力的范围均匀地隔开,在量表上每个项目都能很好地表明差别。

图 8-4 项目的难度分布,A 图内 20 个项目只有四个难度,只能鉴别四个等级程度,B 图内 20 个项目难度分布均匀,可以鉴别 20 个等级程度,显然鉴别力更高。在这种条件下的组间相关不可能是完全相关的,甚至有些是低的。

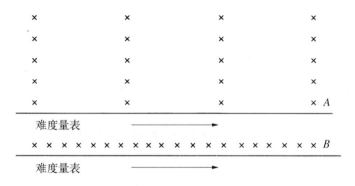

图 8-4 项目的难度分布

(3) 结论:这几者之间的关系十分复杂,甚至相互矛盾。

测验鉴别力与信度之间有矛盾:项目组间相关越高,信度越高,但另一方面,项目之间适度相关,且难度不同时,鉴别力最好。

信度与效度之间也有矛盾。预测效度要求项目难度有差异,而项目难度范围太广,又不利于信度。但总的结论仍是:测验的信度是效度的必要条件,测验越可靠,其有效性就有可能提高。

采用某些妥协的方法:杜克尔在发表于 1946 年《心理统计》(第 11 期)的"等价测验项目的最大有效性"一文中提出,组间相关在 0.10 和 0.60 之间,项目与测验总分的相关在 0.30 到 0.80 之间,常会产生良好的效度和令人满意的信度。

(五) 项目与外部准则的相关——项目效度分析

这一问题即准则关联效度(预测效度)问题,也就是项目效度问题。

事实上,项目鉴别力分析可分为"内部一致性分析"和"项目效度分析"。内部一致性分析是指个别项目和整个测验总分的一致性;项目效度分析是被试在项目上的反应和在效标上表现的关系。效标是衡量效度的标准,是根据各个测验的不同目的而决定的。进行项目效度分析的目的是选取那些和效标有较高的相关,而和影响测验分数的无关变量相关低的题目。

其估计方法和上述内部一致性的分析方法基本相同,只是用效标代替测验总分,可以用点二列相关、二列相关、积矩相关等。另外,也可用四项相关 r_t 和 r_Φ 计算。

表 8-3 将得分超过 60 分者记为升级(用 1 表示),低于 60 分者记为留级(用 0 表示)。用 Φ 相关计算项目效度:

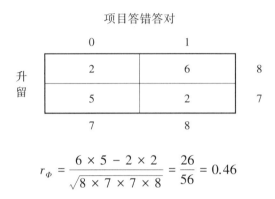

$$r_\Phi = \frac{6 \times 5 - 2 \times 2}{\sqrt{8 \times 7 \times 7 \times 8}} = \frac{26}{56} = 0.46$$

如果其他条件相同,项目效度系数越大,这一测验的预测误差就越小。

第三节　项目分析的实例

一、步骤

(1) 选取有代表性的样组 370 人,按规定的程序进行预测工作。

(2) 把 370 份试卷按测验总分的高低次序排列,然后从最高分数的人开始向下取足 27%(100 人)为高分组,再从最低分数的人开始向上取足 27%(100 人)为低分组。

(3) 计算高分组与低分组通过每一测题的比率,分别以 P_H 和 P_L 表示。

(4) 按照 $P = \frac{P_H + P_L}{2}$ 与 $D = P_H - P_L$ 两公式,分别求出每一测题的难度与鉴别力指数。

(5) 比较高分组、低分组在测题不同答案上的反应。

(6) 根据测题统计分析的结果,修改测题或选择适当的测题。

二、实例

(一) 鉴别力

取舍题目时,首先要看鉴别力,低鉴别力的题目是不能有效鉴别被试的。按照测题的鉴别指数与优劣值鉴评标准,0.30 以上的项目是比较好的。本例中,第一、二题的选项能够区分高分组和低分组,质量较好,第三题的鉴别力是负向的,比低鉴别力更不好,表明低分者反而比高分者在该题上得分高。第四题,鉴别力太小(如表 8-7 所示)。

表 8-7 项目分析的实例

题号	组别	选答人数					正确答案	难度	鉴别力	
		A	B	C	D	未答		P	r_b	D
1	高分组 低分组	5 22	92 50	1 12	2 16	0 0	B	0.71	0.52	0.42
2	高分组 低分组	58 26	10 21	15 15	16 36	1 2	A	0.42	0.33	0.32
3	高分组 低分组	17 25	15 11	28 19	28 34	12 11	D	0.31	-0.04	-0.06
4	高分组 低分组	1 1	44 56	14 10	36 28	5 5	C	0.12	0.08	0.04

(二) 难度

P 值一般在 0.35 至 0.65 之间为好,但就整个测验而言,难度为 0.5 的测题应居多,也需一些难度较大或较小的测题。因此就难度而言,这些测题是可以选用的。

(三) 选项

项目的选项分析是指对选择题后面所提供的几个答案的分析。如何作选项分析呢?选项分析的异常情况主要有:正确答案无人选择,或少于其他选项人数;错误答案选的人太多;正确选项上高分组选择人数少于低分组;错误选项上高分组选择人数又多于低分组;某个选项无人选择;未答的人数较多。从表中数据可知,第一题的选项能够区分高分组和低分组,质量较好。第二题在选项 C 上无鉴别力,高分组、低分组选择 C 的人数相同。第三题未做人数多,且高分组选择 B、C、D 的人数多于低分组。第四题,选 A 的人少,可能是答案缺乏似真性,D 项也有负向性出现。

(四) 找出原因,对各题进行修改

不要丢弃不符合要求的项目,原因如下:

(1) 用内部一致性分析所求得的鉴别力不一定能代表测题的效度。比如,以测验总分划分高分组、低分组所得的鉴别指数是不以外在效标为依据的,不一定能代表测题的效度。

(2) 鉴别力指数低的测题不一定表示该测题有缺点。对鉴别力低的测题,必须检验是否具有模糊不清、受到暗示或其他编制技术上的缺点。如果没有上述任何一项缺点,而且该测题也是在测量一项重要的学习结果,那就应该保留下来,以备日后使用。以项目分与测验总分相关为鉴别力的那类题目,相关低,可能由于其所测量的学习结果在全部测题中所占的比重较小,而使鉴别力偏低,则不能排除这些项目。

(3) 课堂测验的项目分析资料的有效性是随时空而变化的,并非固定不变。由于被试水平会随时间改变,所以项目分析所得的资料也只是在一定时间内有效。比如,原来认为较难的题目,现在同一年龄组被试感到难度降低了。

(4) 有研究表明,编制新的项目需要的时间几乎比修订现存项目长 5 倍。

第四节　项目反应理论

一、经典测验理论的局限性

(一) 抽样变动大

项目统计量(项目难度和项目鉴别力)依赖于测验所实施的被试样组。比如答对率 $P = \frac{R}{N}$,如果样本中能力高的被试越多,则 P 值越高;相反,若样本中较多低于平均能力的被试,则 P 值较低。鉴别力也一样。

(二) 能力难比较

被试测验分数依赖于所施测项目的难度。不同测验测量同一种心理特质时,会得到不同的测验分数。项目难度高,被试测验分数低。这样,被试在不同测验上所得的分数就难以比较。

(三) 复本难实施

经典测验理论(CTT)是在平行测验(即复本)的假设下估计测验信度和测量标准误,以及达到预期信度所需的测验长度。事实上,平行测验是不可能实现的,所以由此而进行的各种估计就不会非常精确。另外,信度系数的计算与被试样组有关,同一测验施测于不同被试组时,它的信度是变化的。

测量专家们认为,经典测验理论中最基本的四个概念是项目难度、项目区分度、信度和正确应答测验分数,前三者都依赖于被试样组的能力水平分布,即正确应答测验分数;后者又依赖于项目难度。概念间相互依赖。

(四) 缺乏预测力

CTT 不能提供不同能力水平的被试如何对项目作出反应的信息,而实际工作中却往往要对被试答对各个项目的概率进行估计。

(五) 等测量标准误差

CTT 假设对所有被试测量误差的方差都相等,这是难以满足的。让较低能力的被试参加较难的测验,则测量误差大。同样,有些被试在完成某个任务时比另一些被试更具一致性。

另外,在实际应用中,CTT 还无法提供各项目及测验在其分数量表上具有最大鉴别力的位置(比如高考录取分数线);由于无法确切掌握不同团体被试真实能力之间的差异,所以 CTT 无法对项目偏差进行研究,也无法将分数等值。

二、项目反应理论的诞生

项目反应理论诞生的标志为:美国测量专家洛德于 1952 年在他的博士论文中首次提出了项目反应模型,即双参数正态卵形模型,并提出了与此相关的参数估计方法,使得 IRT 可被用来解决实际的二值记分的测验问题。这是 IRT 发展史上的重要里程碑,它标志着这一理论的正式诞生。所谓双参数正态卵形模型,它实际上是一条累积正态曲线,对于用 Z 分数表示的标准正态分布,它的函数值就是正态曲线下从负无穷到某个 Z 值处的面积。

三、IRT 的特点

IRT 又称题目反应理论、潜在特质理论(latent trait theory)。

(一) 基本思想

IRT 的基本思想和心理学中关于潜在特质的一般理论有关。

假设被试对于测验的反应是受某种心理特质的支配,那么我们首先就要对这种特质进行界定,然后估计出该被试这种特质的分数,并根据该分数的高低来预测和解释被试对于项目或测验的反应。因为这种特质无法直接测量,所以被称作潜在特质。

(二) 基本思路

确定被试的心理特质值和他们对于项目的反应之间的关系,这种关系的数学形式就是"项目反应模型"。这是一种概率型模型,因为被试对于测验项目的反应除了受到某种特定"特质"的支配外,还受到许多随机因素的影响。从某种意义上讲,IRT 的核心就是数学模型的建立和对模型中各个参数的估计。

四、IRT 的基本假设

(一) 潜在特质空间的单维性假设(unidimensionality)

潜在特质空间(latent trait space)是指由潜在特质组成的抽象空间。该假设是指:如果被试对一个测验的项目的反应是由他的 K 种潜在特质所决定的,那么这些潜在特质就构成了一个 K 维潜在空间,被试的各个潜在特质分数综合起来,就决定了该被试在这一潜在空间的位置。当且仅当这个空间的全部特质都被确定以后,这个空间才是完全的。

大多数项目反应模型都假设完全潜在空间是单维的,即只有一种潜在特质决定了被试对项目的反应,也就是说组成某个测验的所有项目都是测量同一个心理变量的,比如知识、能力、态度或人格等。但别的影响因素无法排除,因此在 IRT 中,只要所欲测量的心理特质是影响被试对项目作反应的主要因素,就认为这组测验数据满足单维性假设。

有些学者还提出过非速度限制假设,指测验的实施是在不受速度限制的条件下进行的。换言之,如果被试答错了某个项目,那么,并非由于他没有时间做这个项目,而是能力不够。事实上,如果速度对测验结果有影响,那么就有两种心理特质——被试的反应速度和所欲测量的潜在特质影响被试的反应。所以这一假设包含在单维性假设中。

(二)局部独立性假设(local independence)

该假设是指:同一特质水平的被试对不同测验的反应在统计上是独立的。也就是说,被试对一个测验项目的反应不受他们对其他测验项目反应情况的影响。用统计术语来说,就是指对具有相同特质水平的被试,测验中的各项目是不相关的。如果两个项目同时满足以下四个条件,就称这两个项目的分数是相互独立的:

$$
\begin{aligned}
P(+,+) &= P_i(+)P_j(+) \\
P(+,-) &= P_i(+)P_j(-) \\
P(-,+) &= P_i(-)P_j(+) \\
P(-,-) &= P_i(-)P_j(-)
\end{aligned}
\tag{8.16}
$$

其中:$P_i(+)$:对第 i 个项目的正答概率;

$P_i(-)$:对第 i 个项目的误答概率;

$P(-,+)$:对第 i 个项目误答,而对第 j 个项目正答的概率;

$P(+,-)$:对第 i 个项目正答,而对第 j 个项目误答的概率;

$P(-,-)$:两个项目均误答的概率;

$P(+,+)$:两个项目均正答的概率。

若上述条件中有一个或几个没有得到满足,则称这两个项目的分数是相互依存的。要注意的是,这些概率都是针对给定 θ 值(能力值或潜在特质值)的被试而言的,而不是对于具有不同 θ 的被试总体来说的,所以称为"局部"。

(三)项目特征曲线假设(item characteristic curve)

项目特征曲线(item characteristic curve,简称 ICC)是项目特征函数(item characteristic function,简称 ICF)或项目反应函数(item response function,简称 IRF)的图像形式。ICF 是项目分数关于所测特质的非线性回归函数,如果我们知道了某一总体被试的能力分数和他们的项目分数,计算出对于每一固定能力水平被试组的项目分数均值,连结这些条件分布均数的曲线就是项目分数对于能力的回归线——ICC。也就是说,ICC 反映了被试对某一测验项目的正确反应概率与该项目所对应的能力或特质的水平之间的一种函数关系。所谓的

ICC 假设是对这种函数关系的具体形式所作的一种特定的假设,这种假设被称为 IRT 模型。

不同的 ICC 假设对应了不同的 IRT 模型,模型预测与实际测验结果的一致性程度反映了相应的 ICC 假设的合理性。

五、项目反应模型

项目反应模型按照它所处理的测验数据类型,即以测验记分方式的不同,可分为三类。

(一) 二级评分 IRT 模型

二级评分 IRT 模型适用于对测验项目采用二级评分的测验。主要有最优量表模型(perfect scale model)、潜在距离模型(latent distance model)、潜在线性模型(latent linear model)、正态曲线模型(normal ogive model,又称为正态卵形模型)、逻辑斯蒂模型(logistic model)。

(二) 多级评分 IRT 模型

多级评分 IRT 模型用于对测验项目采用多级评分的测验。包括称名模型(nominal response model)和等级模型(graded response model)。

(三) 连续型 IRT 模型

连续型 IRT 模型用于测验项目的评分为连续变量的测验。我们着重介绍二级评分 IRT 模型中的逻辑斯蒂模型。

该模型是由伯恩鲍姆于 1957 年提出的,有单参数、双参数和三参数之分,分别为:

$$P_i(\theta) = \frac{1}{1 + e^{-D(\theta - b_i)}}; \tag{8.17a}$$

$$P_i(\theta) = \frac{1}{1 + e^{-Da_i(\theta - b_i)}}; \tag{8.17b}$$

$$P_i(\theta) = c_i + \frac{1 - c_i}{1 + e^{-Da_i(\theta - b_i)}} \tag{8.17c}$$

其中参数 a_i:项目区分度,和对应于 b_i 点的 ICC 斜率成正比。它表示曲线陡峭的程度。a 参数越高,ICC 越陡,a 参数越低,ICC 越平。它一般在 0.8 与 1.25 之间最为有效。

b_i:项目难度,ICC 上斜率最大处在能力量表上对应点的值。项目越难,所需能力越高,ICC 越偏右,一般能力的被试答对该项目的概率会较低。反之,项目越容易,所需能力越低,ICC 越偏左,一般能力的被试答对该项目的概率也会较高。

c_i:猜测参数,又叫伪随机水平参数,因为测验编制者在编制测验时,采用了一些似是而非的不正确选择,于是能力较低的被试被这些错误选项所吸引,其得分比完全随机猜测的得分还要低,因此它总小于猜测正答概率。

D:量表因子,其值为1.7;e为自然对数的底数。

单参数逻辑斯蒂模型又称为拉什模型,是拉什(Rush)于1966年提出的,该模型只考虑项目难度,而认为项目区分度一致。双参数逻辑斯蒂模型考虑了项目不同的区分度,适用于问答题、论文形式的测量;三参数模型又考虑了被试的猜测可能性,适用于多项选择、成就测验。

考虑到高能力的被试常常会因为疏忽或对测验项目有独特的见解而答错一些简单的测验项目,于是又有人提出了四参数逻辑斯蒂模型:

$$P_i(\theta) = c_i + \frac{r_i - c_i}{1 + e^{-Da_i(\theta - b_i)}} \tag{8.18d}$$

其中,能力强的被试容易出错的测验项目的r_i值会趋小。

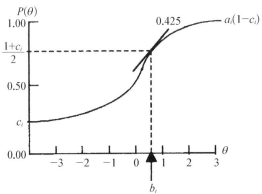

横坐标:被试能力值θ,称为能力量表;
纵坐标:被试正答概率,称为概率量表。

图8-5 三参数逻辑斯蒂模型图示

三参数逻辑斯蒂模型图示:表示下端渐近线大于0的S形曲线。

a_i值越大,ICC越陡,c_i在概率量表上度量,表示能力极低被试的正答概率。当不考虑c_i参数时,$\theta = b$时,$P(\theta) = 0.50$,ICC上有一转折点。如有猜测因素,则:

$$P(\theta) = (1 + c)/2$$

例:项目1和项目2的参数分别为$a_1 = a_2 = 0.90, b_1 = b_2 = -0.08, c_1 = 0.155, c_2 = 0.5$,求:$\theta$值分别为-2,-1,0,1,2的各类被试,他们对于这两个项目的$P(\theta)$分别为多少?

解:项目1的项目特征函数为:

$$P_1(\theta) = 0.155 + \frac{1 - 0.155}{1 + e^{-(1.7)(0.90)[\theta - (-0.08)]}} = 0.155 + \frac{0.845}{1 + e^{-1.53(\theta + 0.08)}}$$

项目2的项目特征函数为:

$$P_2(\theta) = 0.5 + \frac{1-0.50}{1+e^{-(1.7)(0.90)[\theta-(-0.08)]}} = 0.155 + \frac{0.50}{1+e^{-1.53(\theta+0.08)}}$$

将各个被试能力值分别代入上面两式,得相应 $P(\theta)$ 为:

表 8-8 项目 1 和项目 2 上各能力水平被试的 $P(\theta)$ 值

C	θ				
	-2	-1	0	1	2
0.155	0.20	0.32	0.60	0.86	0.97
0.500	0.52	0.60	0.76	0.92	0.98

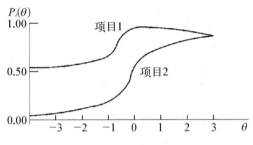

图 8-6 项目 1 和项目 2 的 ICC

可见,C 值大小对能力较低被试的 $P(\theta)$ 影响较大,而对能力较强被试的 $P(\theta)$ 影响不大,说明能力低的被试猜测成分大。

例:已知项目 1 和项目 2 的参数分别为 $b_1 = b_2 = -0.08, c_1 = c_2 = 0.155, a_1 = 0.90, a_2 = 1.90$,求:能力水平值 $\theta = -2, -1, 0, 1, 2$ 的各类被试,对于这两个项目的 $P(\theta)$ 分别为多少?

解:项目 1 的项目特征函数为:

$$P_1(\theta) = 0.155 + \frac{1-0.155}{1+e^{-(1.7)(0.90)[\theta-(-0.08)]}}$$

$$= 0.155 + \frac{0.845}{1+e^{-1.53(\theta+0.08)}}$$

项目 2 的项目特征函数为:

$$P_2(\theta) = 0.155 + \frac{1-0.155}{1+e^{-(1.7)(1.90)[\theta-(-0.08)]}}$$

$$= 0.155 + \frac{0.845}{1+e^{-3.23(\theta+0.08)}}$$

将各个被试能力值分别代入上面两式,得相应 $P(\theta)$ 为:

表 8-9　项目 1 和项目 2 上各能力水平被试的 $P(\theta)$ 值

a	θ				
	-2	-1	0	1	2
0.90	0.20	0.32	0.60	0.86	0.97
1.90	0.16	0.20	0.63	0.98	1.00

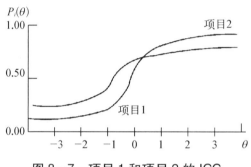

图 8-7　项目 1 和项目 2 的 ICC

可见,项目 2 的区分度高,对于能力值在难度 b 附近的被试能敏锐区分(对于 θ 分别为 -1 和 1 的被试正答概率之差,项目 1 为 0.86 - 0.32 = 0.54,项目 2 为 0.98 - 0.20 = 0.78,而且 a 大的项目,ICC 在 b 附近较陡,而在其他地方则相对平坦)。

所以 a 大的项目,对 θ 接近 b 值的被试能提供较大的信息,但对于 θ 值远离 b 值的被试,却只能提供较少的信息;a 小的项目 b 值附近的能力段内提供的信息量不大,却能在较宽广的能力区域中提供信息。

以上对项目反应理论作了简单介绍,运用项目反应理论可以编制各种测验,包括常模参照测验和准则参照测验,可以检查项目偏倚,进行测验等值、题库建设等。它的作用正日益增大。该理论也成为现代测验理论中的一个主要构成部分。

六、IRT 的特点与运用

自 20 世纪 50 年代提出以来,项目反应理论目前已成为编制新的重要心理结构测验、提升测验诊断评估能力、吸纳认知心理学成果于测验实践等所依据的基础测量理论。

(一) 特点

项目反应理论旨在提供无关于项目的被试能力估计和无关于被试样本的项目统计量,它具有如下这些特点:第一,能力估计的不变性。对被试能力的估计与测验中究竟包含哪些项目无关,每个项目对所在测验的贡献是独立的。被试对于测验中任何一部分项目的反应,估计出来的被试能力值都在同一能力量表上,而且是该被试真实能力的无偏估计。第二,项目参数的不变性。从同一总体中选择 N 个不同被试样本施测同一些项目,这 N 个样本进行项目分析的结果是一样的,即项目参数的估计与被试样本无关。第三,信息函数能反映测量的精确度。依据项目统计量与信息函数的关系,在测验实施前就可以知道各个测验项目对于不同能力水平被试的估计精度,由此若选择适当的一组项目就可以使整个测验达到预定的精确度。第四,被试能力与项目参数在同一量表上,为测验编制、实施、记分和分数报告与解释提供了便利。

(二) 运用

1. 测验编制

测验编制是心理测量学的核心内容。运用项目反应理论编制测验时不再关注测验分数的分布状态,而是着重考虑选择哪一种反应模型,考虑项目与模型是否拟合,以及考虑采用什么方法来检验模型与数据的拟合性。

项目反应理论提出了项目信息函数与测验信息函数的概念,依据目标信息曲线有针对性地选择项目,使测验编制过程始终保持在目的明确、自觉调控、注重逻辑的技术规范之下。按项目反应理论的逻辑,项目所能提供的信息函数值大小取决于项目自身特性(如难度、区分度等)和其与被试间的关系。各个项目对测验信息总量有独立贡献。

2. 题库建设

题库是一个有机整体,内容和结构具有相对的稳定性。但优良的题库必须又是动态的。学科的发展会要求题库内容不断增删更替;被试水平的变化也会要求题库性能参数的重估。运用项目反应理论进行题库建设的主要优点在于项目参数的取得、标准参照测验项目的选择、常模的建立以及预测分数的评价等。

标准参照测验根据被试的反应将他们划分成达标和未达标两类。因项目反应理论中项目的难度参数和被试的能力分数以及临界分数都在同一量度上,所以在选择项目时,就可以选择临界分数附近区域中项目区分度最大的项目来组成测验。通过计算项目信息量也可以进一步选到临界分数附近能提供最大信息量的那些项目,这样可以让我们运用最少的测验项目达到所需的测量精度。

3. 计算机化自适应测验

计算机化自适应测验(CAT)的基本思路是让计算机模仿有经验主试的做法,每次都呈现难度与被试能力水平接近的题目。较传统纸笔测验,CAT能因人而异地给出测题,项目针对性强,能使用较少的项目更精确地估计被试的能力 θ。

认知诊断计算机化自适应测验(cognitive diagnostic computerized adaptive testing,简称CD-CAT)将CAT与认知诊断结合起来,成为CAT发展的一个新方向。CD-CAT是对CAT的扩展,它不仅可以提供关于被试优缺点的诊断反馈,还可以提高诊断测量的准确性与效率。因此,CD-CAT近年来在教育测量领域得到了广泛关注。

本章思考与练习

1. 项目分析的作用是什么？

2. 下面是10名学生在5个项目上的回答及得分情况，前三个项目为选择题，后两个项目为简答题，其中，项目1为三选一，项目2为四选一，项目3为五选一，项目1至3的满分为1分，项目4、5的满分为10分。

项目 学生	1	2	3	4	5
1	C*	C*	D*	10	6
2	A	C	D	7	5
3	C	B	D	6	7
4	C	C	D	9	8
5	B	C	E	5	7
6	C	C	D	8	10
7	A	A	D	4	5
8	C	C	A	6	7
9	B	A	C	3	5
10	C	B	D	7	9

(*表示为正确选项)

(1) 试计算4个项目的难度，前3个项目的实际难度谁最大？

(2) 试计算5个项目的鉴别力，5个项目的质量是否比较好？

(3) 试估计项目2与项目3、项目4与项目5的组间相关。

3. 经典测验理论有哪些局限性？

4. 项目反应理论的基本假设有哪些？较之经典测验理论有何特点和优点？目前项目反应理论正被应用于哪些方面？

第九章 量表与常模

本章主要学习目标

学习完本章后,你应当能够:
1. 理解原始分数矫正的原理和方法;
2. 掌握常模、导出分数的概念和种类;
3. 理解标准化样组的意义和条件;
4. 知道抽样的方法和程序。

第一节 原始分数和导出分数

一、原始分数

实施测验之后依照测验指导书计算测验分数,这种分数称为原始分数(raw scores)。传统的计分方法为:

$$Xa = \sum_{i=1}^{n} Xa_i \tag{9.1}$$

其中,Xa 为被试 a 的测验总分,Xa_i 为被试 a 在项目 i 上的得分。当项目为 0 和 1 计分时,空项不计分,所有的项目被等同看待。

二、原始分数的矫正

一般认为,对于不知道正确答案的项目,各被试忽略不做的意愿是不一样的。而这种意愿对观测分数的方差是有贡献的,由这种贡献而来的方差并非主测者所感兴趣的特质的方差。设被试 P 和被试 G 同参加一种职校入学筛选测验。在这份有 100 道多项选择题的测验上,被试 P 知道其中 60 道的正确答案,对剩余的 40 道没有把握,于是空出没有做;被试 G 同样只知道其中 60 道的正确答案,但是对剩余的 40 道作了猜测。即使他的猜测是完全随机的,如果每道题有 4 个选项,G 将有可能猜对其中的 10 道。如果用传统的计分方法,被试 P 将得到总分 60 分,而被试 G 却能得到 70 分。在这里,观测分数的差异并不能反映他们在所测的特质上的差异,显示的只是他们猜测的意愿和运气而已。这不能不引起那些要凭单份测验的成绩做出某种决定(如招聘、招生等)的主试的关注。在这种情况下,便要考虑对传统分数采取某种变换。

第一种变换可称为基于随机猜测的模型(random guessing model):被试知道项目的正确

答案并作出选择、被试忽略不知道的项目或者瞎猜并随机在 k 个选项中作出选择。基本的矫正公式为(矫正猜测的公式)为:

$$Xc = R + O/k \tag{9.2}$$

其中,Xc 为矫正分数,R 为正确回答的得分,O 为忽略的项目数(0 和 1 计分情况下等于忽略的分数),k 为项目的选项数(所有项目必须都有 k 个项目)。表 9-1 列出了基于上述公式的算法,并提供了三个有不同猜测行为的被试的假设的计算结果。可以看出,这种矫正基于这样一个假设:如果被试猜测那些被忽略的项目,其猜中的概率为 $\frac{1}{k}$(所有的猜测都是随机的)。通过这种矫正后,被试的观测分数将有所增加。

表 9-1 对在一套 20 道题测验上得分相同但猜测率不同的三个被试的原始分数的矫正

被试	做对题数	忽略题数	错误题数	$Xc = R + \dfrac{O}{K}$	$Xc' = R - W/(k-1)$
甲	14	0	6	14+0/4=14.00	14−6/3=12
乙	14	6	0	14+6/4=15.50	14−0/3=14
丙	14	3	3	14+3/4=14.75	14−3/3=13

第二种变换公式为:

$$Xc' = R - W/(k-1) \tag{9.3}$$

其中,Xc' 为对猜测进行矫正后的分数,W 为错误题数,k 为每道题的选项数。表 9-1 同时列出了用这一公式计算的矫正分数。基本的假设是:每一个错误的反应都是随机猜测的结果。为了演示这公式的由来,让我们假设有一人参加某份形式为四选一的选择题组成的测验,于是有 $(k-1)=3$。在随机猜测的情况下,错误数只是代表了 3/4 的被试不知道的项目数。将错误数 W 除以 $(k-1)$ 即 3,得出了被试(随机)猜中的项目数。在矫正分数时,后者便被减掉。

虽然从表 9-1 看,上述两个公式产生了不同的分数值,然而其秩次是一样的。实际上,公式 9.3 可以看成是公式 9.2 的线性转换。

三、关于部分知识

一般地,矫正分数的意图是阻止被试得到不应有的分数。另外的一个值得注意的计分问题是怎样对"部分知道"的项目计分。基本的逻辑是:在传统的多项选择测验上得到相同分数的被试,对测题所拥有的知识可能并不一样多。计算部分知识(partial knowledge)的方法可分为基本的三类:信心加权(confidence weighting)、回答到对(answer-until-correct)和选项加权(option weighting)。

（一）信心加权

测验被组织成适当的形式，在这种测验中，被试必须指出他对每一道题的正确性的把握是多少。当两名被试对某题有不同的信心程度指数时，即使他们有着同样的反应，也会收到不同的分数。安切特奈特（Echternacht）总结指出，虽然信心权重方式有一定的逻辑上的吸引力，然而当这些技术在考试和计分中被应用时，想得到的信度和效度系数的增加却没有出现。可能最令人丧气的是，当应用这种方法时，少数研究显示效度系数稍有降低。

（二）回答到对

被试看过一个多项选择题后，选择一个答案，立即收到项目反应正确性的反馈。如果选择了正确的选项，那么被试做紧接着的一项；如果是错误的选项，被试将有机会再次作出选择，直到做对。这种程序最好在计算机上做，以便记录被试对每一项目的反应次数。传统的计分方法是：总的可能的反应数目减去被试总的反应次数，便为被试的得分。吉尔曼（Gilman）和弗利（Ferry）对效度和信度的研究发现：这种程序能使内在一致性信度有所增加（相对传统计分而言），但在计算准则关联效度时，出现了一些不一致的结果。

（三）选项加权

选项加权的假设基础是这样的：每一选项有着不同程度的正确性，选择"更正确"选项的被试拥有更多的知识。有各种决定选项权重的办法。例如戴维斯（Davis）和费弗（Fifer）及杜威（Dowey）简单地让专家对每一个选项按1—7评分（1代表最不正确，7代表最正确，2—6为中间程度），得到的每个选项的平均数便是其权重。使用这种方法，有时显示出信度估计的（适度）增加，然而效度上却没有什么收益。将来当项目反应理论应用到这个方面时，相信会很有用处。

四、常模和导出分数

没有附加的可解释的资料，任何心理测验的原始分数（即使经过矫正）都是没有太大意义的。单说某人正确解决了15道数学推理测验题，在词汇测验中能再认34个单词或者在57秒之内成功地组装了一个机械物体，并不能提供关于他在这方面功能的任何信息，起码信息很少。即使是我们平时所熟悉的百分制分数（percentage），也不能提供一个满意的分数解释的方案。例如，一份词汇测验上的65%可能等于另一份的30%的正确性，或等于另一份的85%的正确性。测验的难度决定着分数的意义。

（一）常模

心理测量分数通常用参照常模的办法解释。测验编制者为了说明和解释测验的结果，就根据测验的性质、用途以及所要达到的测验量表的水平，按照统计学的原理，把某一标准化样组的原始分数或测验分数转化为具有一定单位、参照点和连续体的导出分数,这就是我们所说的测验量表。所谓常模即标准化样本的测验作业情况,一般把用作比较的团体叫作常模团体,常模团体的一般平均分数叫作常模。如将某一标准化样组的测验分数与相应的某一或几个测验量表分数一起用表格的形式显示出来,该表便称为常模表。

通过分析标准化样组(代表性样组、常模团体)的实际作业情况,我们可以建立常模。任何个体的原始分数便可参照从标准化样组得来的分数分布,找到其在分布中的位置:他的分数和标准化样组的平均作业情况一致吗?是稍低于平均数,还是进入了分布的高端呢?

(二) 导出分数

为了在参照标准化样组时更精确地决定个体的确切位置,原始分数被转化为一些导出分数(从原始分数转换而来的具有一定参照点和单位的测验量表上的数值,就是与原始分数等值的量表分数)。这些导出分数的目的有两个:一是指示个体在标准化样组中的位置,这样一来就可以参照他人对这一个体进行评价;二是这些分数提供了一些可比较的量度,从而使对个体在不同测验中的作业情况的比较成为可能。例如,如果一个女孩在一份词汇测验中得到40分,而在数学推理测验中得到22分(原始分数),能说她的词汇水平高于数学吗?并不能,因为不同的测验以不同的单位来表达,对这种分数直接进行比较是不合适的。

导出分数能以相同单位来表示(测验成绩),能参照相同的或近似的常模团体在不同的测验中的作业情况,于是个体在多种测验中的有关作业情况就可比较了。

有多种方法可满足上述两种目的。一般来说,导出分数可用下面两种方法之一来描述:① 已经达到的发展水平;② 在一特殊团体中的相对位置。依照前者而来的常模可称为发展性常模,后者为组内常模,对应的量表为发展性量表和组内量表。

常用的发展量表有:① 智龄;② 年级当量(grade equivalence);③ 顺序量表;④ 发展商数。

常用的组内量表有:① 百分量表(percentile);② 标准量表(standard scale),如离差智商、T分数等标准分数。

第二节 常模和标准化样组

一、标准化样组

常模作为比较的标准,其有效、可靠与否是一个重要的问题。关于这个问题最重要的一点,就是常模所依据的被试是怎样选出来的,选择的方法有无偏倚?譬如,我们要为某种测验求12岁的常模,最可靠的办法当然是将具有这一研究特征的12岁儿童个个加以测量。但实际上由于时间、人数、经济的限制,这种测量常常是不能做到的。我们只能抽取具有某个研究特征的一部分个体以代表总体。因此,就产生了这一部分的个体所组成的样组能否代表总体的问题。如果该样组能够代表总体,该样组就是标准化的样组。

二、标准化样组的条件

（一）标准化样组的成员必须给予确切的定义

标准化样组的成员必须都是具有某一研究特征的个体。例如，测验是用来测量学龄前儿童是否具备阅读条件，则标准化样组的成员应该都是还没有实施阅读教学的幼儿园的儿童，而那些已经进行过阅读教学的幼儿园儿童就不应该包括在内。在这里，标准化样组的定义是：还没有开始实施阅读教学的幼儿园的儿童。

在一个全域中，各个小的团体在一个测验中的作业常常有差异。假如这些团体的作业表现出不同水平和范围时，则应对每个团体分别建立常模。例如，研究发现，男子在空间能力上高于女子，心理旋转实验表明男子大约比女子高 0.75 个标准差。因此，在这种测验上需要提供男女分开的常模。而团体间没差别或差别很小时，可以建立统一的常模。例如，近年来的研究表明，言语和数学能力的性别差异实际上已经消失（Brody，1992），这时候我们不必再在这些测验上分开建立常模。

经常与测验作业发生关联的变量有性别、年龄、教育水平、社会经济地位、智力、地理区域、种族、宗教等。

（二）标准化样组必须是欲测量的全域的一个代表性样组

如果无法取得有代表性的样组，常模资料将有所偏差，使对分数的解释发生困难。关于取样的方法，本节第三部分将有专门的介绍。

（三）取样的过程必须有详细的描述

这与前一个条件有联系，它是说明样组代表全域的程度。WISC-R（手册）用了 5 页来交代取样的过程、取样的技术、样组的规模、取样的时间、与测验发生联系的变量（性别、年龄、民族或种族、地理地域、家长职业、城市与乡村）以及其他内容。

（四）标准化样组的规模要有适当的大小

所谓"适当的大小"并没有严格的标准。一般来说，取样误差与样本大小成反比。所以在其他条件相同的情况下，样本越大越好。但也要考虑具体条件（如人力、物力）的限制。有时，从一个较小的但具有代表性的样本得到的数据比来自较大但定义模糊的团体中得到的分数还要可靠。不过，在有代表性的前提下，样本应该大到足以提供稳定的常模值。究竟应该大到多少，可根据要求的可信程度与容许的误差范围进行统计推算。具体的方法参见下面关于抽样方法一节。

（五）标准化样组是一定时空的产物

我们在一定的时间和空间中抽取的标准化样组，它只能反映当时当地的情况。随着时间的推移、地点的变更,标准化的样组就失去标准化的意义,这样,常模就不适合现时现地的状况,就得进行修订。

三、常用的概率抽样方法

有些常模资料得自一些方便的、容易得到的样本,这时系统偏差便可能发生。例如,在一份自我概念问卷中,那些自愿参加测试者的自我概念可能系统性地不同于那些不愿参加测试者。这时,所选样本不能代表总体。用均数标准误来估计可能的误差程度是没有意义的。相反,当编制者用概率抽样来搜集资料,那么影响测验作业的系统误差发生的机会将大为减少,这时候就可能通过各种统计计算来估计抽样误差的大小。简而言之,概率抽样是总体中每个个体都有同等的概率被抽到的一种取样方法。

(一) 简单随机抽样

这是一种最简单的抽样方法。具体做法是将抽样范围中的每个人或每个抽样单位编号,随机选择,以避免由于标记、姓名或其他社会赞许性偏见而造成抽样误差;或者按随机数码表选择被试作为样本。在简单随机抽样中,每个人或抽样单位都有相同的机会作为常模团体中的一部分。

简单随机抽样的均数标准误为:

$$\hat{\sigma}_M = \sqrt{\hat{\sigma}_X^2/n} \tag{9.4}$$

其中,$\hat{\sigma}_X^2$ 是样本分数对全域变差的估计,n 为样本容量,$\hat{\sigma}_M$ 为均数的标准误。

两点说明:① 在从样本数据估计方差时,离差平方和应除以 $n-1$ 而不是 n;② 公式9.4用于总体容量大至可认为无限时。当样本取自一个有限的总体时,公式可矫正为:

$$\hat{\sigma}_M = \sqrt{\frac{\hat{\sigma}_X^2}{n} \frac{N-n}{N}} \tag{9.5}$$

这里 N 为总体的容量。在许多常模研究中,对总体容量的矫正是没有必要的。

当编制者事先确定一个可容忍的误差时,可根据公式计算所需要的最小的样本容量。例如,在一份80道题的问卷中,编制者希望对总体均数的估计的误差为 ±1 分,置信度为 95%。这就意味着 $2\hat{\sigma}_M \leq 1.00$,即 $\hat{\sigma}_M \leq 0.50$。知道了 $\hat{\sigma}_M$ 的上限以后,再找一些关于测验分数标准差的信息(这种信息可以从早期的试验性测验中得知,或者依据被试在近似问卷中的典型反应作出一番猜想)。假设编制者有理由期望这份测验上的标准差为10,将这些值代入公式9.4,求解 n,有 $n = 100/0.25 = 400$。这就是所需要的最小的样本容量。

(二) 等距抽样

在有些常模研究中,不可能得到简单随机样本。例如,在一次对标准化成就测验的常模研究中,不可能列出全国或全市的所有 6 年级学生并从中简单随机抽样。可以想象,这种抽样计划将使测验者跑遍全国许多的城市、学校和班级,这是极不经济的。另外,简单随机抽样很难使测验编制者根据一些需要的相关变量控制好常模样本的组成。这时候,选择另外一些随机抽样的方法是合适的。

等距抽样是指以被试的某些与所测特征无关的特性(如电话号码、学号)将被试按一定的顺序排列,研究者确定一个随机的起始点,如果从总体中抽取 $1/K$ 的被试,那么列表中的第 K 个就成为样本组成中的被试。如果在到达底端时仍不够预定的样组容量,只需简单地到列表的前面继续选取直到第 K 个被试便可。等距抽样在没有更好的列表单时特别有用。在市场调查中,每第 K 个顾客可被选作样本。等距抽样的误差估计方法与简单随机抽样是一样的。

(三) 分层随机抽样

分层随机抽样与简单随机抽样有一定的相似,但研究者事先要决定某些类型的被试必须在样本中占一定的比例。例如,研究者可能希望样本中含有 50% 的男性和 50% 的女性,如果 n 代表总的样本容量,将随机选 $0.5n$ 个男性和 $0.5n$ 个女性。如果一个样本中有 70% 的白人和 30% 的黑人,而且在每组中有 50% 的男性和 50% 的女性,n 为总样本的容量,那么研究者将选择:

(1) $0.30(0.50)n$ 或者 $0.15n$ 个黑人男性随机样本。
(2) $0.30(0.50)n$ 或者 $0.15n$ 个黑人女性随机样本。
(3) $0.70(0.50)n$ 或者 $0.35n$ 个白人男性随机样本。
(4) $0.70(0.50)n$ 或者 $0.35n$ 个白人女性随机样本。

分层随机抽样在以下两点上优于简单随机抽样。第一,当分层变量与测验成绩有关系时,假设在一份空间关系测验中(一般认为男性会比女性得分更高),所感兴趣的总体由 70% 的男性和 30% 的女性组成,如果随机抽样得到的样本中含 80% 的男性和 20% 的女性,那么样本均数可能会高估;如果简单随机抽样得到恰好 50% 的男性和 50% 的女性,则样本均数可能会低估总体均数;而通过分层抽样得到的含 70% 的男性和 30% 的女性的样本将增加样本均数等于总体均数的机会。分层随机抽样相对简单随机抽样而言,花同样的费用能得到误差更小的常模;或者得到同样误差的常模,但花费更小。第二,作为一般规律,在层内方差比总体方差小时,用分层抽样有优势。而且,一个用分层抽样得来的能反映总体中人口统计分布的常模样组,对测验的使用者具有更高的可信度。例如,在儿童的学业能力倾向测验中,虽然没有作业成绩上的性别差异,但测验的使用者更喜欢用基于 50% 的男性和 50% 的女性组成的常模,而非由 75% 的男性和 25% 的女性组成的常模,就是因为后者不能反映出一般总体中的性别分布。

当常模研究中采用分层抽样方法时,样本均数有时叫作加权平均数,标准误由下式计算:

$$\hat{\sigma}_{M_W} = \sqrt{\sum W_h^2 \hat{\sigma}_{M_h}^2} \tag{9.6}$$

其中，W_h 代表 h 层在总体中的比例，$\hat{\sigma}_{M_h}$ 为 h 层的均数标准误，$\hat{\sigma}_{M_W}$ 为总的标准误。

（四）整群抽样

当被试以一些自然的组合单位成为各种团体时，如班级、工厂、医院等，我们便可以一整群为单位随机抽样，这种抽样方法叫作整群抽样。在第一阶段整群抽样中，被选中的单位团体将全部进入样本，每个团体都有同等的机会被抽到。为得到样本，研究者给每一个"整群"赋上从 1 到 K 的标签，然后利用随机数码表，就像简单随机抽样中抽取单个被试一样。

一般来说，整群的容量大小不等，洛德（Lord, 1959）建议使用以下公式来估计这种情形下的均数标准误：

$$\hat{\sigma}_{M_C} = \frac{\hat{\sigma}_\mu}{\sqrt{k}}\sqrt{1+(\hat{\sigma}_n/\hat{\mu}_n)^2} \tag{9.7}$$

其中，k 为样本中的整群的数目，$\hat{\sigma}_\mu$ 为整群的均数标准误，$\hat{\sigma}_n$ 为整群容量的标准差，$\hat{\mu}_n$ 为整群容量的平均数。这里，当所有的整群容量相等时，$\hat{\sigma}_{M_C}$ 可用下式估计：

$$\hat{\sigma}_{M_C} = \frac{\hat{\sigma}_\mu}{\sqrt{k}} \tag{9.8}$$

一般来说，整群内部的被试比起总体来更趋于同质，所以从小数目的整群得到的样本均数要比从简单随机抽样而来的样本均数（当样本容量相等时）离总体均数更远。如研究者希望从整群抽样而来的常模统计量与从简单随机抽样而来的常模统计量有着相近的误差，那么整群抽样必须有更大的样本容量。洛德等人认为要达到上述目的，整群抽样样本容量应是简单随机抽样的 12 至 30 倍。

因为整群数越多，常模统计量的标准误会更小，故研究者应抽取尽可能多的整群数以收集数据。一种能够控制整个研究的花费又能得到更好的反应结果的方法是多阶段整群抽样。下面以两阶段抽样作为示例。假设一个研究者想对某一特殊水平的一个别施测的性向测验制定当地常模，但是不能对社区的所有学生进行测验。这时一个可能的双阶段设计为：① 以学校为整群单位进行随机抽样；② 在每一个学校中，抽取一定的比例的被试（例如 5%）。这一程序给了大家平等地被抽取的机会，但是保证大学校会比小学校有更多的被试被抽取。在这种阶段抽样中，均数的标准误可分为两部分：学校抽样的误差方差和学校内部个体抽样的误差方差。由学校抽样引起的误差方差通过估计 $\hat{\sigma}_{M_C}$ 而得（如公式 9.7 所示）。洛德建议用以下公式估计整群内部个体抽样的误差方差：

$$\hat{\sigma}_{M_w} = \frac{(1-p)\overline{\hat{\sigma}_X^2}}{kp\hat{\mu}_n} \tag{9.9}$$

其中，p 为整群内部抽取被试的比例，k 为抽取的整群数，$\hat{\mu}_n$ 为平均的整群容量大小，$\overline{\hat{\sigma}_X^2}$ 为总体内整群内方差的平均估计值。故两阶段抽样的均数标准误为：

$$\hat{\sigma}_M = \sqrt{\hat{\sigma}_{M_C}^2 + \hat{\sigma}_{M_w}^2} \tag{9.10}$$

当然，这里提供的两阶段抽样（整群和个体）的抽样设计和估计公式并非唯一的。重要的是我们要知道：在抽样过程中，每一个连续的阶段都将增加影响均数标准误的额外的误差方差；当整群被用于抽样设计时，他们不应该被视为从简单随机抽样而来的个体，即对整群和个体的不同抽样方法需要不同的误差估计公式。

四、常模的相对性

（一）测验分数的比较

IQ 或者其他的分数，应该总是伴随着产生这一分数的测验的名称。测验分数不能单从概念上解释，而必须指代一定的特殊测验。如果学校的记录卡显示学生 A 的 IQ 为 94 而学生 B 的 IQ 为 110，在没有更多的信息时，这样的 IQ 分数是不能被接受的。如果交换他们所接受的测验，他们的位置可能会相反。

相似地，测验常模缺乏可比性时，个体不同能力的相对位置可能会被错误地指代。假设某学生接受了一份言语理解测验和一份空间能力测验，以确定他在这两个领域的相对位置。如果言语理解测验是在中学生的随机样本的基础上标准化的，而空间能力测验是在那些准备选修数学课的学生的基础上标准化的，测试者可能会错误地认为该个体的言语理解能力要比其空间能力强，而实际上却可能相反。

另外，个体的测验成绩的纵向比较也值得注意。如果一个学生的档案卡显示其在 4、5、6 年级的 IQ 分别为 118、115 和 101，那么在解释这些变化之前的第一件事便是："这位学生参加的是什么测验呢？"上述 IQ 分数的差异可能仅仅为测验本身的差异。换言之，如果这位学生在一周内参加了这三份测验，他也可能得到上述分数（而实际其真正的 IQ 在一周内是不会有什么变化的）。

个体在不同测验上表现出的测验分数的系统差异可归为三个主要的原因。第一，尽管测验有着相同的标签名称，然而其内容可能是不一样的。所谓的智力测验提供了这方面很好的示例，有些测验显然强调空间能力，而另外有些测验可能以同等的比例包括言语、数学和空间内容。第二，量表的单位可能是不可比的。如果一份测验的 IQ 标准差为 12，而另一份为 18，那么个体在第一份测验上得 112 分将相当于在第二份测验上得 118 分。第三，不同测验用以建立常模的标准化样本是不一样的。显然，同样一个个体，与一个相对低能的团体比较而得的分数，比起与一个相对能力高的团体比较而得的分数，要高一些。

在测验内容或量度上缺乏可比性可以从测验手册上发现。而在常模团体上的差异却经常易被忽视。这种差异会导致测验结果上的许多不可解释的不一致。

（二）特殊常模

有时，测验使用者可能认为现成的标准化样组所代表的总体（全域）分布的范围太大（譬如是全国性的），因而想利用比测验手册上所得到的更为局限的标准化样组。这时常模可以应用于"一家大企业的员工"或"一年级机械专业的学生"。为了许多测验目的，需要各种特殊常模。许多变量可以用来选择各种子体：年龄、年级、文化程度、性别、地域、城市或农村、社会经济水平等。

最常见的特殊常模之一是地方性常模。地方性常模的主要优点是，它使个人与最近的人作比较。例如，地方上的学生在与学业成绩有关的因素上（如能力或社会经济背景等）可能与全国不同。当有这种差异发生时，地方性常模能代表较好的比较标准。特别是我国幅员广大，各地发展又不平衡，如果能建立地方常模，并把它与全国常模参照使用，将会取得更好的效果。由于地方常模来自较窄范围的资料，因此，它不像全国常模那样能提供更广泛的信息。

五、关于常模和标准

常模（norm）和标准（standard）是不同的。标准是指希望达到的目标；而常模代表着某一群体真正的成绩，非指应该达到的标准。标准往往依据学生的能力和教学情况而定。例如，某种词汇测验的常模分为 60 分，有的教师可能认为以 60 分作为标准太低，有的教师可能认为他的学生能达到 60 分他就满意了。当然，常模也可以用来作为区别学生的标准，不过通常是作为最低的标准。

第三节　发展性常模和发展量表

测验分数的一个可能意义是通过对原始分数的变换使其明示：个体达到了怎样的程度，他的行为属于哪一个水平。人的许多心理特质如智力、技能等，是随时间以系统的方式发展的，所以可将个人的成绩与各种发展水平的人的成绩比较而制成发展量表。这样，一个 8 岁的小孩在一份智力测验中如果做得和 10 岁小孩的平均水平一样，那么，我们可以说他达到了 10 岁的智龄；一个智力迟滞的成人如果在这一水平，也可以说他的智龄为 10 岁；此外（在教育测量中），一个四年级学生可被描述为达到了六年级的阅读测验水平和三年级的数学测验水平。应该可以说，基于发展常模的分数是粗略的，没有精确的统计方法。然而对于某些描述的目的、临床病理诊断和一些其他的研究目的是有用的。

一、智龄

20 世纪初，比奈提出将一个儿童的行为与各年龄的水平的一般儿童比较以测量心理成长的设想。1908 年修订的比奈—西蒙量表开始使用智龄来度量智力，此后通过翻译和修订的斯比量表，智龄大为盛行，虽然比奈自己却使用智力水平（mental level）一词。

在年龄量表中,如比奈量表及其修订版中,题目被划入各个年龄水平。例如,标准化样组中大多数 7 岁儿童通过的项目将被划入 7 岁组,大多数 8 岁儿童通过的项目被划入 8 岁组,以此类推。一位儿童的量表分数将是他所能达到的最高水平。然而,实际上小孩的作业成绩是离散的。换言之,被试将在一些低于其智龄的测题上失败而在高于其智龄的测题上成功。因此,通常要计算一个基本年龄,即全部被通过的最高的一组题目所代表的年龄。在所有更高年龄水平上通过的题目,用月份计算,加在基础年龄上。儿童的智龄是基础年龄与在较高年龄水平的题目上获得的附加月份之和。如果为每个年龄水平都编制一些适当的题目,便可得到一个评价儿童智力发展水平的年龄量表。一个儿童在年龄量表上所得的分数,就是最能代表他的智力水平的年龄,这种分数叫作智力年龄,简称智龄。

存在的困难是如何将题目分到不同的年龄组。在这方面没有统一的标准,在比奈量表中,不同年龄组的题目在本年龄组通过的比率是不同的。如 4 岁组的通过率为 77%,6 岁组为 70.8%,14 岁组为 55.6%。这就是说,年龄愈小,通过的百分比愈大,年龄愈大,通过的百分比愈小。在此以前,鲍波太格和斯滕等人曾提出以 75%的通过率为标准;此后奥提斯从理论上对这个问题进行了研究,提倡用 50%作为标准。

当没有将测题划分年龄组时,也可以建立年龄常模。在这种情况下,首先确定被试的原始分数。这样的原始分数可以是在一套测验中被试做对的项目总数,也可以基于时间、错误数,或者是以上几者的联合。标准化样组的每一年龄组所得到的平均原始分数便构成了这份测验的年龄常模。例如,8 岁小孩的平均原始分数将代表 8 岁常模;如果一个被试的原始分数等于 8 岁的平均原始分数,那么他的智龄(这一测验上的)便为 8 岁。这样,一份测验上的所有原始分数都能以与此类似的方法转化为年龄常模。

年龄常模的基本要素为:① 一套能区分不同年龄组的题目;② 一个由各个年龄的被试组成的代表性常组(即常模团体);③ 一个表明答对哪些题或得多少分该归入哪个年龄的对照表(常模表)。

应该注意的是,智龄单位并不能保持恒等。例如,一个 4 岁的小孩智力迟滞一年,将相当于一个 12 岁的小孩智力迟滞 3 年。3—4 岁间的智力增长等于(相当于)9—12 岁间的增长。既然智力在幼年发展快,达到一定的年限以后便开始减慢,那么智龄单位便随着年龄而减小。如果我们把人的身高用"身高年龄"来表示,这种关系将一目了然。3—4 岁的身高差别将大于 10—11 岁的身高差别。因为智龄单位的这种缩减,我们可以说,5 岁时的 1 年加速或迟滞要大于 10 岁时的 1 年加速或迟滞。

二、年级当量

教育成就测题上的分数经常可用年级当量来解释。说某学生的成就为:拼写相当于 7 年级,阅读相当于 8 年级,数学相当于 5 年级,与我们将智力分为智龄有着同样的吸引力。

年级常模可以从计算各年级学生在某份测验上的平均原始分数而得。如果一标准化常模样组中,四年级学生正确解答某一数学测验的问题数目平均为 23,那么原始分数 23 便相当于 4 年级的年级当量。各年级之间的年级当量可以采用内插法而得，另外也可通过在一学年中的各时期直接测量而得到。

年级量表可以用年级月数来表示，因为一年当中学生在校的时间约为 10 个月，所以年级当量 4.0 便表示四年级开始时的平均成绩，而 4.5 则表示学年中间（即第五个月时）的平均成绩。

另外，年级量表选择题目与指定分数的方法步骤和年龄量表类似，所不同者是用年级水平代替了年龄水平。

关于年级当量需要注意以下几点内容：

第一，年级当量相比其他常模分数更容易产生误解。例如，一个 2 年级的学生学年末在数学、阅读和科学等测验中得到了一个 5.3 年级当量。恰当的解释是：在这些内容为 2 年级的测验中，这位被试与典型的 5 年级 3 月的学生（期望）做得相似。测验结果并不意味着这位被试已经能在一份含 5 年级内容的测验中做得与 5 年级学生相似，因为他明显并没有接触过这些内容；然而他的等级分 5.3 却易给人一种错觉，似乎他能做 5 年级的测验题了。

第二，比较同一被试在不同领域的年级当量得分也可能导致误解。例如，阅读测验 3.9 年级当量和数学 3.9 年级当量看起来意味着他在这两个科目上能力相等，但这不一定正确，虽然个体在这两个科目上的年级当量相等，但在同一年级中的百分等级可能大不相同。

第三，年级当量量表上，某一年级或年龄水平上的增长是从少数几个点估计而来的，连线时便假设点间的增长是连续的。在一些科目如阅读中，这种月间连续增长的假设是不可验证的。如果两个学生分别得到 3.8 和 3.9 年级当量，不能说给前者额外教一个月，将能使他们达到同样的功能水平。

第四，有些测验，仅适于一个很狭窄的年级范围（如 3—5 年级），分布的尾端是将曲线的两端延展，虽然延展到的年级水平被试可能实际上没有参加那个测验。例如，有可能一个 5 年级的学生参加了一次社会研究测验，得到 1.0 年级当量分，虽然这份 5 年级测验不可能被施于 1 年级新生。这种延展的年级当量分数是通过这样一种有问题的假设得到的：描述测验分数和年级水平关系的（这种）曲线（或直线）继续对没有测试过的年级有描述功能。所以对那些在分数分布高端和低端的人来说，用年级当量分数可能是最有问题的。

第五，教学的内容随年级变化，故年级常模仅适用于测验所涵盖的年级中所教的一般科目。一般不适用于高年级水平，在那里许多科目只学习一两年，即使是每个年级都教的科目，其强调的重点也是随年级变化的；在某一特殊的年级中，在一科上的进步会比另一科更大。换言之，年级单位是不等的。

三、顺序量表

20 世纪中期，瑞士儿童心理学家皮亚杰的理论引起了人们的关注。皮杰亚的研究集中在从婴儿到少年的认知过程的发展。他更关心的是一些特殊概念而非广阔的能力。例如，物体的永久性、物体的守恒性等的形成有一定的时间顺序，只有在前一阶段完成后，才能进入下一阶段。后来，有人把皮亚杰在研究中所采用的一些作业和问题组织成了标准化量表，用来研究儿童在每一发展阶段的特性,以提供儿童实际能做什么的信息。在这种量表上,分数可以用相近的年龄水平来表示,同时还能对儿童的行为作质的描述。

四、发展量表的总评

(一) 优点

(1) 以年龄或年级当量作为单位来报告分数易于被人理解。
(2) 可以与同等团体做直接比较。
(3) 为个人内比较与纵向比较提供了基础。

(二) 缺点

(1) 只适用于所测的特质随年龄或年级发生系统变化的情况,因此仅适用于年纪小的儿童,对成人不适用。
(2) 由于人的行为发展受教育与经验的影响,因此发展量表只适用于典型环境下成长的儿童。
(3) 发展量表的单位不相等。
(4) 获得同样的年龄或年级当量分数,并不一定具有相同的智力或学业水平。如两个不同年龄的小孩同得智龄 8 岁。

五、比率智商

(一) 求法与意义

比率智商的计算公式如下:

$$IQ = \frac{MA}{CA} \times 100 \tag{9.11}$$

其中,IQ 为智力商数,简称智商;MA 为智龄;CA 为实际年龄。

在这里,IQ 是 MA 与 CA 二者的比率。由于 IQ 是相对量数,所以能表示一个儿童智力发展速度或聪明的程度。如果一个儿童智力发展一般,智力随着年龄增长,一直到停止点为止,则其商数仍等于 100,而心智发展慢于或快于年龄增长者,则其商数小于或大于 100。

智商不仅有量的意义,也有质的意义。假定三个儿童的年龄相同,他们的智商各为 50、100、150,这些皆是 $MA/CA \times 100$ 所得的数值,我们很自然地假定它们有一个量的意义。但是除此而外,它们还有一个质的意义。因为它们还表示每一个儿童在团体中智力上的地位。从斯比量表(1937 年修订本)智力商数的分布上可知,IQ 为 50 的儿童是一种很严重的发展落后的情况,他在许多心理功能上是落在最低的 1% 之中的;IQ 为 100 的儿童是一个"平常的"或"一般的"儿童,其智力在整个分布中是中等的;IQ 为 150 的儿童是非常优秀的,其百分等级在99%以上,或者说在最高的1%之中。

(二) 存在的问题

第一个困难是在计算高年龄组儿童的智商时应该用何实际年龄作为除数,尚无一定的结论。推孟在1966年用16岁为求成人智商的除数,1937年修订的斯比量表则用15岁作为求成人智商的除数。

第二个困难是智力生长不是直线而是曲线,因而以智龄作为发展水平的单位就不是一个等距单位,这显然给求智商带来了困难。达到高年龄组时这一困难就更突出,因为从智力生长曲线上可知,智龄不等距到高年龄组更为加剧了。为了克服这一困难,似乎应对求智商所用的分母加以修正。斯比量表(1937年修订版)曾对此加以修订,情况如表9-2所示。

表9-2 斯比量表(1937年修订版)对实际年龄的修订

实际的 CA	修订后的 CA
13—0	13—0
13—3	13—2
14—0	13—8
14—6	14—0
15—0	14—4
15—5	14—8
16—0	15—0

如果各年龄组的标准差编制得不相等,则一个儿童所得到的智商在各年龄不相同。然而该将这种变化归因于被试的能力变化,还是归因于测验结构本身呢? 如果仅是前者,我们可以得出智商不稳定的结论;如果被试能力本身没有变化,而是各能力组所有的标准差编制得不一致,智商也会逐步地发生变化。表9-3是一例年龄和标准差的假定情况。

表9-3 假定的年龄和标准差的情况

实足年龄	平均 IQ	标 准 差
10	100	14
11	100	20

当这个10岁儿童所处的地位低于平均数一个标准差时,其智商为86;当11岁儿童所处的地位也是低于平均数一个标准差时,其IQ就为80,其实这二者的百分位都一样。由此可见,当某一个10岁儿童,其IQ为86,在11岁时,如果他的相对等级(百分位)不变,则他的IQ就降为80。这样,IQ的数值在各个年龄组的意义就不同了,这就是我们前面所讲的各个年龄

组的标准差编制得不相等所造成的智商的变化。无疑,这个因素给智商的稳定性的解释带来了麻烦。

第四节 组内常模和量表

现在几乎所有的标准化测验都提供某种形式的组内常模。利用这种常模,个体的作业情况通过与和其最可比较的标准化团体的作业比较而得以评价,就像拿一个学生的原始分数与其同龄或同班级的同学比较一样。组内分数有一个统一、清楚定义好的数量意义,能运用大多数的统计分析。

一、百分等级

粗略地说,某一原始分数的百分等级可以解释为常模团体中得分在该原始分数以下的被试的百分数。数学上,其计算公式如下:

$$PR = \frac{cf_L + 0.5(f_i)}{n} \times 100 \tag{9.12}$$

其中,PR 为百分等级,cf_L 是所有低于某一所要研究分数的累积频率,f_i 为该分数段的频率,n 为样本容量。对某一原始分数分布,计算百分等级的步骤可演示如下。

表 9-4 原始分数、频率分布、百分等级、一般 z 分数和标准常态化 z 分数

原始分数	频次	积累频次	百分等级	一般 z 分数	常态化 z 分数
11	2	2	01	−2.53	−2.33
12	1	3	02	−2.17	−2.05
13	6	9	04	−1.80	−1.75
14	5	14	08	−1.44	−1.40
15	12	26	13	−1.07	−1.13
16	17	43	23	−0.71	−0.74
17	21	64	36	−0.34	−0.36
18	28	92	52	0.02	0.05
19	19	111	67	0.39	0.47
20	15	126	79	0.75	0.81
21	10	136	87	1.12	1.13
22	5	141	92	1.48	1.40
23	3	144	95	1.85	1.64
24	4	148	97	2.21	1.88
25	2	150	99	2.58	2.33

(1) 如表9-4所示,制作一张原始分数的频率分布表;多数情况下可作归组资料,求每组组距下限。

(2) 求每一组组距下限的累积频率。(如果我们要求出表9-4中原始分17的百分等级,我们便要求出16分的累积频率)

(3) 在第二步求得的累积频率的基础上,加上该组的频率的一半,得组中值的累积频率。

(4) 除以n,乘以100。

对于表9-4中的原始分数17分,对应的百分等级可计算如下:

$$PR_{17} = \frac{43 + (0.5)(21)}{150} \times 100 = 36$$

在计算百分等级的过程中,为何只有给定分数的一半被试计入呢?虽然原始分数是非连续的,而一般认为能力都是连续体。所以每一原始分数对应着能力连续体上的一个区间,所感兴趣的点乃是这一区间的中点。理论上得到任一给定分数的被试中有一半低于这一区间中点,一半高于这一区间中点。故在计算百分等级时,我们仅计入低于区间中点的被试的数目。

百分等级经常用来作为常模参照测验的给学生、家长或顾客的交流结果。假设某一被试与常模团体同时被测,而且测验指导语和时限也被很好地控制时,适当的解释可为:"这份测验中,小林的得分比常模团体中75%的人的得分要高。"关于百分等级,有两点必须引起注意。

第一,百分等级是对原始分数的一种非线性转换,如果忘了这一点,将导致误解。百分等级的分布呈长方形,而测验分数的分布通常趋近于常态曲线。因此在分布的中央,微小的原始分数的差异会产生巨大的百分等级(百分位)的差异。相反,在两端中巨大原始分数的差异只产生微小的百分等级的差异。如图9-1所示。

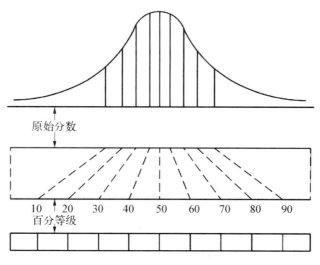

图9-1 原始分数的分布与百分等级的关系

第二，由于百分量表是等级（顺序）量表，所以无法适当地将它加减乘除，致使大多数统计分析无法运用。在某些情况下，对百分等级的数学统计计算将导致不恰当的解释。假设研究者想比较两个团体，他对百分等级进行平均与对原始分数进行平均，将产生不同的结论。以表 9-4 为例，假设团体 A 含两位被试，其原始分数分别为 12 和 20，团体 B 的两位被试原始分数分别为 15 和 17。两个团体的原始分数平均值都是 16，然而其百分等级均分却大不一样（团体 A 为 40.5，团体 B 为 24.5）。

百分量表的优点也很明显：使不同测验的结果在某种程度上可以比较；把中位数用作主要的参照点，使外行人容易理解。

二、标准分数

原始分数量表是任意的和独特的，也就是说它不是通用量表。正因为如此，要把它转换成某种通用量表，前面讲的百分量表就是其中一种。可是百分量表是等级量表，有些情况，特别是想对测验分数作统计分析时，需要将测验分数表示为等距量表，即有相等的单位的量表，而标准分数就具有这种性质。

（一）一般 Z 分数

标准分数 Z（在本小节中，如没有特殊说明，标准分数都指一般 Z 分数或称线性 Z 分数）是原始分数与平均分数的离差以标准差为单位的分数，用公式表示则为：

$$Z = \frac{X - \bar{X}}{S} \tag{9.13}$$

由于该通用量表的单位为标准差，故这种量表叫作标准分数量表。

1. 标准分数的性质

① 以平均数为 0，标准差为 1 的量表来表示；② Z 分数为正或负，表示某原始分数是落在平均数之上或是平均数之下。|Z|表示其与平均数的离差大小；③ 由于该量表以标准差为单位，所以它是一种等距量表。等距量表可以作四则运算；④ 原始分数转换成标准分数是线性转换，因此 Z 分布的形状与原始分布的形状相似，假如原始分数的分布有偏倚，则 Z 分布的分布也是一样的，如图 9-2 所示；⑤ 假如原始分数的分布是常态的，则 Z 分数范围大致从-3 到+3。

表 9-4 中第 5 列是计算得来的一般 Z 分数。

2. 优点

① 由于标准分数将测验分数以等距量表表示，当有必要作进一步统计分析时是有价值的；② 原始分数转换为标准分数后，就可以对两个以上的测验分数进行比较。

3. 缺点

① 标准分数量表上的标准分数的计算由于依据较复杂的统计原理，难以使不懂统计的

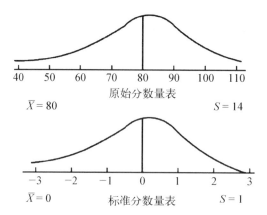

图9-2 原始分数分布与标准分数分布之比较

人理解,而百分等级就容易使常人理解;② 标准分数在事实上一半是负号,应用不便,且单位过大,占了整整一个标准差,对此缺点克服的办法将在下文讨论;③ 测验分数由于种种原因发生畸变(它确实来自常态分布的全域),用标准分数并不能使分布有所改进。下面将要介绍的常态化的标准分数,就是对此缺点的克服。

(二)常态化的标准分数

如前所述,从原始分数转化为线性标准分数是一种线性转换,因此,线性标准分数的分布不是绝对的常态(Lord,1955),然而基于对原始分数分布的"常态化"而产生的标准分数,对测验分数的解释却有莫大的帮助。常态化的标准分数量表方便之处在于:不管测验和被试样本如何,量表上的每一个点,都有固定的百分比的个案落入其上和其下;这个百分比值可以从标准正态Z分数表中查到。常态化的标准分数是通过对原始分数的非线性转换而来的。与线性的Z分数不同,常态化的标准分数有一个近似正态曲线的分布。所以常态化的Z分数与线性Z分数的差异(对于一个给定的原始分数)要视原始分数偏离正态的程度而定。偏离越大,差异也越大。

原始分数如果不是常态分布,如何使转换成量表分数的分布是常态分布呢?一个简单的方法是先把原始分数转化为百分等级,而后再把百分等级转换为常态分布上相应的离均差(即Z值)。它是以常态分布为基础的,从而迫使分数的分布成为常态分布。由这种方式得来的分数便是常态化标准分数。例如,表9-4中的对应于原始分14的百分等级为08,查正态分布表(表中将百分等级换为累积比率),得常态化的Z分数为-1.40;对应于原始分23的等级为95,查表得常态化的Z分数为1.64。(如表9-4中最后一列所示)

这样得到的Z分数将随样本变化,取决于给定原始分数的频次的抽样变动。所以在大规模的常模研究中,测验编制者可能需要用一种更老练的决定百分等级和常态化Z分数的方法。这包括一种曲线拟合(curve-fitting)过程,称之为"平滑"(smoothing)。各种平滑过程千差万别,这里仅提供一个基本概念的示例。

假设在一两维图的水平轴上标出原始分数,纵轴上标出累积频率,如图 9-3 所示,得到的将是一些不连续的点,然后配合一条 S 形曲线(如图 9-3b 所示)。如果原始分数的分布是正态的,那么得到的曲线将是正态卵形的(有关正态卵形曲线,请参阅有关统计学书籍)。有两种基本的方法可以用来对散点拟合光滑的曲线。第一种方法是用手画,安高夫(Angoff,1971)设计了一种正态概率纸(一种构造好的图纸,得自正态分布的点将落入一条直线);第二种方法是对频率分布构造一个数学函数,并且从数学函数中构造出累积频率分布。

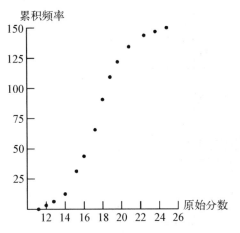
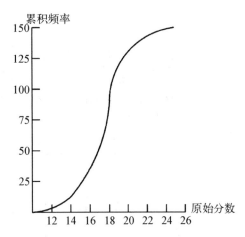

图 9-3(a)　原始分数和累积频率散点图　　图 9-3(b)　从(a)图中得来的曲线

一旦表示原始分数值和百分等级量表上的关系的光滑曲线被画出来了,那么对应于任意特殊分数(原始分数)的百分等级便可从曲线上的点的纵轴而不是从原始的观测频率数据得到,标准常态 Z 分数也从正态曲线表上对应于"光滑过"的百分等级的 Z 分数而来。有必要提醒的是,上述的光滑过程不仅限于原始分与百分等级,也可用于许多量表的转换,如下面要讲的 T 分数等标准分数。

(三) Z 分数的转化

小数和负数的存在使线性的和常态化的 Z 分数在计算和解释上有些不便。设想要解释这样一种情况,一位被试参加了一份由 300 道题组成的测验,答对了其中的 100 题,而他得到的 Z 分数为-1.5 分。为此,经常要将 Z 分数作一线性变换,使其容易记录和解释(注意,这种线性变换不会改变 Z 分数的分布形态)。一般的转化形式为:

$$Y = m + k(Z) \tag{9.14}$$

其中,Y 为转化后的分数,而 m 和 k 为常数。所选择的 m 将为转化后新的分数分布的均数,而 k 则为标准差。

1. T 分数

图 9-4 展示了几种通常的 Z 分数转化形式(在正态曲线下),当以平均数为 50,标准差

为 10 来表示时,则称为 T 分数;最初 T 分数是由麦考尔(McCall, 1939)根据 12 岁儿童团体来定义的,用来报告儿童在一份智力测验上的作业成绩,并含有纪念推孟和桑代克二人之意。T 分数的转换公式为:

$$T = 50 + 10(Z) \tag{9.15}$$

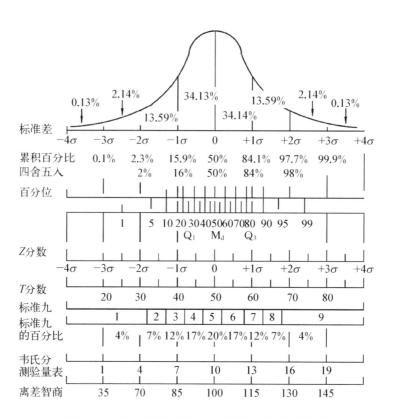

图 9-4　常态概率曲线与各种测验量表的比较

在实际操作中,我们无需不厌其烦地先求累积频率,再查正态分布表找 Z 分数,再由上式得 T 分数。我们可根据每一组距组中值的累积频率直接查表 9-5,这样就可以大大简化计算的工作量。

T 分数除了仍保留 Z 分数的两个优点——① 单位的等距;② 可以对两个以上不同测验分数进行比较外,还可迫使分数呈常态分布。如果样组的全域分布恰是常态,只是因为抽样变动引起分布呈偏态时,用 T 量表是合乎逻辑的;如果样组的全域分布不是正态,则用 T 量表所构成的常态分布只不过是一种扭曲而已。

与 Z 量表一样,T 量表不能为未学过统计学的人所掌握,但可根据常态曲线将 T 量表转化为百分位(百分等级)。如果 T 分数是 60,与它相应的百分位是 84,而 T 分数是 35 时,相应的百分位是 7。不论测验的性质和内容是什么,这些 T 分数与百分位的关系仍旧成立。

表 9-5 T 分数计算辅助表

累积比例	T 分数	累积比例	T 分数	累积比例	T 分数
0.0005	17.1	0.120	38.3	0.900	62.8
0.0007	18.1	0.140	39.2	0.910	63.4
0.0010	19.1	0.160	40.1	0.920	64.1
0.0015	20.3	0.180	40.8	0.930	64.8
0.0020	21.2	0.200	41.6	0.940	65.5
0.0025	21.9	0.220	42.3	0.950	66.4
0.0030	22.5	0.250	43.3	0.960	67.5
0.0040	23.5	0.300	44.8	0.965	68.1
0.0050	24.2	0.350	46.1	0.970	68.8
0.0070	25.4	0.400	47.5	0.975	69.6
0.010	26.7	0.450	48.7	0.980	70.5
0.015	28.3	0.500	50.0	0.985	71.7
0.020	29.5	0.550	51.3	0.990	73.3
0.025	30.4	0.600	52.5	0.993	74.6
0.030	31.2	0.650	53.9	0.995	75.8
0.035	31.9	0.700	55.2	0.9960	76.5
0.040	32.5	0.750	56.7	0.9970	77.5
0.050	33.6	0.780	57.7	0.9975	78.1
0.060	34.5	0.800	58.4	0.9980	78.7
0.070	35.2	0.820	59.2	0.9985	79.7
0.080	35.9	0.840	59.9	0.9990	80.9
0.090	36.6	0.860	60.8	0.9993	81.9
0.100	37.2	0.880	61.7	0.9995	82.9

2. 离差智商

美国心理学家韦克斯勒针对比率智商的缺陷提出了离差智商。现以 WISC-R 的离差智商算法来说明：它的基本原理是把每个年龄阶段的儿童的智力分布看作常态分布，某个儿童的智力高低由其与同龄伙伴智力分布的离差大小而定。因此，就求年龄常模这一点而言，离差智商与比率智商是一致的。所不同的是，离差智商把某一个儿童的智力与同龄伙伴相比较后，算出它们的离差，而比率智商是把某个儿童智力与同龄伙伴相比较后，算出它们的比率。

WISC-R 各个分测验都用点积记分，一个儿童在各个分测验中所有的得分是原始分数。这些测验的原始分数由于计分的单位各不相同，参照点不一，汇合就成了问题。为此，就需要将各个分测验的原始分数转化为均数为 10、标准差为 3 的常态化标准分数，这是第一次转化的量表分数。

第一次转化量表分数具体的做法是这样的：先将每个年龄组的原始分数作出累积分布表，再将其分布常态化，然后对每个原始分数计算出与它相应的量表分。其计算公式如下：

$$X_2 = 10 + 3Z \text{（如果原始分数分布呈常态，此式可推演为下式）}$$

$$X_2 = 10 + 3Z = 10 + 3\frac{X_1 - \overline{X}}{S} \tag{9.16}$$

在这里，X_2 为所要转换的特定的常态化标准分数；10 为指定的常态化标准分数的均数；3 为标准差；X_1 为某一分测验的原始分数；$\overline{X}$ 为该分测验原始分数的均数；S 为该分测验原始分数的标准差。

这样把各年龄团体每个分量表加以汇合，然后算出各年龄组三种量表总分（言语量表、操作量表以及全量表）的均数和标准差。这样，就可以算出每个儿童（某年龄组）三种量表总分的标准分数 Z，不过这时的标准分数的均数是 100，标准差为 15。这是第二次转化的量表分数，它就是我们所要求出的离差智商。

$$X_2 = 100 + 15Z = 100 + 15\left(\frac{X_{ss} - \overline{X}_{ss}}{S_{ss}}\right) \tag{9.17}$$

其中，X_2 为所要转换的离差智商，100 为指定的标准分数分布上的均数，15 为标准差；X_{ss} 为某一年龄水平某个被试所获得的量表总分数，$\overline{X}_{ss}$ 为该一年龄水平全部被试所获得的量表总分的均数，S_{ss} 为该一个年龄水平全部被试所获得的量表总分的标准差。

经过这样转换所获得的离差智商，就消除了许多曾经困扰个人智商的变异性问题。如果这时个人智商有变化，假使没有测量误差，那只能是个人的能力有变化了。

另外，有的智力测验（如斯比量表）使用的平均数为 100，标准差为 16，公式为：

$$DIQ = 100 + 16Z \tag{9.18}$$

必须注意，从不同测验获得的离差智商只有当标准差相同或接近时才可以比较，这些数值通常在测验手册中已经报告给使用者。

使用离差智商概念存在的缺点是：由于常态化，使得对于智力极低者打分偏高；对于智力极高者打分偏低。因为在常态曲线中，一个智力高过三个标准差的人仅有 1‰。在 WISC-R 中智力极高者仅得分 145；在斯比量表中，智力极高者 IQ 为 148。即使测验完成得很好，其 IQ 也高不了多少；而即使是白痴，也可得 40 分（答对一道题即可）。

3. 标准九分数

T 分数的单位是 0.1 S，但在测验的许多实际应用中，像 0.1 S 那样的单位可能过分了，有时人们需要的是辨别能力可以粗糙一些的量表，这样可以避免对微小的差异作出过分的解释。标准九量表是一个九步的标准分数量表，它是以 5 为平均数和以 2 为标准差的，除了两个极端的分数(1和9)外,其他分数每个类别有0.5S之宽。在一个常态分布中,每一个标准九分数所包含的百分比如表9-6所示。

表9-6 标准九分数所包含百分比

标准九分	1	2	3	4	5	6	7	8	9
百分比(%)	4	7	12	17	20	17	12	7	4

在使用标准九分时,我们只要将最高4%的被试给予9分,其次7%的被试给予8分,依此类推即可。

4. 其他的标准分数转化形式

另外的一种Z分数的转换形式——Y分数,曾经被美国教育考试服务中心(ETS)用来报告考生的大学入学考试测验分数,公式为:

$$Y = 500 + 100(Z) \tag{9.19}$$

这里转化分数分布的均数为500,标准差为100。

图9-4汇总了常态概率曲线和多种标准分数的特征。

本章思考与练习

1. 原始分数应该如何矫正?
2. 什么是导出分数?与原始分数相比,导出分数有哪些优点?
3. 标准化样组的条件是什么?
4. 发展性常模的含义和特点是什么?常用的发展性常模有哪些?
5. 组内常模的含义和特点是什么?常用的组内常模有哪些?

第四编
测验的编制和使用

第十章 测验的编制和修订

本章主要学习目标

学习完本章后,你应当能够:
1. 掌握编制测验的一般程序;
2. 掌握测题的产生流程和编写技术;
3. 理解测验编制过程中可能发生的问题。

第一节 测验编制的一般程序

在心理测量中,测验(量表)的编制是较为重要同时也是较难的一个环节。即使是一个对心理测量的理论知识掌握得很好的人,如果没有相应的编制技术,也很难编出一个既有效又可信的测验。当然,如果对测验编制的程序一无所知,则更不可能编制出一个好的测验。测验,是编制者的理论和实践的体现及结晶。因此,了解有关这方面的知识,不仅能为日后自己编制测验打下基础,也能为评价其他测量工具提供有力的知识保证。

测验的编制是一个非常复杂的过程,测验的性质不同,方法也各异。编制智力测验的方法和编制人格测验的方法是不相同的,智力测验中用于团体施测和个别施测的测验其编制的具体方法也不相同。但不管它们有多大的差异,都得按照一定的理论基础,按照测验的基本性质去做,都得遵循一定的程序,本节所论述的就是这个一般程序。但在编制具体的测验时,还应结合具体问题进行具体分析。测验编制的一般程序是:确定测验的目的;分析测量目标;产生测题;测验的标准化;鉴定测验的基本特征;编写测验指导书。应该注意的是,编制测验是一个非常复杂、要反复不断应用修改的过程,其中的一些步骤可能要反复应用。即使测验编制完成并付诸应用,在应用中还可能会发现新的问题,需要进行不断的修改,以得到提高和完善。

量表的修订,是事半功倍的事情。因为在修订中,量表编制中的重要步骤——框架和测题,以及施测和结果解释等方面都有了很好的基础。修订比起编制,工作量要小得多。但是量表的修订并非易事,尤其是修订国外著名的量表,首先要取得授权或者购买到版权,如果修订英文的量表,还会有英文和中文、不同文化背景的差异比较和修改,即使是我国台湾地区的量表,也仍然需要考虑繁体字和简体字的修改,以及不同地区差异的影响。不管情况如何,量表的修订程序和编制的程序基本上仍然是一样的,在本章中就不赘述了。本章第二节和第三节对量表(测验)的编制和修订都有具体实例介绍。

一、确定编制测验的目的

确定目的是编制测验的首要一步。主要涉及两个问题：测量什么？所测量的是哪些群体？即解决测验的用途和对象问题。

（一）明确测验用途

测验的编制者首先要明确的就是自己所编制的测验是用来测量哪种心理结构或者说心理特质，是智力、人格、注意力还是态度？明确了测验用途，才能有的放矢地去寻找测验的理论根据。如果编制的是智力测验，可以依据智力的因素观点如斯皮尔曼的二因素论或塞斯顿的群因素论，可以依据维尔隆的层次结构理论，也可以依据斯腾伯格的三重智力理论。比如韦克斯勒就是按照他的整体智力观点把智力分成语言和操作两个方面，因而，他的量表就由语言测验和操作测验组成。

在明确测验用途的同时，还要明确所编制的测验是属于常模参照测验还是标准参照测验。如果是常模参照测验，那么其分数的意义在于将个别被试的表现与全体受测者的平均水平相比较来决定被试的水平高低，因此，被试测验的原始分数几乎没有什么意义。智力测验以及多数的人格、态度测验都属于常模参照测验。但并不是所有的测验都是常模参照测验，有的时候，有必要根据绝对的熟练水平来测量被试的行为。比如，当测试者想证实被试在某一学科上是否达到了某一最低的能力界限或者评估教育计划的有效性时，就需要这种信息，这种测验称为标准参照测验。这时，被试的原始分数就有意义了。测验的性质不同，测验项目所要求的难度水平及具体的编制要求都有所不同。

（二）明确测验对象

这是进一步具体地明确测验的目的。任何一个测验都有它的实施对象的范围，世上还没有放之四海而皆准的测验。心理结构由于年龄、教育水平、文化背景等的异质性而呈现出较大的差异，如果测验尽可能地排除了这些差异，就能保证测验结果的不同只是由个体之间的心理结构的差异所致。这一点在编制测验时是必须把握的，但真正操作起来有一定的难度，现在我们针对年龄、教育水平、文化背景这三个最为重要的维度举例加以说明。

1. 年龄

韦克斯勒依据年龄编制了三个测验，分别是适用于 16 岁以上成人的 WAIS，6—16 岁儿童的 WISC 以及 4—6 岁的 WPPSI。这三个测验测得的是同样的智力，采用的是同样的智力结构，然而针对同样的任务所选用的材料却是极为不同的。如在译码分测验中，WISC 中用的是数学符号，而 WPPSI 中用的是动物房。这就是考虑到了材料对年龄的适合性问题。

2. 教育水平

这个维度事实上与年龄维度极为相关。之所以会因为年龄而造成心理结构的差异,固然有自然成熟的因素,更有社会经历和教育水平的作用在内。而且教育水平的差异不仅在心理测验中应加以重视,在教育测验中更不容忽视。如果一个成就测验使用的对象是小学一年级学生,则测验的项目内容就不能超过小学一年级学生的受教育水平。

3. 文化背景

文化背景的差异往往导致心理结构的取向有所不同。以智力测验为例,多重智能理论的提出者加德纳(H. Garner)认为:智能的取向往往就是文化的价值取向,某种行为在一种文化背景中被视为智力行为,但在另一种文化背景中却被认为不是智力行为。例如有人曾做过这样的实验(Rogoff & Morelli, 1989):实验者要求来自非洲一土著部落的被试将20种物品按照他们认为是最聪明的方式进行分组,结果被试将锄头和土豆分成一组,将小刀和橘子归为一类等。实验完毕问被试:"愚笨的人会怎样分类?"被试又迅速地将物品分为两类:食物和工具。后者的分法则是主试认为理所应当的。这种情况在主流文化与非主流文化的对比中显得尤为突出。如黑人在一般的常模参照测验中的分数平均要低白人一个标准差。这种差异是由于测验编制的文化公平性引起的还是应该归因于种族间的智力差异?不管黑人和白人之间是否真的存在智力的种族差异,但作为衡量智力程度的智力测验,都必须考虑到智力测验不可能在脱离文化的真空中进行。评价智力发展的程度首先应站在测验实施对象的文化立场上。这一点应该引起测验的编制者的重视,并贯穿于测验编制的实践中。

由此可见,测验目的的确定决定了测验编制这一整个过程的方向,关系到测题样组的取样,关系到受测的团体,因此是测验编制上的首要问题。

(三) 分析测量目标

测验的目的确定以后,需要根据测验的目的来具体分析测量目标。分析测量目标主要包括以下两个方面。

1. 确定能表征所欲测量的心理结构的行为

心理测量是一种间接性的测量,不可能像用尺子量物体的长度那么直接和客观。我们往往是对通过各种能体现它的行为或活动来进行分析、推测,以期尽量准确地揭示它的本质。因此所选择的行为要有代表性,这组有代表性的行为我们称之为行为样组,关于行为样组已在第二章中详细论及,这里不再赘述。

测验编制者在确定行为样组时,一般是按照某种理论以及自己对该心理结构的理解,概括出一个或多个自认为能表征该心理结构的行为,然后再"虚构"出能表征这些行为的项目。但由于心理结构的内隐性,编制者所持的这种理论以及自己的理解是否真正反映了这个本质呢?答案是未必,因为"这种方法可能导致遗漏行为的重要方面或者可能只包括了测验编制者头脑中与之相关的行为,导致了对结构的高度主观和个别的定义"。但在事实上,我们又无法拿出一个绝对的标准来衡量它的准确性和充分性,因为我们充其量也只能根据某种理论来对它进行衡量,这种理论的正确性本身还有待于证实,以不确定的东西来衡量不确定的东西,只能构成更为混乱和有争议的局面。

但是我们也没有必要因此对心理测验持悲观的态度,只要简单地回顾一下心理测验的发展历史,就可以看到,虽然这种"失真"仍然存在,但却不断靠近了本质的"彼岸",而且心理测验在实际应用中取得的成就是如此巨大,以至于心理测验的重要性和必要性不可忽视。作为一个测验编制者,怎样才能尽可能地使所选择的行为样组真正成为有代表性的样组呢？

(1) 回顾以往的研究成果,看哪些行为经常被人用来界定该心理结构且效果较为理想,那么这些行为就可以作为候选对象。如塞斯顿的《芝加哥基本心理能力测验》是根据他的群因素论,从数字、言语理解、空间知觉、词汇流畅、推理、强记、知觉速度七个方面来选取测题项目的；倘若测量的是态度,则可从态度的三个层面：认知层面、情感性层面、行为趋向层面来抽取样组；在教育测验上,如既要测量知识,又要测量能力水平,可以布卢姆于1956年提出的教育目标分类学中的认知领域主要分类来加以界定,从而测量学生的学习水平。

(2) 考虑时代特点。由于时代的进步,某种行为或者操作对于人们的重要性会发生改变。例如在较早时候,算术的能力极为重要,在智力测验中算术能力占有很大的地位；而在计算机高度发展并逐渐普及的今天,算术的能力相对就显得不那么重要,那么在智力测验的编制中,这一方面所占的比重应有所下降。

(3) 了解受测群体的实际情况。只凭以往的理论和实践是不足以真正解决问题的。理论也许由于时间的迁移变成了谬误,前人的实践也可能由于时间和具体因素的原因,未必就和现在的情况完全相同。这时,最好的办法是深入所欲测量的对象进行实地考察,一则验证所想要依据的理论是否有可行性,二则可以发现理论所没有涵盖的具体问题和具体方面。比如,如果想编制一个有关学生焦虑情况的量表,首先要做的是先寻找理论依据,在这个基础上,可以自行进行一次问卷调查,了解学生实际上所焦虑的方面,则所编制的焦虑量表就更能体现出受测学生的特点,其可靠性自然也会增加。

(4) 向有关专家、资深者咨询和请教。这些人员对于心理测量的理论知识是十分丰富而且前沿的,咨询有关的专家能够帮助你更好地编制测验。当然,专家的范围并不仅仅指心理测量的专家,还包括测验编制者、了解受测群体具体情况的老师或其他有关人员。

2. 确定每一类行为的项目比例

行为类别确定以后,下一步就是确定每一类行为的项目比例。项目比例确定的问题其实就是确定每一类行为在心理结构中的比重问题。如果这个比例不恰当,即使理论再正确,行为样组再具有代表性,也是徒然的。平衡项目之间的比例的目的是使测验结构的各种行为的比重与测验者所认为的比重相当。以卡特尔16种人格因素测验(16PF)为例,16PF测验共有187题,除去前2题和最后1题(这几题的目的是确定被试是否理解测验,是否完成测验)有184题,16种人格特性的项目所占的数目如表10-1所示。

表 10-1 卡特尔 16PF 各人格特性所占的项目数

人格特征	A	B	C	E	F	G	H	I
项目数	10	13	13	13	13	10	13	10
人格特征	L	M	N	O	Q1	Q2	Q3	Q4
项目数	10	13	10	13	10	10	10	13

可见，16种人格因素所占的比例约为1∶1，这是由于卡特尔认为这16种特质在人格中所占的分量是相等的。

二、产生测题

(一) 测题的形式

测题的形式，也称项目格式。鲍勃海姆(Popham)曾经将项目格式分成两种主要类型：要求被试选择的和要求被试回答的，也有人称之为选择型和供应型，这两种类型的最大区别在于前者提供备选答案，后者则是被试根据要求自己写出答案。一般说来，同样的测验内容，采取前一种类型时测题的难度较低。前者常用的形式有判断题、选择题、句子匹配，尤其是前两者最为常用，由于这三种形式的主观性较小，因此常被称为客观项目。后者常用的形式有简答法、论述法等。下面简要介绍几种类型。

1. 判断题

判断题中最常见的形式为是非法，又称正误法，它是提供许多陈述句或疑问句，要求被试在两种可能的回答(对—错或是—否)中选择一个。如：

长江是我国第一大河流。　　　　对(　　)　错(　　)

由于这种格式命题容易，评分简单省时，被试回答方便，一般在教育测验中使用得较为广泛。其缺点在于这种格式只适合考查被试对简单观念或知识的了解，从而会鼓励被试去记忆无关的知识，忽略教材的重要部分。此外，被试还容易猜测，分数受机遇的影响较大，可靠性自然也就差。因此在标准化的测验中较少使用。有人针对记分的机遇影响，提出用下列公式进行矫正：

$$分数 = (做对题数 - 做错题数) \times 每题所占分数$$

许多人格测验、态度测验以及其他心理健康方面的测验也使用判断题，要求被试对题干的赞成与否作判断，如：

儿童必须无条件地服从父母。　　　同意(　　)　不同意(　　)

但很多测验在使用这种格式时不是只有正反两个极端的选项，如在态度量表的编制中，为了更为精确地反映被试对某一测题的赞成或反对程度，往往在两个极端选项中加入表示

不同程度的中间选项。因此,上述的问题可能变为:

儿童必须无条件地服从父母。　　同意(　　) 介于两者之间(　　) 不同意(　　)

或者:

儿童必须无条件地服从父母。

非常同意(　　)　　比较同意(　　)　　一般(　　)　　比较不同意(　　)　　非常不同意(　　)

在编制判断题时应注意以下几点:① 在教育测验中,测题考核的应该是重要的概念或原理,避免无关或琐碎的细节,编题时,最好不要照抄原文;② 每个测题只包含一个重要的观念,避免两个以上的观念出现在同一测题中,造成"似是而非"的情况,如果出现这种情况,最好是改为两个测题;③ 在人格、态度等测验中,避免使用事实的或能作为解释的陈述句;④ 不要用所有人都同意或都不同意的句子要求被试作出判断;⑤ 每个测题的句子不要太长;⑥ 避免使用可能导致歧义的词,如"总是""都""没有一个"或"决不";⑦ 避免使用未经过界定的词,如"只有""仅仅""许多""一些"或"很少"等;⑧ 最好使肯定和否定的句子数量大致相同。

2. 选择法

选择法在结构上包含两个部分,一部分为题干,目的是呈现一个问题的情境或刺激源,它由问句或不完全的叙述句组成;另一部分为选项,包含一个正确的答案以及若干错误答案(或称迷惑答案)。被试的任务就是从中选择一项自认为正确的答案。测题的难度取决于所考核的知识点本身以及错误答案的迷惑性程度。如:

美国的阿拉斯加是向哪个国家买来的?(　　)

A. 俄国　　　　B. 英国　　　　C. 法国　　　　D. 加拿大

选择题的优点在于适用范围广,它既适用于文字和数字材料,也适用于图形材料;不仅评分简单、省时、客观,而且相比是非题,它更少受猜测的影响,因此,一般的标准化测验多采用此法。

选择法的缺点是编拟迷惑答案比较困难,尤其是编拟高难度的选项时更难;选择题无法测量出被试的言语表达能力和概括、组织能力,这与简答题、论述题相比是不足之处;尽管选择题减少了机遇的影响,但仍然不能完全排除猜测的影响。虽然选择法有以上缺点,但测验编制者如果能够注意以下几点,对于保证测题的质量是有所帮助的:① 题干的陈述要简单明确,避免出现不切题的内容;② 题干后面的选项或答案的数目愈多,被试愈不易猜对,普遍采用四个或五个答案;③ 同一个测验中,每个题干后面的答案数目要一致,例如,每题都是四个或五个答案;④ 在四个或五个答案中只有一个答案是对的,但错的答案不要错得太明显,要和题干有相应的逻辑联系或似真性;⑤ 一个题干后面的答案,不管是正确的还是迷惑的,要么都是简单的,要么都是详细的,务求长度大致相等,而不要在简单的答案中掺杂一两个详细的答案;⑥ 每题所配列的答案以简短为宜,必要的叙述或相同的字词宜置于题干中,这样不但可以使题意清楚,而且可以减少被试的阅读时间;⑦ 少用"以上皆非"和"以下皆是"

的答案;⑧ 各题之间不能提供正确或错误的线索;⑨ 对的答案和错的答案要随机排列,使被试无法猜测,减少系统误差。

另外,为了减少机遇对分数的影响,可以用下列公式对分数进行矫正:

三个答案:实得分数 =（做对题数 − 1/2 做错题数）× 每题所占分数。

四个答案:实得分数 =（做对题数 − 1/3 做错题数）× 每题所占分数。

五个答案:实得分数 =（做对题数 − 1/4 做错题数）× 每题所占分数。

通式为:$S = R - W/(k - 1)$。

3. 匹配法

匹配法是由选择法变化而来的一种格式,适用于测量概念与事实之间的关系。这种测题在结构上包括两个部分:一部分为一组问句(刺激)项目,另一部分为一组反应项目,通常是在后者中选出与前者相适合的项目。与选择法不同的是,选择法的选项之间不要求同质,但匹配法则对此有严格要求。匹配法的刺激项目和反映项目在数量上不一定相等,相等的称完全匹配,不相等的称非完全匹配,但为了避免猜测,增加可靠性,最好采用非完全匹配,即反应项目的数量多于或少于刺激项目的数量。

举例说明如下:

问句项目	反应项目
( ) 曹雪芹	1. 三国演义
( ) 蒲松龄	2. 红楼梦
( ) 罗贯中	3. 西游记
( ) 吴承恩	4. 聊斋志异
	5. 水浒传
	6. 西厢记

匹配法除了具有选择法的优点外,它的测题还可以同时考核较多的有相互关联的材料,因此覆盖面较广,编拟起来也相对较容易。但它对选项的同质性要求较高,有时为了力求同质,将一些不太相干的或不太重要的内容也编写进来,匹配法同时还力求简单、清晰。

编制匹配法测题时,应注意以下几点:① 问句项目和反应项目在性质上应力求相近,而且通常是问句项目安排在左边,反应项目安排在右边;② 配对项目不宜过多或过少,一般为 6—15 项,采用非完全匹配时,问句项目和反应项目的数量之差一般为 2—3 个;③ 作答的方法必须予以明确的规定说明;④ 同一组项目应印刷在同一页上,以免造成作答时的困扰;⑤ 匹配的方法应加以明确的规定和说明,如匹配的依据、选项是否可以重复被选等。

4. 简答法

简答法是一种供应型的格式,它要求被试用一个正确的短语或句子或较为简短的一段文字来完成测题。就记忆的测量角度而言,简答法属于"回忆法",而前面的三种类型均属于"再认法",因此,同样的考核内容,简答法的难度要高于前面三种形式。简答法有两种陈述方式,一是用直接疑问句,一是用不完全陈述句,由被试在题目的空白处填写答案,后一种我们通常称为填充题。例如：

谁是《红楼梦》的作者？（　　　）（直接疑问式简答题）

《红楼梦》的作者是（　　　）（不完全陈述式简答题，即填充题）

简答题有如下优点：① 简答题的编写相对比较简单、灵活，不易受猜测的影响；② 简答题可以测量有关术语的知识、特定事实的知识、原则的知识、方法和程序的知识等各种层次的知识目标，也可以测量解决问题的能力，解决数字计算、使用数学符号的技能，解方程或平衡化学方程式等的能力。简答题因能测量多种认知目标，所以应用较为广泛；③ 简答题在各类题型中是最易于编制的一种，不用考虑选项之间的同质性等问题。

简答题的缺点是：不能测量复杂的知识和能力，评分也不够客观且费时。

在编制简答题时应把握以下几个原则：① 一个简答题只能有一个答案，并且答案必须简短而具体；若是填充题，则必须能用一个词、词组或短语来回答，否则不适宜于编制填充题；② 不应以简答题来测量零散、琐碎的知识，要尽量用简答题测量重要概念；③ 除非语法测验或为某种特殊目的进行的语文测验，否则不宜省略连词、介词、冠词等让学生填写，只能从题目中省去有重要意义的词让学生填写；④ 填充题的空格不宜过多，不应因留下空格而丧失题意的完整性；⑤ 在测题中避免提供正确答案的线索；⑥ 如果答案是数字，最好应指明要求的精确度以及单位名称；⑦ 测题不宜直接抄写教科书或其他参考书上的原文。

除了以上几种介绍的项目格式外，还有论述法、排列法、联想法、改错法、图解法、划消法、类推法，以及操作测验法等，这里就不一一介绍了。

（二）初步组成测题

测题的格式确定以后，根据原先拟定的双向登记表，可以进入测题的编写阶段。一般初选题目的数量应是测验计划数量的2—3倍，以备修改和删减。

编写和收集测题恐怕是测验编制过程中最直观、最重要的一步，编制者的种种努力也就体现在测题的质量中。从理论上说，应该收集所有的能说明每一类行为的测题，但无论在经济上还是在实践上，这都是不可能也是没有必要办到的，而且只要测题样组有足够的代表性，根据统计原理，测题样组是可以代表全域的。问题就在于如何编写出有代表性的测题。国外使用得最多的方法之一是针对某一心理结构先产生一套界定所有项目范围的说明书，鲍勃海姆提出项目说明书应包括：项目内容的来源、问题情况或刺激的种类、正确反应的特点以及多项选择项目的情况、不正确反应的特点等。测验编制者根据这些说明能够进行"选择"。如：针对学生能够解决两个正整数之差的问题，就可以写成当$a > b$时，$a - b = $ ＿＿＿。根据这个项目形式，只要改变a和b的值，就可以产生大量的项目。如果每个编制者都能依据项目范围说明书来编写测题，则既可以规范测题又可以保证在相对短的时间内产生大量的"平行"测验。但在我们国内，这一点一直是很缺乏的，测验编制者往往只是根据自己的想法"虚构"出自以为既有效又可信的测题。因此，同样是测量初中学生数学能力的测验，但根据两套量表测出的分数可能有很大的差距，因此也就不具有可比性，这为教学评估和测量造成了很大的不便,这一点应该引起测验编制者和实施者的重视。

测验编制经验丰富者在编制测题时,往往会考虑以下几个测题的来源:① 直接选自国内外优秀的相关测验;② 修改前人测验中的有关测题;③ 自己编写。

(三) 检查测题并初步修改

测题初步形成以后,编制者应自己或请教资深的人员对测题进行初步的检查,而不是立即投入预测。检查的方面主要应包括以下两个方面:

1. 测题编制的技术性问题

如:词汇是否恰当,语法是否有毛病,句子是否产生歧义,是否涉及文化或年龄等各方面的偏见等,有问题的题目必须马上进行修订或删除。

2. 初步确定测题是否具有有效性和可信度

有的测题这两个方面的问题是比较明显的,在初步检查时就能够辨别出来,这方面的工作应由有经验的专业人员来评定,对于明显有问题的项目,应立即给予剔除。至于严格的检查,则要经过对预试的结果进行分析。

(四) 预测和对预测结果进行分析

1. 预测

测题初步确定以后,在小样本被试内试验一下是有必要的,以获得测题性能优劣的客观性资料,同时也为进一步筛选题目提供客观依据,而不是凭测验编制者的主观臆测来决定的。预测时应注意以下几点:① 预测时所用的被试应该是从测验对象这个全域中抽取的,也即取样时同样应注意其代表性。例如,编制适用于6—16岁学龄儿童的智力测验,进行预试的被试必须是从6—16岁的学龄儿童中按随机分层抽样抽取的,任何低于6岁或高于16岁或失学的儿童都应该排除在样本之外。② 关于预测的人数问题,一般说来,不必太多,绝大多数的被试必须留到后面的正式测验中,但也不可过少。如在教育测验上通常以370人为宜,智力测验至少要30人。如果测题的项目很多,需要占用的时间较长,而被试的来源又比较方便,在保证样本代表性的前提下,可以考虑对不同样组的被试实施不同的分测验。③ 预测应力求按正规的要求进行,使其与将来正式测验的情况相近似。④ 预测的实施,应使被试有足够的完成作业的时间,以便搜集充分的反应资料使统计分析结果可靠。⑤ 在预测的过程中,应就被试的反应情况随时加以记录,如一般的被试完成预测所花费的时间、题意有哪些不清楚之处、被试对哪些测题产生误解、长时间的停顿等方面,这些都表明某一项目会产生混淆,都要一一加以记录。

2. 预测结果的分析

预测完成以后,可以对预测的结果进行项目分析。项目分析主要涉及测题的难度、鉴别力、验证测验结构的合理性分析等。根据分析结果对测题进行选择、修改,最后选择较好的测题组成测验。

(1) 难度分析。所谓难度，就是指测题或项目的难易程度，测题的难度越大，则答对（或通过）的人数就越少，或者被试的平均得分就越低。

最常用的难度指标是平均得分率（或通过率），其计算公式可以表示为：

$$P = R/N \tag{10.1}$$

其中，P 代表测题难度，N 为全体被试人数，R 为答对该题的人数。

例如，在 500 名预测学生中，答对某一项目者有 300 名，其难度 $P = 300/500 = 0.6$，若另一项目答对者有 200 名，则其难度 $P = 200/500 = 0.4$，由于后一题通过者较少，因而难度也较大，由此可见，P 值越小的项目，其难度越大。如果项目是以 0、1 记分的，则难度的大小也就是项目的平均数。

针对 P 值与测题难度之间的反变关系，即 P 值越小，测题难度越大，反之亦然，因此很多人认为以 P 值表示难度不够直观，为此提出用难度系数 Q 来定量地表示测题的难度，其公式为：

$$Q = 1 - P \tag{10.2}$$

其中，Q 表示难度系数，P 表示一个测题的实际平均得分或通过率。显然，Q 越大，难度越大，反之亦然。关于难度的分析和计算方法，详见第八章项目分析。

(2) 鉴别力分析。简单地说，鉴别力就是指测题能够辨别被试之间所欲测量的心理特性的差异的能力。如果在某一个测题上实际水平高的被试得分较高，而实际水平差的被试得分较低，就说明该测题的鉴别力大，而如果实际水平相差较远的被试所得的分数相去不远，则说明该测题的鉴别力不高或很差。换言之，鉴别力大的测题可以辨别被试间的微小差异，而辨别力小的测题则要在被试间的差异很大时才能辨别出来。一个有效的测量工具，需要的当然是前者。关于计算鉴别力的方法可以参见项目分析一章，这里不再赘述。

(3) 聚类分析。测验的编制者总是预先假定一种测验理论，再确定行为以及行为的比例。为了验证预想结构的正确性，可用因素分析和聚类分析来达到这个目的。关于因素分析的知识已经在第七章讲过，恕不赘述，现在简单谈谈聚类分析。

聚类分析是研究"物以类聚"的一种方法，其目的就是把相似的东西归成类。举例来说，韦氏量表基于作者的一般因素论分为两个分量表：语言量表和操作量表，各分量表又有 6 个分测验。为了验证该测验结构的合理性，可以进行一次聚类分析。以系统聚类法为例：先将这 12 个分测验看成 12 类，然后将性质最相近的两类合并为一个新类，得到 $n - 1$ 类，再从中找出最近的两类加以合并变成了 $n - 2$ 类，如此下去，最后所有的样品全在一类。将上述并类过程画成一张图（称为聚类谱系图）便可决定分多少类，各类各有多少个样品。如果一个分测验本该归属于语言量表一类却跑到了操作量表的一类，则说明该分测验的有效性不高，如果聚类的结果不能合理地分为两类，则说明量表的整个理论基础存在问题。

聚类分析的方法有很多，还有分解法、加入法、动态聚类法、有序样品的聚类等，由于涉及多元统计分析的内容，有兴趣的读者可以参看这方面的有关书籍。

(五) 测题的选择、编排及最后测题的确定

1. 测题的选择

在这之前,虽然我们已经对测题进行了一次筛选,但那是经验丰富者或专家所做的,更为客观的筛选是根据项目分析的结果来进行的。

测题的选择标准首先是鉴别力要高,将经预测分析鉴别力较高的测题选出。埃贝尔(I. Ebel)曾根据其编制的经验提出一个标准,如第八章表8-2所示。

在根据鉴别力所选出的一系列的测题的基础上,再依据难度指数选择合适的测题。因为中等难度的测题能产生最大的变差,故最好应使选择的难度介于0.35—0.65之间,而后还需要选出少数较难和较易的测题,这样使整个测验难度分布近似常态分布。

如果是人格测验、态度测验以及心理健康测验等,所需的则不是难度,因此对难度的要求就不高,一般为0.1—0.3(这里指的是难度系数),以保证每个被试能理解测题的意思,不会因为难度而对正确反应有所影响,从而使分数反映心理特性的差异水平。如果是标准参照测验,则应该根据编制测验时确定的目标来选择难度,如果标准参照测验用来评定弱智儿童的入学资格,则难度应较低,而如果测验是用来选拔大学生,则难度应相应较高。

根据鉴别力和难度水平选择出合适的测题后,应该对照原来的双向登记表看看所选的测题所代表的行为类别之间的比例是否失调,如果失调,应加以调整。

此外,还应考虑测验的长度问题,一个测验究竟应包括多少测题才比较合适,要根据测验的时限、对象的年龄、测验的性质而定。一般说来,测验不可太长,最好不超过1小时。如个别智力测验完成的时间通常超过1小时,中间可安排一次休息;16PF人格测验有187道题,约在45分钟内完成。

2. 测题的编排

测验编制者欲对测验进行最佳编排,必须根据测验的目的与性质,考虑被试的作答心理反应方式,以及测题格式的类型和测题的难度。测验一般有三种编排方式:

(1) 并列直进式:这种方式是依测验的性质将测题组织成为若干分测验,同一分测验中的测题,则依其难度由易到难排列,如韦克斯勒量表、斯比量表等。

(2) 螺旋式:这种方式是将各类测题依难度或年龄分成若干不同层次,再将不同性质的测题予以组合,作交叉式排列,其难度则逐渐升高。采用这种编排方式,主要是让被试不至于在一段时间内只对同一性质测题作答,保持被试作答的兴趣。如比奈—西蒙智力测验。

(3) 混合式:这种方式是将所有的测题依难度(一般说来)排列,而不管测题的性质。一般不将同一性质的测题编排在一起,态度、人格、心理健康等量表多采用此法。

测题在编排时除了应考虑难度、测题的性质以外,在是非题或选择题中必须避免将选择相同选项的测题安排在一起(如都选"是"或"A"),以免引起被试的定势反应。

3. 最后测题的确定

测题经过选择、编排,最终的测验形式已初步确定。但是,编制一套测验,只依据一次预

测的结果作测题分析是不够的,因为被试样组本身会有抽样误差,据此进行的测题分析的结果未必完全正确可靠。为了检验挑选出的测题的性能是否真正符合要求,通常需要抽取另一个同一全域(总体)的独立样组,作另一次测题分析,以复核测题的性能,有时甚至要复核多次。如果两次或多次的分析结果相差甚远,就必须重新编写测题、修改、删除。所以编制测验是一个需要反复的过程,其中的某些阶段可能要重复多次。

三、测验的标准化

测题经过预试、分析、选择并做了编排之后,集合成一个正式的测验。但这仅能说我们有了一组好的测题,还不能说它是一个好的测验。一个测验的好坏,还取决于它的标准化水平。所谓标准化是指测验的编制、实施、记分以及测验分数解释的程序的一致性,目的是使不同的被试所获得的分数有比较的可能性。测验的标准化主要包括以下几个方面。

（一）内容

测验内容的标准化是指给所有被试实施相同的一组测题,也即对所有被试实施相同内容的刺激(处理)。这些测题均经过了严格选择,有着良好的鉴别力、难度以及难度分布。

（二）测验实施

1. 指导语

理想的测验总是希望所有的被试是在相同的条件下进行的,但是,测验的完成经常由于时间、地点、条件、被试的主观体验如情绪、动机等的不同而无法保持一致。为了尽可能地降低这种误差,一个主要的方法就是实施指导语。

实施指导语要说明两个方面,一种是对被试的,另一种是对主试的。对被试的指导语应力求清晰和简单地向被试解释应该如何对测题作出反应。对于容易对测验产生紧张、焦虑情绪的被试,实施指导语时应力求尽量能让被试消除这些情绪反应。这时,向被试说明测验的目的是一种很好的方法。此外,有些测验的适用对象年龄跨度比较大,如 WISC-R 是测量 6—16 岁的学龄儿童,处于适用对象年龄较低阶段(如六七岁)的被试可能有许多题做不好,极易产生紧张、焦虑、放弃等不良的情绪体验,影响了测验的有效性。因此,主试一定要在测验的指导语中加入"有的测题很容易做,有的测题较难,你可能做不好,但你长大了就会做了"等类似的话。如果是人格测验,要力求让被试明白答案无对错之分,应根据自己的实际情况回答问题。

第二种指导语是针对主试的,对主试的指导语包含对测验细节的进一步解释,也包含着其他有关事情的交代。例如,熟悉测验、测验的场所安排、测验材料的分配、计时和记分,还包含假如在测验进行中途出现问题或其他意外事件时应该如何处理的指示。

2. 时限

一般说来,时间因素不作为能力的一个方面加以考查(除非是测量被试操作任务快慢的速度测验），但是任何测验却都有一个时间限制的问题。也就是要求被试在一定的时间范围内完成某个测验或某个分测验。斯腾伯格曾批评性地认为"IQ 智力测验却往往是一种速度的测验"，他说："盲目地接受这个假设（快就是聪明）不仅是没有道理的，而且还是错误的。"因为"一个聪明的人知道什么时候快，什么时候慢，时间的分配和速度的选择比速度本身更重要"。虽然他对 IQ 智力测验的批评过于偏激，但他关于速度和速度的选择的观点是很有道理的。一个高智商者在进行智力测验时往往能够很好地处理速度和准确率的平衡问题。因此，如何确定这个测验的时间是极为重要的，它涉及测验的效度问题（在本章下一节会详细地说明编制者是如何确定各个分测验的时间的）。一个测验的时限不可太短，也不能太长，一般说来，时间限制是由测验的本身目标所确定的，例如，中小学生团体儿童智力筛选测验要求在 60 分钟内完成，瑞文测验联合型限时 40 分钟，而团体儿童智力测验则要求每个分测验限制在 6 分钟内完成。态度测验、人格测验则一般不受时间限制，但是这些测验往往要求学生在看完测题后尽快按实际情况（或第一印象）作答，因此为了避免有的被试过分考虑问题或过分延迟时间，仍然是要规定时限的，但时限放得较宽，以使 90% 以上的被试能在规定的时间内做完全部测题。

（三）记分

标准化的第三个要素是客观记分，所谓客观记分是指两个或两个以上有能力的评分者之间有一致性。但事实上，对于主观评分的测题要取得完全的一致似乎是不可能的，有时甚至相差甚远。一个常被人引用的例子是，在 1931 年法国举行的一次历史试卷的评分中，一位评分者不慎将作为标准答案的试卷混入考生的答卷中，结果另一位评分者给其评了 60 分，这件事情引起教育部门的极大重视，当时的教育司组织做了一次实验，将一名教授作答的试卷请资深者评分，结果分数是 40 分至 90 分不等，实验的结果在法国教育界引起了轰动。由此，标准化的测试问题开始引起人们的重视。从中可见，要做到评分的绝对公平和绝对标准是相当困难的。但是只有当记分是客观的时候，我们才能够把分数的差异完全归结为被试间的能力差异，这一问题一方面可以通过标准化的测题予以解决，另一方面就是要尽量做到评分的标准化。要做到这一点，应该注意以下三个方面的问题：

第一，对被试的反应要及时和清楚地记录，以避免由于主试记忆丧失造成的混乱，并提供将反应加以分类的基础。

第二，它是一张标准反应表或正确反应表，即记分键。对于采用选择法的测题来说，记分键也就是我们常说的记分套板，包括每一道题的正确答案；对于简答式的测题来说，它包括一系列正确答案与容许变化的范围；对于论文格式的测题，它将包含评分的要点大纲；对于一份人格调查表来说，记分键规定着作为具有某种特征或特点的指示的反应。

第三，将被试的反应和记分键进行比较。对于选择法格式的测题来说，这个程序是明确的。当记分者主观判断可能是起作用的一个因素时，例如当评定论文式测验时，就需要根据记分的规则所详细说明的东西来比较被试的作业。WISC-R 的说明书提供了记分规则的很好的范例,这个记分说明提供了可接受的反应和可容许的变异的说明,评分者将每一个人的反应和记分说明书上提供的样例相比较,然后按照最相近的例题来给分。虽然这种程序并不能确保不同评分者之间完全一致,但是它确实使记分更为客观。

从标准记分这个问题我们也可以看出,测验分数虽然看似是一个确定的值,但是其中可能由于多方面的如实施、评分以及标准样组的代表性等原因,对分数的真实性产生影响,因此,绝不可把测验分数看成是一个死的东西。这一点在解释分数时应加以特别的注意。

四、测验量表和常模

测验量表和常模主要涉及对测验分数的解释问题。

所谓测验量表,即指用以测量的准尺,它是一个具有单位和参照点的连续体,将被测量的事物置于该连续位置,看它离开参照点多少单位的计数,便得到一个测值。因制定量表的单位和参照点的种类不同,它有类别、等级、等距和等比四种不同水平的量表。测验量表按采用的单位来分,有年龄量表、百分量表和 T 量表等。

所谓常模是用来解释测验结果的参照指标,它的制定是依据测验适用对象总体的平均成绩。其可信度取决于样组的代表性和可靠性。其中,样组的代表性又取决于样组的取样原则(坚持随机取样)和容量大小。一般地说,样组容量越大,取得的常模越可靠。常模的适用范围取决于取样的范围,若从全国取样,所得常模是全国的;若在地区取样,所得的常模则是地区的,不能随意适用于其他地区。不同历史时期,样组的平均水平会产生变化,常模也将随之变化,因此常模应及时修订。

五、测验基本特征的鉴定

测验基本特征的鉴定包括鉴别力、难度分布、信度、效度,由于这些内容有的已另辟专章讨论,有的在各章节中已经详细论述过,这里就不再重复,请参考有关的章节。

六、编写测验指导书

编制测验的最后一步,就是编写测验指导书,也称测验指导手册。测验指导书是向测验使用者说明如何实施测验,测验的标准化程度也往往通过指导手册来传达,如果使用者按照说明书的规定实施测验,就能使测验的结果信度高,效度也能得到保证,同时,测验指导书也是测验实施者评价、比较测验优劣的依据。测验指导书的内容应包括以下几项:

第一,本测验的目的和功用:测验用来测量哪种心理结构,目的是什么(筛选、诊断等)。

第二,测验编制的理论背景以及测验中的材料是根据什么原则、应用什么方法选择得来的。

第三,关于如何实施测验的说明。说明的文字力求简明,不可太长,太长容易忘记。在说明中应包括几点:① 测验分为几部分,每部分有多少测题;② 如何作答;③ 警告被试不要在每题上停留太久,不许先翻看内容;④ 做例题的方法;⑤ 对主试的训练要求;⑥ 时限。

第四,测验的标准答案(或参考答案)和记分标准的规定。

第五,常模表,如何应用常模以解释结果的说明。

第六,测验的基本特征,包括难度、鉴别力、信度、效度以及因素分析的结果等。

第七,关于如何应用测验结果的指示。

七、小结

最后,我们通过讨论测验编制过程中可能存在的四步失真问题作为本节的小结。前面已经说过,大多数的测验编制者往往是从自己所信奉的理论基础出发,进而组织测验的编制进程,所依赖的这个理论成了测验的立足点和出发点。但是这个理论是否真的能够正确而且完整地揭示心理结构的本质?是否真的足以代表所欲测量的心理特性?众所周知,心理结构是一种内隐的东西,我们只能根据能反映的种种外在表现形式来分析、推测它的存在和它的性质。心理结构好比一个看不见内部的多面体,每一个面代表一种"表现型",根据一面或有限的几面的"表现型"而建立的理论模型都只是说明了心理结构的本质的有限方面,都只是从一个角度、一个侧面来反映这个本质,而不是全部,甚至有可能得出的理论是错误的。这是测验可能存在的第一步失真。

测验可能存在的第二步失真是在确定能代表心理结构的行为样组时,能反映心理结构的行为有很多,理想的测验当然是包含所有能够反映该心理结构的行为,但事实上,测验编制者却只能根据种种的理由和依据选择有限的几种,而删除的却是大量的行为类型,而且即使所选择的行为样组具有很好的代表性,但仍然存在着不够全面的可能。

测验的第三步失真是在编写能反映行为的测题时,在"初步组成测题"部分我们已经讲过这一问题,它涉及测验的效度良好与否。我们往往是对选择的具有代表性的样组进行预测,再对预测结果进行分析,以此来鉴别测题的有效性。但是,这种鉴定是建立在概率论和统计分析的基础上的,本身就包含着犯错误的可能。

测验编好之后需要付诸实践,在实施过程中,由于各种主、客观因素的影响,有可能造成测验的结果不能很好地反映被试的水平,这就是测验存在的第四步失真。

这几步失真的存在有可能使我们的测验偏离预期所想要达到的效果,因此,在编制和实施测验过程中,重视并尽量降低"失真"的程度是十分重要的,同时,也提醒测验的实施者在解释测验结果时不可迷信分数,而给被试轻易地贴上"标签",最好的办法是同时参考不同测验的结果。

第二节 测验编制实例——团体儿童智力测验(GITC)的编制

团体儿童智力测验(the group intelligence test for chidren,简称GITC)由华东师范大学心理学系金瑜教授编制,是一个与个别施测的韦克斯勒儿童智力量表修订版(WISC-R)相似的测验,但可团体施行,它的适用范围是9岁至18岁的中小学生。

编制工作主要由两大部分组成。第一部分的工作是进行 GITC 测题册的编制和试用。第二部分工作是建立上海和全国常模(比较标准),制定与各年龄组各分测验原始分等值的量表分以及与语言量表、非语言量表、全量表总分等值的三种智商(IQ)分的常模表。施测测验后可获得语言量表、非语言量表、全量表三种智商分数和十个分测验的量表分数。测试结果可用作对个别学生也可用作对某一集体的学生智力水平的总体估计。迄今为止的广泛使用情况显示,GITC 是一个可靠而有效的智力测验工具。

一、编制的目的

任何有价值的科学研究课题的提出都是应实际需要而产生的,编制与著名的韦克斯勒儿童智力测验相似的团体测验的想法并非偶然产生,它是根据我国的实际需要而提出的。编制团体儿童智力测验鉴于以下几点考虑。

(一) 传统的比奈式的智力测验仍有其存在的价值

几十年来,由于种种不必赘述的原因,智力测验的研究和应用在我国长期被视为"禁区"。1978 年以来,"禁区"被打破。测验的编制者在多年实践的基础上,对智力测验进行了比较详细的考察、分析和反思,并作出了新的评价。传统的比奈式智力测验虽然存在着一些缺点,不能被视为十分理想的智力测量工具,但人们在寻找新的更好的评定和诊断智力测量工具的同时,并未忽视它的存在价值。与学业考试、教师和家长评定等手段相比较而言,它仍有其独特的优点。因此只要对智力测验,尤其对智商的看法持有正确的态度,恰当地运用这个工具,它就能发挥它应有的作用。编制者认为:传统的比奈式的智力测验不会消失,它将随着编制思想的更趋合理和新技术的广泛应用而获得新的发展。从编制者在美国了解到的信息来看,实际上直至今天,测量智力的有效方法还是智商(IQ)测验。尽管对智商 IQ 和智力测验的争论一直存在,智商测验的编制和修订工作却从未停止过。

(二) 实践需要各种类型的智力测验

客观实际需要各种类型的(个别实施的、团体实施的、各年龄阶段的)和不同特点的(语言、非语言)量表。编制者特别注意到,全国各地对于大规模快速施行的团体儿童智力量表的要求是非常迫切的。韦克斯勒儿童智力测验有其许多优点,它的个别测试可以为儿童智力提供大量的有用信息,但与此相联的也是它最大的不足,即实施时间过长——每个被试的测验平均需一个半小时左右,这样就不易大规模推广。中小学更需要有能快速施行的、效度和信度较高的团体智力测验。韦氏测验的另外一个不足之处就是对于施行测验的主试要求很高,即使对于富有经验的主试,其评分也很难做到完全公正客观。值得指出的是,根据一些临床心理学家的经验,他们认为需要施行个别测验的儿童只是少数,对于大多数儿童施行个别测验,花费精力太大而且没有必要。而团体测验虽然减少了主试的作用,但它与个别测验相比,又有其独特的优点。

（三）世界上还没有现成的编制者设想的测验可供修订

人类的智力具有许多共同之处,甚至在文化背景有很大差别的人们中间也是如此。因此我们可以翻译和修订其他国家心理学家编制的量表,显然这是事半功倍的事情。韦克斯勒智力量表在我国的修订是个成功的例子。在一开始考虑这项课题时,编制者曾通过同美国、加拿大、日本、澳大利亚心理学家和测验公司的广泛联系,期望获得合适的可供修订的现成量表——韦氏式的(言语的、非言语的)由若干分测验组成的专供团体施行的儿童智力量表。但遗憾的是,编制者未能遂愿。于是,在这种情况下,独立自行编制"韦氏式的(言语的、非言语的)由若干分测验组成的团体儿童智力测验"作为研究课题的设想就十分自然地形成了。

（四）编制新测验存在可能性和工作基础

编制量表是项大工程,它要耗费大量的人力和物力。编制者有近十多年从事测验工作的经历,在试用和修订国外著名的量表(如韦克斯勒儿童智力量表修订版(WISC-R)和瑞文测验等)的过程中取得了宝贵的经验并积累了丰富的资料。试用和修订是一种锻炼,为独立编制量表打下了基础。与此同时,编制者也组织了一支协作队伍,训练了一批熟练的施行测验的专业人员。对韦克斯勒儿童智力量表的结构和优缺点的分析以及对 660 名被试的数据资料的因素分析为编制新量表提供了许多有用的信息。另外,在修订过程中,编制者曾经对被试的回答进行过详尽的分析归类(尤其是常识、类同、理解等分测验)。所有这些都为新编量表的测题答案积累了可资参考的必需资料。

在此还须指出,编制者曾在 1988 年以美国马扎特(A. Munzert)编制的自我智力测验为蓝本,修订了一个较好的适合于 9 岁至 17 岁学龄儿童使用的中小学生团体智力筛选测验。

二、新编测验简介

团体儿童智力测验(GITC)是一个与韦克斯勒儿童个别智力测验相似但可团体施行的测验。

这个测验是为测量一般智力而设计的,也就是说,测验分数是用作评价智商(IQ)高低的。测试结果的报告是语言量表、非语言量表、全量表的三种智商分数。

新编测验是团体施行的多重选择题的纸笔测验。测验安排了总指导语和 10 个分测验指导语,被试通过自己阅读指导语(主试进行辅导)而理解其要求。因此量表适用的范围是 9 岁至 18 岁(相应年级是小学三四年级至中学高三年级)的中小学生。初步应用结果表明:它的最佳适用范围是 9 岁至 16 岁的学龄儿童。测题形式采取选择题,对于每一测题,被试将从所提供的五个答案中选择最佳的一个答案。每个分测验的施测时间限制为 6 分钟,整个测验约需 1 小时 20 分钟左右。施测规模以 20 人为宜,如有两名主试主持,规模可扩大至 40 人或 50 人左右。在对 9 岁或 10 岁的低年龄儿童施测时,同时测验的人数不宜过多。新编测验由语言量表和非语言量表两大部分构成,用尽可能多种多样的方式(语言的、非语言的),即通过会合尽量多种多样的测验来探查智力。韦克斯勒根据多年因素分析的研究,在量表编制中采取了越来越被证实有效的两分法,即把全量表分为语言量表、操作量表两大部分。本测验在结构上与韦氏量表这一特点相似,但由于本测验是以团体形式施行的,因而语言部分量表不可能以口语形式出现,而必须是书面文字语言;同样,非语言部分量表也不能是如韦氏量表那样的操作量表。其实,韦氏的操作量表并不仅仅是手的操作,也包括知觉和心理操作。总的来说,语言测验和操作测验的最大区别是,后者的测验项目是以非文字的形式出现的——比如,以图画、图案和图形的形式出现。因此编制者基于这一基本认识,编制出了相当于韦氏测验操作量表的非语言量表,它并不受"手的操作"的制约,这就使施测能以纸笔的方式进行,从而保证它适用于团体测验,可以说本测验既体现了与韦氏量表的联系又显示了它们之间的区别。

本量表与韦氏量表相同的另一特点是在语言和非语言量表中又分别安排了测定不同能力的分测验。每一分测验内安排了难易不同的测题。在语言量表部分安排了常识、类同、算术、理解、词汇5个分测验;在非语言量表部分安排了辨异、排列、空间、译码、拼配5个分测验。这种独特的编制方式不仅使测验的形式和内容丰富多样,易引起被试的兴趣,而且对正确地评价和诊断被试的智力水平和智力结构是有效的。新编测验的语言和非语言量表部分的各分测验和测题安排如表10-2所示。

表10-2 团体儿童智力测验(GITC)测题组成

语言(部分)		非语言(部分)	
分测验	测题	分测验	测题
常　识	38	辨　异	26
类　同	32	排　列	13
算　术	20	空　间	30
理　解	32	译　码	34
词　汇	50	拼　配	17
分总测题数	172	分总测题数	120
总测题数	292		

(一) 测验的制作过程

编制一个量表的全部工作主要由两大部分组成:施测测验的制作;建立地方和全国常模,即编写测题册和建立常模。

(二) 施测测验的制作

施测测验制作过程的结果产生了可供建立常模使用的团体儿童智力测验的测题册(第

五稿),这是编制 GITC 的关键性的工作。这个过程经历了很长时间,对试用稿进行了反复修改,并曾在三个样组($n = 376, n = 120, n = 56$)中进行了试用。主要解决了以下几个问题。

1. 安排 10 个分测验

根据对韦克斯勒儿童智力量表中国修订版(WISC-CR)660 名被试结果的因素分析,编制者决定放弃背数(数字广度)和迷津两个分测验。其理由有两点:一是它们与其他分测验相比,G 因素负荷较低;二是把它们转变成团体施行有相当大的困难。然后对 WISC-R 中其他个别施行分测验加以分析,着重考察它们是否有转变成团体施行的同类型分测验的可能性。如果有可能,则进一步着手解决转变所面临的具体困难;如果没有可能,再深入考虑应采用何种相类似的可以施行的分测验以作替换。经分析,语言量表的 5 个分测验中的常识、类同、算术、理解、词汇和操作分测验的排列,有可能转变为团体施行的分测验;测题的提问形式不变,但须对每个分测验的实际测题和 5 个供选择的答案重新作出安排。这项工作对于有些分测验来说是有困难的,尤其对词汇分测验。编制者为此付出了大量的时间,最终解决了这一问题。操作量表的其他 4 个分测验的直接转换不大可能,因此只保留了积木、译码、拼配 3 个分测验的实质性内容,在形式上作了不同程度的改变。韦氏量表中的补缺分测验在团体量表中很难实现,于是编制者设计出另外一种"辨异"测验。然后,对初编的测验进行效度检验并确定 10 个分测验。根据因素分析结果的报告,编制者对第一次试用稿所安排的分测验是满意的。9 个分测验的第一因素,也即 G 因素负荷都较高。几个形式变动较大的分测验,例如空间、词汇、拼配分测验的负荷量分别达到 0.713215,0.861205,0.681437;新安排的辨异分测验的 G 因素负荷也达到了 0.797151。

2. 编写或编制各分测验的初始测题

根据以上所安排的 10 个分测验去编制测题。测题,也即题干及其相应答案,来源大致有以下几个渠道:① 直接选自国内外优秀测验的测题。但这些测题都经过了几次试测后的结果分析,在难度和鉴别力符合要求的情况下,才被保留在新编测验中。② 对某些量表中的一些测题进行了修改。③ 测验问题来自或者间接来自某个量表,但五个答案则自行安排。④ 自行编制的测题。其次对于测题格式也给予充分的考虑。最后决定采用的测题格式是选择题样式(五选一)。选择题的格式对于团体测验是比较适用的,它能保证评分的客观和迅速。

3. 测题的反复精选

测题的挑选从鉴别力和难度两方面考虑。首先看点二列相关,淘汰 $r < 0.25$(包括负值)的测题,它们约占总题数的 15%。然后对各分测验的其他测题进行逐题难度和鉴别力的归类分析。难度指标是使用校正后的难度 $CP = (KP - 1)/(K - 1) = (5P - 1)/(5 - 1)$。鉴别力是上端的 27% 和下端的 27% 的通过率之差。

一般来说,各分测验难度安排为:20% 测题较难,60% 中等难度,20% 测题较易。优先考虑鉴别力 $D = 0.40$ 以上的测题。在每个分测验开始时安排一些难度低,鉴别力也低的测题是必要的。在韦氏个别测验中也存在这一情况,这样既可作为例子供受测者练习之用,也可满足测量智力较低儿童的需要。在考虑难度变化的同时,也同时兼顾测题的内容。

4. 确定各分测验实施的时间及分测验的长度

时间限制：施行每个分测验的时间确定为6分钟,因此完成10个分测验只需60分钟。再加上阅读和理解指导语所用时间25分钟,这样一般进行一次测验约需一个半小时左右。这样的时间安排,主要是从5分钟、6分钟、7分钟内完成的测题数和正确答题数的平均值的 t 检验结果比较中得出的。这些均数间并没有显著的差异。各分测验测试的统一时间将方便主试施行测验。另外,这样考虑也是从中小学生的年龄特点出发的,它使被试易于集中思想进行测验。

长度考虑：根据使用韦氏测验的经验,编制者认为确定分测验的长度是非常重要的。依据大年龄被试在7分钟内完成的测题数、正确得分的平均数和完成全部测题的正确得分平均数这三个方面的信息确定各分测验的长度,即每个分测验的测题数。

(三) 制定上海市区和全国城市常模

从1994年初至6月,编制者首先完成了GITC上海市区常模的制定工作,这为全国常模的制定积累了经验。本节仅详细报告GITC全国城市常模的制定情况。

1. 制定协作组的组成

全国城市常模的制定需要开展全国的协作,被试需分散在全国各地。这是制定全国常模重要的第一步工作,也是比较困难的工作。1994年5月,编制者向全国各地有关单位发出了"征询团体儿童智力测验全国常模制定协作组协作单位和人员的通知"之后,立即得到了全国各地的积极响应。最后根据全国六大区的地理分布以及报名的实际情况组成了全国常模制定协作组。协作组的成员以及被试分布在全国六大区(东北、西北、西南、华北、华中、华东)的19个大中小城市。所有主试都曾受过心理测量或智力测量的学习和训练,具有主持进行这方面测验的经验。由于协作组成员按照统一规定的要求认真负责地完成各项任务,从而保证了全国常模的质量。

2. 被试的抽取和训练

在1994年底最后确定全国常模协作组的成员后,虽然没有安排集中学习,但对全国常模样组抽样和施测的具体操作均提出了严格的统一要求,并采用书面通知下达。对于抽样作了如下规定：在测试开始之前,要求获得被试的出生年月、测试日期方面的准确信息。每个地区的成员需要完成200名有效被试的测试任务。一共抽取了10个年龄组被试,被试的年龄是9岁至18岁,相应是小学三四年级至高三年级的学生,每个年龄组20名,男女各半。从在校学生中根据年龄性别要求进行随机抽样,被试可集中在所在城市的1至2所普通中小学中,排除重点学校或实验班的学生,也不取辅读班的特殊学生。为了保证随机性,特别要注意被试的实足年龄的适合性,优先选取的被试是在某一年龄的半岁左右不超过3个月的儿童。例如,9岁组优先选取的是9岁3个月至9岁9个月的儿童。越是接近半岁的儿童,被抽取到的可能性应越大。一个年龄段的学生一般会分布在两个年级中,例如,9岁组的儿童,一部分在三年级,一部分在四年级,随机安排。为了方便数据的输入和以后查询之用,对每名被试的编号也作了规定。

有效的测验结果有赖于遵从标准手续组织的测试和评分。因此,一名好的主试对保证 GITC 全国常模的质量是至关重要的。要求主试在施测前参阅团体儿童智力测验(GITC)上海市区常模指导书中"主试施测和评分须知"部分的内容,认真领会施测程序。对于测验的场所和人数、主试测试前准备、任务和指导语及时间掌握、被试实足年龄的计算等事项都做了明确规定。但不要求协作组成员对被试进行评分,只需他们把被试的答案记分纸寄回统一处理。最后确定的有效被试的组成如表 10-3 和表 10-4 所示。

表 10-3　GITC 全国城市常模样组被试人数、地理分布

编号	省　市	被试人数	编号	省　市	被试人数
01	河北保定	325	12	山东菏泽	200
02	江苏徐州	214	13	黑龙江佳木斯	202
03	黑龙江哈尔滨	196	14	浙江杭州	184
04	广东深圳	202	15	陕西西安	191
05	吉林长春	199	16	云南昆明	200
06	四川达县	196	17	北　京	200
07	新疆乌鲁木齐	200	18	广西柳州	204
08	福建福州	206	19	湖北武汉	201
09	甘肃兰州	198	20	上　海	198
11	河南许昌	200			

表 10-4　GITC 全国城市常模样组被试人数、年龄、性别分布

年龄(岁)	总人数	男	女	未回答性别者
9.5	375	183	192	
10.5	390	194	195	1
11.5	388	193	194	1
12.5	397	202	195	
13.5	412	219	193	
14.5	406	203	203	
15.5	400	195	205	
16.5	390	201	189	
17.5	396	206	190	
18.5	362	190	171	1
总数	3916	1986	1927	3

3. 常模的制定

首先使用计算机对有效被试的答案记分纸进行批改,然后把原始分逐一汇总后计算出每一年龄的均数($\bar{X}$)和标准差(SD),如表10-5和表10-6所示。

表10-5 各年龄组语言量表各分测验原始分均数与标准差

年龄组	人数	语言量表				
		常识	类同	算术	理解	词汇
9	375	8.06±3.54	10.07±4.25	4.59±2.44	7.26±3.22	11.49±4.53
10	390	10.26±3.78	12.36±4.27	5.75±2.57	9.30±3.59	14.80±5.03
11	388	13.08±4.22	14.44±4.29	7.69±2.88	11.63±3.99	18.98±5.46
12	397	14.42±4.87	16.04±4.77	9.10±3.13	13.03±4.67	22.37±6.10
13	412	17.09±5.07	16.68±4.14	10.29±3.03	15.36±4.77	25.65±6.15
14	406	20.06±4.86	18.18±3.80	10.96±2.99	18.12±4.77	27.78±5.60
15	400	21.96±5.42	19.60±4.09	11.65±3.04	19.52±5.04	30.09±6.25
16	390	25.19±4.84	20.63±3.96	12.98±2.56	21.44±4.63	32.99±5.49
17	396	26.63±4.85	21.82±3.52	13.69±2.61	22.46±4.11	33.62±7.03
18	362	27.00±5.05	21.62±3.45	13.70±2.74	22.66±4.13	34.36±4.81

表10-6 各年龄组非语言量表各分测验原始分均数与标准差

年龄组	人数	非语言量表				
		辨异	排列	空间	译码	拼配
9	375	9.65±3.32	4.47±2.05	8.96±5.54	12.51±5.64	4.57±2.36
10	390	11.02±3.45	5.19±2.12	11.28±5.95	15.71±5.96	5.32±2.82
11	388	12.69±3.32	5.91±2.06	12.77±6.53	17.67±6.26	6.51±3.17
12	397	13.07±3.97	6.56±2.20	13.98±6.93	21.01±5.52	7.72±3.48
13	412	14.39±3.94	7.12±2.05	15.27±7.26	23.03±5.83	8.68±3.68
14	406	16.06±3.62	7.52±1.83	16.91±6.71	25.23±4.86	9.52±3.60
15	400	16.20±3.82	7.59±2.08	17.93±6.58	26.27±4.73	10.07±3.85
16	390	17.68±3.41	8.01±1.98	19.26±6.12	26.83±4.64	10.59±3.62
17	396	18.21±3.52	8.11±1.98	19.62±6.28	27.19±5.12	10.73±3.77
18	362	17.84±3.74	7.83±2.14	18.65±6.49	26.84±5.26	10.84±3.71

从表10-5和表10-6可见,在16岁之前各分测验的均数是随着年龄增长的,即答对题数从平均水平来看是随被试的年龄增长的,在16岁至18岁之间平均水平基本趋于一致,这些都是符合智力发展的趋势和规律的。与上海常模测试结果相比,全国常模样组均数略低

于上海市区常模均数水平。

然后产生常模的第一部分：与原始分等值的量表分(共 19 张)。量表分是一个以 10 为均数,以 3 为标准差的 1 至 19 的标准分数,全距相当于 Z 分由-3 至+3。在这里需要说明的是,计算时采用的均数是经过修正后的均数,是通过对各年龄均数配以光滑曲线的方法获得的,这个做法与制定上海常模时的做法有所不同。另外,在上海常模的使用过程中,编制者发现,一个年龄组只有一张与原始分等值的量表分存在着年龄间距过大的问题,因此在制定全国常模时做了改进,每个年龄组有两张与原始分等值的量表分。编制者在抽取被试时,优先选取在某一年龄的半岁左右不超过 3 个月的儿童,这样得到的均数实际上表示的是某一年龄半岁被试的平均水平,采用在两个年龄半岁组的均数之间插项的方法,利用所配曲线求得每个年龄组整岁组的均数,制定了每个年龄的与原始分等值的量表分表,这就是 9.5 岁组、10 岁组……18 岁组、18.5 岁的转换表。又因为 9 岁组的表实际适用的被试年龄应是 8 岁 10 月 1 天至 9 岁 2 月 30 天的儿童,考虑到 8 岁儿童难以理解测试指导语,因此没有放入 9 岁组表。GITC 全国城市常模中与原始分等值的量表分表一共是 19 张。

接着产生常模的第二部分：与量表分等值的 IQ 分(共 3 张)。具体制作过程如下：

第一,将全体被试的原始分按上述公式转换成量表分数之后,统计整理成表 10-7。由表 10-7 可见,各年龄组和总样组的三种量表总分均数和标准差都很接近,故在制定语言量表、非语言量表、全量表总分的"与量表分等值的 IQ 分"转换表时,采用了总样组的均数和标准差,利用离差智商公式 $DIQ = 100 + 15Z, Z = \dfrac{X - \bar{X}}{SD}$ 制定了各年龄组通用的转换表。

表 10-7 各年龄组三种量表总分均数与标准差

年龄组(岁)	语言量表总分	非语言量表总分	全量表总分
9.5	49.98±11.54	49.97±10.07	99.95±19.28
10.5	50.01±11.63	50.21±10.39	100.20±19.42
11.5	49.82±11.27	50.15± 9.83	99.98±18.25
12.5	49.99±11.84	50.08±10.39	100.10±20.35
13.5	50.43±11.91	49.85±10.49	100.30±20.12
14.5	49.90±10.94	49.98± 9.81	99.87±18.04
15.5	49.55±11.40	49.70±10.72	99.53±20.02
16.5	50.07±10.62	49.90±10.64	99.97±18.66
17.5	50.06±10.34	49.98±10.29	100.00±18.23
18.5	49.96±10.72	50.10±10.61	100.10±18.96
总样组(n=3916)	50.12±11.00	50.05±10.23	100.10±18.88

第二,依据以上新制定的 GITC 全国城市常模,求得全体被试的智商的分布,详见表 10-8。从表 10-8 中可知全国城市常模样组被试的智商分布略高于理论正态曲线分布。这

与样组被试来源于在校学生而不是从全体人口中抽取有关。

表10-8 GITC全国城市常模样组(n=3916)全量表智商分布

IQ	人数				百分比	
	男	女	未回答性别者	总人数	理论正态曲线	常模样组
130以上	59	44		103	2.2	2.63
120—129	176	128		304	6.7	7.76
110—119	371	289		660	16.1	16.85
90—109	993	975	1	1969	50.1	50.28
80—89	272	313	1	586	16.1	14.96
70—79	80	124	1	205	6.7	5.23
69以下	35	54		89	2.2	2.27
全 体	1986	1927	3	3916	100.0	100.00

（四）测验量表的基本特征的鉴定

在施测测验的制作和两个常模制定的过程中，对测题的难度和鉴别力、信度和效度进行过多次检验。现将对全国常模样组测试结果的有关分析报告如下。

1. 测题的难度和鉴别力

难度（P）是用通过率（%）求得的，也即通过每道测题的人数和总人数之比。鉴别力（D）使用了测题与量表总分的相关。从表10-9中可见，全量表中有143题具有中等难度（通过率在31%—70%之间），占总数的48.97%；有69题较难（通过率在0—30%间），占总数的23.63%；有80题较易（通过率在70%—100%间），占总数的27.40%。从表10-11中可见，全量表鉴别力较高的测题有270题（优良的有208题，良好的有62题），占全部测题的92.46%；鉴别力尚可的有15题（5.14%）；鉴别力差的仅7题（2.40%）。这个结果与上海市区常模样组的分析接近，又一次说明量表的测题具有较好的鉴别力和适当的难度分布。

表10-9 测题的难度分析

量 表	$P \leqslant 10\%$	$10\% < P \leqslant 30\%$	$30\% < P \leqslant 70\%$	$70\% < P \leqslant 90\%$	$P > 90\%$
语言量表	1.16(2)	27.33(47)	47.09(81)	18.02(31)	6.40(11)
非语言量表	0(0)	16.67(20)	51.67(62)	25.00(30)	6.67(8)
全量表	0.68(2)	22.95(67)	48.97(143)	20.89(61)	6.51(19)

（注：括号中数据为题数。）

表 10-10 测题的鉴别力分析

量表	$D < 0.2$	$0.2 \leq D \leq 0.3$	$0.3 \leq D \leq 0.4$	$D \geq 0.4$
语言量表	4.07(7)	7.56(13)	22.67(39)	65.70(113)
非语言量表	0.00(0)	1.67(2)	19.17(23)	79.17(95)
全量表	2.40(7)	5.14(15)	21.23(62)	71.23(208)

（注：括号中数据为题数。）

表 10-11 GITC 的信度分析（$n=3916$）

项目		分半相关系数（r）	校正后的信度	K-R20
语言量表	常识	0.8561	0.9225	0.9143
	类同	0.7342	0.8467	0.8344
	算术	0.7618	0.8648	0.8407
	理解	0.8297	0.9069	0.8897
	词汇	0.8493	0.9185	0.9104
	语言量表	0.9500	0.9744	0.9711
非语言量表	辨异	0.6763	0.8069	0.7903
	排列	0.4398	0.6109	0.5940
	空间	0.8657	0.9280	0.9125
	译码	0.9248	0.9609	0.9263
	拼配	0.7182	0.8360	0.8180
	非语言量表	0.9332	0.9654	0.9538
全量表（10 项分测验）		0.9656	0.9825	0.9819

2. 信度

对信度的检验采用了两种方法。首先是对 10 项分测验的分半相关的分析，另外是用库德—理查逊（K-R20）进行内部一致性的分析，如表 10-11 所示。

3. 效度

首先是对 GITC 全国常模样组测试结果进行因素分析，结果如表 10-12 和表 10-13 所示。

从表 10-12 和表 10-13 可见，第一公共因子，也即 G 因素的特征根值为 6.5181，所占百分比为 65.18%。贯穿于各分测验的因素的负荷量都高于 0.6，也就是说各分测验对 G 都有较大的贡献。

表 10-12 GITC 全国常模样组数据的因素分析($n=3916$)

公共因子	特征根值	百分比	累积百分比
1	6.5181	65.18	65.18
2	0.7707	7.71	72.89
3	0.5593	5.59	78.48
4	0.4489	4.49	82.97
⋮	⋮	⋮	⋮
10	…	…	100.00

(注：第一公共因子即 G 因子)

表 10-13 GITC 全国常模样组的各分测验 G 因素负荷量($n=3916$)

变量(分测验)	负荷量	变量(分测验)	负荷量
常 识	0.89350	辨 异	0.81102
类 同	0.80578	排 列	0.68176
算 术	0.86860	空 间	0.69571
词 汇	0.87244	译 码	0.78284
理 解	0.88180	拼 配	0.74693

其次是与韦克斯勒个别儿童智力量表修订版(如 WISC-R)测验结果进行的相关比较。两个量表分别施测一个 100 名由年龄 12 岁(小学五年级)儿童组成的样组,时间间隔为 12 周,GITC 全量表总智商与 WISC-R 总智商的相关 $r=0.6045$,GITC 语言量表与韦氏语言量表智商的相关 $r=0.6169$,GITC 非语言量表与韦氏操作量表智商的相关 $r=0.4615$。

最后是把以上样组的 GITC 三种智商分数和班主任老师对被试的智力水平的评定(采用优、良、中、中下、差 5 级评分)进行比较。教师的评定与 GITC 语言量表智商的相关 $r=0.5946$,与非语言量表智商的相关 $r=0.5647$,与全量表智商的相关 $r=0.6419$。

以上效度检验的结果是令人满意的。

三、小结

从量表产生的整个进程,以及施测测题试用和建立上海与全国常模中几次对测试结果的信度和效度、测题难度和鉴别力的分析来看,团体儿童智力测验(GITC)是一个较好的适用于 9 岁至 18 岁学龄儿童和中小学生使用的团体智力测验。它能够有效地探查和评价儿童的智力。

从初步应用的情况来看,新编测验的结构——由语言和非语言量表的 10 个分测验组成,使得测试结果既可用作对个别学生也可用作对一个集体(如班级、学校)中的全体学生的智力水平的估计以及智力结构特点的分析。这种结构和测题类型易引起被试的兴趣。新编测验另一个独特的方面——团体快速施行的特点可迅速为教育科研、建立学生心理档案和心理咨询提供智力方面的信息。

从上海市区常模和全国城市常模测试结果分析可以看到,非语言量表的分测验缺少通过率在0—10%以内的难题,有些分测验的长度不够,这都会影响到对大年龄智商高于130的被试的智力的评定。因此本测验的最佳使用范围是9岁至16岁(相应年级是小学三四年级至高一年级),智商在70至130范围内的中小学生。但因为智商在70以下或130以上的被试在全体学生中仅占少数,并不影响本量表对绝大多数学龄儿童智力的评定。提出这一点只是提醒使用者在处理特殊案例时,需配合其他测验进行综合评价。对本测验的不足之处,有待编制者在今后的修订中改进。

第三节 测验修订实例——团体儿童智力测验(GITC)的修订

一、问题的提出

正如本章第二节所介绍的,团体儿童智力测验(GITC)是由华东师范大学金瑜教授在1996年编制完成的。到2002年,GITC发表已有6年多的时间了。这次对GITC的修订主要基于以下原因:

(一) 我国优秀的本土化智力测验奇缺

GITC的编制者金瑜教授在1999年赴美考察时,在美国众多的团体测验中仍未发现类似的测验。而在我国,由于测验编制经费投入大、费时费力等客观原因,我国智力测验事业的发展受到了影响,近年来也仍未见有同类测验问世。来自教育、医院系统、心理咨询、临床教育系统等领域的专家和实际工作者都反映了实践中对各类测验(也包括智力测验,个别施测、团体施测等)大量需要的现状。然而,国内测验量表的缺乏,尤其是团体施测量表的奇缺,而且许多已有量表的常模已经过时,种种现状使得测验工作者感到非常焦急,也很无奈。总之,当前本土化量表的产生仍然十分鲜见,而目前及时修订国外现有的智力量表也由于购买版权(费用十分昂贵)等问题,使得修订适用于我国的测验量表等工作变得越来越困难。所以,发展已有的优秀本土量表,无疑是一种非常明智的选择。

(二) 测验量表修订工作的重要性

著名的韦克斯勒智力测验在数十年来得到了多次修订,并在美国全国以及世界范围内成功发行。而其他一些著名的心理测验,也都随着时间的推移而在不断进行改进。因为任何一种测验都不会永远完美,永远适合现实情况。对随着时间的推移而逐渐凸显出来的不足之处，必须予以及时的修改，如常模的老化，测题的过时等问题，对测验的信、效度都会产生不利的影响。只有重新修订，才能使测验日臻完美并焕发新生，更加适应时代和实际的特点。自20世纪90年代以来，我国的经济一直保持高速发展，尤其是上海，发展之快可以说是日新月异。飞速的发展使得人们生活的环境也在迅速地变化，与此同时，儿童的心智发展也呈现出新的特征。为了适应新情况下儿童的发展特点，满足我国中小学校心理教育的迫切需要，对GITC的部分测题进行修改和对常模进行修订就显得尤为必要了。

（三）传统的智力测验仍然是不可替代的测量工具

尽管智力的认知理论越来越为广大的研究者所接受，但由于受到相关学科发展水平等客观条件的限制，其操作性远没有传统的差异理论强。虽然现代智力理论让研究者对智力有了更加全面、深入的认识和了解，但是传统的智力测验仍然具有不可替代的作用。像GITC这样的传统智力测验仍将会在相当长的时间内为社会作出贡献。

（四）GITC的应用价值在实践中得到肯定

2002年初，对来自全国各地以购买登记单、信函等形式购买GITC的单位进行了整理，整理的内容包括购买单位的数量和分布情况、购买用途以及联系方式等。详细情况如下：

截至2002年5月，购买GITC的单位共有74家，以及制定全国常模时的29家单位，除去3个重复的单位以外，实际共有100家单位使用了GITC，这些单位分布在全国21个省市。具体如下表所示：

表10-14 全国使用GITC单位分布简表

省　份	北京	黑龙江	山东	湖南	广西	河北	吉林	河北	上海	浙江	新疆
使用单位数量	9	4	4	2	3	2	3	2	38	4	1
省　份	河南	云南	湖北	陕西	辽宁	江苏	福建	广东	甘肃	四川	
使用单位数量	3	2	2	1	3	4	3	7	1	2	

根据对上述单位的问卷调查，目前GITC主要的用途包括：① 进行教育心理科研。如用于课题研究，研究量表的实用性，对教育科研成果进行评估，研究智商与学业成绩的相关等；② 为学校的招生工作、入学分班提供智力信息；③ 作为学校心理测评（智商测评）的工具，为开展心理测量与咨询活动、建立学生心理健康档案服务；④ 为学生做发展性评价，根据学生在各分测验中表现的信息，进而有针对性地进行教育和矫治；⑤ 对学生的智力进行筛选和诊断，如对超常儿童进行选拔、筛选困难学生等。截至2002年5月，共计16项科研及公开发表的论文中使用了GITC作为测量工具。

综上所述,可以看到,GITC 发表 6 年来,在全国已得到了比较广泛的应用,其使用的价值也得到了大家的认可。

二、研究的思路和目标

本研究首先对近现代智力理论进行了回顾,并对智力测验的现状和发展趋势作了梳理和分析,明确了 GITC 的理论基础,继而对本研究的理论合理性作出说明。

2002 年 3 月,研究者收集了全国 GITC 使用单位对修订 GITC 的意见和建议,并于 2002 年 4 月召开了一次 GITC 修订及功能应用研究课题的专家研讨会,在研讨会中,与会人员畅谈了多年来使用 GITC 的感受,其中既有对 GITC 的充分肯定,也有对 GITC 不足之处的批评。他们还对未来修订 GITC 的工作提出了宝贵的意见和建议。这些意见和建议主要针对以下几个方面:① 测验中的个别测题需要修改;② 测验的常模需要修订;③ 测验的时间过长,不利于管理和得到更好的测验结果;④ 测验的答题纸设计需要修改;⑤ 测验的形式应争取实现计算机化等。

基于以上工作,研究者确定了此次修订 GITC 量表的总体指导思想:保留原量表的测验结构;根据项目分析的结果,及测验使用者在使用 GITC 中所发现的问题、提出的意见和建议,对部分测验项目及其他方面进行修改或改进,进而制定团体儿童智力测验修订版的常模;对答题纸、答题时间等方面作适当调整。使修订后的 GITC 不仅能够继续保持原有的优良品质,而且更加符合学校教育的需要,对当代儿童的智力情况做出更为准确的评估。

三、修订过程

GITC 的修订工作从 2002 年初开始,至 2004 年 5 月完成。前后历经了三个阶段:修订前的准备,即检验 GITC 的心理测量学特征;修改测验,先后两次试测,对心理测量学特征进行反复检验,得到修订后的团体少年儿童智力测验(group intelligence testing for adolescents and children,简称 GITAC);制定 GITAC 上海市区参考性常模。

(一) 修订前的准备——检验 GITC 的心理测量学特征

2003 年初,研究者从上海市普陀、长宁、闸北等区随机抽取了几所中小学及一所职业学校中共 350 名学生作为被试,其中有效样本总量为 321 人,年龄分布为 11—18 岁。根据 321 人的测验结果,研究者对 GITC 作了项目分析,同时也作了信、效度的检验,并且将 2003 年初的检验结果与 1996 年 GITC 编制之初的信效度检验结果做了简要的对比分析。

1. 内在一致性信度

将各分测验的测题项目按单双号分成两半,运用 SPSS 统计软件进行计算,得到分半信度系数。再用 Spearmam - Brown 公式 $2r/(1+r)$ 进行校正(如表 10 - 15 所示)。

表 10-15 十个分测验的分半相关系数

分测验		2003年初测验结果($n=321$)		1996年编制时结果($n=1227$)	
		分半相关系数(r)	矫正后信度 $2r/(1+r)$	分半相关系数(r)	矫正后信度 $2r/(1+r)$
语言量表	常识	0.7805	0.8767	0.862	0.926
	类同	0.5636	0.7209	0.773	0.872
	算术	0.5588	0.7170	0.790	0.882
	理解	0.6971	0.8215	0.842	0.915
	词汇	0.7522	0.8586	0.869	0.930
	语言五项分测验	0.9120	0.9540	0.957	0.978
非语言量表	辨异	0.5896	0.7418	0.678	0.808
	排列	0.3723	0.5426	0.441	0.612
	空间	0.8013	0.8897	0.858	0.924
	译码	0.4877	0.6556	0.930	0.964
	拼配	0.7194	0.8368	0.765	0.867
	非语言五项分测验	0.8484	0.9180	0.936	0.967
全量表(十项分测验)		0.9272	0.9622	0.971	0.985

从表 10-15 中,研究者可以发现,在两次信、效度检验中,排列分测验的信度系数都不是很理想。而在 2003 年初的检验中,译码分测验的信度系数不如编制之初的情况理想。其他分测验的信度系数在两次检验中都较好,语言量表和非语言量表的信度系数都在 0.90 以上,而总测验的信度系数都在 0.95 以上。一般而言,信度系数达到 0.90 以上的智力测验性能属于良好。所以,结果表明 GITC 的信度系数稳定,可靠性程度较高。

2. 结构效度

在 2003 年初的数据中,研究者做了主成分因素分析,得到了两个因素。将 1996 年编制之初时所做的两因素分析结果一起呈现于表 10-16 中。

从表 10-16 中可见,按两因素的分类,在两次效度检验中,除 2003 年初的检验结果显示译码分测验的因素负荷差强人意外,其他分测验分别在两个因素上有很高的负荷量。其中常识、类同、算术、理解、词汇这五项在因素 1 上的负荷量较高;辨异、排列、空间、拼配则在因素 2 上的负荷量偏高。根据这样的分布特点,本测验根据编制初始的设计,将它们定名为语言加工和非语言加工,从而把全量表分成两大部分,即语言量表和非语言量表。两次因素分析的结果证明了 GITC 的结构效度非常好。

表 10-16　各分测验在主成分上的因素负荷

分测验	2003 年检验的因素负荷		编制之初的因素负荷	
	1	2	1	2
常识	0.701	0.390	0.827	0.393
辨异	0.381	0.671	—	0.803
类同	0.761	—	0.756	0.443
排列	—	0.634	0.330	0.850
算术	0.554	0.501	0.841	0.356
空间	—	0.765	0.529	0.640
理解	0.771	—	0.672	0.340
译码	0.345	0.384	—	0.800
词汇	0.737	—	0.648	0.442
拼配	—	0.757	0.344	0.772

注：空白处为负荷量小于 0.30。

(二) 第一次试测

1. 测验时间的修改

根据测验使用者和部分专家的意见，GITC 的测验时间偏长，在日常的教学时间中很难抽出连贯的近 90 分钟的时间用于该测验。他们希望能够适当缩短测验时间，尽量满足学校方便使用的需求。根据这一意见，以及研究者在过去进行 GITC 的测验中对规定时间内答完人数的统计，每个分测验的测验时间为六分钟，的确过长，在初三(14 岁)以上的年龄段中，有近 50% 甚至全部的被试都出现了提前做完的情况，尤其是在分测验九"词汇"上的答题时间普遍都在 5 分钟左右。这样的现象说明，这可能是因为社会的飞速发展，教育技术的进步以及获得知识途径的扩大使这些测题对于新时期的儿童不再具有原来的挑战性。因此，研究者决定将每个分测验的测验时间缩短为 5 分钟。这样，在测验时间上就缩短了宝贵的 10 分钟。

2. 被试的选择

由于本研究中所采用的传统项目分析方法对被试的依赖程度较高，为了使项目分析的结果能有效地推广应用，努力做到所采用的被试能够良好地代表总体特性。GITC 所针对的被试是年龄范围为 9 到 18 岁的少年儿童，故在第一次试测的项目分析时所采用的被试为从闸北区、普陀区、长宁区随机抽取的几所小学、初中到高中的 9 到 18 岁的学生共 420 人，其中有效数据 415 份，男女生比例为 1.27∶1。

3. 第一次试测项目分析的结果

项目分析的结果以常识分测验测题的鉴别力和难度分析(如表 10-17 所示)为例。尽管 GITC 编制应用已有 6 年之久,但是其中绝大部分的测题在项目分析的指标上还是相当不错的。除了少部分测题难度过大或过小外,大部分测题的难度都保持在中等水平。其中有相当一部分题目的难度水平还是由于测验时间的缩短而大大提高的。

表 10-17 "常识"分测验测题的鉴别力和难度分析

鉴别指数(D)	难度(%)	难			中等				易		
		<10	11—20	21—30	31—40	41—50	51—60	61—70	71—80	81—90	91—100
差	0.19以下	38	7							3	1,2
尚可	0.20—0.29								4	5	
优良	0.30—0.39		27,35	29,30,36	19,		17	14	11	8	
	0.40以上			26,32,33,34	22,28,31,37	13,18,20,21,24,25	15,23	9,10	6,12,16		

4. 测验的修订

(1) 测验的修订。

考虑到 GITC 被试范围的广泛性和本次取样的局限性,在确定须修改的测题时遵循了以下原则:保留少量的难题和易题,尽管这些测题因此鉴别力较低;对难度为中等,但鉴别力系数却在 0.2 以下的测题进行修改。这些测题包括:分测验三"类同"的第 9、11、14 题,分测验七"理解"的第 3、4 题,以及分测验九"词汇"的第 17 题,共 6 道测题;研究者对唯一一道在测验中排列靠前,但其难度系数却在 0.2 以下的测题,即分测验一"常识"的第 7 题进行了分析。发现其难度系数低的原因极可能是答案中的五个选项的相互干扰性太强。据此,研究者决定予以修改;根据测验时是否由于时间原因造成的难度系数小于 0.1 来决定修改与否。2003 年初用 321 人的被试做项目分析时,每个分测验的测验时间为 6 分钟,项目分析结果发现,分测验一第 38 题的难度系数小于 0.1。而在第一次试测中,大部分被试都在 5 分钟之内回答了分测验一的第 38 题,但是其难度系数仍小于 0.1,因此,研究者决定对其进行修改;在 2003 年初的项目分析结果中,分测验二的第 26 题,分测验三的 32 题,分测验五的第 18、19、20 题,和分测验八的第 31、32、33、34 题的难度和鉴别力都比较理想,但是在第一次试测的项目分析结果中,发现这些项目的难度和鉴别力都很低。这应该是由于测验时间的缩短而造成的结果,因此,决定对这些测题予以删除。这样,在这次修订中总计修改了 8 个测题,删除了 9 个测题,共改动测题项目数为 17。

(2) 测验名称的修改。

在进行测验的过程中,发现初中以上的学生在看到测题册的封面上印有"团体儿童智力测验"时,都会产生疑惑,认为自己不应该还属于儿童,有的甚至因此对测验产生抵触情绪。为了避免由于名称给测验带来不必要的负面影响,在修订时,经过慎重考虑,研究者决定把原来的"团体儿童智力测验"改为"团体少年儿童智力测验"。

(3) 答题纸的修改。

在测验的实施过程中,发现原来的答题纸由于排版比较复杂,测题号及选项分布过于紧密,导致不少被试在答题时写错位置。为了降低因此而造成的负面影响,在修订时,研究者对答题纸也进行了修改,使得页面排版更为简洁,测题分布分为上下两行。在试测的过程中,发现被试答错位置的现象大大地减少了,从而基本排除了由此而造成的测量误差。

(4) 指导语的修改。

在其他使用者所提供的建议中,以及研究者在前期大量的测验中所积累的经验,根据修订后测验的需要,对原来"团体儿童智力测验"中的总指导语及各分测验的指导语进行了修改,修改主要是为了适应 GITC 的修订版,即 GITAC 的施测,另一方面是为了节约整个施测所需的时间。通过测验时间和指导语的修改,GITAC 的测验时间为:小学生可以在 70 分钟内完成;初中生和高中生可以在 60 分钟内完成。

(5) 指导手册的修改。

针对此次修订对 GITC 所做的改动,为了方便未来 GITAC 的使用者更好地施测,对原 GITC 施测指导手册做了部分修改和补充,并在此基础上编制了 GITAC 施测指导手册。

(6) 数据处理软件的编制。

为了满足快速处理数据的要求,在 GITC 答题结果处理的软件的基础上进行改进,编制了功能更好的 GITAC 的数据处理软件,给大规模的数据分析带来了极大的方便。

(三) 第二次试测

1. 试测的被试选择

根据第一次项目分析的结果,对部分测题进行修改及测验其他方面调整之后进行第二次试测,以确定修订后的测试效果是否达到预期目标。试测选取的被试为:9—10 岁儿童 36 名,13—14 岁儿童 38 名,16—17 岁儿童 41 名,共 115 名儿童,其中有效数据 111 个,男女生比例为 54∶57。

2. 第二次试测项目分析的结果

第二次试测后,所修改的各测题项目分析结果如表 10 - 18 所示。

表 10-18 修改测题的项目分析结果

分测验	项目	难度 修订前	难度 第一次试测	鉴别力 修订前	鉴别力 第一次试测
常识	(7)	0.13	0.14	0.19	0.28
	(38)	0.10	0.08	0.13	0.20
类同	(9)	0.58	0.73	0.13	0.27
	(11)	0.62	0.60	0.14	0.57
	(14)	0.64	0.68	0.13	0.70
理解	(3)	0.42	0.91	0.13	0.17
	(4)	0.61	0.92	0.14	0.20
词汇	(17)	0.64	0.44	0.17	0.40

表 10-19 团体少年儿童智力测验(GITAC)测题组成

语言量表		非语言量表	
分测验	测题数	分测验	测题数
常识	38	辨异	25
类同	31	排列	13
算术	17	空间	30
理解	32	译码	30
词汇	50	拼配	17
分量表测题数	168	分量表测题数	115
全量表测题数		283	

修订后的试测结果表明，所修改的测题在难度和鉴别力等指标上都有所改善，并且基本上都符合预期的要求。因此，研究者决定不再更改测题和进行第三次试测。至此，形成了一个由 283 道题目组成的团体少年儿童智力测验(GITAC)。

(四) 上海市区参考性常模的制定

1. 主试的培训

根据自愿和可能的条件，研究者组织了 GITAC 上海市区参考性常模制定的主试小组，所有小组成员都曾经受过心理测量的训练，并且基本上都有智力测验的施测经验。在进行正式测验之前，对主试小组成员进行了统一培训，并实施了模拟测验，使每一个成员都能够胜任主试的工作。

2. 被试的选择

选取的被试为9—17岁儿童,共九个年龄组,每个年龄组为110人左右,这些被试分别分布于上海市普陀区、长宁区、闸北区、虹口区和徐汇区的中小学。为了保证随机性,在制定常模时,优先选取的被试是在某一年龄的半岁左右不超过3个月的儿童,例如,9岁组优先选取的是9岁3个月至9岁9个月的儿童。在抽取被试的过程中,适当考虑了重点(或生源较好)中小学、普通中学和职校学生以及男女生的比例。样组具有一定的代表性,具体如表10-20所示。

表10-20 GITAC上海市区参考性常模样组人数分布

年龄(岁)	总人数	男	女	年 级 分 布			重点学校	非重点学校(包括职校)
9	110	55	55	三年级	四年级	五年级	15	95
10	110	55	55	四年级	五年级	预备班	15	95
11	110	55	55	五年级	预备班	初一	15	95
12	104	50	54	预备班	初一	初二	14	90
13	110	55	55	初一	初二	初三	15	95
14	110	55	55	初二	初三	高一	15	95
15	110	55	55	初三	高一	高二	15	95
16	110	55	55	高一	高二	高三	15	95
17	108	59	49	高一	高二	高三	14	94

3. 常模的制定

对被试群体施测之后,对有效被试的答题纸进行处理,使用计算机进行批改,然后把原始分逐一登记整理,计算出每一年龄阶段的均数和标准差。

从测验结果来看,在16岁之前,各分测验的均数是随着年龄的增长而增长的;而在16岁到17岁之间,平均水平就不再显示出增长的势头了。也就是说,16岁以后的少年儿童的平均水平基本趋于一致了,这符合智力发展的趋势和规律。

首先,产生常模的第一部分:"与原始分等值的量表分"。量表分是一个以10为平均数,以3为标准差的1—19分的标准分数,全距相当于Z分-3至+3。采用SS(量表分) = $10 + 3Z$的公式,将每个年龄组每个分测验的原始分转换为1—19的量表分。一般而言,同一分测验的量表分的原始分应随着年龄的增大而增加,如发现不符合此规律的情况(由于随机误差)则适当予以修正。

接着,产生常模的第二部分:"与量表分等值的IQ分"。将全体被试的原始分按上述步骤转换成量表分数以后,统计整理成表10-21。

表 10-21　各年龄组三种量表总分均数和标准差

年龄组（岁）	语言量表总分 $\overline{X}$	SD	非语言量表总分 $\overline{X}$	SD	全量表总分 $\overline{X}$	SD
9	52.51	11.49	53.03	10.12	105.55	18.59
10	52.30	11.44	52.87	10.69	105.17	19.67
11	52.13	11.90	52.84	9.60	104.97	19.11
12	52.11	12.56	52.51	11.38	104.61	22.33
13	52.16	12.93	52.94	11.40	105.10	22.27
14	52.28	12.19	52.97	10.79	105.25	20.81
15	52.63	11.77	53.08	10.79	105.71	19.45
16	53.06	11.50	53.52	11.49	106.58	19.77
17	53.12	10.81	53.47	9.89	106.60	17.81
总样组（$n=982$）	52.51	13.42	53.15	12.24	105.60	24.37

在制定语言和非语言量表总分的《与量表分等值的 IQ 分》换算表时采用了各年龄组的均数和标准差,在制定全量表总分的《与量表分等值的 IQ 分》换算表时采用了总样组的均数和标准差,利用求离差智商公式 $DIQ = 100 + 15Z$,制定了各年龄组通用的《与量表分等值的 IQ 分》转换表。

(五) GITAC 的心理测量学指标检验

1. 测题的难度和鉴别力

将全体被试的测验总分按高低次序排列,再从分数最高和最低中各取全体人数的 27%,定为高分组和低分组。然后分别求出两组在某一测题上通过人数的百分比。利用公式 $P = (P高 + P低)/2$ 求出难度,再利用 $CP = (KP-1)/(K-1)$ 进行校正。鉴别力则是将高低分组的通过率相减获得,即 $D = PH - PL$。以常识分测验的 38 道测题的鉴别力和难度分析为例,列出各题目所属难度和鉴别力等级,如表 10-22 所示。全量表和言语、非言语量表测题的难度和鉴别力分析结果分别如表 10-23 和 10-24 所示。

从表 10-23 中可见,全量表中有 122 题具有中等难度,通过率在 31%—70% 之间,占总数的 43.11%;84 道测题较难,通过率在 0—30% 之间,占总数的 29.68%;77 道测题较易,通过率在 71%—100% 之间,占总数的 27.21%。从表 10-24 中可见,全量表中鉴别力较高的测题有 185 题(优良的 143 题,良好的 42 题),占全部测题的 65.73%;鉴别力尚可的有 72 题,占全部测题的 25.44%;鉴别力差的有 26 题,占全部测题的 9.19%。

表 10-22 "常识"分测验测题的鉴别力和难度分析

难度(%)		难			中等				易	
鉴别指数(D)	<10	11—20	21—30	31—40	41—50	51—60	61—70	71—80	81—90	91—100
差 0.19以下										1,2,3
尚可 0.20—0.29								4,6,8,9		5,7
优良 0.30—0.39	35,38				17	13	14			
优良 0.40以上	34,36,37		26,27,28,29,30,32,33	19,24,31	20,21,22,25	18,23	15	10,12,16	11	

表 10-23 GITAC 测题的难度分析

量表 \ 通过率%	0—10		11—30		31—70		71—90		91—100	
	测题	(%)	测题	(%)	测题	(%)	测题	(%)	测题	(%)
语言分量表	24	14.29	38	22.62	62	36.90	28	16.67	16	9.52
非语言分量表	11	9.57	11	9.57	60	52.17	25	21.74	8	6.95
全量表	35	12.37	49	17.31	122	43.11	53	18.73	24	8.48

表 10-24 GITAC 测题的鉴别力分析

量表 \ 鉴别力	0.19 以下		0.20~0.29		0.30~0.39		0.40 以上	
	测题	(%)	测题	(%)	测题	(%)	测题	(%)
语言分量表	15	8.93	36	21.43	24	14.29	93	55.35
非语言分量表	11	9.57	36	31.30	18	15.65	50	43.48
全量表	26	9.19	72	25.44	42	14.84	143	50.53

2. 分半信度

对全体被试所得数据进行十项分测验的分半相关分析,和语言分量表、非语言分量表及全量表的分半相关分析,结果如表 10-25 所示。

从表 10-25 中可以看到,十项分测验校正后的信度系数中,除了非语言量表中排列和译码分测验较低外,其余各项分测验的信度系数均在 0.8 以上,而语言分量表、非语言分量表及总量表校正后的信度系数均在 0.90 以上,信度水平符合要求。

表 10-25　十项分测验及各分量表、总量表的分半相关系数

分　测　验		分半相关系数(r)	矫正后信度 2r/(1+r)
语言量表	常识	0.768	0.869
	类同	0.723	0.839
	算术	0.708	0.829
	理解	0.698	0.822
	词汇	0.812	0.896
	语言量表	0.938	0.968
非语言量表	辨异	0.679	0.809
	排列	0.413	0.585
	空间	0.723	0.839
	译码	0.580	0.734
	拼配	0.700	0.824
	非语言量表	0.869	0.930
全量表(十项分测验)		0.951	0.975

3. 结构效度

当测验的使用者想要从测验分数来推测一种不能为单一准则表现或内容完整界定的行为时,就适于采用结构效度(Linda Crocker,James Algina.,1986)。智力的准则表现当然不是单一的,其内容也无法完整地界定,因此,对 GITAC 进行结构效度的考查是重要而适合的。首先采用主成分法,未经旋转对十个分测验进行因素分析,KMO 系数为 0.955,说明该数据所作出的因素分析效果是很好的。具体结果如表 10-26 所示。

表 10-26　对 GITAC 上海市常模样组数据的因素分析（N = 982）

公共因子	特征根	百分比	累计百分比
1	6.291	62.91	62.91
2	0.782		70.73
3	0.550		76.23
4	0.443		80.66
…	…	…	…
10	0.211	2.11	100

表 10-26 说明,特征根大于 1 的只有第一个公共因子,即因素分析的结果为 10 个分测验都可以归为一个主因子,这个主因子便是 GITAC 所测的一般智力。再让研究者来看看每

个分测验在一般智力上的负荷各是多少。

表 10-27 中的数据表明,十项分测验在一般智力因素的负荷都高于 0.6,也就是说它们对 g 因素都有较大的贡献率。

表 10-27 GITAC 上海市常模样组的各分测验的 g 因素负荷量

分测验	负荷量	分测验	负荷量
常识	0.873	辨异	0.782
类同	0.775	排列	0.651
算术	0.836	空间	0.730
理解	0.853	译码	0.787
词汇	0.866	拼配	0.752

为进一步了解测验的因素结构,对十个分测验又做了两个因素的正交旋转分析(结果如表 10-28 所示)。从表 10-28 中可见,按两因素的分类,十个分测验分别在言语和非言语知觉组织两个因素群中占有更高的负荷量,且均在 0.6 及以上。这样的结构符合测验编制者的设计,即把全量表分为两大部分,语言分量表和非语言分量表。以上探索性因素分析的结果表明,该测验的结构效度是较好的。这一结果和 1996 年的研究结果及 2003 年之初修订前的准备所收集数据得到的结果都是基本一致的。

表 10-28 GITAC 两因素正交旋转结果

分 测 验	第一因素负荷量	第二因素负荷量
常识	0.808	
辨异		0.609
类同	0.799	
排列		0.794
算术	0.745	
空间		0.701
理解	0.821	
译码	0.681	
词汇	0.815	
拼配		0.757

注:空白处为负荷量小于 0.30。

最后，需要说明的是：团体少年儿童智力测验(GITAC)现已改称为多维度少年儿童智力量表(GITC)，目前已经不采用纸质版本，而是采用计算机局域网进行测试。

本章思考与练习

1. 编制测验的一般程序包括哪些重要环节？
2. 测题是如何编写、修改和编排的？
3. 编制测验的过程中，可能会出现哪些失真的问题？
4. 测验编制和测验修订有哪些相似和不同？

第十一章 测验的使用

本章主要学习目标

学习完本章后,你应当能够:
1. 理解测验规范使用的意义和基本要求;
2. 掌握测验实施诸环节及其注意事项;
3. 了解如何保障测验评分和解释的客观性。

本章虽为本书最后一章,但在某种意义上,可以被认为是最重要的一章。这是因为我们编制或修订一个心理测验,其最终目的是使用,如果使用不当则会产生误用和滥用的后果。因此,在不少国外的心理测验和测量的教科书里,视测验的使用为关键问题,这并非偶然。

心理测验的使用一般是按下列顺序进行的,即依次为选择测验、施测、评分、测验结果的解释和报告及实际运用。本章将详细地讨论在测验使用过程中所涉及的各种问题。另外,我们还将专门谈及心理测验主试的资格和职业道德方面的要求。为使读者的理解更为具体,我们对这些问题的阐述将结合以上章节中提及的有关内容及韦克斯勒儿童智力量表修订版(WISC-R)和团体儿童智力测验(GITC)等实例加以说明。

第一节 主试的资格

主试在心理测验使用的过程中起着至关重要的作用。为了保证测验的有效使用,首先必须十分重视主试资格的认定。

作为从事心理测验的专业人员,主试在整个测验使用过程中承担选择测验、施测、评分以及解释分数和结果报告等几方面的工作,有的还可能肩负运用测验结果的任务。主试工作质量的好坏与测验的成败休戚相关,好的主试能高质量地完成指导手册所要求的各项任务,保证测验的正确使用。只有训练有素的心理测验工作者才能胜任上述工作。执行主试资格的严格审定程序,坚持心理测验专业人员职业资格的高标准可以从根本上防止滥用和误用心理测验。一些发达国家(如美国)在这方面有很严格的规定和要求。一般需获得心理学本科以上学位,同时还需接受过心理测量和测验的专门培训的人员才有资格担任主试工作。我国近年来主试资格的审定工作也得到了应有的重视,有关部门所制定的某些条例也已逐步开始执行。

主试资格包含技术和道德两方面的要求。在技术方面要求主试必须具备一定的心理测验专业理论知识和相应的专业技能。在道德方面则要求主试恪守测验工作者的职业道德。

一、心理测验的专业理论知识

主试必须具备一定的心理测验专业理论知识,也就是要知晓心理测量理论,这是资格考查的最基本条件。具体言之,它包括要求主试对心理测量和测验的特点和性质、它的作用和局限性有清楚的认识;了解测验的基本特征,如信度和效度等心理测量学指标;熟悉保证测验标准化的必要性等。本书在以上各章中对有关这方面的专业理论知识都已做了较详细的介绍,因此熟知这些内容对成为一名合格的主试将大有裨益。

二、心理测验的专业技能

心理测量和测验是一门实践性很强的学科。要成为一名合格的主试,仅仅具有心理测验的专业理论知识是远远不够的,还必须具有实际操作心理测验的技能和经验,对个别施测的心理测验的主试来说更是如此,如著名的韦克斯勒智力量表等。这类测验的结构和内容复杂,在施测、评分、结果解释上对主试的要求很高,测验能否取得预期效果在很大程度上依赖于主试的水平。经验表明,熟练地施行韦克斯勒儿童智力量表修订版(WISC-R)并非易事。至于人格测验中,由于大多数投射测验都没有实现标准化,例如罗夏墨迹测验和主题统觉测验等,因而对主试的要求更高。担当这些测验的主试必须是经验丰富的心理咨询和临床的专家或精神病医生。一般说来,刚毕业的心理学专业本科毕业生即使经过短时间培训,对之也是难以胜任的。

当然,并非所有的心理测验对主试技能的要求都很高。一些团体施行的测验,例如瑞文测验、团体儿童智力测验(GITC)等智力测验,明尼苏达多相人格调查表以及卡特尔16种人格因素问卷(16PF)等自陈式人格量表,它们的施行手续较为简单,对施测人员的要求也不苛刻。施测人员一般只需在测验前稍做准备,熟悉测验内容及施测细则,就能主持进行这些测验了。培训经验也表明,主试的测验技能的培训可以从熟悉和施测团体测验开始,然后再进入到个别测验的训练阶段。实际上在主试资格获得的过程中,心理测验专业理论知识的获得和实际掌握测验使用过程的技能是有机结合的。许多学者认为,只有经过熟悉和实际施测一些测验,尤其是像韦克斯勒智力量表这类个别施行的测验之后,才具有心理测验的感性认识,从而才可能进一步提高主试使用心理测验的水平。另外还须指出,即使某些人具备了心理测验主试的资格,可以熟练地担任某些测验的主试,这也并不意味着他就可以担任任何其他测验的主试了。就某一个具体测验而言,测验人员是否具有主试资格,归根到底取决于他是否熟悉该测验的目的、内容、测验的实施、评分和解释等。例如熟练担任韦克斯勒儿童智力测验的主试的人可能对斯坦福—比奈量表的施测并不熟悉。如果想要成为后者的主试,那就必须参加培训或自学指导手册和反复练习,才能胜任后者的主试工作。各种测验名目繁多,新的测验不断产生,一名已具有主试资格的心理学家和测验工作者仍然面临不断学习和提高技能水平的任务。

三、测验工作者的职业道德

关于测验工作者的职业道德,美国心理学会制定的《心理学家的道德准则》和我国心理测量专业委员会的有关规定对此都有专门的阐述。心理测验工作者的职业道德就如同医生的医德一样神圣,他们的工作使命是促进人们对自身和他人的了解,这与被测试者的生活息息相关,因而他们承担着重大的社会责任。在很多情况下,滥用和误用测验违背了职业道德,并对个人和社会造成了极坏的影响。

一名有资格的主试应当自觉维护其职业的信誉以及自己的名声,对测验的保密是始终要严格遵守的原则,这是测验工作者的职责。测验工具和有关测试资料(如测验结果和个案记录等)只能由有资格的人保管,并需采取适当的步骤。切不可将测验借给不够资格的人员使用;心理测验的内容不可泄漏,心理测验和其他评量工具一样,只有被试事先未曾熟悉内容,才有价值可言。因此不能在报纸杂志上原封不动地刊载测验的内容,以免使测验失效。在对测验进行宣传介绍时,只能引用例题,正式测题是决不能公开的,应绝对禁止对测题的事先练习;对测验分数和结果的保密也很重要。须知隐私权是一种基本的人权,在现代社会,它日益受到重视和保护。为保护个人或团体的利益,对在测量、诊断和调查过程中获得的关于个人的信息要加以保护,应尽量避免对私人秘密的非法侵害,如在研究文章中引用测试资料时,对其中涉及被试身份和有关信息的内容必须事先加以适当的保密处理。

总之,一名合格的心理测验专业工作者不仅要身体力行地遵守保密原则,还应坚决阻止不合格的人员从事心理测验工作,以避免滥用和误用测验。心理测验的控制使用也是每个心理测验专业工作者必须维护的职业道德。私自翻印和改变测验材料,未经许可擅自使用测验都属于违法的侵权行为,因为它会严重地扰乱心理测验的正常出版和使用,每个心理测验工作者都应该自觉抵制这种不良现象。

第二节 测验的选择

测验的使用开始于测验的选择。可供选择的测验有很多,选择何种或几种心理测验进行施测,是测验组织者和使用者首先要考虑的问题。审慎挑选测验是避免测验误用的首要环节。本节将对选择测验时需要注意的方面提出一些建议。

一、选择与测验活动目的相符的测验

测验活动的组织者或主试在选择一个或几个测验时,对测试活动的目的和期望达到的结果必须要有清楚的认识。尤其是在对一个班级或几个班级的团体组织测试时,一定要有

一个完整的计划。须知组织一次测试并非易事,费时费力还费钱。例如在初一新生入学时,学校心理辅导室想粗略知道这些新生的智力水平,并希望把智力超常和智力较低的学生初步筛选出来,以利今后的因材施教。这时,当然应选择智力测验,而非人格测验。而根据一些临床心理学家的经验,他们认为需要实行个别测验的儿童是少数,对于大多数儿童施行个别测验,花费精力太大而且没有必要。那就可以选用团体智力测验(如瑞文测验或 GITC 等)而没有必要对每名新生进行个别测验(如 WISC-R 等)。在团体智力测验结果出来之后,对处于两端的学生(智商高和智商低的)或有特殊需要了解的学生,可结合学生的入学考试成绩,以及原来所在学校对学生智力水平的评价、家长的意见,也可听取学生本人的看法,再建议施行某种个别智力测验(如 WISC-R 等)做进一步诊断。如对智力低下儿童还须选择适应行为评定量表进行施测。

二、了解测试对象的受测条件

在选择一个测验时,测试对象的受测条件也是必须仔细了解的方面。被试的受测条件是指测试对象的某些特点,如测试对象(总体)的年龄、年级和居住所在地等,对此使用者都应做到心中有数。如被试是一年级和二年级小学生,就不具有采用团体智力测验(GITC)进行智力测验的受测条件,因为该测验是团体施行的纸笔测验,需被试通过自行阅读指导语(主试可适当辅导)和自行选择答案进行。对于低年级小年龄的被试可采用瑞文测验施测,因为这一测验的非文字的图形测题符合被试的受测条件。

三、分析所选测验的特点

使用者为了某一特定的目的而使用测验时,详细了解和分析所选测验的特点也是不可缺少的步骤,而阅读测验编制者或修订者提供的指导手册(或说明书)并考察测验的实际运用和评价是最好的途径。

首先,主试应了解所选测验的概况,如该测验的结构和内容;进行测验可达到的目的和测验结果可提供的信息,如 GITC 是为测量一般智力而设计的,其测验分数是用作评价智商(IQ)高低的。测验结果可用于对个别学生也可用于对一个集体(如班级、学校)学生的智力水平的估计等。

其次,主试应了解测验的适用范围,也即上面所提到的是否符合被试的各项受试条件。如测验的常模是否适用被试,如对居住在农村的被试,应选用有全国常模的测验,而不宜选用只有全国城市常模的测验。

最后,主试应考察测验的心理测量学指标,也即考察测验的信度、效度以及常模或对照标准的有效性。应仔细研究分析指导手册中的有关数据和资料,与此同时,还应收集其他使用者对此测验的评价和成功应用的证据。一个测验只有具有良好的效度,才能测到真正想测量的东西;只有具有良好的信度,测验结果才是可靠的;只有具有有效的常模,才能得到合理的解释。要注意常模制定的时间和地点,尽可能选用有近期常模的量表。众所周知,测验的常模是某一标准化样组在一定时空中实现的平均成绩,时间不同、地区不同,其常模也就不同。经过相当的年限以后,社会经济文化有了发展,常模也会有变动。因此不能把一个原来良好的测验,不分时间、地区地乱用。一般常模的有限使用期是10年,使用超过时限的常模测验要特别小心。其他如测验是否提供了足够的进行施测和准确解释分数的方法,也即实施手续和评分是否有详细的规定,还有测验时间的长短及所需经济上的花费等也是选择测验必须考虑的因素。

实际选择心理测验时,以上三方面的建议应同时考虑。每一种测验都有其特殊的功能和适用范围,心理测验使用者在对被试选择测验进行测试时,须依据于测验的目的、测试对象和所选测验的特点。

经验证明,选用公认的、较好的和应用广泛的测验不仅能取得满意的结果,而且可将测试结果和资料与其他人的研究结果作比较;另外应选用自己熟悉的和有使用经验的测验;应尽可能选用"本土化"的量表,也即选用我国测验工作者自己编制的心理测验量表。

第三节 测验的施测

测验的实施是保证测验有效性的重要环节。其中的关键是如何使测验标准化和尽量控制测量误差。

一、测试开始前的准备

主试进行一次测试如同战士上战场一样,需做好充分的准备。经验表明,充分的事先准备有助于保证全部施测手续正常进行。反之,如果施测时主试手忙脚乱,则会导致很坏的结果。主试在测验前必须预先完成的准备,主要包括主试本身的准备和测试的准备这两个方面。

首先,主试在测试前要熟悉测验的结构和内容及其使用方法。前面已经提到个别测试的韦克斯勒儿童智力测验的施测对主试的要求很高,它要求主试有熟练的测验技术,并受过严格的事先训练和练习。如要记住100多道测题的内容,了解哪些题可以给被试提供帮助;哪些题不能给被试帮助;每个年龄组有不同的测试起点,什么时候需停测,都必须按照指导手册的要求去做。甚至对已有韦氏量表施测经验的人来说,在每次测试之前也还需要再次翻阅指导手册和重温施测过程。团体儿童智力测验(GITC)是团体施行的测验,施测手续相对简单,但为了保证测验的正常施行和测试质量,每个主试在施测前仍必须熟悉儿童智力测验测题册和答案记分纸的内容及其使用方法,务必要认真阅读《团体儿童智力测验(GITC)施测细则》。对于第一次使用这个测验的主试,在正式施测前可进行预试,以便获得主持施测的经验。

其次,主试在测验前要把测验材料准备好,以免短缺而临时寻找。事先的充分准备可减少实施过程的测量误差,例如在使用韦克斯勒儿童智力量表修订版(WISC-R)时,要事先检查测验包里的测试器材是否齐全,即12个分测验的所有材料,以及计时用的秒表、答题纸和笔等;对于团体施测的测验,测试前主试应准备好与施测人数相等数量的测题册和答案记分纸,负责施测的主试也要有一本测题册和一份答案记分纸,并请被试准备好铅笔或圆珠笔。另外,测验被试的确定和测验场地和时间的约定也是一个不容忽略的问题。一定要与被试、被试的家长,或者被试所在学校(校长和班主任)在被试对象、时间和地点等方面事先做好约定,不要临时应付,造成被试情绪上的波动,影响测试的正常进行。主试应努力联系条件符合要求的测验场地。一般来说,测验场地应保证良好的照明和空气调节,并避免噪声和其他外界干扰,桌椅大小高低要适合,桌面要平整。进行个别测验时,在一般情况下,室内除主试和被试外不得有第三者在场。必要时,可加主试助理一人。主试和被试隔桌对坐。团体测验还有一个测试人数的掌握问题。GITC的测试可安排在教室里进行,为了有效地控制测试情况和保证施测质量,以半个班级学生(20至25人)为宜,应由一名主试和一名主试助理(可由班主任担任)共同主持测验:一人负责施测和掌握时间,另一人协助检查和监督。如果再增加一名主试助理,规模可扩大至40或50人左右,可以班级集体方式施测。在对9岁或10岁的低年龄儿童施测时,人数不宜过多,10人以内为宜。经验证明,因为人数过多等原因,主试往往不能很好控制测验场面,被试也不能积极配合进行施测,从而造成测验失败。

另外,在测试前一定要认真核对每名被试的出生日期,对于小年龄儿童,要询问家长或老师。被试实足年龄应准确计算,必须落实到几岁、几月、几天,缺一不可。在智力测验中,这个信息通常与确定被试测试时各分测验的起始题以及智商的评定有关。如果缺乏这些信息,被试的智商无从查得而发生年龄误差,则会导致错误的分数报告,因此主试对此万勿疏忽!

实足年龄的算法是:先记下出生的年、月、日和测验日期,再从测验日期中减去出生日期,即得实龄。借月时每月都按30天计算。

	例 1				例 2		
	年	月	日		年	月	日
测验日期	2000	4	30	测验日期	2000	2	3
生 日	1986	3	2	生 日	1984	8	20
实 龄	14	1	28	实 龄	15	5	13

对测验结果解释以及进行跟踪研究等有用的信息,如学生的学业成绩考试、日常表现,以及教师对学生的智力水平的评定资料等,主试应在测试前向学校(如班主任)查询并记录在案以备后用。

二、测试过程中应注意的事项

尽管各种测验施测过程不尽相同,但纵观各种心理测验,主试在测试过程中有些共同方面是必须十分注意的。

(一) 指导语

指导语通常应告诉被试如何对测题作反应。主试是通过指导语指导并帮助被试理解测验的施行要求、方法和步骤的。它会直接影响被试反应的态度和方法,对此主试要有清醒的认识。以 GITC 测验为例,主试需帮助学生理解总指导语和 10 个分测验的指导语,这是保证测验顺利进行的基本条件。可安排 3 至 5 分钟的时间,要求被试认真阅读总指导语。对于大年龄被试,以自己阅读为主,对于小年龄被试,可在他们自己阅读之后通过适当的提问帮助他们理解。对阅读有困难的被试,主试可作口头解释。鼓励被试大胆地提出问题,主试应耐心地进行辅导。每个分测验前都有分测验指导语和举例,它们是用来具体指导如何进行某一个分测验的。一般可安排 1 至 2 分钟时间要求被试认真阅读和理解例题,尤其是在刚开始进行第一、第二个分测验时,很多被试往往会因不熟悉测验的内容和答题的规则和方式而影响到测试的结果。在分测验施测前,需要询问每位被试是否读懂了指导语和理解了例题;对还不明白的学生可作进一步的口头解释。在 WISC-R 测试中,指导手册要求主试用自然的谈话语调来表达测题的指导语,必要时可插入恰当的评语(如"做得很好""好得很""你会做得更好"……)以提高被试对测题的兴趣,促进他更加努力地应试。如被试做不出测题时,可对其说"这个题目比较难,等你长大了就会做了"。主试需熟记指导语,不可临时翻阅。主试应在每次测验中都能对被试以同样的话语表达指导语,这也是一个好的主试必备的基本功。

(二) 施测顺序

有效的测验结果有赖于主试遵从标准程序进行测试。各种测验都有一些具体的程序规定,在指导手册中都有详细说明。韦克斯勒儿童智力测验指导手册中对总指导语、各分测验的施测程序、各分测验指导语和例题、每一个分测验测题的起点和停测点、测验材料呈现的形式、测题时间限制、可帮助和追问的回答、记分等都有严格规定。为了使整个测验过程更加有趣并富于变化,语言测验和操作测验交叉进行。各分测验测试的先后次序有统一规定,"背数"和"迷津"分测验属于备用测验,分别在某一同类测验失败时使用。以第一分测验"常识"为例,起点题:6—7 岁的儿童和智力可能有缺陷的较大年龄儿童,从第 1 题开始;8—10 岁的儿童,从第 5 题开始;11—13 岁的儿童,从第 7 题开始;14—16 岁的儿童,从第 11 题开始。如果一个年龄为 8—16 岁的儿童在头两道题中得到全分,则前面的几道题均按满分计。如果他在头两道题中得不到全分,则按倒退的顺序施测前面的几道题,直至连续在两道题中得全分为止(起点题不计)。停测点:连续五道题都不能通过(得 0 分)时即停测。施测说明:准确地按照顺序读每一道题,如果回答不清楚,可以提问:"你说的是什么意思?"或"详细地说一说你的意思。"但不要提出引导性的问题。如果年龄小的儿童或智力有缺陷的较大年龄儿童,第一道题就不能通过,可以给予帮助,鼓励儿童说出正确答案,然后问第二道题,但不得给予任何进一步的帮助。

每位主试应力求圆满地完成指导手册中的规定。

三、主试和被试间良好的协调关系

主试应该明白自己的工作效果在很大程度上依赖于他与被试之间保持良好协调关系的能力。主试和被试的密切合作将有助于被试乐于表现各种能力和尽可能多的特点，向我们提供更多的信息，从而使我们达到测试的目的。

根据调查，我们发现被试在测试中的一些表现往往会造成测试的失败和产生不良结果，从而影响结果的真实性。例如，被试由于对测验目的意义不明确而产生消极态度及应付行为，有的甚至不合作；有的则因接受测验而产生测验焦虑（疑虑和紧张情绪等），有的被试会因情绪紧张而导致暂时性心理障碍（如表现为手脚冰凉）和反应水平降低的现象；有的被试为了取得有利于自己的测验结果，顺随社会公众的看法而做出虚假回答（一般在人格测验中会发生这种情况）。另外，疲劳也会对测试产生影响，儿童的身心疲劳比成人更为明显，更会因厌倦而放弃测试。此外，被试对测验的兴趣、动机以及与主试合作的程度也都会影响测验的结果。尽管被试会由于主客观原因产生不同的测试心理和行为表现，但是在建立主试和被试之间的协调关系中起主导作用的仍是主试。有经验的主试会以他高超的测试技能控制好测试场面并极大地调动被试的测试积极性。在韦克斯勒儿童智力量表施测的过程中，有些主试能充分发挥非智力因素的积极作用，很快地解除儿童的紧张和不安的心理状态，迅速和小年龄被试建立起友好关系。有些小被试不仅乐于参加每一个分测验的测试，并且兴趣越来越浓，以至于当整个测验结束时，他仍不感到疲劳，还想继续做下去。主试在测验时态度要和蔼，要善于安定被试的情绪和调动被试的积极性；主试应根据被试的年龄特点来掌握测验指导语的语调。在测验过程中也要关心被试，及时掌握被试的心理状态。WISC-R 的测试时间比较长，为每名儿童施行 10 个分测验大约需要 55 至 80 分钟。为了尽可能使全部测验一次施行完毕，在数个分测验施测结束之后可询问被试是否感到疲倦，是否要上厕所等，以创造机会让他活动一下，尤其对低年龄的被试来说更应如此。如确有困难，测验可分两次进行，但间隔时间不得超过一周。

主试对被试保证测验结果绝对保密，并对被试加以积极的鼓励，是建立和保持主试和被试间的友好关系的两种好方法。

第四节 测验的评分

评分实际上应包括在施测程序中，它是整个施测程序中的最后步骤，也是为被试测试结果的解释和报告做准备的。为了更清楚地说明这一步骤，我们专列一节加以讨论。

一、原始分数的获得

在本书的前面几章中已经提及原始分数的概念。我们已经知道，在心理测量中，原始分数就是指按照指导手册上规定的评分标准对被试所作的回答和反应所评的分数。原始分数是最基本的分数,是测试后最初获得的分数。

对于不同类型的测验,原始分数获得的难易程度不同,对主试的评分要求也不同。有些测验因为计分都是客观的,不需要对被试的回答作任何主观的判断,主试只要按照标准答案对被试的回答评分即可。一般团体测验的评分就是这样,客观而且容易。例如在 GITC 中,被试对每一测题的回答如符合标准答案就得 1 分。但有些测验的评分并不容易,一般个别施测的测验的评分对主试都有较高的要求。例如在 WISC-R 中,在指导手册中对每一个分测验的评分都有详细说明,并非每一测题都得 1 分。在有些分测验中,须根据被试应答水平的高低给分,测题的得分范围从 0、1/2、1 至 9 分不等;由于牵涉到被试连续数题失败后的停测问题,主试须在施测过程迅速作出被试是否通过测题(1 分水平的回答)的判断,并在记分纸上写上被试的答案,以留待测验结束后再仔细斟酌以保证计分的准确性。"类同""词汇"和"理解"三个分测验和"常识"分测验的部分测题对主试的评分要求最高,众多被试的回答是生动而且多变的,有些回答没有列在指导手册提供的"标准答案举例"之内,这就要求主试根据评分原则作出主观判断,因而韦氏测验的施测和评分也被认为是对主试评价能力的测试,这也是韦氏智力测验不易施行的一个原因。

待全部测题施测结束之后,主试须认真批改并参照标准答案对被试在答案记分纸上的回答进行评分,然后把所有分数汇总(相加),计算出原始分数的总分;有分测验的测验则须计算出每个分测验的原始总分。尽管它们一般都是简单的加法计算过程,但主试也要反复认真核对,以防加错,然后把它们填入答案记分纸第一页的有关表格内,留待下一步使用。

二、原始分数的转换

在心理测量中,一般原始分数本身很少有意义,只有测验包括了意义明确的范围时,或是绝对的测量时(如反应时的数值),原始分数才有意义。原始分数的单位具有不等性和不确定性,若没有适当的参照标准,它是不具有任何意义的,也即未经过任何转化程序处理的原始分数是不能提供任何有用的信息的。例如一名儿童在 WISC-R 的常识分测验中的得分为 20,这分数是好还是坏,如果不与同龄儿童的平均水平相比较,我们不能知道这 20 分的意义;另外,不同分测验之间的原始分数既不能进行比较,也不能直接相加,各个分测验的原始分数是 12 个分测验直接测到的分数,这 12 个分测验各自的评分方法都不相同,每 1 分的意义是不等值的,因而不能合计(相加)。

要使测验分数具有意义,并且使不同的原始分数可以比较,这就要对它们进行适当的转化处理或者与参照标准加以对照。经过处理和对照参照标准得来的分数就是导出分数。我们在第八章所介绍的百分位数、T 分数、发展分数、标准分数等都是导出分数。

测验编制者提供的常模表就是原始分数的转化表。它为测验使用者提供了一种方便易行的由原始分数向导出分数转化的方法。以韦克斯勒儿童智力量表修订版(WISC-R)为例,主试可利用上海市区常模使用指导书中的《与原始分等值的量表分》把各分测验的原始总分分别转换成量表分。但要特别注意年龄的适合性,要找到与被试年龄相应的那张表。如果一名儿童的年龄为9岁6个月,常识分测验的原始分为16,查表后知其相应的量表分为13。主试用同样方法可以查找其他9个分测验原始分相应的量表分。因为各分测验的量表分是一个以10为均数,以3为标准差的1—19的标准分数,全距相当于Z分数-3—$+3$,因而每个量表分是具有意义的。上例中该儿童的量表分为13,就表明这名儿童的常识分测验的水平高于同龄儿童的平均水平一个标准差。又由于各分测验的量表分具有相同参照点和单位,因而可以相加,这样我们才能把语言量表、操作量表的各5个分测验的量表分相加,得到语言量表总分和操作量表总分,再把以上两个量表总分相加得到全量表总分。最后利用常模表的《与量表分等值的语言IQ分》《与量表分等值的操作IQ分》《与量表分等值的全量表IQ分》三张表把这三种量表总分进行转换,获得每名被试的语言、操作、全量表智商(IQ)分数。以上就是韦克斯勒儿童智力测验中从原始分到量表分,然后到智商分的转换过程。

第五节 测验结果的报告

本节所涉及的内容的重要性不言而喻。错误的测验结果的报告将使我们在测验的选择、施测及评分过程中所作的努力前功尽弃。不仅如此,它还将对被试的身心发展造成不良影响,甚至使社会对心理测验本身产生怀疑和不满,产生极坏的副作用。

有这样一个典型事例:广州有一位一年级小学生,在父母眼里,他是个聪明的孩子。他最大的梦想是出版一本历史连环画,因为他对历史人物滚瓜烂熟,绘画水平明显高于同龄的孩子。然而,一张智力测验报告单断送了他的前途。他所在的小学在开学后对全校新生作了智商测定。测验结果发现,他的智商为68,低于正常的80,于是被判定为智力障碍生。(摘自1999年3月21日《解放日报》的《大众话题》专栏)上述事件就是滥用和误用测验的典型,产生了恶劣的社会影响。在上述事件中,测验的实施者显然是一个不够资格的主试,对测验结果的解释和报告采取了很不慎重的态度。在本节中,我们将结合上述事例说明正确的测验结果报告的基本原则和方法。

一、测验结果的综合分析

心理测试结束之后的评分是给每位被试的智力、能力或人格特征作出了一个量的分析,例如智商测试之后的智商分数。那么,如何看待这些分数呢?不同的主试会有不同的做法。像上例中的主试认为被试的智商分数低于正常的80(暂不谈这个评判标准的错误,一般智商低于70分才被认为是处于临界范围),就判定他为智力障碍生,然而一个有资格的主试决不会这样轻率地下结论,他会围绕这个分数进行一系列的综合分析。首先,应根据心理测量的特点进行分析。由于测量误差的影响,被试的测验分数会在一个范围内波动。应该永远把测验分数视为一个范围而不是一个确定的点,所以上例学生的测验分数应在68上下波动。因为这个原因,对被试的水平和特点进行的分类就不是固定不变的,尤其对于处于临界的分数。如那位小学生的智力等级水平有可能会在两个等级内变化。其次,不能把分数绝对化,决不能根据一次测验的结果下定论。在智商测验中,特别对分数低的被试作出任何结论都应十分谨慎。上例中的主试仅根据一次测验分数就给被试下智力障碍生的定论显然是草率的。可行的做法是使用另一些智力测验再行施测,并比较施测结果。主试还应该主动了解各方面的信息进行综合分析。另外,主试本人更应对测验有一个正确的认识。不能绝对地认为测验分数就是对于人的能力和人格特征提供了非常完善的指标。这就是说,不能仅仅依据测验分数来对被试作出评判,应参照其他评判的标准一起考核,然后再作出决定。

对一名儿童下智力障碍的结论,要有两方面的充分信息。不仅要看他的智商分数,更重要的是看他的社会适应性,即还需要进行适应性测试,并向学校和家长了解被试的有关智力信息。上例的主试不考察被试的社会适应性行为,而仅凭一次智力测验结果就把被试判定为智力障碍生,说明这位主试是不能胜任测验主试工作的,他缺乏起码的确定智力障碍的专业知识。

此外,对测验结果的分析还必须参照其他各项资料,应兼顾个体间差异与个体内差异的分析。对于测验结果的分析,可从广度与深度两个方面进行。前者属于个体间的比较,后者为个体内差异的分析,两者在方法上相互补充。

二、测验结果的解释和建议

测验结果的解释和建议主要是指主试如何向被试或有关人员或单位报告测验的结果。上面谈到的测验结果的综合分析为测验结果的解释和建议做好了准备。一般而言,主试不应把测验分数告诉被试和有关人员(如家长、学校班主任等),而应告诉其测验结果的解释和建议。心理测量中的分数不同于一般情况下使用的分数概念,如智商分数的 100 分在意义上就不等同于学科考试成绩中的 100。直接报告分数会引起不必要的误解,因而在做结果报告(口头或书面)时应避免使用专业术语,而应用被试及有关人员熟悉的话语来说明。应以简洁的文字描述测验的内容、测验分数所代表的意义、对测验分数可能产生的误解以及测验分数的运用等。使用专业术语时应有通俗的解释。我们在进行 WISC-R 的培训时,曾尝试制定了一些解释的细则以及对不同智力水平(高、中、低)的被试作出解释和建议的范例,在此提供给读者参考。

韦克斯勒儿童智力量表(WISC-R)结果解释细则(试行)

1. 依据韦克斯勒对智力水平的分类,将被试的总智商、语言智商和操作智商分数做出相应的等级评定。

具体 IQ 分所属等级对应关系如下:

IQ	130 以上	120—129	110—119	90—109	80—89	70—79	70 以下
类别	极优秀	优秀(上智)	中上(聪颖)	中材	中下	较差	差(智力落后)

2. 根据各分测验所测能力指出被试的优势(强)和不足(弱)的方面。各分测验所测的主要方面和能力简介如下,仅供参考。(带 * 的分测验为备用测验)

语言量表

常识：测量被试知识面，反映一个人对于日常生活中可能接触到的事情的认知能力。亦需记忆能力。

类同：测量被试的抽象概括能力，从两组属性中抽绎其共同要素的能力。

算术：测量被试的数概念、计算、推理和心算能力的应用。亦需注意力。

词汇：语词的掌握程度及口头语言表达能力。

理解：实际知识的理解与判断能力，或者说被试评价和利用已有经验解决现实问题和解释社会现象的能力，与文字表达能力也有关。

背数*：注意力和短时记忆能力。

操作量表

填图：观察力。测量被试对于外部事物形态的辨认能力，以及区分外部事物的重要和非重要部分的能力。

排列：测查一个人不用语言文字而能表达和评价整个情景的能力。

积木：视觉的分析综合能力，空间知觉、视觉和动作的协调能力。

匹配：知觉部分与整体关系的能力，视觉和动作的协调。

译码：短时记忆、视觉和动作的协调，书写速度。

迷津*：测查被试的计划能力、空间推理及视觉、组织能力，亦须视觉和动作之间协调的准确与速度。

3. 针对不足提出补救措施，同时也可以提出一些建议以使被试优势得以更好地发挥。

4. 几个注意事项：

（1）一般而言，不要把测验结果（IQ分数）直接告诉家长和被试，而只需告知其测验结果的解释。如被试的IQ在100左右，就说他的智力一般；如IQ在110到119，就说只要好好努力，就可以学会很多东西；如被试的IQ在80到90之间，家长对他的要求可以低一些，并多做一些鼓励。在对总智商水平进行报告的同时，应对语言和操作智商的水平进行比较，还要根据各分测验的量表分数的高低指出被试心理能力群上的优势和弱点。IQ得分在70左右或70以下，130左右或130以上都应建议使用其他测验再进行测验。

（2）在对结果进行解释时，应对测验过程中出现的异常情况：如被试的健康状况、情绪状况和行为表现、合作态度、施测的时间和地点等予以适当的说明。这些都是为了对被试负责，并给最后决定者参考。

（3）建议不要采用绝对化的语言，妄下定论。不能仅仅依据测验结果来评判，而应参照其他评判的标准一起考核，然后再作出决定。

测验结果的报告的水平是主试对心理测验特点和局限性的深刻认识和主试测试技能和丰富经验的综合体现，它应该是由有经验的主试和测验专家完成的。如在美国得克萨斯州，可进行施测某个测验（例如WISC-Ⅲ）的人并不一定具有解释和报告测验结果的资格。这就好像病人去医院看病，最后的诊断往往由高级主管医生来作出一样。

韦克斯勒儿童智力量表(WISC-R)
测验结果报告单（学校留存）

学校 ×××	班级 ××	学号 ××	教师评定 ×

姓 名	×××	性 别	男	主 试	×××

智力分数和等级	语言智商分数 <u>123</u> 等级 <u>优秀</u> 操作智商分数 <u>113</u> 等级 <u>中上</u> 总体智商分数 <u>122</u> 等级 <u>优秀</u>		年 月 日 测验日期 <u>1998</u> <u>5</u> <u>2</u> 出生日期 <u>1983</u> <u>11</u> <u>28</u> 实际年龄 <u>14</u>岁 <u>5</u>月 <u>4</u>天

智 力 剖 面 图

	语 言 测 验	操 作 测 验
	常识 类同 算术 词汇 理解 背数	填图 排列 积木 拼图 译码 迷津
	12　17　14　11　13　10	11　13　13　13　8　15

测 验 结 果：（剖面图略）

解释和建议：

　　该儿童的语言能力优秀；操作能力相对较弱，但也属中上水平。总体而言，其智力属优秀水平。

　　从各分测验来看，该儿童知识面较广，表达能力、观察力和辨别力、空间想像能力和手眼协调能力均较好，其中尤为突出的是类比推理、心算能力和组织能力。比较而言，短时记忆能力是其最薄弱的环节，但也属一般正常状况。

　　该儿童在各方面均较为优秀，只要努力，该儿童可达到较高的水平。建议家长和教师多关注其优势能力的培养，以使其保持和达到更高的水平。对其尚欠不够的方面，可采取相应措施加以弥补，如教授儿童记忆方法，以加强其记忆能力等。

韦克斯勒儿童智力量表(WISC-R)
测验结果报告单（学校留存）

学 校 ×××　　　班 级 ××　　　学 号 ××　　　教师评定 ×

姓　名	×××	性　别	女	主　试	×××

智力分数和等级	语言智商分数 105 等级 中材 操作智商分数 118 等级 中上 总体智商分数 113 等级 中上		年　月　日 测验日期　1998　4　30 出生日期　1983　1　7 实际年龄　15 岁 3 月 23 天

智力剖面图

	语言测验						操作测验					
	常识	类同	算术	词汇	理解	背数	填图	排列	积木	拼图	译码	迷津
	7	15	8	11	13	10	10	16	10	13	12	9

测验结果（分测验量表分，从1到19）

解释和建议	该儿童的语言能力一般，操作能力中等偏上。总体而言，其智力属中上水平。 　　从各分测验来看，该儿童类比推理能力、理解能力、表达能力、手眼协调能力较好，这些是其优势所在。比较而言，该儿童知识面较窄，是各项能力中尤为欠缺的一个方面，其心算能力和注意力及组织能力也较弱，其他各项能力则属一般水平。 　　教师和家长可对其提出一定要求。只要努力，该儿童可达到较高的水平。建议家长及教师鼓励并带领该儿童多参加各种有益活动，扩大阅读面，了解各种常识，以扩展其知识面，同时让其保持相对充分的独立性，学习计划和安排自己的日常事务，以做到全方位的发展。对其优势能力，也可考虑专项培养。

韦克斯勒儿童智力量表（WISC-R）
测验结果报告单（学校留存）

学　　校　×××　　　班　级　××　　　学　号　××　　　教师评定　×

| 姓　名 | ××× | 性　别 | 男 | 主　试 | ××× |

				年	月	日
智力分数 和 等　级	语言智商分数 73　等级 低能边缘 操作智商分数 72　等级 低能边缘 总体智商分数 67　等级 智力缺陷	测验日期 出生日期 实际年龄		1998 1988 9 岁	4 9 7 月	17 13 4 天

智力剖面图

	语　言　测　验						操　作　测　验				
	常识	类同	算术	词汇	理解	背数	填图	排列	积木	拼图	译码	迷津
	7	9	1	8	5	11	7	9	4	8	5	8

测验结果：
语言测验各分测验得分：常识7、类同9、算术1、词汇8、理解5、背数11
操作测验各分测验得分：填图7、排列9、积木4、拼图8、译码5、迷津8

解释和建议

　　该儿童的总体智力水平偏低，属智力缺陷。其语言能力和操作能力不高，处于低能边缘水平。

　　从各分测验来看，短时记忆能力是该儿童的优势能力。除此之外，其表达能力、类比推理能力、组织能力等稍低于一般水平，但仍属于正常。比较而言，其知识面较窄，观察力、辨别力不强，空间推理能力较差，心算能力尤为欠缺。

　　因此，建议家长和学校对该儿童的要求可适当放宽，只要儿童尽力去完成任务即可，不必强求其达到较高的水平。对于其优势能力仍需鼓励，对其欠缺之处，需要采取相应措施，如让儿童多接触生活，鼓励其多观察事物、多提问等，如此，使其潜力得到最大的发挥。

　　鉴于该儿童在测试过程中表现消极，遇到困难立即放弃，不肯动脑筋，我们认为本测试结果有可能没有完全真实地反映其实际能力。建议家长和学校对儿童再施测其他测验，以进一步探查其智力水平及各项能力的优劣势所在。

本章思考与练习

1. 如何保证测验使用的规范性？
2. 测验实施过程包含哪些重要环节？有哪些注意事项？
3. 如何保证测验评分和解释的客观性？

附 件

　　心理测验的使用是心理学服务于社会的一个重要的方面。目前它已广泛地应用于医疗、教育、人事、军事等相关领域,并且,它的应用范围还在不断地扩大,可望在今后为社会作出更多的贡献。然而,心理测验的应用价值是与其科学性密不可分的。如果心理测验的编制者和使用者忽略了它的科学性和严密性,那么,心理测验的各种滥用和误用将会给社会带来不同程度的危害,同时,也会降低心理测验在公众心目中的地位。有鉴于此,中国心理学会于1992年12月通过了由张厚粲教授主持制定的《心理测验管理条例(试行)》和《心理测验工作者的道德准则》,并于2015年5月修订更新,以下予以全文转载,希望心理测验工作者遵照执行。

心理测验管理条例

第一章 总 则

　　第1条　为促进中国心理测验的研发与应用,加强心理测验的规范管理,根据国家有关法律法规制定本条例。

　　第2条　心理测验是指测量和评估心理特征(特质)及其发展水平,用于研究、教育、培训、咨询、诊断、矫治、干预、选拔、安置、任免、就业指导等方面的测量工具。

　　第3条　凡从事心理测验的研制、修订、使用、发行、销售及使用人员培训的个人或机构都应遵守本条例以及中国心理学会《心理测验工作者职业道德规范》的规定,有责任维护心理测验工作的健康发展。

　　第4条　中国心理学会授权其下属的心理测量专业委员会负责心理测验的登记和鉴定,负责心理测验使用资格证书的颁发和管理,负责心理测验发行、出售和培训机构的资质认证。

第二章 心理测验的登记

　　第5条　凡个人或机构编制或修订完成,用以研究、测评服务、出版、发行与销售的心理测验,都应到中国心理学会心理测量专业委员会申请登记。

　　第6条　登记是心理测验的编制者、修订者、版权持有者或其代理人到中国心理学会心理测量专业委员会就其测验的名称、编制者(修订者)、版权持有者、测量目标、适用对象、测验结构、示范性项目、信度、效度等内容予以申报,中国心理学会心理测量专业委员会按照申报内容备案存档并予以公示。心理测验登记的申请者应当向中国心理学会心理测量专业委员会提供测验的完整材料。

　　第7条　测验登记的申请者必须确保所登记的测验不存在版权争议。凡修订的心理测验必须提交测验原版权所有者的书面授权证明。

　　第8条　中国心理学会心理测量专业委员会在收到登记申请后,将申请登记的测验在中国心理学会心理测量分会的有关刊物和网站上公示3个月（条件具备时同时在相关学术刊物公示）。3个月内无人对版权提出异议的，视为不存在版权争议；有人提出版权异议的，责成申请者提交补充证明材料，并重新公示（公示期重新计算）。

第9条　公示的测验内容包括但不限于测验的名称、编制者（修订者）、版权所有者、测量目标、适用对象、结构、示范性项目、信度和效度。

第10条　对申请登记的测验提出版权异议需要提供有效证明材料。1个月内不能提供有效证明材料的版权异议不予采纳。

第11条　中国心理学会心理测量专业委员会只对登记内容齐备、能够有效使用、没有版权争议的心理测验提供登记。凡经过登记的心理测验，均给予统一的分类编号。

第三章　心理测验的鉴定

第12条　心理测验的鉴定是指由中国心理学会心理测量专业委员会指定的专家小组遵循严格的认证审核程序对测验的科学性、有效性及其信息的真实性进行审核验证的过程。

第13条　心理测验只有获得登记才能申请鉴定。中国心理学会心理测量专业委员会只对没有版权争议、经过登记的心理测验进行鉴定，只认可经科学程序开发且具有充分科学证据的心理测验。

第14条　中国心理学会心理测量专业委员会每年受理两次测验鉴定的申请。

第15条　鉴定申请材料包括但不限于以下内容：测验（工具）、测验手册（用户手册和技术手册）、记分方法、计分方法、测验科学性证明材料、信效度等研究的原始数据、测试结果报告案例、信息函数、题目参数、测验设计、等值设计、题库特征等内容资料。

第16条　对不存在版权争议的测验，中国心理学会心理测量专业委员会组织专家在3个月内完成鉴定。

第17条　鉴定工作程序包括初审、匿名评审、公开质证和结论审议4个环节。1）初审主要审核鉴定申请材料的完备程度和是否存在版权争议。2）初审符合要求后进入匿名评审。匿名评审按通讯方式进行。参加匿名评审的专家有5名（或以上），每个专家都要独立出具是否同意鉴定的书面评审意见。无论鉴定是否通过，参与匿名评审专家的名单均不予以公开，专家本人也不得向外泄露。3）匿名评审通过后进入公开质证，由鉴定申请者方面向鉴定专家小组说明测验的理论依据、编修或开发过程、相关研究和实际应用等情况，回答鉴定专家小组成员以及旁听人员对测验科学性的质询。鉴定专家小组由5名以上专家组成，成员由中国心理学会心理测量专业委员会聘任或指定。4）公开质证结束后进入结论审议。鉴定专家小组闭门讨论，以无记名方式投票表决，对测验做出科学性评级。科学性评级分A级（科学性证据丰富，推荐使用）、B级（科学性证据基本符合要求，可以使用）、C级（科学性证据不足，有待完善）。

第18条　为保证测验鉴定的公正性，规定如下：

1）测验的编制者、修订者和鉴定申请者不得担任鉴定专家，也不得指定鉴定专家；

2) 为所鉴定测验的科学性和信息真实性提供主要证据的研究者或者证明人不得担任鉴定专家；

3) 参加鉴定的专家应主动回避直系亲属及其他可能影响公正性的测验鉴定；

4) 参与鉴定的专家应自觉维护测验评审工作的科学性和公正性，评审时只代表自己，不代表所在部门和单位。

第19条　为切实保护鉴定申请者和鉴定参与者的权益，参加鉴定和评审工作的所有人员须遵守以下规定：

1) 不得擅自复制、泄露或以任何形式剽窃鉴定申请者提交的测验材料；

2) 不得泄露评审或鉴定专家的姓名和单位；

3) 不得泄露评审或鉴定的进展情况和未经批准和公布的鉴定或评审结果。

第20条　对于已经通过鉴定的心理测验，中国心理学会心理测量专业委员会颁发相应级别的证书。

第四章　测验使用人员的资格认定

第21条　使用心理测验从事职业性的或商业性的服务，测验结果用于教育、培训、咨询、诊断、矫治、干预、选拔、安置、任免、指导等用途的人员，应当取得测验的使用资格。

第22条　测验使用人员的资格证书分为甲、乙、丙三种。甲种证书仅授予主要从事心理测量研究与教学工作的高级专业人员，持此种证书者具有心理测验的培训资格。乙种证书授予经过心理测量系统理论培训并通过考试，具有一定使用经验的人。丙种证书为特定心理测验的使用资格证书，此种证书需注明所培训使用的测验名称，只证明持有者具有使用该测验的资格。

第23条　申请获得甲种证书应具有副高以上职称和5年以上心理测验实践经验，需由本人提出申请，经2名心理学教授推荐，由中国心理学会心理测量专业委员会统一审查核发。

第24条　申请获得乙种和丙种证书需满足以下条件之一：

1) 心理专业本科以上毕业；

2) 具有大专以上(含)学历，接受过中国心理学会心理测量专业委员会备案并认可的心理测量培训班培训，且考核合格。

第25条　心理测验使用资格证书有效期为4年。4年期满无滥用或误用测验记录，有持续从事心理测验研究或应用的证明(如论文、被测者承认的测试结果报告或测量专家的证明)，或经不少于8个小时的再培训，予以重新核发。

第26条　中国心理学会心理测量专业委员会对获得心理测验使用资格的人颁发相应的证书。

第五章　测验使用人员的培训

第27条　为取得心理测验使用资格证书举办的培训，必须包括有关测验的理论基础、操作方法、记分、结果解释和防止其滥用或误用的注意事项等内容，安排必要的操作练习，并进行严格的考核,确保培训质量。学员通过考核方能颁发心理测验使用资格证书。

第28条　在心理测验培训中,应将中国心理学会心理测量专业委员会颁布的心理测验管理条例与心理测验工作者职业道德规范纳入培训内容。

第29条　培训班所讲授的测验应当经过登记和鉴定。为尊重和保护测验编制者、修订者或版权拥有者的权益,培训班所讲授的测验应得到测验版权所有者的授权。

第30条　培训班授课者应持有心理测验甲种证书(讲授自己编制的、已通过登记和鉴定的测验除外)。

第31条　中国心理学会心理测量专业委员会对心理测验使用资格的培训机构进行资质认证,并对培训质量进行监控管理。

第32条　通过资质认证的培训机构举办心理测量培训班需到中国心理学会心理测量专业委员会申报登记,并将培训对象、培训内容、课时安排、考核方法、收费标准与详细培训计划及授课人的基本情况上报备案。中国心理学会坚决反对不具有培训资质的培训机构或者个人举办心理测验使用培训。

第33条　培训的举办者有责任对培训人员的资质情况进行审核。

第34条　培训中应严格考勤。学员因故缺席培训超过1/3以上学时的,或者未能参加考核的,不得颁发资格证书。

第35条　培训结束后,主办单位应将考勤表、试题及学员考核成绩等培训情况报中国心理学会备案。凡通过考核的学员需填写心理测量人员登记表。

第36条　中国心理学会心理测量专业委员会建立心理测验专业人员档案库,对获得心理测验使用资格者和专家证书者进行统一管理。凡参加中国心理学会心理测量专业委员会审批认可的心理测量培训班学习并通过考核者,均予颁发心理测验使用资格证书,列入中国心理学会心理测量专业委员会专业心理测验人员库。

第六章　测验的控制、使用与保管

第37条　经登记和鉴定的心理测验只限具有测验使用资格者购买和使用。未经登记和鉴定的心理测验中国心理学会心理测量专业委员会不予以推荐使用。

第38条　为保护测验开发者的权益,防止心理测验的误用与滥用,任何机构或个人不得出售没有得到版权或代理权的心理测验。

第39条　凡个人和机构在修订与出售他人拥有版权的心理测验时,必须首先征得该测验版权所有者的同意;印制、出版、发行与出售心理测验器材的机构应该到中国心理学会心理测量专业委员会登记备案,并只能将测验器材售予具有测验使用资格者;未经版权所有者授权任何网站都不能使用标准化的心理量表,不得制作出售任何心理测验的有关软件。

第40条　任何心理测验必须明确规定其测验的使用范围、实施程序以及测验使用者的资格,并在该测验手册中予以详尽描述。

第41条　具有测验使用资格者,可凭测验使用资格证书购买和使用相应的心理测验器材,并负责对测验器材的妥善保管。

第42条 测验使用者应严格按照测验指导手册的规定使用测验。在使用心理测验结果作为诊断或取舍等重要决策的参考依据时,测验使用者必须选择适当的测验,并确保测验结果的可靠性。测验使用的记录及书面报告应妥善保存3年以备检查。

第43条 测验使用者必需严格按测验指导手册的规定使用测验。在使用心理测验结果作为重要决策的参考依据时,应当考虑测验的局限性。

第44条 个人的测验结果应当严格保密。心理测验结果的使用须尊重测验被测者的权益。

第七章 附 则

第45条 对于已经通过登记和鉴定的心理测验,中国心理学会心理测量专业委员会协助版权所有者保护其相关权益。

第46条 中国心理学会心理测量专业委员会对心理测验进行日常管理。为方便心理测验的日常管理和网络维护,对测验的登记、鉴定、资格认定和资质认证等项服务适当收费,制定统一的收费标准。

第47条 测验开发、登记、鉴定和管理中凡涉及国家保密、知识产权和测验档案管理等问题,按国家和中国心理学会有关规定执行。

第48条 中国心理学会对违背科学道德、违反心理测验管理条例、违背《心理测验工作者道德准则》和有关规定的人员或机构,视情节轻重分别采取警告、公告批评、取消资格等处理措施,对造成中国心理学会权益损害的保留予以法律追究的权力。

第49条 本条例自中国心理学会批准之日起生效,其修订与解释权归中国心理学会心理测量专业委员会。

心理测验工作者职业道德规范

凡以使用心理测验进行研究、诊断、安置、教育、培训、矫治、发展、干预、选拔、咨询、就业指导、鉴定等工作为主的人,都是心理测验工作者。心理测验工作者应意识到自己承担的社会责任,恪守科学精神,循下列职业道德规范:

第1条 心理测验工作者应遵守《心理测验管理条例》,自觉防止和制止测验的滥用和误用。

第2条 心理测验工作者必须具备中国心理学会心理测量专业委员会认可的心理测验使用资格。

第3条 中国心理学会坚决反对不具有心理测验使用资格的人使用心理测验;反对使用未经注册或鉴定的测验,除非这种使用出于研究目的或者是在具有心理测验使用资格的人监督下进行。

第4条 心理测验工作者应使用心理测量学品质好的心理测验。

第5条 心理测验工作者有义务向受测者解释使用测验的性质和目的,充分尊重受测者的知情权。

第6条 使用心理测验需要充分考虑测验结果的局限性和可能的偏差,谨慎解释测验的结果和效能,既要考虑测验的目的,也要考虑影响测验结果和效能的多方面因素,如环境、语言、文化、受测者个人特征、状态等。

第7条 应以正确的方式将测验结果告知受测者。应充分考虑到测验结果可能造成的伤害和不良后果,保护受测者或相关人免受伤害。

第8条 评分和解释要采取合理的步骤确保受测者得到真实准确的信息,避免做出无充分根据的断言。

第9条 应诚实守信,保证依专业的标准使用测验,不得因为经济利益或其他任何原因编造和修改数据、篡改测验结果或降低专业标准。

第10条 开发心理测验和其他测评技术或测评工具,应该经由经得起科学检验的心理测量学程序,取得有效的常模或临界分数、信度、效度资料,尽力消除测验偏差,并提供测验正确使用的说明。

第11条 为维护心理测验的有效性,凡规定不宜公开的心理测验内容如评分标准、常模、临界分数等,均应保密。

第12条 心理测验工作者应确保通过测验获得的个人信息和测验结果的保密性,仅在可能发生危害受测者本人或社会的情况时才能告知有关方面。

第13条 本条例自中国心理学会批准之日起生效,其修订与解释权归中国心理学会心理测量专业委员会。

中国心理学会
2015年5月

主要参考文献

中文部分

阿瑟·雷伯. 心理学辞典[M]. 李伯黍,译. 上海:上海译文出版社,1996.

彼得罗夫斯基,雅罗舍夫斯基. 心理学辞典[M]. 赵璧如,等,译. 上海:东方出版社,1997.

边玉芳,梁丽婵. 基础教育质量监测工具研发[M]. 北京:北京师范大学出版社,2015.

边玉芳. 学习自我效能感量表的编制[J]. 心理科学,2004(05):1218-1222.

边玉芳. 学习自我效能感:是一般的还是针对特殊领域的?[J]. 心理科学,2006(05):1275-1277+1253.

蔡崇建. 智力的评量与分析[M]. 新北:心理出版社,1991.

柴彩霞. 7~9年级数学成就测验的初步编制[D]. 长沙:湖南师范大学,2005.

陈海平. 韦氏儿童智力测验第四版的修订及其对智力测验开发的启示[J]. 宁波大学学报(教育科学版),2008(6):37-41.

陈明终,等. 我国心理与教育测验汇编[M]. 台南:复文图书出版社,1985.

陈选善. 教育测验讲话[M]. 上海:世界书局,1947.

陈雪枫. 西方心理测验在中国的应用问题[J]. 华南师范大学学报(社会科学版),1996(04):75-78.

陈仲庚,张雨新. 人格心理学[M]. 沈阳:辽宁人民出版社,1986.

程灶火,陶金花,刘新民,袁国桢. 学习技能诊断测验的初步编制[J]. 中国临床心理学杂志,2007(05):447-451.

崔允漷,王少非,夏雪梅. 基于标准的学生学业成就评价[M]. 上海:华东师范大学出版社,2008.

戴斯,等. 认知过程的评估:智力的PASS理论[M]. 杨艳云,谭和平,译. 上海:华东师范大学出版社,1999.

戴晓阳,郑立新,J. J. Ryan,A. M. Paolo. 心理测验在中国临床心理学中的应用以及与美国资料的比较[J]. 中国临床心理学杂志,1993(01):47-50.

戴忠恒. 上海市初中平面几何标准测验测试报告[J]. 心理科学通讯,1985(06):7-13.

戴忠恒. 心理与教育测量[M]. 上海:华东师范大学出版社,1987.

邓光辉,孔克勤. 内田-克雷佩林心理测验在我国的试用研究[J]. 心理科学,1995(04):

230-233.

丁伟,金瑜. 考夫曼儿童成套评价测验的试用研究[J]. 上海教育科研,2006(06):26-29.

范晓玲,龚耀先. 4—6年级多重成就测验的编制Ⅲ:效度考验[J]. 中国临床心理学杂志,2008(01):5-12.

范晓玲,龚耀先. 4—6年级多重成就测验的编制[J]. 中国临床心理学杂志,2005(03):253-257.

范晓玲,龚耀先. 标准化学业成就测验的发展与现状[J]. 教育测量与评价(理论版),2008(09):7-11.

葛树人. 心理测验学[M]. 台北:桂冠图书股份有限公司,1987.

顾海根. 学校心理测量学[M]. 南宁:广西教育出版社,1999.

郭海英,贺敏,金瑜. 轻度智力落后学生认知能力的研究[J]. 中国特殊教育,2005(03):45-48.

郭海英,李培胜. 学优生和学困生短时记忆特征的对比研究[J]. 邯郸学院学报,2010(02):117-121.

郭海英,杨桂梅. 智力障碍学生与智力正常学生言语认知加工过程的比较[J]. 河北大学学报(哲学社会科学版),2010(05):99-103.

郭海英,张丽娟,康红云. 义务教育阶段中高年级聋生道德判断发展特点研究[J]. 中国特殊教育,2011(05):52-56.

郭磊,苑春永,边玉芳. 从新模型视角探讨认知诊断的发展趋势[J]. 心理科学进展,2013(12):2256-2264.

郭磊,郑蝉金,边玉芳,宋乃庆,夏凌翔. 认知诊断计算机化自适应测验中新的选题策略:结合项目区分度指标[J]. 心理学报,2016(07):903-914.

赫林. 项目反应理论:在心理测量中的应用[M]. 华东师范大学教育咨询中心,译. 武汉:湖北教育出版社,1990.

洪丕熙. 西方心理测验史略(之一)[J]. 大众心理学杂志,1984(01):44-46.

黄光扬. 教育测量与评价[M]. 上海:华东师范大学出版社,2002.

黄光扬. 心理测量的理论与应用[M]. 福州:福建教育出版社,1996.

黄国清,吴宝桂. 七年级数学标准化成就测验之编制与其相关之研究:以IRT模式分析[J]. 教育研究与发展期刊,2006(04):102-140.

黄希庭. 简明心理学辞典[M]. 合肥:安徽人民出版社,2004.

黄小平,胡中锋. 论教育评价的效度及其构建[J]. 高教探索,2014(02):13-17.

吉尔伯特·萨克斯,詹姆斯·W. 牛顿. 教育和心理的测量与评价原理[M]. 王昌海,等,译. 南京:江苏教育出版社,2002.

简茂发. 心理测验与统计方法[M]. 新北:心理出版社,2002.

江哲光,侯杰泰. 应用结构方程模式之问题和谬误[J]. 香港中文大学教育学报,1997(25):27-31.

金瑜,李其维. 传统比奈式智商测验和智力测验的新发展[J]. 内蒙古师范大学学报(哲学社会科学版),1996(02):1-8.

金瑜. 团体儿童智力测验的编制:目的、准则及其衡鉴[J]. 心理科学,1994(03):141-145.

金瑜. 团体儿童智力测验(GITC)全国城市常模的制订[J]. 心理科学,1996(03):144-149.

金瑜. 心理测量[M]. 上海:华东师范大学出版社,2001.

金瑜. 正确认识和使用智力测验[J]. 上海教育科研,1996(10):23-26.

荆其诚. 简明心理学百科全书[M]. 长沙:湖南教育出版社,1991.

李皓,金瑜,叶盛泉. 中学生个性因素及其与学业成就关系的探讨[J]. 心理科学,2003(03):445-447.

李皓,金瑜. 资优中学生情绪智力技能水平的差异对个性的影响[J]. 中国特殊教育,2004(02):72-75.

李皓. 韦克斯勒儿童智力测验量表第3版(WISC-Ⅲ)简介[J]. 中国学校卫生. 2006(03):247-248.

李皓. 智力测验及其发展的现状与趋势[J]. 中小学心理健康教育,2007(07):7-9.

李清华. 语言测试之效度理论发展五十年[J]. 现代外语,2006(01):87-95.

李伟明. 心理计量学的长足进步[J]. 心理科学,1998(06):528-531.

李雪荣. 现代儿童精神医学[M]. 长沙:湖南科学技术出版社,1994.

李映红. 四年级数学成就计算机自适应测验(CAT)的初步编制[D]. 长沙:湖南师范大学,2006.

林崇德. 心理学大辞典[M]. 上海:上海教育出版社,2003.

林传鼎. 我国古代心理测验方法试探[J]. 心理学报,1980(01):75-80.

凌文辁,滨治世. 心理测验法[M]. 北京:科学出版社,1988.

凌文辁,方俐洛. 心理与行为测量[M]. 北京:机械工业出版社,2003.

刘成伟. 小学六年级学习困难儿童学业成就筛查测验的初步编制[D]. 长沙:湖南师范大学,2004.

刘岗. 数学学习评价策略研究[D]. 兰州:西北师范大学,2007.

刘丽娟. 小学低年级数学成就测验的初步编制[D]. 长沙：湖南师范大学, 2004.

刘晓陵, 方优游, 金瑜. 中小学生学习适应的调查研究——以上海H区为例[J]. 基础教育, 2019(02)：56-63.

刘晓陵, 金瑜. 布鲁默学习测验(BLT)中文测题册试用本的编制报告[J]. 心理科学, 2000(01)：63-67.

刘晓陵, 刘路, 邱燕霞, 金瑜, 周隽. 威廉斯创造力测验的信效度检验[J]. 基础教育, 2016(03)：51-58.

刘晓陵, 叶腾辉, 周俊丽, 文剑冰, 金瑜. 社交技巧行为特征检核表在小学生中的适用性研究[J]. 中国临床心理学杂志, 2021(05)：937-942.

刘晓陵, 于铎, 金瑜. 多维度儿童智力诊断量表的信度和效度再检验[J]. 中国临床心理学杂志, 2015(06)：1003-1008.

刘晓陵, 张妮婕, 金瑜. 心理量表在学业成绩区分和预测中的应用[J]. 上海教育科研, 2017(09)：50-53.

柳恒超. 人格测验在人事选拔中的应用：问题与对策[J]. 上海行政学院学报, 2010(04)：92-98.

罗伯特·格雷戈里. 心理测验：历史、原理和应用(英文版)[M]. 北京：人民邮电出版社, 2008.

罗伯特·卡普兰, 丹尼斯·萨库佐. 心理测验：原理、应用和争论[M]. 陈国鹏, 席居哲, 等, 译. 上海：上海人民出版社, 2010.

罗伯特·林, 诺曼·格伦隆德. 教学中的测验与评价[M]. 国家基础教育课程改革"促进教师发展与学生成长的评价研究"项目组译. 北京：中国轻工业出版社, 2003.

罗伯特·斯腾伯格, 超越IQ：人类智力的三元理论[M]. 俞晓琳, 吴国宏, 译. 上海：华东师范大学出版社, 1999.

马惠霞, 龚耀先. 成就测验及其应用[J]. 中国心理卫生杂志, 2003(01)：60-62.

马惠霞, 龚耀先. 多重成就测验的初步编制[J]. 中国临床心理学杂志, 2003(02)：81-85.

美国加利福尼亚州立大学暨加利福尼亚大学数学诊断测验项目(CSU/UC Mathematics Diagnostic Testing Project)：http://mdtp.ucsd.edu/

美国教育统计中心(National Center for Education Statistics)：http://nces.ed.gov/nationsreportcard/

莫文彬, 宋维真. 新版MMPI—MMPI-2简介[J]. 心理科学, 1991(01)：59-60.

诺曼·格伦隆德, 基思·沃. 学业成就评测[M]. 杨涛, 边玉芳, 译. 北京：教育科学出版社,2011.

彭呈军. 超越 PISA：超越"全球第一"[N]. 中国教育报,2013－12－9.

彭凯平. 心理测验：原理与实践[M]. 北京：华夏出版社,1989.

普汶. 人格心理学[M]. 郑慧玲,译. 台北：桂冠图书公司,1986.

漆书青,等. 现代教育与心理测量学原理[M]. 南昌：江西教育出版社,1998.

宋维真,莫文彬. 心理健康测查表(PHI)的编制过程[J]. 心理科学,1992(02)：36－40.

宋维真,张建新,张建平,张妙清,梁觉. 编制中国人个性测量表(CPAI)的意义与程序[J]. 心理学报,1993(04)：400－401.

宋维真,张瑶. 心理测验[M]. 北京：科学出版社,1987.

台南师院测验发展中心. 中学理化科成就测验题库建立之研究[M]. 台南：台南师院测验发展中心出版社,1993.

台南师院测验发展中心. 中学数学科成就测验常模与题库建立之研究[M]. 台南：台南师院测验发展中心出版社,1995.

台南师院测验发展中心. 中学文科成就测验题库建立之研究[M]. 台南：台南师院测验发展中心出版社,1993.

屠金路. 结构方程模型下多因子非同质测量的合成信度估计[J]. 心理科学,2010(03)：666－669.

屠金路,金瑜,王庭照. bootstrap 法在合成分数信度区间估计中的应用[J]. 心理科学,2005(05)：1199－1200.

汪文鋆. 有关发展儿童心理测验的几点论述[J]. 应用心理学,1994(03)：1－5.

汪贤泽. 基于课程标准的学业成就评价程序研究[D]. 上海：华东师范大学,2008.

汪向东,等. 心理卫生评定量表手册[M]. 北京：中国心理卫生杂志社,1999.

王宝墉. 现代测验理论[M]. 新北：心理出版社,1995.

王权. 现代因素分析[M]. 杭州：杭州大学出版社,1993.

王小慧,苏雪云,蓝淼淼. 探索性结构方程模型(ESEM)在网络友谊质量问卷中的应用[J]. 基础教育,2019(05)：93－102.

王孝玲. 教育测量[M]. 上海：华东师范大学出版社,1989.

王益明. 人员素质测评[M]. 济南：山东人民出版社,2004.

王振德. 测验的正用与误用[M]. 台北：台北市政府教育局,1989.

魏勇. 小学三年级数学成就测验的初步编制[D]. 长沙：湖南师范大学,2004.

温暖,金瑜. 初中生生涯兴趣初探[J]. 上海教育科研. 2008(05)：45－47.

温暖,金瑜.斯坦福—比奈智力量表第四版的特色研究[J].心理科学,2007(04):944-947.

希尔伦斯,格拉斯,托马斯.教育评价与监测:一种系统的方法[M].边玉芳,曾平飞,王烨晖,译.北京:教育科学出版社,2017.

谢小庆.洞察人生:心理测验学[M].济南:山东教育出版社,1992.

谢小庆.心理测量学讲义[M].武汉:华中师范大学出版社,1988.

邢占军,王宪昭,焦丽萍,周天楠,等.几种常用自陈主观幸福感量表在我国城市居民中的试用报告[J].健康心理学杂志,2002(05):325-326.

邢占军,张天,王丽萍,曲夏夏.人格测评与企管人员工作绩效的预测效度研究[J].山东社会科学,2009(12):111-114.

邢占军.中国城市居民主观幸福感量表的编制研究[D].上海:华东师范大学,2003.

邢占军.主观幸福感测量研究综述[J].心理科学,2002(03):336-338.

胥云.语言测试中基于论证的效度验证模式述评[J].外语教学理论与实践,2011(04):7-14.

许祖慰.项目反应理论及其在测验中的应用[M].上海:华东师范大学出版社,1992.

薛庆国,王益明.对传统智力测验的再认识[J].山东教育科研,2001(10):10-12.

闫春平.7~9年级语文成就测验的初步编制[D].长沙:湖南师范大学.2005.

杨博民,陈舒永.心理统计方法[M].北京:光明日报出版社,1989.

杨坚,龚耀先.加利福尼亚心理调查表中国修订本的制定[J].中国临床心理学杂志.1993(01):11-15.

杨彦平.学校心理测量与评估[M].上海:华东师范大学出版社,2021.

余嘉元.教育和心理测量[M].南京:江苏教育出版社,1987.

余嘉元.经典测量理论和项目反应理论的比较研究报告[J].南京师大学报(社会科学版),1989(04):93-100.

余嘉元.项目反应理论及其应用[M].南京:江苏教育出版社,1992.

张厚粲.当前心理测量学的发展与现状[J].心理学探新,1995(11):3-9.

张厚粲.韦氏儿童智力量表第四版(WISC-IV)中文版的修订[J].心理科学,2009(05):1177-1179.

张厚粲.心理教育与测量:海峡两岸学术研讨会论文集[M].杭州:浙江教育出版社,1997.

张厚粲.心理与教育统计[M].北京:北京师范大学,1993.

张厚粲,余嘉元.中国的心理测量发展史[J].心理科学,2012(03):514-521.

张履祥,钱含芬,葛明贵,周策.应用心理测量学:智力·人格·心理素质教育[M].合肥:中国科学技术大学出版社,1993.

张同延,徐嗣荪,蔡正宜,陈志敏,王翠莲,徐方忠. 主题统觉测验中国修订版(TAT-R,C)的编制与常模[J]. 心理学报,1993(03):314-323.

张致祥,左启华,雷贞武,等."婴儿—初中生社会生活能力量表"再标准化[J]. 中国临床心理学杂志,1995(01):12-15+63.

郑日昌. 心理测量[M]. 北京:人民教育出版社,1999.

郑日昌. 心理测量[M]. 长沙:湖南教育出版社,1987.

中国测验学会. 华文社会的心理测验:第一届华文社会心理与教育测验学术研讨会论文集[M]. 新北:心理出版社,1994.

中国测验学会. 心理测验的发展与应用(中国测验学会成立六十周年庆论文集)[M]. 新北:心理出版社,1993.

中国测验学会. 新世纪测验学术发展趋势[M]. 新北:心理出版社,1999.

中华人民共和国教育部. 教育部关于深入推进和进一步完善中考改革的意见. 教基[2008]6号[EB/OL]. [2023-03-03.] http://www.moe.gov.cn/srcsite/A06/s3321/200804/t20080403_78505.html

周红. 美国国家教育进展评估(NAEP)体系的产生与发展[J]. 外国教育研究,2005(02):77-80.

周文钦,等. 心理与教育测验[M]. 台北:空中大学出版社,2003.

朱腊梅,王小晔. 中国心理测量近二十年发展的述评与思考[J]. 心理科学,2000(02):223-226.

朱智贤. 心理学大词典[M]. 北京:北京师范大学出版社,1989.

左任侠. 教育与心理统计学[M]. 上海:华东师范大学出版社,1982.

英文部分

A. Anastasi, (1997). *Psychology testing (7th edition)*, New York:Macmillan.

American Educational Research Association, American Psychological Association, & National Council on Measurement in Education. (1999). *Standards for educational and psychological testing*. Washington, DC:American Psychological Association.

American Psychological Association. (1954). Technical recommendations for psychological tests and diagnostic techniques. *Psychological Bulletin Supplement*, 51(2):1-38.

American Psychological Association, American Educational Research Association, & National

Council on Measurement in Education. (1966). *Standards for educational and psychological tests and manuals*. Washington, DC: American Psychological Association.

American Psychological Association, American Educational Research Association, & National Council on Measurement in Education. (1974). *Standards for educational and psychological tests and manuals*. Washington, DC: American Psychological Association.

Anastasi, A. (1986). Evolving concepts of test validation. *Annual Review of Psychology*, 37: 1-15.

Angoff, W. H. (1988). *Validity: An evolving concept*. In H. Wainer & H. Braun (eds.). Test Validity. Hillsdale, NJ: Lawrence Erlbaun.

Apel, K.-O.: (1979), 'The common presuppositions of hermeneutics and ethics: Types of rationality beyond science and technology', in J. Sallis (ed.), Studies in Phenomenology and the Human Sciences (Humanities Press, Atlantic Highlands, NJ), pp. 35-53.

Bingham, W. (1937). *Aptitudes and aptitude testing*. New York: Harper & Brothers.

Brennan, R. L. (2006). Perspectives on the evolution and future of educational measurement. Educational Measurement (4th ed., pp. 1-16).

Brennan, R. L. (2011). Generalizability theory and classical test theory. *Applied Measurement in Education*, 24: 1-21.

Briggs, D. (2004). Comment: Making an argument for design validity before interpretive validity. *Measurement*, 2: 171-174.

Campbell, D. T., & Fiske, D. W. (1959). Convergent and discriminant validation by the multitrait-multimethod matrix. *Psychological Bulletin*, 56: 81-105.

Cattell, R. B. (1956). Validation and interpretation of the 16P. F. questionnaire. *Journal of Clinical Psychology*, 12, 205-214. (b).

Chapelle C A, Enright M K, Jamieson J. (2010). Does an Argument-Based approach to validity make a difference? *Educational Measurement Issues & Practice*, 29(1): 3-13.

Committee on the Foundations of Assessment, James W. Pe;;egrino, Naomi Chudowsky, and Robert Glaser, Editors, Borad on Testing and Assessmentm, Center for Education, Division of Behavioral and Social Sciences and Education, National Research Councl, Knowing What Students Knowing, the Science and Design of Educational Assessment, NationalAcademy Press, 2001, 111-147.

Connolly, A. J. (2007). *KeyMath-3*. Bloomington, MN: Pearson Assessment.

Cook, T. D., & Campbell, D. T. (1979). *Quasi-experimentation: Design and analysis issues for field settings*. Chicago: Rand McNally.

Cronbach, L. J. (1971). Test validation. In R. L. Thorndike (Ed.), *Educational measurement* (2nd ed.) (pp. 443 – 507). Washington, DC: American Council on Education.

Cronbach, L. J. (1980a). *Validity on parole: How can we go straight? New directions for testing and measurement: Measuring achievement over a decade.* Proceedings of the 1979 ETS Invitational Conference (pp. 99 – 108). San Francisco: Jossey-Bass.

Cronbach, L. J. (1980b). Selection theory for a political world. *Public Personnel Management*, 9(1): 37 – 50.

Cronbach L J, Cronbach L J. (1988). *Five perspectives on validity argument.* H. wainer & H. i. braun Test Validity. hillsdale Nj Erlbaum.

Cronbach, L. J., & Gleser, G. C. (1965). *Psychological tests and personnel decisions.* Urbana, IL: University of Illinois Press.

Cronbach, L. J., & Meehl, P. E. (1955). Construct validity in psychological tests. *Psychological Bulletin*, 52: 281 – 302.

Cumming, A and R. Berwick (eds.). (1996). *Validation in language testing.* Clevedon: Multilingual Matters Ltd.

Cureton, E. E. (1950). *Validity. In E. F Lingquist (Ed.)*, Educational measurement. Washington, DC: American Council on Education.

Dean P. Goodman, Ronald K. (2004). Hambleton, students test score reports and interpretative guides: Review of current practices and suggestions for future, *Applied Measurement in Education*, 7 (2): 145 – 212.

Embretson (Whitely), S. (1983). Constructv alidity: Construct representation versus nomothetic span. *Psychological Bulletin*, 93: 179 – 197.

Gary Groth – Marnat. (2009). *Handbook of psychological assessment*, 5th Edition London, NJ: John Wiley & Sons, INC.

Gary R. VandenBos, Editor in Chief. (2007). APA dictionary of psychology, *American psychological association.* 9 – 314.

Gorin, J. S. (2007). Reconsidering issues in validity theory. *Educational Researcher*, 36: 456 – 462.

Gough, H. G. (1957). *Manual for the California Psychological Inventory.* Palo Alto. CA: Consulting Psychologists Press.

Gough, H. G. (1987). *Administrator's guide for the California Psychological Inventory*. Palo Alto. CA: Consulting Psychologists Press.

Guilford, J. (1946). New standards for test evaluation. *Educational and Psychological Measurement*, 6: 427-439.

Guion, R. M. (1980). On Trinitarian conceptions of validity. *Professional Psychology*, 11: 385-398.

Hall Prescott F. (1897). Immigration and the educational test, *North American Review*, 165: 4

Hoik Suen, Donald Ary. (1989). Analyzing Quantitative Behavioral Observation Data Lawrence Erlbalnm Associates, publishers, Hillsdale, New Jersey.

Hunter, J. E., Schmidt, F. L., & Jackson, C. B. (1982). *Advanced metaanalysis: Quantitative methods of cumulating research findings across studies*. San Francisco: Sage.

John OP, Naumann LR, Soto CJ. (2008). *Paradigm Shift to the integrative big five trait taxonomy: History, measurement, and conceptual issues. In John OP, Robins RW, Pervin LA, Handbook of Personality: Theory and Research(3th)*. NewYork: The Guilford Press, 114-158.

John Salvia, James E. (1998). Yesseldyke, Assessment (7th Editon). Houghton Mifflin Company, 451-455;432-582;242-246;262-294.

J. P. Das. (2002). Better look at intelligence. *Current Directions in Psychological Science*, Vol 11(1), pp. 28-33.

Kane, M. (1992). An argument-based approach to validity. *Psychological Bulletin*, 112: 527-535.

Kane, M. (2001). Current concerns in validity theory. *Journal of Educational Measurement*, 38: 319-342.

Kane M. (2002). Validating high-stakes testing programs. *Educational Measurement Issues & Practice*, 21(1): 31-41.

Kane M. (2004). Certification testing as an illustration of argument-based validation. *Measurement Interdisciplinary Research & Perspectives*, 2(3): 135-170.

Kane M T. (2006). Validation. *Ct American Council on Education / praeger*, 12(1): 699-711.

Kevin R. Murphy, Charles O. Davidshofer. (1994). *Psychological testing: Principles and applications*(3nd edition). Prentice Hall Inc.

Lather P. (1986). Issues of validity in openly ideological research: Between a rock and a soft place. *Interchange*, 17(4): 63-84.

Lennon, R. T. (1956). Assumptions underlying the use of content validity. *Educational and*

Psychological Measurement, 16: 294-304.

Linda Criker, James Algina. (1986). *Introduction to classical and modern test theory*. CBS College publishing.

Linda Crocker and James Algina. (1986). Introduction to classical and modern test theory. *Thomson Learning*, 218; 195-210; 219-223; 410-428.

Linn, R. L. (1997). Evaluating the validity of assessments: The consequences of use. *Educational Measurement: Issues and Practice*, 16(2): 14-16.

Linn R L, Baker E L, Dunbar S B. (1991). Complex, performance-based assessment: Expectations and validation criteria. *Educational Researcher*, 20(8): 15-21.

Lissitz, R. W., & Samuelsen, K. (2007). A suggested change in terminology and emphasis regarding validity and education. *Educational Researcher*, 36: 437-448.

L. J. Cronbach. (1996). *Essentials of psychological testing (5th edition)*. Happer & Row, publishers, N. Y.

Loevinger, J. (1957). Objective tests as instruments of psychological theory. *Psychological Reports, Monograph Supplement*, 3: 635-694.

Markus K A. (1998). Science, measurement, and validity: Is completion of Samuel Messick's synthesis possible? *Social Indicators Research*, 45(1-3): 7-34.

Messick, S. (1975). The standard program: Meaning and values in measurement and evaluation. *American Psychologist*, 30: 955-966. 90.

Messick, S. (1980). Test validity and the ethics of assessment. *American Psychologist*, 35: 1012-1027.

Messick, S. (1988). The once and future issues of validity. Assessing the meaning and consequences of measurement. In H. Wainer and H. Braun (Eds.), *Test validity* (pp. 33-45). Hillsdale, NJ: Lawrence Erlbaum.

Messick S. (1989a). Meaning and Values in Test Validation: The Science and Ethics of Assessment. *Educational Researcher*, 18(18): 5-11.

Messick S. (1989b). Validity. In R. L. Linn (Ed.), *Educational measurement (3rd ed.)* (pp. 13-103). New York: American Council on Education and Macmillan.

Messick, S. (1994). 'Foundations of validity: Meaning and consequences in psychological assessment', *European Journal of Psychological Assessment*, 10: 1-9.

Messick, S. (1995). Standards of validity and the validity of standards in performance assessment. *Educational Measurement Issues & Practice*, 14(4): 5-8.

Messick, S. (1998). Test validity: A matter of consequences. *Social Indicators Research*, 45, 35-44.

Michael K, Terence C, Allan C. (2005). Validating measures of performance. *Educational Measurement Issues & Practice*, 18(2): 5-17.

Moss, P. (1992). Shifting conceptions of validity in educational measurement: Implications for performance assessment. *Review of Educational Research*, 62: 229-258.

Norman L. Webb. (2007). Issues related to judging the alignment of curriculum standard and assessment. *Applied Measurement in Education*, 20(1), 7-25.

Patton M. Q. (1986). *Utilization-focused evaluation* (2nd edn). Sage, Beverly Hills, California 25.

Popham, W. J. (1997). Consequential validity: Right concern-wrong concept. *Educational Measurement: Issues and Practice*, 16(2): 9-13.

Product-Stanford Achievement Test Series, Tenth Edition, http://pearsonassessments.com/hai/Templates/Products.

Ray Crosini. (2002). *The dictionary of psychology*. Brunner-Routledge.

Richard J. Shavelson, Noreen M. Webb. (1991). Generalizability theory: a primer. Sage Publications.

Robald K. Hambleton, et al. (1990). *Advances in educational and psychological testing: Theory and applications*. Kluwer Academic Publishers.

Robert J. Gregory. (2007). *Psychological testing, history, princlples, and Applications* (5th Edition). Pearson Education. Inc.

Robert L. Brennan. (2001). *Generalizability theory*. Springer-verlag. New York, Inc.

Robert L. Brennan, (Mis) (2000). Conceptions about generalizability theory. *Educational Measurement: Issues and Practice*, spring.

Robert L. Lin, Norman E. Gronlund. (2000). *Measurement and assessment in teaching* (8th Edition). Prentice Hall.

Sam Allis. Testing, Testing, Testing, Times, Monday, Jul. 15, 1991, 62-63.

Scott G. Paris, Jodie L. Roth, Julianne C. Turner. (2000). Developing disillusionment: Students' perceptions of academic achievement tests. *Issues in Education*, 6(1/2), 17.

Shepard L A. (1993). Evaluating test validity. *Review of Research in Education*, 19(1):

405-450.

Shepard, L. A. (1997). The centrality of test use and consequences for test validity. *Educational Measurement: Issues and Practice*, 16(2): 5-8, 13, 24.

Shulman, L. S. (1970). Reconstruction of educational research. *Review of Educational Research*, 40: 371-396.

Tenopyr, M. L. (1996). *Construct-Consequence Confusion*. Paper presented at the 11th Annual Conference of the Society for Industrial and Organizational Psychology, San Diego, CA.

www.unl.edu/buros, http://buros.unl.edu/buros/jsp/category.html, Buros Insititute of Mental Measurement, Test Reviews Online.

Xi, X. M. (2008). Methods of test validation. *Encyclopedia of Language & Education*. 2316-2335.